교문사
e라이브러리

식품영양 × bukio

6개월 43,000원

이런 도서관 봤니?
식품영양학 교재를 모두 모았다!

buk.io/gyoelib
e 라이브러리
바로가기

내 식양과? 교문e관!

식영과인데...
아직 **구독** 안 했다고?

월 7천원이면 50여 종 **식영 도서가** 무제한
태블릿 하나로 공부 걱정 해결.

영양사 자격증도
교문사.e.라이브러리
하나면 돼!

* 교문사 e 라이브러리는 전자책 플랫폼 **북이오(buk.io)**에서 만날 수 있습니다.

함께읽기 방법
자세히 보기

북이오(buk.io)에서
공부하고 **과탑 되는 법.**

STEP 1. 교문사 e라이브러리 '식품영양' 구독
'함께 읽는 전자책 플랫폼' 북이오에서 교문사 e-라이브러리를
구독하고 전공책, 수험서를 마음껏 본다.

STEP 2. 원하는 교재로 함께 공부할 사람 모으기
다른 사람들과 함께 공부하고 싶은 교재에 '그룹'을 만들고, 같은
수업 듣는 동기들 / 함께 시험 준비하는 스터디원들을 초대한다.

STEP 3. 책 속에서 실시간으로 정보 공유하기
'함께읽기' 모드를 선택하고, 그룹원들과 실시간으로 메모/하이라이트를
공유하며 중요한 부분, 암기 꿀팁, 교수님 말씀 등 정보를 나눈다.

STEP 4. 마지막 점검은 '혼자읽기' 모드에서!
이번에는 '혼자읽기' 모드를 선택해서 '함께읽기'에서
얻은 정보들을 차분히 정리하며 나만의 만점 노트를 만든다.

5판

생애주기영양학

NUTRITION
THROUGH
THE LIFE CYCLE

5판

생애주기영양학

이연숙 · 임현숙 · 장남수 · 안홍석 · 김창임 · 김기남 · 신동미 지음

교문사

《생애주기영양학》을 2003년 8월에 처음 출판하고, 2판과 3판, 4판에 이어 5판을 출간하게
되었다. 이렇게 계속해서 개정판을 내는 이유는 식품과 영양은 물론 인체의 생리와 건강에
관한 과학적 증거들이 계속해서 밝혀지고 있으며, 식생활을 비롯한 인간의 생활환경 또한
빠르게 변하고 있기 때문이다. 이에 본 저자들은 출생부터 사망에 이르기까지 인간이 최적
의 성장을 이루고 최상의 상태를 유지하며 생활하는 데 필요한 새로운 정보들을 생애주기
별로 적용하려고 노력하였다.

이번 5판은 초판의 구성과 체제를 그대로 유지하였으나, 세 명의 저자를 보강하고 내용
또한 상당히 수정·보완하였다. 특히 다양한 계층의 학생들이 본 교재를 활용할 수 있도록
내용을 평이하게 서술하였으며, 좀 더 쉬운 용어를 선택하였고 되도록이면 우리말 용어를
사용했다. 영양과 함께 운동이 강조되는 시대상을 고려해 각 장마다 운동관리에 관한 내
용을 강조하였고, 최근 핫이슈로 떠오르는 내용을 박스로 다루어 본문과 별도로 구성하였
다. 영양실태나 영양문제와 관련된 내용을 최신 자료로 대체하였고, 영양필요량은 2020년
에 개정된 '한국인 영양소섭취기준'을 기준으로 삼아 제시하였다.

지금까지 이 책을 교재로 삼아 생애주기영양학을 강의해오신 여러 교수님들과 함께 공
부해온 많은 학생의 성원에 깊이 감사하며, 앞으로도 끊임없는 관심과 애정, 그리고 허심탄
회한 충고를 부탁드린다. 끝으로 5판이 나오기까지 여러모로 애써주신 교문사의 관계자 분
들께도 감사드린다.

2021년 2월
저자 일동

대학에서 오랫동안 생애주기영양학을 강의하면서 학생들에게 어떻게 하면 일생동안에 일어나는 변화무쌍한 신체적, 생리·생화학적 변화를 보다 과학적이고 명쾌한 논리를 가지고 설명할 수 있으며, 현대사회의 다양한 식생활환경 변화와의 상호작용을 쉽게 이해시킬 수 있을 것인가를 고심하여왔다. 또 누구나 꼭 한번 겪어가는 생애주기, 즉 태아기, 영아기, 유아기, 아동기, 청소년기, 성인기, 노인기 등 각 시기에 따른 영양적 특성을 이해함으로써, 올바른 식사와 영양관리를 통한 건강증진과 질병예방이라는 삶의 기본 과제를 어떻게 하면 보다 흥미롭고 실감있게 전달할 수 있을 것인지를 함께 심사숙고하면서 이 책을 집필하였다.

이 책은 영양학의 새로운 패러다임을 지향하였다. 일반적인 영양학 지식에서 개인의 생리적·대사적 특성을 고려하는 영양(personalized nutrition), 생애 초기 및 성장·발달 과정에서 강조되는 예방적 차원에서의 영양(preventive nutrition), 성인 이후의 노화과정에서 만성 질환 위험요소의 방어를 위한 영양(defensive nutrition) 등으로의 새로운 시도를 적극적으로 수용하였다.

이 책은 제1부 모성영양, 제2부 성장영양, 제3부 방어영양으로 구성되어 있으며, 생애 단계에서 가장 드라마틱하게 일어나는 영양·생리적 변화과정을 중심으로 총 8장으로 나누어 살펴보고 있다. 각 장마다 첫머리에 기본개념을 이해하기 위해 용어해설(key words) 및 학습목표를 제시하였으며, 보다 과학적인 이론을 바탕으로 핵심적 내용과 최신의 자료와 실제 영양 문제를 다루고 있다.

제1부에서는 모체의 영양환경이 태아와 영아뿐 아니라 일생의 건강에 영향을 미친다는 견해에서, 임신 이전의 모체의 영양(preconceptional nutrivition)의 중요성까지 강조되고

있는 점을 고려하여, 임신기(태아)와 수유기(모유수유) 여성의 독특한 생리적 및 대사적 변동을 중심으로 영양과 식생활 문제를 다루었다.

제2부에서는 성장기의 영양적 특성에 따라 영아기, 유아기, 아동기, 청소년기로 각 장을 나누어 성장·발달의 기본 개념을 도입하였고, 각 성장·발달 단계에 따라 독특한 영양적 요구와 역할, 식사 패턴 그리고 사회·경제적, 문화적 영향 요소를 포함한 식생활 문제를 취급하였다.

제3부에서는 성인기 이후의 건강한 삶과 장수, 노화속도의 지연 그리고 노화과정에 따르는 성인병 위험요소의 감소와 노인성 질환의 관리를 목표로, 성인기 이후의 생리적, 사회·경제적 변화와 그에 따른 식생활 및 영양지원 체계를 제시하였다.

이 책이 식품영양학을 전공하는 학생들과 영양학, 가정학, 의학, 간호학, 아동학, 가족학, 노인학, 보건학 등 다양한 분야에서 생애주기별 또는 특수생리에 따른 식생활 및 영양문제에 관심을 갖고 계신 분들께 미흡하나마 활용될 것을 기대하면서, 이 책이 나오기까지 애써주신 여러분과 교문사 관계자 여러분께 심심한 사의를 표한다.

2003년 8월

저자 일동

PART 2
성장영양

PART 3
방어영양

서론
생애주기영양학의 중요성

영양학은 유기체인 인체가 외부로부터 영양소를 받아들여 이를 대사하면서 에너지를 생성하고 성장·발달하며 생명 기능을 정상적으로 유지하는 과정에 대해 탐구하는 학문이다. 생애주기영양학에서는 영양학의 기초 위에서 영아기, 유아기, 아동기, 청소년기, 성인기, 노년기를 비롯해 임신기와 수유기에서의 생리 변화에 따른 영양적 특성과 영양관리를 다룬다. 생애주기별로 성장, 성숙 유지, 및 노화에 따라 생리적 기능 변화가 일어나고, 신체의 크기나 구성 요소가 다르며, 이에 따른 영양필요량에 차이가 있다. 즉 생애주기별로 생리적·대사적 맞춤영양의 중요성이 강조된다.

인간으로서 전 생애를 통해 건강한 삶을 누리려면 성장과 발달을 적절히 이루어야 하고 성장기 이후에는 최적의 상태를 유지해야 한다. 지금까지 영양학은 성장·발달과 관련된 영양의 역할에 비중을 두었다. 그러나 인구 구성이 변화함에 따라 성인기와 노년기의 건강 증진에 관한 영양의 기능에 대한 관심이 증가하고 있다. 건강 증진에 관련된 영양의 역할은 만성 퇴행성 질병의 예방과 노화속도 지연의 측면에서 그 중요성이 크다. 영양학계의 이러한 변화는 인간의 평균수명이 점차 연장되면서 생애 마지막까지 '건강 수명'을 다하고자 하는 인류의 소망에 부응하는 것이라 할 수 있다.

학습목표
인체의 성장과 발달, 성숙 유지 및 노화에서 영양이 어떤 역할을 수행하는지에 대한 전반적인 개요를 파악하고, 생애주기별로 영양과 건강의 중요성을 이해한다.

1. 생애주기영양학의 정의

인체는 다세포, 다조직, 다기관으로 이루어진 유기체다. 일생 동안 인체의 성장과 발달 그리고 성숙, 노화과정에서 나타나는 생물학적 변화는 가히 역동적이고 극적이라고 할 수 있다. 수정란 세포의 분열과 분화로 모체 내에서 각 조직과 기관을 형성하며 빠르게 성장하는 태아기를 비롯해 출생 후 일정 기간 동안 모유수유에 의존하다가 반고형식과 고형식을 수용하게 되는 영아기, 점차 개체의 독립성을 나타내는 유아기와 아동기, 그리고 자아로서의 정체성을 형성하는 청소년기는 각각 그 특성이 뚜렷하다.

생애주기마다 성장속도에 차이가 있음은 물론 성장하는 조직과 기관이 다르다. 이들 성장기의 대사는 유지와 함께 성장을 이루기 위해 진행된다. 한편 성인기에 들어서면 성장을 위한 대사는 억제되지만 최대 성장을 이룬 시점에서 획득한 각 기관의 조직과 기능을 유지하고자 하는 대사활동은 지속된다. 노년기에는 대사율은 저하되고 생체기능은 전반적으로 떨어진다. 그러나 개인에 따라, 기관과 조직에 따라 그 노화속도는 각기 차이가 있다.

생애주기별로 성장의 속도와 양상이 다르며 신체를 구성하고 있는 성분이 다르므로 각 생애주기에 따라 인체의 대사에 차이가 있다. 인체는 모든 생애주기에 따라 동일한 영양소를 필요로 한다. 그러나 생애주기별로 각 영양소의 필요량이 다르고 영양소별 중요성 또한 다르다. 즉 성인의 경우 신체 구성의 평형을 유지하는 데 요구되는 영양소와 그에 소요되는 양이 필요하지만, 성장기에는 평형유지 외에 성장발달에 필요한 양도 요구된다.

태아는 모체를 통해 영양소를 공급받아 대사를 영위하므로, 임신기 모체의 영양필요량은 자신의 평형유지량 이외에 태아의 성장발달은 물론 임신으로 인해 새로이 형성되는 모체 조직의 형성에 필요한 양이 추가로 요구된다. 영아 전반기의 영아는 모유를 통해 영양을 공급받으므로, 수유기에는 모체의 평형유지량 이외에 모유분비와 수유활동에 소요되는 양을 필요로 한다. 노년기에는 노화에 따른 생리기능의 저하를 보상할 수 있는 양이 고려되어야 한다. 따라서 생애주기영양학은 영양학의 기초원리를 생애주기별로 세분화하여 탐구하는 영역이라고 할 수 있다.

2. 성장발달과 영양의 역할

(1) 세포의 성장

생물체에 있어서의 구조상 또는 기능상의 기본단위인 세포는 종류에 따라 크기가 0.5~수백 μm이고, 모양은 구형, 입방형, 원주형, 편평형 등 다양하며 긴 돌기를 부착하고 있는 경우도 있다. 사람의 체세포 크기는 2~400 μm 정도로 다양하며, 일반적으로 2~10 μm의 크기가 가장 많고, 적혈구가 평균 7.5 μm이다. 운동신경세포는 줄 모양이고, 그 끝에 갈라진 매듭이 있으며 두뇌의 신경세포는 나뭇가지 모양을 하고 있다.

세포의 성장 단계는 다음과 같이 3단계로 나누어 설명한다. 제1단계의 세포증식기는 세포의 분열에 의해 세포 수가 증가하는 단계로 데옥시리보핵산(DNA)의 양이 증가한다. 제2단계는 세포의 수뿐만 아니라 세포의 크기도 동시에 증가한다. 제3단계의 세포비대기는 세포분열이 끝나고 세포의 크기가 증가하여 조직의 무게가 늘어난다. 세포 수가 증가하는 제1단계에서의 영양불량은 영구적 성장장애를 초래한다.

다른 유기체와 마찬가지로 인간도 수정란인 단세포로부터 성장·발달하기 시작한다. 수정란은 처음 며칠 동안은 난황낭에 저장된 영양분을 이용해 분열하

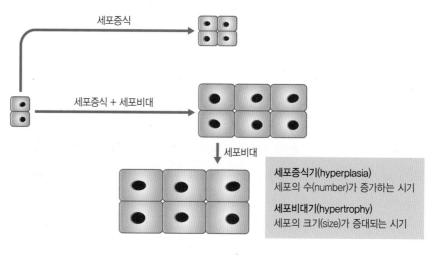

세포 성장의 3단계

지만 착상 이후에는 태반을 통해 모체로부터 영양분을 얻어 성장·발달한다. 수정 후 8주간의 배아기는 양적 성장보다 주요 조직과 기관의 형성이 중요하므로 영양소의 양적 필요량은 매우 적지만 과잉이나 결핍에 예민한 시기다.

(2) 성장 · 발달인자

유전인자

인간의 일생은 생명의 시작에서부터 종말에 이르기까지 신체적·정신적으로, 또한 사회적으로 신기한 사건의 연속이라 할 수 있다. 특히 수정 이후 세포의 분열과 분화를 통해 신체의 각 조직과 기관이 형성되는 사건은 극적이다. 성장과 발달과정이 유전적 기초에 의해서 결정된다는 점은 최근 인간의 유전정보가 해독되고 유전자 지도가 작성되면서 더욱 분명해졌다. 그러나 다른 한편으로는 유전정보의 발현에 환경적 요인들이 상당히 관여한다는 점을 강조하고 있다. 결국 인간의 성장과 발달은 유전인자와 환경인자 간의 상호작용을 통해 이루어진다고 할 수 있다.

환경인자

환경인자들 가운데 가장 영향력 있는 요인은 영양이다. 각 개체의 영양상태는 식생활을 어떻게 영위하느냐에 따라 달라진다. 에너지원을 비롯한 각 영양소는 독립적이고 상호 협동적인 대사활동을 통해 유기체의 성장발달을 이룬다. 유전적으로 잠재된 최대의 성장을 이루기 위해서는 성장기간 동안 최적의 영양상태를 유지하는 것이 가장 중요하며, 기타 양호한 환경조건이 요구된다. 그러므로 성장기의 영양은 최적 성장을 이루도록 하는 데 초점을 맞추어야 한다.

　세계 각국의 인종이 나타내는 체위의 차이를 상당한 기간 동안 유전적 소인의 차이로 이해하였다. 그러나 지금은 유전의 차이라기보다 영양이라는 환경의 차이가 몇 세대에 걸쳐 자손의 성장에 영향을 끼친 결과라고 해석하고 있다. 경제 발전과 식생활의 향상으로 자녀 세대의 신장과 체중이 부모 세대들에 비해 현저히 증가하는 한국인의 성장 양상은 이를 뒷받침하는 것이라 할 수 있다.

　신체활동은 건강한 신체 성장을 위해 필수적이다. 규칙적인 신체활동은 골격에 중력이 작용하도록 함으로써 성장판을 자극한다. 또한 신체활동은 근육을 비롯한 거의 모든 조직에서 단백질 합성을 촉진시킨다. 골격과 근육 발달은 성장을 자극하는 호르몬(성장호르몬, 갑상샘호르몬, 인슐린, 칼시토닌 등)을 분비하는 내분비계와 근골격계와의 상호작용에 의해 일어난다. 영양 이외에 성장발달에 영향을 미치는 환경인자로는 정신적 스트레스와 질병 등이 있다.

유전과 영양의 상호작용

성장과 발달에 있어 유전과 영양 사이의 상호작용은 여러 단계에서 다양하게 일어난다. 예를 들면 비타민 A의 결핍이나 과잉은 직접 DNA에 작용해 유전자 전사에 영향을 끼쳐 세포 분화과정에 부정적인 영향을 미친다. 즉, 형태 발생이 일어나는 임신 초기에는 비타민 A의 과잉 섭취로 말미암아 기형이 초래될 수 있다. 영아기에 비타민 A 결핍은 면역기능을 저하시킬 수 있다. 생애 후반기에 비타민 A 영양은 구강암과 유방암 등 암 발생 위험을 감소시키는 역할을 하는 것으로 보인다.

3. 성숙, 유지 및 노화와 영양의 기능

인간을 비롯한 유기체는 성장·발달단계는 물론 성장이 완료된 이후에도 건강을 유지하고 장수를 누리기 위해 반드시 최적의 영양이 필요하다. 즉, 성인기 이후 양호한 영양상태의 유지는 신체기능의 저하를 가져오는 노화 및 만성질환을 예방하는 데 있어서 필수적인 전제 조건이다.

노화과정이 유전적인 인자 또는 환경적 인자에 의해서 조절되며 영향을 받는다고 하는 수많은 이론이 제안되어 있지만, 노화의 다양성, 복잡성 및 예측 불가능한 특성을 충분히 설명하기에는 아직 무리가 있는 것으로 생각된다.

지난 100년간 인간의 평균수명은 지속적으로 증가한 반면 최대 수명(maximal life-span)에는 큰 변화가 없었다는 사실은 인간의 수명이 유전적 인자에 더 많이 의존한다는 것을 시사한다. 그러나 텔로미어설을 예로 들어, 인간이 유전적으로 결정된 세포분열 횟수를 다 채우지 못하고 사망한다는 점을 생각할 때 이러한 이론의 실제 의미는 반감된다.

유리라디칼설은 영양상태를 포함한 체내대사의 환경의 중요성을 강조한다. 성장과 성숙이 정점을 이룬 이후, 노화의 개시시기와 진행속도는 개인마다 상당한 차이가 있다. 즉 유지와 노화에 환경인자의 영향이 크다는 것을 뒷받침한다. 동물실험 결과들은 에너지 섭취를 제한하는 조절식사가 노화를 억제하고 수명을 연장하는 효과를 발휘한다는 점을 증명하였다. 노화와 만성퇴행성질환은 식생활과 영양상태 이외에 음주, 흡연, 운동 등 건강 관련 생활습관에도 영향을 많이 받는다. 적절한 영양 지원과 생활습관의 실천은 신체조직의 기능을 최대로 유지하고, 산화스트레스에 대항하는 힘을 기르며, 만성질환에 대한 면역력을 강화할 것이다.

4. 우리나라의 생애주기별 인구 구성

2016년 5월을 기준으로 우리나라의 인구는 5,150만 명을 넘었다. 1950년대의 피라미드형 인구 구조에서 2000년대의 항아리형을 지나 이제는 별형 인구 구조를 띠게 된 것이다. 경제 수준의 향상과 의료기술의 발달로 평균수명이 연장되고, 출산율이 현저하게 감소되면서 총인구 중 65세 이상의 고령 인구비율이 빠르게 증가하고 있다. 이미 2000년에 7.2%(339만 명)로, UN에서 분류한 65세 이상 인구비율 7%를 초과하여 고령화사회(aging society)가 된 것이다. 2017년에는 14%를 초과하면서 고령사회(aged-society)로 진입하게 된다. 또한 2030년에는 노인 인구비율이 21%를 초과하는 초고령사회(super aged-society)를 바라볼 것으로 전망된다. 따라서 성인과 노년을 위한 건강 증진 정책뿐만 아니라 만성퇴행성질환의 예방과 노화 방지와 관련된 영양정책 또한 매우 중요하다. 생애주기의 기초를 이루는 태아기부터 생을 마감하는 노년기까지 생애주기별로 건강하고 행복한 삶을 영위하기 위해서는 반드시 적절한 영양상태를 유지해야 한다.

5. 생애주기별 국가 수준 영양정책

우리나라는 국민소득 2만 달러 이상의 높은 경제 수준으로 선진국에 진입하면서 여러 가지 변화를 겪고 있다. 이 중에서도 건강한 삶에 대한 국민들의 욕구가 크게 증가하고 있으며 노인 인구비율이 급속도로 증가하면서 고령사회의 진입과 함께 초고령사회를 앞두고 있다. 따라서 국가적인 인구 구조의 변화와 함께 의료비 부담의 증가, 질병 구조의 다양화 및 만성화 등으로 적극적인 건강관리와 예방 차원의 정책의 필요성이 제기되면서 국가 차원의 건강증진계획인 국민건강증진종합계획이 수립되었다. 국민건강증진법 제4조에 따라 국민 건강 증진과 질병 예방을 위해 5년마다 수립하는 국가 차원의 건강 증진 로드맵이며, 2002년에 제1차 계획(Health plan 2010, 2002~2005)이 수립되었고, 2015년에 제4차 계획(HP 2020, 2016~2020)이 수립되어 시행되고 있다. 식생활 및 영양에 관련된 법으로는 2008년에 '어린이 식생활 안전관리 특별법'과 '식생활교육지원법'이 제정되었으며 2010년에는 '국민영양관리법'이 제정되었다. 이들 관련 법에 의거하여 여러 가지 식생활 및 영양과 관련된 사업과 프로그램이 운영되고 있다.

　HP2020은 "온 국민이 함께 만들고 누리는 건강 세상"을 비전으로 하고, "건강수명 연장과 건강 형평성 제고"를 목표로 하고 있다. 사전 예방 중심의 평생 건강관리와 강화를 위해 흡연, 음주, 나쁜 식습관, 신체활동 부족 등 생활습관 위험요인 개선 전략이 추가되었다. 또한 생애주기별 건강프로그램 확충으로 생애주기별 영양관리 강화 방안도 포함되었다(17쪽 표 참조).

6. 생애주기별 특성

인간의 경우도 생물학적 관점에서 볼 때, 다른 동물과 마찬가지로 수정에서 시작해 다음 세대를 이루는 난자나 정자를 생성하는 사춘기까지 한 생애주기를 이룬다. 그러나 인간의 발달을 논할 때는 생물학적인 면뿐만 아니라 정신적 측면과 사회적 측면까지 고려해야 한다. 왜냐하면 인간으로서의 생활은 인간집단이 이루어놓은 사회에서 경제적이고 문화적인 생활을 영위하며 정신적 활동을

생애주기별 영양관리 강화를 위한 생애주기별 건강프로그램

지표명	2005년(%)*	2008년(%)*	2020년(%)*	사업명
◆ 건강 식생활 실천 인구비율을 증가시킨다.				
지방을 적정 수준으로 섭취하는 인구비율	47.0	44.1	50.0	
나트륨을 1일 2,000mg 이하로 섭취하는 인구비율 (만 6세 이상)	7.7	13.4	15.0	
당을 적정 수준으로 섭취하는 인구비율(만 6세 이상)	–	86.5 (2007년)	90.0	
과일과 채소를 1일 500g 이상 섭취하는 인구비율 (만 6세 이상)	29.9	35.7	50.0	가. 식생활지침의 주기적 개정 및 다양한 교육자료 개발·보급
식품 선택에 영양표시를 활용하는 인구비율	21.4	22.7	30.0	
건강식생활 실천 인구 비율(만 6세 이상)	–	28.9	35.0	
◆ 건강 체중 유지/관리 인구비율을 증가시킨다.				나. 가공식품 및 외식음식 중 나트륨 함량 감량 사업
적정체중(18.5 ≤ BMI < 25) 성인 인구비율 증가	63.5	64.0	67.0	
저체중 성인 인구비율 감소	4.7	5.0	3.0	다. 영양표시 적용범위 확대 및 인식 제고: 점진적 자율표시 확대 및 의무화
◆ 생애주기별 영양관리를 강화한다.				
완전 모유수유 영아(생후 6개월)인구비율 증가	36.0	50.2	60.0	라. 건강 체중 인식 확산을 위한 교육 및 홍보 사업
잘못된 식습관에 의한 아침 결식률 감소	21.4	21.5	15.0	
영양소 섭취 부족인 노인 인구비율 감소	14.7	22.6	15.0	마. 노인 급식의 질관리 및 제고 사업
빈혈인 가임기 여성(10~49세)인구비율 감소	14.5	13.7	10.0	
영양관리(교육 및 상담)를 받는 인구비율 증가	9.6	8.3	20.0	바. 영양관리서비스의 산업 기반 정비 및 건강/질환관리 상품으로 육성
◆ 미량영양소 적정섭취 인구비율을 증가시킨다.				
칼슘을 적정 수준으로 섭취하는 인구비율	21.9	16.2	30.0	사. 취약계층을 위한 영양 관리 사업 개발 및 확대
철을 적정 수준으로 섭취하는 인구비율	49.1	46.8	50.0	
비타민 A를 적정 수준으로 섭취하는 인구비율	42.2	37.0	50.0	
리보플라빈을 적정 수준으로 섭취하는 인구비율	37.6	31.0	50.0	
◆ 식품안정성 확보 및 영양서비스 수혜 인구비율을 증가시킨다.				
식품안정성이 확보된 가구비율	88.7	88.1	95.0	
식생활 지원/관리 프로그램(영양플러스) 수혜 인구비율(2008년까지는 운영보건소 수)	3개 보건소	153개 보건소, 2010년까지 250개 보건소	15.0	

* 2005년과 2008년은 실제값, 2020년은 목표값임

자료: 보건복지부(2015). 제4차 국민건강증진 종합계획(Health plan 2020).

수행하기 때문이다. 그러므로 인간의 경우 생애주기의 개념을 보다 확대할 필요가 있다. 흔히 사춘기까지를 생애 전반기로, 그 이후를 생애 후반기로 구분하는데 이러한 구분은 인간생활에서 성인기와 노년기가 중요함을 인정하는 것이다.

생애주기별 단계마다 특별한 영양적 우선순위가 존재한다. 예를 들면, 영아기는 완전 영양식의 공급과 위생관리가 중요하며, 유아기는 식생활의 독립에, 아동기는 식생활과 환경과의 균형에, 청소년기는 바람직한 식습관 확립에, 성인기는 만성질환의 예방에, 노년기는 만성질환 위험요인의 관리에 주안점을 두어야 할 것이다. 아울러 생애주기별 식생활관리에서도 이러한 특성을 합리적으로 고려해야 한다.

(1) 태아기

태아가 성장하는 시기는 모체의 임신기에 해당한다. 태아의 생화학적 환경은 전적으로 모체의 영양에 의존적이므로 모체 혈액의 여러 영양소의 항상성 유지가 중요하다. 모체는 임신기간 동안 식사를 통해 섭취한 영양소와 모체의 체내 저장분으로부터 동원한 영양소를 끊임없이 태반을 통해 태아로 수송한다. 임신기간 중 모체의 영양 불균형이 배아 또는 태아에 초래하는 부정적인 영향은 실험동물을 통해 증명되었다. 대부분의 연구결과들이 태생동물의 사망, 조직의 변화, 성장지연, 세포 분화의 이상, 기형 발생 등을 확인하였다. 이는 태아기의 성장발달에 있어 유전적 소인 외에 영양이라는 환경적 변인이 얼마나 큰 영향을 끼치는지 알려준다.

2000년 영국의 바커(Barker) 등은 자궁의 환경이 태아의 발육뿐만 아니라 출생 후에도 지속적으로 영향을 끼친다는 태아근원설(fetal origins)을 발표하여 사람들의 주목을 받았다.

(2) 영아기

영아기는 출생 후 1년간으로 태아기 다음으로 성장속도가 빠른 기간이다. 돌을 맞은 영아는 대체로 출생 시에 비해, 신장은 두 배, 체중은 세 배 성장한다. 이 시기에는 뇌세포를 포함한 신경세포의 분열이 활발하고 신경조직의 구조가 복잡하게 발달한다. 이외에도 골격과 근육의 발달로 기고, 앉고, 서고, 걷는 등의 운동기능이 점차 발달한다.

영아기는 생애주기 중 식생활에 가장 많은 변화를 겪는 시기라고 할 수 있다. 이때 섭식과 관련된 운동기술 및 구강의 구조와 기능의 발달로 식품의 수용성이 크게 확대된다. 생후 1년 동안 수유영양과 이유영양을 거치면서 수저와 컵 등 식사도구를 사용하여 식탁에서 유아 음식을 먹을 수 있게 된다.

영아는 성장과 유지에 상당한 영양소를 필요로 한다. 모유만으로 영양필요량을 충족해야 하는 영아 전반기에 영아의 생화학적 환경은 전적으로 모유의 섭취량과 조성에 의존한다. 그러므로 수유기 모체의 대사는 모유생산을 최우선으로 한다. 모유분비는 대사적으로 높은 우선순위를 나타낸다. 경미한 영양결핍상태에서도 모유생산이 정상적으로 이루어지는 것은 이러한 이유에서이다. 그러나 모체의 영양상태가 극도로 악화되면 모유의 양과 질이 저하된다.

(3) 유아기

유아기는 생후 1세에서 5세까지로 이 기간의 성장률은 영아기에 비해 크게 감소되지만, 성장은 지속된다. 유아기에 들어 종종 식욕이 저하되는 현상이 나타나는 것은 성장률 저하 때문이다. 유아들은 언어를 이해하고 말로 의사소통을 하기 시작하면서 음식에 대한 자신의 욕구를 분명하게 표현하며, 식사기술의 발달로 스스로 음식을 섭취할 수 있게 된다. 또한 유아기에 들어서면서 모유 또는 조제유 수유를 끝내고 젖병 대신 컵으로 음료를 마시는 식사기술이 보다 정교하게 발달한다.

유아기에는 독립성이 크게 신장되므로 식생활을 포함하여 여러 가지 일을 스스로 해결하고자 하며 부모나 타인의 도움을 거절하기도 한다. 그러나 유아의 식행동발달과 올바른 식습관 형성에는 부모와 돌보는 사람의 영향력이 지대하므로 부모 또는 돌보는 사람이 유아에게 좋은 모델이 되어야 한다. 유아기는 식품을 포함한 모든 사물에 대해 높은 호기심을 보이는 시기로 이때 각 식품의 형태, 색, 냄새, 질감 등을 보고 느끼게 하는 것이 중요하다. 유아기 후기로 접어들면 음식에 대한 흥미가 점차 줄어드는 대신 환경에 대한 관심이 커진다.

(4) 아동기

아동기는 6~11세의 시기로 초등학교에 재학하는 때이나 생리적으로는 사춘기 이전까지로 정의된다. 특히 여아의 경우 사춘기가 빨리 시작되면 아동기가 짧아질 수 있다. 이 시기의 성장속도는 유아기에 이어 계속 감소한다. 그러나 신장과 체중이 점차 늘고 학교에서의 규칙적인 생활과 신체활동량의 증가로 인해 영양필요량은 유아기에 비해 많다. 소화·흡수능력이나 질병에 대한 저항력도 향상되어 성인과 거의 같은 양의 식사를 하게 된다.

아동기에는 개인적인 성격이 뚜렷해지고 독립성이 더욱 발달한다. 부모의 영향력은 줄어들고 동료 집단의 영향력이 커진다. TV를 통한 광고나 컴퓨터를 통한 인터넷 정보에 대한 수용성이 점차 발달하여, 이에 민감하게 반응하게 된다. 이러한 특성이 식품의 수용성을 변화시키며 기호식품과 혐기식품을 뚜렷하게 만드는 것이다. 이 시기에 확립된 식습관은 일생 동안 영향을 미치게 된다.

아동기의 식생활 문제는 식욕부진, 편식, 결식, 과식, 비만, 체중 부족, 빈혈, 충치 등 다양하다. 결식이나 폭식, 적당하지 않은 간식의 섭취, 빈번한 패스트푸드의 섭취, 단순당의 과잉 섭취 또는 운동 부족 등은 부모의 방임이 한몫한다. 이 시기에는 비록 영향력은 약하지만 부모의 식품 관련 행동과 영양지식이 아동의 식생활 관련 의식과 행동을 강화하거나 약화시킬 수 있다. 이때의 학교급식 프로그램은 아동에게 하루 한 끼라도 균형 잡힌 식사를 섭취하게 하며 영양교육의 기회를 제공한다.

(5) 청소년기

사춘기부터 성인기에 들어서기까지의 기간, 즉 12~19세에 해당하는 청소년기는 성장·발달과정 중에서도 독특한 단계다. 이 시기에는 청소년기 초기인 사춘기에 신체의 성장속도가 현저히 증가하면서 동시에 성 성숙이 일어난다. 인간의 경우는 20~25세 때 최대 신장에 도달한다. 그러나 사춘기의 시작은 개인마다 다르고 성장이 완료되는 시기도 다양해서 개인마다 청소년기가 더 어린 나이에 시작되기도 하고 가끔은 더 늦은 나이까지 연장되기도 한다. 따라서 이 시기의 영양필요량은 다른 어느 시기보다 많다는 점과 함께 개인차가 심해서 평균을 논하기 어렵다는 특성이 있다. 영양필요량을 체중보다 신장을 기준해 설정하는 것이 보다 타당하다는 이론은 바로 이러한 이유 때문이다.

청소년기는 신체적인 면뿐만 아니라 정신적·심리적 그리고 사회적인 면에서도 큰 변화가 일어나는 시기다. 이러한 변화들은 청소년으로 하여금 성인의 역할을 시험해보게 한다. 식생활에 있어서도 어린 아동들과는 달리 스스로 식품 섭취를 결정한다. 독립성이 신장된 이들 청소년의 식생활을 바람직한 방향으로 이끌어나가려면 여러 경로를 통해 정확한 영양정보를 제공해야 할 것이다.

청소년기는 자신의 체형에 대해 높은 관심이 나타나는 때다. 최근의 사회적 경향이 지나치게 마른 체형을 선호하고 있어, 일부 청소년, 특히 여성 청소년의 경우, 지나친 다이어트로 인해 성장이나 성 성숙에 필요한 영양필요량을 충족하지 못하거나 거식증이나 폭식증 같은 섭식장애현상을 보이기도 한다.

(6) 성인기

성인기는 생애주기 중에서 가장 길다. 성장이 완료된 20세경부터 노화가 뚜렷하게 진행되기 이전인 64세까지의 수십 년이 바로 성인기에 해당된다. 영양적 특성을 고려하여 20대와 30대를 청장년기로, 40대와 50대를 중년기로 구분하기도 한다. 성인기에 들어서면 성장속도는 급격히 느려져서 거의 멈춘다. 그러나 성숙과정은 계속 진행된다. 성장이 완료된 후에도 상당한 기간 동안 신체기능의 성숙이 계속되며 정신기능의 성숙은 노년기에도 지속될 수 있다. 성숙과정에는 성장에 필요한 영양이 요구되지 않으므로, 이 시기에는 유지를 위한 영양필요량만 요구된다.

성인기는 독립된 인간으로서 결혼을 하여 가정을 이루고, 사회에서 중추적인 역할을 하며, 자아를 개발하는 등 가정적·사회적·경제적 책무를 갖게 되는 기간이다. 이 시기에 양호한 영양상태를 유지해야 신체적인 스트레스나 직장을 비롯해 사회에서 받는 스트레스를 잘 극복할 수 있다. 이 시기에 식습관의 변화는 그다지 크지 않으나 결혼이나 자녀의 출산 등 가족환경 및 직장이나 소득 등 생활양식의 변화에 따라 식생활의 변화가 초래될 수 있다.

이 시기에는 과식할 기회가 많은 반면 신체활동량은 줄어 비만이나 만성퇴행성질병의 발생이 높아진다. 그러므로 성인기에는 이들 질환을 예방하기 위한 식생활 실천이 중요하다. 성장이 완료된 이후 성인기와 노년기 영양은 신체기능의 양호한 상태를 유지하며, 노화속도를 지연하고, 아울러 만성퇴행성질환의 발생을 예방하는 데 초점을 맞추어야 한다.

이러한 영양계획을 방어영양 패러다임이라 하는데, 이의 핵심적인 내용은 포화지방이 적은 식물성 식품을 위주로 하는 식사이며, 이외에도 규칙적인 운동과 건강 체중의 유지가 강조된다. 즉 식물성 식품을 위주로 한 식생활을 실천함으로써 건강 체중을 유지하고 만성질환에 대한 저항력을 높이도록 영양적 지원을 하는 프로그램이 바로 방어영양 패러다임이다.

(7) 노년기

노년기는 성숙이 정점을 이룬 후 점차 각 조직의 세포 수가 감소하면서 소화·흡수, 감각, 내분비, 면역 등 제반 신체기능이 쇠퇴하는 시기로, 일반적으로 65세 이상을 말한다. 모든 유기체의 최대 수명은 유전적으로 결정되어 있으나 모두가 이를 누리는 것은 아니다. 노화의 개시시기와 진행속도는 마치 성장발달이 그러하듯이, 개인에 따라 다르며 환경인자의 영향을 크게 받는다. 그중에서도 식생활에 따른 영양상태의 영향력이 가장 크다. 그러므로 성인기와 마찬가지로 노년기에도 신체의 조직과 기능을 최대로 유지하면서 노화속도를 지연할 수 있는 양호한 영양 공급에 초점을 맞추어야 한다.

노화과정은 그 자체로 영양소의 소화·흡수기능을 감소시키고, 소변을 통한 영양소의 배설을 증가시킬 수 있으며, 대사의 효율성을 저하시킬 수 있어 영양불량을 야기하는 원인으로 작용한다. 노인들 중 상당수는 경제적인 문제로 식품구매력에 제한을 받고 있으며 외로움, 좌절감, 구강 불편, 만성질환과 이로 인한 약물 복용 등 식욕을 감퇴시키는 상황에 처하기 쉽고, 신체적 또는 정신적 장애로 인해 식품을 구매하고 조리하는 데 어려움을 느끼기도 한다.

만성질환은 식사와의 관련이 크며 서서히 장기간에 걸쳐 진행되므로 이 질환의 예방을 위해서는 노년기 이후의 식생활관리보다는, 그 이전부터 일생에 걸쳐 식생활을 합리적으로 관리해야 한다. 단순하게 수명을 연장하기보다는 '건강 수명'을 누리는 것을 목표로 해야 할 것이다.

모성영양

수정란은 분열과 분화과정을 거쳐 특수한 형태와 조직을 형성하면서 하나의 개체 즉, 사람으로 발달한다. 이와 같은 일련의 과정은 산소와 영양소가 적절한 시기에 알맞은 양으로 공급되고 노폐물이 적당하게 배설될 수 있는 안전한 환경을 필요로 한다. 임신기 어머니의 자궁은 바로 이와 같은 환경을 제공하며 모체 혈액을 통해 영양소와 대사산물들이 이동된다. 그러므로 어머니의 건강과 영양상태는 성공적인 임신의 유지와 결과에 가장 중요한 요소이다. 더욱이 임신하기 전 모체의 영양상태가 임신 중 태아발달에 영향을 줄 수 있으므로 가임기 여성은 영양과 건강상태를 항상 양호하게 유지해야 한다. 따라서 양호한 영양상태에서 임신을 시작하여야 하며, 임신기간 중에도 최적의 영양상태를 유지해야 한다. 그러므로 임신을 계획할 때부터 모체의 건강을 유지하고 태아의 성장발달을 도모할 수 있도록 충분한 영양을 공급하는 계획된 식사를 실천하여야 한다.

특정 영양소의 섭취부족 또는 과잉, 음주, 흡연 및 약물 남용 등은 태아발달에 좋지 못한 영향을 주어 미숙아나 저체중아 출산을 야기할 수 있다. 양호한 영양상태가 이러한 산과적 문제들을 항상 예방할 수 있지는 않지만 적절한 영양과 올바른 산전관리는 선천성 기형, 조산 및 저체중아 출산 등의 바람직하지 못한 임신 결과들을 어느 정도 감소시킬 수 있다.

분만 후 신생아는 적절한 영양을 계속 공급받아야 한다. 모유영양아는 수유부, 즉 그들의 어머니로부터 필요한 영양소를 얻는다. 출산 후 산모가 모유를 분비하고 아기를 양육하려면 많은 양의 영양소가 필요하다. 모유의 일부 성분은 수유부의 섭식에 영향을 받으므로 수유부의 식사내용은 그 어느 때보다 적절하게 계획되어야 한다. 영아의 두뇌발달은 모체의 영양상태와 정서적 환경에 의해 영향을 받는다. 그러므로 어린 자녀를 신체적으로나 정신적으로 건전한 인격체로 양육하려면 영양과 성장발달에 대한 기본적인 이해와 함께 자녀의 연령에 맞는 식생활 준비를 위해 많은 경험을 쌓고 훈련을 해야 할 것이다.

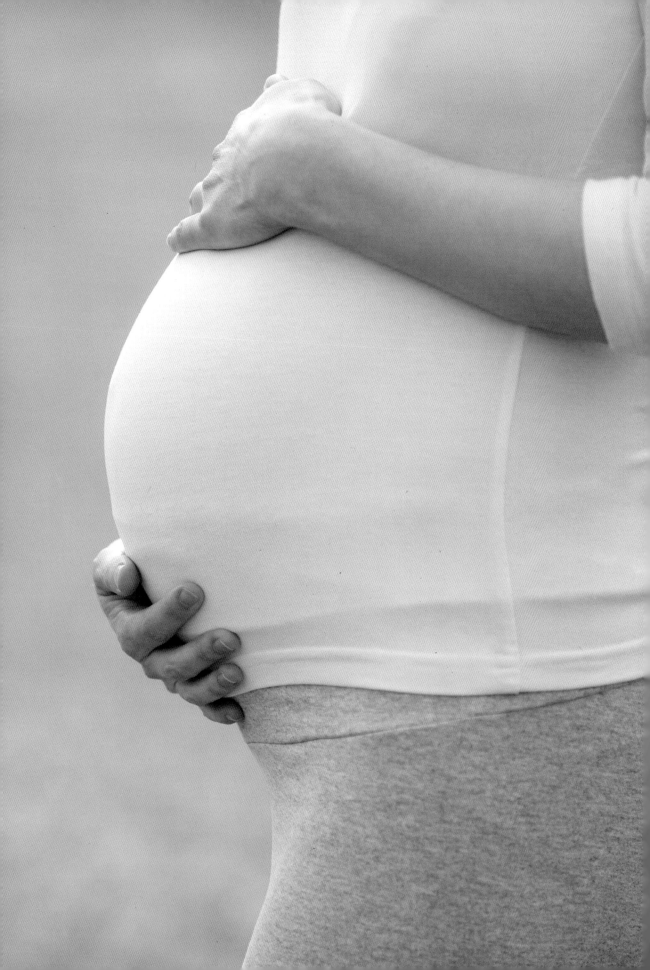

CHAPTER 1

가임기 영양

인간의 생식기능은 유전, 생물학적 요인, 환경, 행동 인자들이 상호 관련된 복잡한 과정이며 섬세한 조화 속에서 수행된다. 생식기능은 건강상태가 양호하다면 여성과 남성 모두에게서 자연스럽게 발휘되며 성공적으로 완수된다. 반면 영양불량이나 과다한 음주 등으로 건강상태가 양호하지 못하면 정교한 생식과정에 방해를 받고 생식능력이 저하될 수 있다. 간혹 좋지 못한 영양상태나 건강상태에서 임신이 되는 경우도 있지만, 이와 같은 상황에서는 태아의 성장과 발달, 임신기 모체의 건강이 위협받을 수 있다.

따라서, 임신하기 전 가임기의 영양상태가 생식기능과 어떤 관련성이 있는지, 초기 임신 결과에는 어떠한 영향을 주는지에 관한 이해가 필요하다. 또한 특별한 조건에서의 영양의 역할을 숙지해야 한다.

학습목표
가임기, 특히 임신 전의 영양과 건강상태가 생식기능과 임신 유지 및 결과에 미치는 영향을 이해하고 가임기 영양관리에 적용하는 능력을 함양한다.

1. 생식 생리

남녀의 생식기계는 임신 초기부터, 즉 태아기에 발달하기 시작하여 **사춘기**를 거치면서 크기가 발달하고 기능도 복잡해진다. 여성은 미성숙한 난자를 충분히 확보하고 태어나며 남성은 정자생성능력을 갖고 태어난다. 생식능력은 생식기계의 성숙을 유도하는 내분비 변화가 3~5년간 지속되면서 확립된다.

약 700만 개의 미숙한 원시 난자(원시 난포)들이 태아 초기에 형성되나 사춘기에 들어서면 한쪽 난소당 150만 개가량만 남게 된다. 여성의 경우 생식 가능한 기간 동안(fertile year) 약 400~500개의 난자가 성숙하여 임신 가능한 상태로 방출되며, 폐경기에는 난자가 거의 존재하지 않게 된다. 여성은 전 생애 동안 공급될 난자를 모두 갖고 출생하므로 산화, 방사선 노출, 노화 등에 의해 난자의 염색체가 상당수 손상을 받는다. 결과적으로 35세 이상의 여성에게서 태어난 아이들은 보다 젊은 여성에게 태어난 아이들보다 염색체 손상과 관련된 장애를 갖기가 쉽다. 남성의 경우는 사춘기 이후 계속 정자가 생성된다. 그러나 35세 이후에는 정자의 운동성이 감소한다.

(1) 여성의 생식주기

가임기 여성은 매달 월경생리를 수행한다. 월경주기의 목적을 살펴보면 첫째로는 난자가 정자와 수정할 수 있는 준비를 하기 위함이며, 둘째로는 수정란이 자궁에 착상할 수 있도록 하기 위한 과정이다. 월경주기는 **시상하부, 뇌하수체** 및 난소에서 분비되는 호르몬 간의 복잡한 상호작용에 의해 초래된다. 따라서 월경생리에 따른 호르몬의 변화와 출산력(fertility)에 미치는 영양의 역할을 이해해야 한다.

월경주기는 평균적으로 28일이며 간혹 이보다 짧거나 길기도 하다. 월경주기의 첫째 날에는 월경(출혈)이 시작된다. 월경주기의 전반부는 난포기(follicular phase)라고 하며, 그 후 14일은 황체기(luteal phase)라고 일컫는다. 월경주기에 따른 호르몬 변화는 그림 1-1에 제시하였다. 난포는 1개의 난세포가 많은 과립막세포에 둘러싸여 있는 형태로, 과립막세포는 에스트로겐을 분비한다.

사춘기(puberty) 생물학적으로 생식이 가능해지는 시기

난자(ova) 난소에서 생성되고 그곳에 저장되어 있는 성숙된 난포로 여성 생식의 근원이 됨

시상하부(hypothalamus) 여러 종류의 호르몬과 화학물질을 생성하는 뇌 부위로 체온 조절, 갈증반응, 학습, 숙면, 기분 및 생식기능 등을 조절함

뇌하수체(pituitary gland) 시상하부와 연결된 뇌 부위로 성장호르몬, 프로락틴, 옥시토신, FSH, LH를 분비함

황체(corpus luteum) 난자가 배란된 후 난포에서 형성된 조직으로 에스트로겐과 프로게스테론을 분비함. 황체는 호르몬의 전구체인 지방성분이 축적되어 있어 황색을 띰

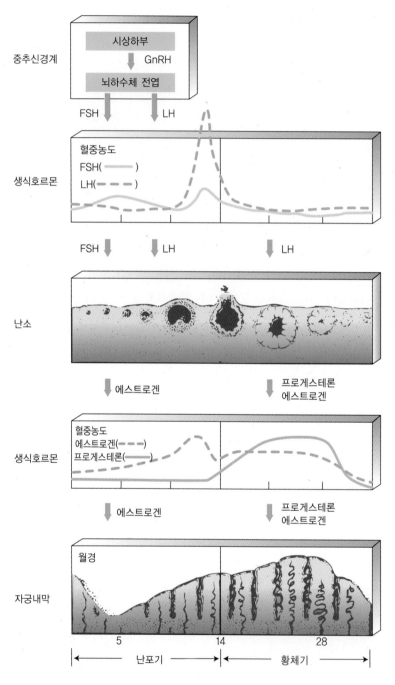

그림 1-1 **여성의 생리주기별 호르몬, 난소 및 자궁내막의 변화**
자료: Brown. JE(2005). Nutrition through the Life Cycle.

월경주기별 호르몬의 분비와 작용

난포기　월경주기의 전반기인 난포기 초에 에스트로겐은 시상하부를 자극해 생식인자방출호르몬(gonadotropin releasing hormone, GnRH)을 분비하도록 자극한다. 생식인자방출호르몬은 뇌하수체가 난포자극호르몬(follicle stimulating hormone, FSH)과 황체호르몬(luteinizing hormone, LH)을 분비하도록 자극한다. 난포자극호르몬은 난포 6~20개의 성장과 성숙을 도모하며 또한 에스트로겐 생성을 자극한다. 에스트로겐과 난포자극호르몬은 난포의 성장과 성숙을 계속 촉진하는 가운데 황체호르몬은 난포가 황체로 전변된 후 황체의 성장을 자극하며, 에스트로겐과 프로게스테론의 분비를 촉진한다.

　에스트로겐과 프로게스테론은 자궁벽(혹은 자궁내막)이 글리코겐이나 다른 영양소들을 축적할 수 있게 해주며 혈관이나 결체조직의 성장을 증가시킨다. 이러한 변화들은 자궁에 수정란이 착상된 후 수정란에 영양을 공급할 수 있게 하는 준비작업이다. 28일 월경주기 중 배란되기 직전인 14일에 혈액의 난포자극호르몬과 황체호르몬의 수준은 최고치에 달한다. 황체호르몬 수준의 현저한 증가는 하나의 난포가 성숙된 난자로 방출되는 사건, 즉 배란을 의미한다.

황체기　배란 이후에는 월경주기의 후반기인 황체기가 시작된다. 이때부터의 호르몬 작용은 난자가 방출된 후 남아 있는 난포 내 세포들에 의해 시작된다. 이들 세포들은 증식하고 비대해지면서 난포로부터 황체로 변화시킨다. 황체는 내분비 구조체로 다량의 프로게스테론과 상당량의 에스트로겐을 분비한다. 이들 호르몬은 생식인자방출호르몬의 생성을 방해하고 난포자극호르몬과 황체호르몬의 분비도 방해한다. 난포자극호르몬과 황체호르몬이 충분하지 않으면 난포 내의 난자들은 성숙하지 못하고 방출되지도 못한다. 황체에서 분비된 에스트로겐과 프로게스테론은 자궁내막의 발달을 자극한다.

　만약 난자가 수정되지 않으면 황체에서의 호르몬 생성이 감소하므로 혈액 내 프로게스테론과 에스트로겐 농도가 저하된다. 이러한 감소는 생식인자방출호르몬 분비의 방해작용을 없애주므로 다시 생식인자방출호르몬이 다음 월경 주기의 난포 발달을 위해 난포자극호르몬 분비를 자극하고 프로게스테론과 에스트로겐 생성을 자극하는 황체호르몬의 분비를 촉진하게 된다.

프로게스테론(progesterone)
난소에서 분비되는 스테로이드계 여성 호르몬으로 임신기에 태반과 유방의 발육을 촉진함

프로스타글란딘(prostaglandin)
필수지방산에서 유도된 생리
활성물질을 총칭하며 체조직
에서 혈관의 수축과 이완, 평
활근이나 자궁근의 발달을 도
모함

프로게스테론과 에스트로겐의 혈중 농도 감소는 자궁벽의 혈관들을 수축하여 외층을 분리시켜 월경혈이 분비되게 한다. 이때 프로스타글란딘이 자궁 수축을 유도해 자궁내막에 축적되었던 내용물이 월경혈로 분비되는 것을 돕는다. 프로스타글란딘의 작용이 과다한 경우 월경 시 경련 등의 부작용이 나타나기도 한다. 만약 난자가 수정되면 8~10일 이내에 자궁벽에 착상할 것이다. 분열하고 있는 수정란에 의해 분비되는 호르몬들은 황체의 성장을 촉진해서 에스트로겐과 프로게스테론의 분비를 자극하여 자궁내막에 혈관이 발달되도록 하고 영양소 공급이 원활하게 유지되도록 한다. 황체는 더 이상 호르몬 생성이 요구되지 않을 때까지, 즉 임신 초기 몇 개월까지는 기능을 유지한다.

(2) 남성의 생식기능

남성의 생식능력은 시상하부, 뇌하수체 및 고환의 상호 복잡한 작용으로 발휘된다. 남성의 생식기능은 주기적인 것이라기보다 진행과정이다. 생식인자방출호르몬 수준의 변화가 난포자극호르몬과 황체호르몬의 분비에 영향을 주는데 이들은 곧 고환에서 테스토스테론의 생성을 유도한다. 테스토스테론은 정자의

표 1-1 **생식기능과 관련된 호르몬**

호르몬	분비장소	작용
생식인자방출호르몬(GnRH)	시상하부	난포자극호르몬, 황체호르몬 분비 촉진
난포자극호르몬(FSH)	뇌하수체	난자와 정자의 성숙 촉진
황체호르몬(LH)	뇌하수체	에스트로겐, 프로게스테론, 테스토스테론 분비 자극, 황체 성장 자극
에스트로겐(에스트라다이올)	난소, 고환, 지방세포, 황체, 태반	• 난포기에서 생식인자방출호르몬 분비 자극 • 황체기에서 생식인자방출호르몬 분비 자극 • 월경주기 중 자궁벽 두께 증가
프로게스테론 (프로게스틴, 프로게스테론)	난소, 태반	• 수정란을 위한 자궁의 착상 준비 • 임신 유지, 월경주기 중 자궁내벽 증식 • 수정란의 세포분열 자극, 테스토스테론 작용 억제
테스토스테론	고환	남성 생식기관 성숙 자극, 정자 생성 자극, 근육 생성 자극

성숙을 촉진하는데, 평균 70~80일이 소요된다. 성숙된 정자는 정낭으로 이동하여 저장된다. 정액의 사출 시에 정자는 다양한 선 조직에서 나온 액체와 섞여 요도관으로 이동한다.

2. 영양과 생식기능

생리주기와 생식기능에는 여러 가지 영양요인들이 영향을 준다고 알려져 있다. 영양 부족, 체중 감소, 비만, 심한 활동이나 특수 성분의 섭취 등은 일시적으로 생식기능에 영향을 줄 수 있으며, 이러한 요인들이 정상적인 수준으로 회복되면 생리주기와 생식기능은 정상적으로 수행된다.

(1) 영양과 생리주기

영양과 초경

사춘기 여성의 성 성숙은 혈액 내 에스트로겐 농도가 크게 증가하면서 일어난다. 에스트로겐 분비의 급격한 증가와 사춘기의 출현은 일정한 체중과 체지방에 도달했을 때 유도된다. 서구 선진국을 비롯해 산업화가 이루어진 국가에서는 여성의 초경 연령이 점차 빨라져 50년 전에 비해 2년 정도 당겨졌다. 초경 연령의 저하와 남성 생식기능의 성숙이 빨라진 점은 영양상태의 증진과 관련이 있다. 생활이 개선되고 에너지와 단백질 섭취량이 증가되어 성장기 아동들의 체중이나 체지방량이 과거보다 어린 나이에 한계치에 도달하기 때문이다.

식욕과 월경생리

여성의 생리주기 동안 호르몬 분비의 변화는 에너지 요구량이나 식욕에 영향을 준다. 황체기 동안(배란 이후~월경 전)에는 기초대사율이 증가하고 식욕이 증가한다. 월경출혈이 시작되기 전 10일간은 월경이 끝난 후보다 에너지 섭취량이 크게 증가한다는 보고는 이를 뒷받침한다. 즉, 황체기 동안 대부분의 여성은 식사 섭취량의 증가로 인해 다량영양소인 단백질, 탄수화물 및 지방 에너지 섭취량은 물론 미량영양소인 무기질과 비타민의 섭취량도 많아진다. 이외에도 월경출혈 직전에 일어나는 호르몬 분비의 변화로 인해 체내 나트륨이나 수분의 축적이 유도되므로 체중이 증가하는 경향이 나타난다.

가끔 일부 여성에게서 이와 같은 생리 변화가 과도하게 나타나 월경전증후군이나 생리통을 야기하기도 한다. 생리통은 다양한 정신적 증상을 수반하기도 하며, 식욕이나 영양상태와도 관련이 있다.

(2) 생식기능의 장애

임신을 조절하는 복잡한 기전들은 여러 가지 요인에 의해 방해받을 수 있다. 예를 들면 불량한 영양상태, 경구피임약 복용, 심한 스트레스, 감염, 경관(나팔관) 손상, 생식기의 구조적인 문제 및 염색체 이상 등이 임신장애의 원인일 수 있다.

임신력을 변경하는 조건들은 배란을 조절하는 호르몬에 영향을 주는 것으로 보이며, 이외에도 황체기의 출현이나 기간, 정자 생성, 난자와 정자가 수정되는 경관 경유에도 영향을 줄 수 있다. 성 접촉에 의한 감염은 골반감염질환을 유발하여 나팔관을 막히게 하거나 손상을 끼칠 수 있다. 자궁내막염도 임신력을 감소시키는 흔한 원인 중 하나이다. 자궁내막염은 월경생리주기 동안 자궁내막 벽의 일부분이 형성될 때 발달하고 다른 체조직 내로 침투해 들어간다.

남성 불임에 관한 사항은 여성 불임보다 아직 덜 알려져 있다. 일반적으로 남성 불임에서는 정자의 질(정자 수, 농도), 운동성 및 형태가 중요하게 작용하는 듯하다. 염색체 이상이나 환경 독성물질은 정자의 변형과 관련되므로 남성 불임과도 관계가 있다(그림 1-2). 고혈압이나 암, 당뇨, 동맥경화증 또는 내분비질환을 치료하는 대부분의 의약품은 테스토스테론의 분비를 방해하므로 남성의 생식기능에 영향을 준다. 이외에도 정자의 생성은 영양상태나 여러 환경인자에 예민하게 반응한다. 정자의 발달은 70~80일에 걸쳐 일어나므로 정자의 장애는 이러한 요인에 노출된 3개월 이후에야 출현한다.

임신과 관련된 호르몬의 분비를 변경하는 내분비 장애요인들은 불임의 첫 번째 원인으로 진단되고 있다. 두 번째 원인은 '아직 알려지지 않은 원인'으로 모든 남녀 불임의 원인 중 절반을 차지하고 있다(표 1-2).

골반감염질환(pelvic inflammatory disease, PID)
여성의 생식기에 속하는 난소, 난관, 자궁, 자궁경부에 나타나는 감염성질환

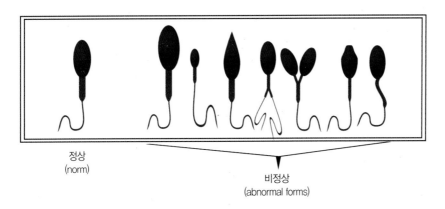

정상
(norm)

비정상
(abnormal forms)

그림 1-2 **정상 정자와 이상 정자**

표 1-2 **임신장애 요인**

남성과 여성	여성	남성
• 체중 감소(정상체중의 15% 이상) • 음에너지평형 • 체지방 부족 • 과다 체지방(특히 복부지방) • 심한 운동 • 과도한 알코올 섭취 • 항산화 영양소 부족 • 철분 부족 • 생식기관의 구조적 이상 • 지방변증 • 심한 스트레스 • 감염(성병) • 당뇨 • 내분비장애	• 경구피임약 복용 • 거식증, 폭식증 • 고식이섬유 섭취 • 채식주의 • 연령 ≥ 35세 • 골반염증성질환(PID) • 자궁내막증 • 철분저장량 감소	• 아연 섭취 부족 • 중금속이온 노출(납, 수은, 카드뮴, 망간 등) • 할로겐(살충제), 글리콜(부동액) • 내분비교란물질 노출(DDT, PCBs 등) • 정자의 염색체 이상 • 정자의 손상 • 고환의 과도한 열 • 스테로이드 남용 • 아이소플라본 과다 섭취

(3) 영양부족과 임신장애

영양부족이 임신력을 감소시킬까? 이에 대한 대답은 영양부족이 장기적인가 혹은 단기적인가에 따라 다르다. 만성적인 영양부족은 일부 소규모 대상에서 제한적으로 임신을 감소시키는 것으로 확인되었다. 그러나 기근이나 정상체중인 여성의 갑작스러운 체중 감소와 같은 단기간의 영양부족은 임신력을 분명하게 감소시킨다.

영양상태가 양호했던 여성에게 영양부족이 발생하면 임신력이 현저하게 감소한다. 이때 식사를 잘 섭취하면 임신력은 회복된다. 따라서 기근 시에는 출산율이 감소하고, 식량이 풍부해지면 출산율은 상승한다. 17~18세기 유럽의 식량부족은 출산율을 크게 저하시킨 바 있다. 제2차 세계대전 중 기근이 발생한 네덜란드의 경우 여성의 1일 에너지 섭취량이 6개월 정도 감소했을 때 그 지역 여성의 절반이 월경생리가 중단되었으며, 출산율도 53%에 지나지 않았다. 기근이 끝나고 4개월이 지나면서 임신율은 개선되었으나 일부 여성의 경우 정상적인 월경생리가 다시 나타날 때까지 1년 이상이 걸렸다. 1974~1975년의 방글라데시 기근에서는 평소보다 40%가량의 출산율 저하를 초래한 바 있다. 이보다 최근의 조사 결과를 보면, 비교적 단기간의 에너지 섭취 부족이나, 체중 감소가 있을 경우 일부 여성의 임신율이 일시적으로 감소하였음을 알 수 있다. 기근은 식량 공급의 차단이라는 사실 이외의 상황과도 관련된다. 기근은 가열이나 조리에 요구되는 땔감 부족을 초래하여 생활 여건의 악화는 물론 불안, 공포, 절망감을 주어 이러한 제반요인이 기근과 함께 임신율 저하에 영향을 미칠 수 있다. 갑작스러운 식품 섭취의 감소는 내분비계의 기능에 부정적인 영향을 끼쳐 생식기능을 저하시키는 것으로 보인다. 여성은 월경생리의 조절이 불안정해질 수 있고, 남성의 경우 정자 성숙에 장애가 생길 수 있다.

(4) 체지방 변화와 임신력

일정 수준의 체지방률 유지가 정상적인 임신에 반드시 필요하다는 많은 이론들이 제기되었다. 체지방 함량이 과도하거나 부족하면 여성과 남성 모두의 임신력이 저하된다. 지방세포는 에스트로겐, 테스토스테론 및 렙틴을 생성하기 때문에 체지방 함량이 변하면 이들 호르몬의 이용성도 변한다. 호르몬의 이용성이 변경되면 난포발달, 배란 또는 정자의 성숙이나 정자 생성 등 생식과정에 방해를 받게 된다.

렙틴(leptin) 지방세포에서 분비되는 단백질로 시상하부의 특수 수용체와 결합하여 식욕 억제. 에너지 소모 증가. 성호르몬 방출인자의 분비 자극을 유도함. 체지방률이 높으면 렙틴 수준이 증가하고 체지방률이 낮으면 렙틴 수준이 감소함

비만과 임신력
대부분의 비만 여성과 남성은 정상체중인 사람들보다 불임이 될 가능성이 높

다. 비만 여성은 혈중 에스트로젠, 안드로젠 및 렙틴 수준이 높게 유지되어 이들 중 30~47%는 월경생리주기가 불규칙하고 배란장애, 무배란 월경주기나 무월경을 나타낸다. 비만 남성의 경우 테스토스테론 함량이 감소하고 에스트로젠과 렙틴 함량이 증가하기 때문에 이들 중 16%가량은 정자 생성이 감소한다. 체지방량을 감소시켰을 때, 남녀 모두 이들 호르몬의 수준이 개선되었고 산화스트레스도 감소하며 임신율도 크게 호전되었다.

체지방 부족과 임신력

정상적인 생식기능을 유지하기 위해서는 남녀 모두 체질량지수가 정상범위에 있어야 한다. 청소년기 여성의 낮은 체지방은 초경의 지연뿐만 아니라 이후 임신력 저하가 초래되기 쉽다. 저체중 여성의 임신장애로는 무월경이나 임신에 소요되는 기간의 연장이 있다. 또한 저체중 남성에게는 성욕의 감소와 정자 생성의 저하가 나타난다.

(5) 심한 운동과 불임

강도가 높은 신체활동이 임신에 좋지 못한 영향을 준다는 것은 이미 40년 전 여성 운동선수들에게서 관찰된 바 있다. 그 후 몇 편의 연구들이 젊은 여성 운동선수들의 사춘기 출현연령이 지연되고 월경생리가 더디게 나타남을 보고하였다.

강도 높은 운동이나 체중 감소로 인한 호르몬의 변화는 정상적인 월경주기를 지연시키거나 방해할 수 있다. 특히 에스트로젠, 황체호르몬, 난포자극호르몬, 기타 호르몬 농도의 변경이 초래된다. 체중이나 호르몬 수준은 훈련이나 심한 활동을 중단하면 정상으로 회복된다.

임신장애와 관련된 일부 호르몬들은 신체에서 기타 다른 주요 기능도 수행하므로 기타 생리기능도 방해를 받을 수 있다. 에스트로젠 수준이 감소되면 체지방량 감소, 무월경 등이 나타나며 골밀도 감소, 작은 키 또는 골다공증의 위험이 증가한다.

안드로젠(androgen) 고환, 난소 또는 부신피질에서 콜레스테롤로부터 만들어진 스테로이드호르몬의 형태로 보통 남성호르몬 이라고 함. 따라서 테스토스테론과 같은 일부 안드로젠은 남성의 생식기관의 발달과 기능을 담당

무배란 월경주기(anovulatory cycles) 배란이 일어나지 않는 월경주기

무월경(amenorrhea) 월경주기가 나타나지 않음

(6) 영양소 섭취상태와 임신력

과일과 채소에 풍부하게 함유된 비타민 E, 비타민 C, 베타카로텐, 셀레늄 같은 항산화 영양소의 섭취는 여성과 남성의 임신력에 중요한 역할을 담당한다. 항산화 영양소는 생식계의 난자와 정자를 포함해서 산화스트레스로 인한 손상으로부터 많은 세포를 보호해준다. 활성산소는 정자의 세포막에 있는 불포화지방산을 공격하거나 정자의 운동성을 감소시키기도 하며 난자와 수정할 수 있는 정자의 기능을 저하시킬 수도 있다.

정자의 세포막이 어떤 이유로 일단 손상을 받게 되면, 활성산소가 정자 세포 내로 침투하여 DNA를 공격한다. 불임 남성 중 50% 정도는 산화스트레스를 받고 있다. 산화스트레스는 여성에게도 영향을 미쳐 난자에 피해를 입히고 난포의 발달을 저해하며 황체의 기능을 방해하고 수정란의 착상을 어렵게 한다.

항산화 영양소 섭취 부족

최근 생식에 관한 연구들은 불임 여성은 물론 불임 남성의 체내 항산화 영양소 수준이 건강한 사람보다 낮은 경향이 있음을 밝혔다. 또한 항산화 영양소의 섭취 증가로 불임 여성의 산화스트레스가 감소되었고, 남성의 정자 성숙을 개선하여 정자의 수와 운동성을 향상시켰으며, DNA 손상이나 염색체 이상의 발현 정도가 감소되었음을 관찰하였다. 이보다 신뢰할 만한 연구결과가 요구되기는 하지만, 항산화 영양소의 섭취가 부족한 남녀 모두에게 항산화 영양소의 보충이 유익할 것으로 보인다.

아연 섭취 부족

정액(semen) 고환으로부터의 분비물과 정자의 혼합물

성인 남성이 하루 5mg 이하의 아연을 섭취하면 정액이 줄어들고 테스토스테론의 분비가 감소한다. 아연은 남성의 생식기능에 매우 중요한 역할을 하며 정액 내 아연의 농도는 상당히 높다. 아연은 정액 내에 농축되어 있어 사출 시 많은 양의 아연이 손실된다. 특히 정액 내 아연은 테스토스테론 생성, DNA 복제, 단백질 합성, 세포분열에 관여하는 여러 효소의 활성을 유지하는 데 필수적이다. 또 아연은 정자를 박테리아나 염색체 손상으로부터 보호하는 기능도 한다.

아연은 남성의 생식기관 발달에도 중요한 역할을 한다. 아동기나 청소년기 초기의 아연 결핍은 생식기능의 위축을 초래하며 페니스의 성장을 저하시키고, 음성 변화나 근육발달도 저해한다. 생식기능의 위축은 중동아시아 지역의 남성에게서 많이 발견되는데, 이는 그들의 식사내용이 주로 곡류 위주이고 육류 섭취가 극히 제한되어 있기 때문이다. 또한 식물성 식품의 아연은 흡수율이 낮다.

아이소플라본 과다 섭취

내분비교란물질 중 하나인 아이소플라본의 화학 구조는 에스트로겐과 유사하다. 과량의 아이소플라본을 섭취한 양들에게서 불임이 나타났다는 것은 잘 알려진 사실이다. 사람을 대상으로 관찰한 연구에서도 두부나 두유와 같은 콩류제품을 규칙적으로 과다하게 섭취하자 남성은 정자의 수 감소, 여성은 임신력 저하가 초래되었다고 보고되었다. 아마도 콩류제품 섭취가 아이소플라본의 농도를 높이므로 에스트라다이올의 작용에 영향을 주어 생식기능을 변경시키는 것으로 보인다.

철분 섭취 부족

가임기 여성의 철분 부족은 매우 흔한 영양결핍으로, 임신 전의 철분 영양상태가 불량하면 임신력이 감소된다. 배란장애로 인한 불임의 원인 중 하나가 바로 철분의 섭취 부족일 수 있다. 철분이 결핍되었던 여성이 철분 보충제나 철분 급원식품을 규칙적으로 섭취하자 배란이 정상으로 회복되었다는 보고도 있다.

특정 식사성분의 섭취

일부 식사성분은 생식호르몬의 변화를 초래하여 남녀 모두의 임신력에 영향을 줄 수 있다. 채식 위주의 식사는 저지방 섭취와 식이섬유의 과량 섭취를 유도하여 임신장애의 원인으로 작용할 수 있다. 하지만 이러한 요인의 영향은 서로 상관관계가 있지만 직접적인 임신장애의 원인은 아닌 것으로 보인다. 그러나 이들 요인은 월경주기의 불규칙을 초래하여 임신하는 데 더욱 많은 시간이 걸리게 할 수 있다.

채식 위주의 식사　식물성 식품만 섭취하거나 고식이섬유 식사를 하거나 육류를 전혀 먹지 않는 여성들은 다양한 식사를 하는 그룹보다 혈액 내 에스트로겐 수준이 낮고 월경생리가 불규칙한 경향이 있다. 이러한 결과들은 체중과 무관하게, 즉 저체중, 정상체중 혹은 비만인 채식주의자 여성 모두에게 나타났다. 지방 에너지 섭취비율이 20% 미만인 식사를 하는 여성의 경우에도 월경주기가 길어지고, 고식이섬유식사를 하는 경우에는 에스트로겐 수준이 감소되어 임신력이 저하될 수 있다. 이러한 효과에 관한 기전은 아직 밝혀지지 않았으므로 남녀 모두를 대상으로 한 식사성분과 임신과의 관련성에 관한 연구가 필요하다.

카페인　커피나 카페인 함유식품의 섭취가 불임과 관련이 있다는 사실이 알려지면서 카페인에 대한 관심이 높아졌다. 과다한 카페인 섭취는 임신에 걸리는 시간을 연장시켰다. 유럽의 한 연구에서 하루에 커피 4잔(카페인 500mg 이상)을 마신 여성은 임신을 시도했을 때 실제 임신이 될 때까지 약 10개월이 걸렸지만, 커피를 마시지 않았던 여성은 약 5개월이 걸렸다. 또 한 연구에서는 하루 300mg의 카페인을 섭취할 경우, 전혀 섭취하지 않은 경우와 비교할 때 임신 가능성이 27%에 지나지 않았다. 또 다른 연구결과들은 수정 당시에, 특히 흡연하는 경우 카페인의 영향이 더 크다는 것을 보여주었다. 그러나 아직 카페인의 과다 섭취가 임신장애에 미치는 기전은 확실하지 않다.

알코올　알코올을 과다하게 섭취하면 여성과 남성 모두의 에스트로겐과 테스토스테론 분비에 변화가 생겨 임신에 부정적인 영향을 준다고 알려져 있다. 또한 알코올은 여성의 정상적인 월경주기를 방해한다. 알코올의 과다 섭취는 남성의 테스토스테론의 농도를 상승시키고 정자의 수를 감소시키며 정자를 손상시킨다. 알코올에 중독된 남성의 성기능부전은 일반적인데 이는 고환에 미치는 알코올의 직접적인 독성효과로 보인다. 덴마크에서 임신을 시도하고 있는 430쌍을 6개월간 연구한 결과, 매주 1~5회 알코올을 섭취한 경우 임신 가능성이 39% 정도 감소하였으며, 매주 10회 이상 섭취한 경우에는 임신 가능성이 66%로 감소하였다. 임신했을 경우 음주는 태아기형의 원인이 되므로 가임기 여성은 음주를 극히 삼가야 한다. 그러나 적절한, 가벼운 음주는 문제가 없다.

중금속 이온 노출

납, 수은 등 중금속 이온에 노출된 남성은 정자 생성량이 감소한다. 중금속 이온은 남성의 생식기관에 농축되기 쉽다. 특히 호흡을 통해 중금속을 흡입하면 중금속 이온이 뇌하수체로 이동할 수 있고, 그곳에서 내분비 교란을 일으켜 고환과 중추신경과의 정상적인 연락이 어렵게 된다. 그 결과, 혈중 테스토스테론 농도가 감소하고 정자 생성량과 운동성 모두 저하된다. 작업환경이 나쁜 곳에서 일하는 노동자들에게서는 중금속 이온의 오염이 많이 나타난다. 일반인의 경우, 중금속에 오염된 바다나 강에서 잡은 생선의 섭취를 통해 중금속 중독이 일어날 수 있다.

중금속 이온(heavy metals) 납, 수은, 카드뮴, 망간, 보론, 니켈, 주석 등. 과도한 중금속 노출은 남성 생식기능에 바람직하지 않음

체온 상승

남성의 정낭이나 고환의 체온이 상승하면 정자 수가 감소된다. 장기간 운전하는 트럭 운전기사의 경우 체온 상승이 잘 일어나는데, 이로 인해 생식기능 저하가 나타난다. 뜨거운 온탕에 자주 과다하게 들어가는 것도 정자 수 감소에 영향을 줄 수 있다.

3. 피임과 영양 관련 부작용

여러 가지 형태의 피임약이 가임기 여성에게 처방되고 있다. 이러한 피임약 성분은 주로 에스트라다이올 형태의 에스트로겐과 프로게스틴(천연호르몬)이다. 피임약에 함유된 에스트라다이올은 프로게스틴과 결합되어 있으나 건강상의 이유로 에스트로겐을 사용할 수 없는 여성에게는 프로게스틴 단독성분의 피임약을 권장하고 있다. 에스트라다이올과 프로게스틴은 황체호르몬과 난포자극호르몬의 작용을 억제하여 배란을 방해한다. 프로게스틴은 황체호르몬과 배란을 억제할 뿐만 아니라 자궁경부점막을 두껍게 하며 끈끈한 점액질을 분비하게 함으로써 정자의 침투를 저해하는 작용을 한다.

정맥혈전(venous thromboembolism)
정맥혈관 내 혈액응고현상

표 1-3에는 피임약의 사용과 관련된 부작용이 제시되어 있다. 최근 사용되는 경구피임약은 혈중 지질 농도의 상승과 정맥혈전의 위험을 수반한다.

에스트로겐과 프로게스테론이 복합된 대부분의 경구피임약은 체중 증가를 유발하지 않으나 프로게스틴 단독성분의 피임약은 체중 증가를 유도한다고 알려져 있다. 이와 같은 피임약을 5년간 복용한 여성들은 평균 4.5kg의 체중이 증가하였으며, 이는 체액이나 근육의 증가보다는 체지방 축적의 증대에서 비롯된 것으로 밝혀졌다. 특히 프로게스틴 피임약을 복용한 청소년에게서 골밀도 감소가 관찰된 바 있다.

에스트라디올과 프로게스틴 복합 피임약의 복용은 혈중 지질 농도 변화, 포도당 대사의 변경과 건강상태의 변화 등을 유발한다. 복합성분의 피임약은 HDL-콜레스테롤 농도를 감소시키고 LDL-콜레스테롤과 중성지방 농도를 증가시킨다. 또한 혈당과 인슐린 농도를 증가시키며 염증 반응을 촉진한다. 에스트라디올과 관련된 대사적 변화를 살펴보면 혈전 생성으로 인한 뇌졸중과 심장마비 등의 위험성을 높인다. 따라서 심장질환이나 혈전증, 또는 고혈압 증세를 지닌 여성들에게는 복합성분 피임약 복용이 권장되지 않으며, 피임약 복용 시에는 금연하도록 권고하고 있다. 임신을 계획하고 있다면 적어도 피임약을 중단한 후 3~6개월이 지난 뒤에 시도하는 것이 바람직하다.

경구피임약은 일부 영양소의 혈중 농도를 감소시킨다. 비타민 B_{12}의 농도는 피임약 사용자에게서 33%가량 저하되었다. 혈청 구리 농도는 피임약 복용 시 34~55%가량 더 높아졌다. 이는 피임약 복용자에게서 자주 관찰되는 혈전 생성의 위험이 높아지는 것과 관련이 있다. 35세 이상의 비만이면서 흡연을 하거나 심장순환계 질병을 가진 여성은 정맥 혈전의 위험이 있으므로 호르몬제 대

표 1-3 경구피임약 복용의 영양 관련 부작용

복합성분(에스트로겐 + 프로게스틴)	프로게스틴 단독성분
• 혈중 HDL-콜레스테롤 감소 • 혈중 중성지방, LDL-콜레스테롤 상승 • 정맥 혈전증(혈액응고) 증가 • 혈중 비타민 B_{12} 감소 • 혈중 구리 증가	• 체중 증가 • 혈중 LDL과 인슐린 증가 • 혈중 HDL 감소 • 골밀도 감소

신에 다른 피임법을 찾아야 한다. 남성을 대상으로 한 효과적이면서 안전한 호르몬제 피임약이 개발되었으나 아직 그 사용이 허용되지 않고 있다. 남성용 피임약은 테스토스테론 단독성분인 것도 있고 프로게스틴과 결합된 복합성분인 것도 있다. 테스토스테론은 황체호르몬과 난포자극호르몬 분비를 억제하며, 정자의 생성량을 감소시킨다.

4. 가임기 여성의 영양관리

정상적인 월경주기를 가진 여성은 가임과 출산이 가능할 만큼 생식기계가 성숙한 것이라고 볼 수 있다. 태아의 성장발달 관점에서는 임신기 모체의 영양이 중요하게 취급되고 있지만, 임신하기 전의 영양과 체중상태도 임신 결과에 영향을 끼친다는 연구결과들이 보고되었다. 따라서 젊은 가임기 여성들은 평소 양호한 영양상태와 건강한 체중을 유지하는 것이 향후 태아와 영유아 건강에 매우 유익하다는 것을 이해해야 한다.

(1) 가임기 영양의 중요성

최근 가임기 여성의 영양(preconception nutrition)이 강조되고 있다. 젊은 가임기 여성은 월경생리로 인한 출혈 때문에 조혈기능에 필요한 영양소의 필요량이 많다. 월경 중 철 손실량은 하루 0.5~1mg 정도로, 가임기 여성의 철 손실량은 남성보다 50% 이상 높다. 이들은 월경출혈로 인해 혈구세포 생성과 분열이 활발하므로 핵산 합성에 중추적 역할을 하는 엽산의 영양도 강조된다. 월경생리와는 별도로 가임기의 젊은 여성에게 중요한 영양소로는 칼슘이 있다. 임신과 수유는 물론 폐경기 이후에도 여성은 남성보다 골격으로부터의 방출되는 칼슘이 많아 나이가 들어가며 골다공증으로 고통받기 쉽다.

그러므로 가임기 여성은 질적으로나 양적으로 양호한 식생활을 유지해야 한다. 그러나 대부분의 젊은 여성이 그 어느 시기의 여성보다 외모에 관심이 많고 날씬한 몸매를 추구하여 장기간 저에너지 식사로 체중 감소를 유도하는 다

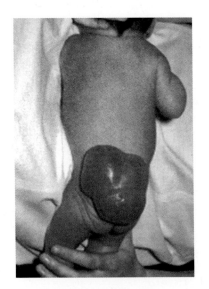

그림 1-3 신경관 손상증
자료: Brown. JE. Nutrition through the Life
Cycle(2005).

이어트를 실행하고 있다. 대부분의 다이어트 프로그램은 영양적으로 적절하지 못한 점이 있다. 저에너지 식사에는 철, 아연, 칼슘 및 엽산과 같은 미량영양소가 부족하기 쉽다. 또한 15~45세 여성의 20%가량은 음주를 하며, 30% 정도는 흡연을 하고, 10~15% 정도는 경구용 피임약을 복용하고 있다. 알코올, 담배, 약물 등은 일부 영양소의 요구량을 증가시키는데 경구용 피임약을 복용하면 엽산의 요구량이 증가하며, 과도한 음주는 철 손실을 증가시킨다.

한편 젊은 여성의 독특한 섭식행동은 일부 영양소 결핍의 위험도를 높일 수 있다. 채식 위주의 식습관을 지닌 여성은 철이나 아연과 같은 미량영양소의 섭취량이 부족한 경향이 있다. 가임기 여성의 영양상태는 월경생리뿐만 아니라 여러 가지 요인에 영향을 받을 수 있다. 임신하기 전의 양호한 영양상태, 특히 임신 초 몇 주간의 영양상태는 성공적인 임신 결과를 위해 매우 중요하다. 대부분의 여성이 임신을 확인한 후부터 영양이나 건강에 신경을 쓰고 주의하는데, 이는 때늦은 계획이 될 수도 있다.

난자가 정자와 결합한 수정란은 8~10일 후 자궁내벽에 착상되며, 배아는 수정된 지 1개월 내에 왕성한 세포분열과 분화를 통해 모든 신체기관의 기본적인 구조를 형성하고 향후 성장과 발달에 대한 청사진을 확립하게 된다. 배아의 유전인자기능은 임신 초기에 DNA 복제과정 중 변경될 수 있다. DNA 기능의 변경은 성장과 발달뿐만 아니라 출생 후 질병 발생에도 영향을 미칠 수 있다. 임신하기 직전과 임신 초기의 에너지 섭취 부족이나 체중 감소, 섭식장애 또는 비타민 A 과다 섭취 등은 유전자의 기능을 변경시켜 대사적 변화를 유도하고 태아나 영아의 건강에 영향을 줄 수 있다. 예를 들면, 신경관 손상증이라는 선천성 기형은 임신 21~28일에 엽산 영양이 불량할 때 발생한다(그림 1-3). 따라서 생식기능이 발휘되는 가임기 여성들이 질적·양적으로 풍부한 식사를 실천하고 정상적인 체중을 유지하는 것이 무엇보다 중요하다.

신경관 손상증(neural tube defects, NTDs) 뇌, 척수 또는 신경조직을 둘러싸고 있는 조직의 불완전한 발달로 인한 산과적 손상을 총칭하며 척수이분증 또는 이분척추(spina bifida)가 가장 흔한 형태임

(2) 가임기 여성에게 강조되는 영양소

가임기 여성의 철과 엽산 섭취는 매우 중요하다. 가임기 여성이 임신 전 체내 철 저장량을 확보하고 엽산 영양상태를 양호하게 유지하면 모체건강과 태아발달에 도움이 된다고 알려져 있다.

철

가임기 여성은 임신 전 체내에 철을 충분히 저장해야 한다. 철 결핍은 전 세계적으로 가장 흔한 영양결핍증이다. 임신 전 철 결핍은 임신기 동안의 철 결핍성 빈혈을 야기하고 철 저장량이 부족한 신생아를 출산할 위험을 증가시킬 수 있다. 임신 전의 철 결핍은 조산아 출산과도 관련된다.

임신기간보다는 임신하기 전에 체내 철 저장량을 확보하는 것이 훨씬 용이하고 효과적이다. 여성이 임신 전 2~3개월 동안 철 섭취를 증가시키기 시작하면 임신 15주경에 철 영양상태가 현저하게 개선된다. 가임기에 육류, 철 강화 시리얼, 비타민 C가 풍부한 채소와 과일 등을 다양하게 섭취하면 철 영양상태는 양호하게 유지될 것이다. 필요하다면 하루 18mg 정도의 철 보충제를 섭취하는 것도 임신하기 전 체내 철 저장량을 충분히 확보하는 데 도움이 된다.

WHO는 세계적으로 임신 여성의 2/3 정도가 주로 철 결핍으로 인한 빈혈증세를 보이고 있다고 보고한 바 있다. 철 결핍성 빈혈의 위험요인은 청소년기 임신, 저소득, 낮은 교육 수준, 긴 월경생리, 육·어류나 비타민 C 섭취 부족, 다분만, 아스피린의 장기복용 등이다.

> **조산아(preterm infant)** 임신 37주 이전에 태어난 아기

엽산

엽산은 가임기 여성에게 매우 중요한 영양소 중 하나이다. 엽산은 아미노산 대사와 핵산 합성에 필수적인 기능을 하므로, 이것이 부족하면 세포 성장과 분화에 문제가 생긴다. 임신 초기에 불량한 엽산 영양은 태아발달에 비정상적인 증후를 초래한다. 특히, 신경관 손상이라는 산과적 결함의 위험성을 높인다. 신경관 손상증은 다양한 형태의 척추와 신경계의 선천적인 장애 모두를 말한다. 가장 흔한 신경관 손상증은 척수이분증으로 신경관이 완전히 닫히지 않아 척수

가 완전히 발달하지 못한 채 척수 주변이 유착된 상태를 말한다.

척수이분증을 보인 신생아들은 영구적인 척수 손상을 지니게 된다. 따라서 잘 걷지 못하고, 방광과 대장기능이 비정상이어서 평생 여러 가지 문제로 고통받게 된다. 과거 임신 시 신경관 손상증 기형을 보인 신생아를 낳은 경우, 다음 임신 때도 신경관 손상증을 지닌 아이를 출산할 확률이 높기 때문에 유전적인 소인이 중요하게 취급된다. 환경적인 요인 중 엽산을 비롯해 비타민 B_{12}와 B_6 등 임신기간 중 미량영양소가 중요하므로 이들의 영양상태가 양호하게 유지되어야 한다. 지난 15년간 수행된 대단위 역학조사에서 임신기 모체에 엽산 보충은 신경관 손상증 경험이 있었던 임신부에게는 적어도 임신 4주 전부터 임신 초기까지 하루 4mg의 엽산 보충을 적극 권장하며, 기타 모든 가임기 여성에게는 하루 0.4mg의 엽산 섭취를 제안하고 있다. 물론 식사를 통해서도 적정한 양의 엽산을 섭취할 수 있으나 이를 위해서는 채소와 과일을 충분히 섭취해야 한다. 미국에서는 엽산 섭취를 증가시키기 위해 1998년부터 밀가루제품에 엽산을 강화하고 있다.

(3) 임신 전 체중관리

모체의 임신 전 체중은 임신기 태아의 성장과 임신 결과에 영향을 미친다. 따라서 가임기에 속한, 임신을 계획하고 있는 여성은 자신의 체중을 바람직한 범위로 유지하는 것이 좋다. 임신 전 저체중이었던 여성은 임신기간 중에 체중 증가량이 많아도 아기의 출생체중은 낮은 경향이 있다. 또 조산아 출산율이 높고, 빈혈·고혈압 등 모체의 합병증 유발률도 높다. 한편 과체중이거나 비만인 여성도 체중 부족인 경우와 마찬가지로 임신 시 여러 위험요인을 갖게 된다. 특히 임신성 당뇨와 고혈압 유발률이 높다. 그러나 비만이더라도 임신기간 중 체중 감소를 위한 다이어트는 삼가야 한다.

임신성 당뇨(gestational diabetes) 임신기간에 혈당 농도가 상승하고 소변으로 포도당이 배출되는 증상이며, 분만 후 정상으로 회복됨

(4) 임신을 위한 영양계획

일반적으로 임신기간 중의 모성영양에는 관심을 많이 갖지만 임신 전의 영양

상태가 바람직한 임신 결과를 위해 중요하다는 인식은 약한 편이다. 그러므로 임신 전에 좋지 못한 임신 결과 또는 저체중아 출산과 관련이 있다고 알려진 위험요인들을 확인하고, 이를 최소화하도록 노력해야 한다. 흡연 여성은 금연을 시도하고, 술이나 약물 남용을 억제해야 하며, 기존의 질병은 치료하고, 기타 임상 문제가 있을 때는 전문가와 상담을 하는 것이 바람직하다. 임신 전의 건강과 영양상태를 점검하면 임신기간 중 모체 건강과 태아발달에 위험을 초래할 수 있는 인자를 감소시킬 수 있다. 특히 강조되는 사항은 다음과 같다.

저체중아(low birth weight infant) 출생 시 체중이 2.5kg 미만인 아기

정상적인 체중 유지

임신을 계획했다면 우선 자신의 체중을 점검하여 신장에 맞는 적절한 체중을 유지해야 한다. 저체중인 여성은 에너지 밀도가 높은 식품을 선택하여 체중을 증가시켜야 하며, 과체중인 경우에는 과식을 피하고, 에너지가 높은 식품의 섭취량을 줄이며, 규칙적인 운동을 통해 체중을 감량해야 한다.

균형 잡힌 식생활과 생활습관

가임기 여성, 특히 임신을 계획하고 있는 여성은 생선, 가금류, 살코기, 채소, 과일, 콩류, 전곡류, 기름 및 견과류와 같은 영양소 밀도가 높은 식품을 골고루 섭취하고 건강한 생활습관을 유지해야 한다. 이 같은 균형 잡힌 식생활과 생활습관은 건강한 임신 유지와 임신 결과의 기초가 된다. 아울러 영유아의 건강과 발달을 증진시키고 향후 성인기의 만성적인 건강문제를 감소시키는 데도 기여하게 될 것이다.

임신 전의 식사 패턴은 임신기에도 그대로 유지되는 경향이 있으므로 건강한 식생활을 실천하며 임신기를 맞이해야 한다. 균형 잡힌 식사의 실천 외에도 가능하면 술이나 알코올이 들어간 음료를 섭취하지 말고, 흡연을 삼가고, 마약 등의 약물을 복용하지 않아야 한다.

비타민과 무기질 보충

가임기 여성은 체내에 영양소 저장분을 확보하는 것이 좋다. 특히 철분, 칼슘 또는 엽산 등 임신기에 필요량이 크게 증가하는 미량영양소의 경우, 임신 전에

체내 함량을 높여두는 것이 임신기간의 결핍증 발현을 예방하는 방법이다. 그러나 일부 비타민과 무기질의 과잉 섭취 또는 과잉 축적은 해로울 수 있으므로 유의해야 한다. 균형 잡힌 식생활과 건강한 생활습관이 균형을 이루면 특별히 비타민이나 무기질 보충제를 섭취할 필요가 없다. 그러나 에너지 섭취량이 1,500kcal/일 미만인 여성이나 특정 영양소에 결핍증을 보이는 여성은 보충제를 복용해야 한다.

5. 가임기 여성의 건강문제와 영양관리

가임기 여성에게 나타나는 특이한 영양 관련 건강문제인 월경전증후군, 비만, 섭식장애, 임신 전 당뇨, 다낭성난소증후군, 선천성 대사장애 등은 여성의 건강과 생식기능에 중요한 의미를 지닌다.

(1) 월경전증후군

월경전증후군(premenstrual syndrome) 가임기 여성에게서 황체기 시작과 함께 신체적·심리적·행동적 증상이 나타나는 것

월경전증후군은 월경주기의 황체기에서 시작되어 월경출혈이 시작되면 사라진다. 이 증후군은 심각한, 그리고 생활을 방해하는 생리적·심리적 변화들로 특징지어진다. 월경전증후군의 일반적인 신체적 증상과 심리학적 증후들은 다음과 같다(표 1-4). 적어도 5개의 증상이나 증후가 세 번 연속으로 황체기 동안 나타나는 경우 월경전증후군으로 진단한다.

가임기 여성의 40%에게서 월경전증후군의 몇 가지 증상이 나타나며, 이들 여성 중 5~10%는 월경전증후군으로 간주할 만큼 그 증상이 심각했다는 보고가 있다. 이외에도 70%에 이르는 많은 여성이 월경생리와 관련해 하복부 경련,

표 1-4 **월경전증후군의 증상과 증후**

신체적 증상		심리적 증후	
• 피로	• 두통	• 달거나 짠 음식 갈망	• 감정의 기복
• 복부 팽만	• 예민한 유방	• 우울	• 근심
• 손발부종	• 메스꺼움	• 흥분	• 사회적 위축

복부팽만, 허리 통증, 두통, 음식 갈망, 또는 흥분 등으로 매달 고통스러워 하지만, 이는 월경전증후군으로 보지 않는다. 이러한 증상들은 월경기간 및 그 즈음의 프로스타그란딘 방출과 관련되어 발생하는 월경불순으로 본다.

월경전증후군의 원인은 뚜렷하게 알려져 있지 않으나, 배란 이후의 비정상적인 세로토닌의 활동과 연관되어 있을 것이라고 여겨진다. 항우울제의 활성성분인 세로토닌재흡수저해제가 효과적으로 월경전증후군의 증상을 감소시키는 것이 이러한 사실을 뒷받침한다. 월경전증후군을 위한 거의 모든 치료에서 위약만으로도 약 30%의 증상 감소가 나타나기 때문에, 효과적인 치료법으로 불리기 위해서는 위약을 복용한 여성에게서 이보다 더 높은 비율의 증상 완화가 있어야 한다. 약물 이외에 카페인 섭취 감소, 운동 증가와 스트레스 감소, 마그네슘, 칼슘, 비타민 B$_6$ 보충제 등도 월경전증후군을 완화시키는 데 사용되고 있다.

세로토닌재흡수저해제 (serotonin re-uptake inhibitor) 항우울제의 활성성분으로 세로토닌 재흡수를 억제하여 혈중 세로토닌 농도를 감소시킴

카페인

월경전증후군의 증상 완화를 위해서는 일반적으로 커피와 카페인 함량이 높은 음료의 섭취를 줄일 것이 권고된다. 오래전 한 대학에서 이루어진 연구에 따르면, 여성 대학생의 커피 섭취량을 하루 1컵에서 8~10컵까지 증가시킴에 따라 월경전증후군의 증상이 더 심해졌다. 커피를 마시지 않는 여성에 비해 하루 8~10컵을 섭취한 여성들에게는 심각한 증상의 발현 확률이 8배나 더 높게 나타났다.

운동과 스트레스

매일 신체활동을 증가시키고, 스트레스 요인을 감소시키자 많은 여성의 월경전증후군 증상이 완화되는 결과가 나타났다. 규칙적인 신체활동은 월경전증후군을 겪는 여성들의 활력을 증대시키고, 기분이 좋아지게 하며, 행복한 느낌을 향상시키는 경향이 있다. 또한 근육을 이완시키고, 천천히 숨을 쉬며, 눈을 감고, 편안하고 조용하게 앉아 있거나 조용히 '하나(one)'와 같은 단어를 말하면서 숨을 내쉬는 등의 방법으로 스트레스를 경감시키는 것도 월경전증후군의 증상을 완화하는 것으로 보인다. 한 연구에서는 5개월 이상, 매일 두 번에 걸쳐 15~20분 동안 운동을 할 때, 이러한 운동이 월경전증후군 증상의 58%의 개선

효과와 관련 있는 것으로 나타났다.

마그네슘, 칼슘, 비타민 B6의 보충효과

마그네슘, 칼슘, 비타민 B6 등의 영양소 보충제 섭취가 많은 여성의 월경전증후군 특정 증상을 감소시키는 것으로 보인다. 이러한 증상 완화와 관련된 기작은 아직 완전하게 규명되지 않았다. 한 연구에서 두 번의 월경주기 동안 매일 200mg의 마그네슘 보충제를 섭취하자 부종, 유방예민증, 복부팽만감이 경감되는 것으로 나타났다. 마그네슘 보충으로 인한 이로운 반응은 치료 2개월째에 나타났는데, 하루 200mg의 마그네슘 섭취는 상한 섭취량인 350mg보다 낮으므로 안전하다고 여겨진다.

한편 세 번의 월경주기 동안 하루 1,200mg의 칼슘 보충제를 섭취하게 하자 자극 감수성, 우울증, 근심, 두통 및 경련이 위약 그룹의 경우인 30%에 비해 48%까지 완화되었다. 이러한 칼슘의 효과는 보충제 사용기간에 따라 증가하였다. 칼슘의 상한 섭취량은 하루 2,500mg이다.

월경전증후군의 치료에 대한 비타민 B6의 보충효과는 초기 연구에서 매우 전망이 있어 보였으나 후기의 연구에서는 비타민 B6의 보충효과가 위약 그룹과 같은 정도라고 확인되었다. 따라서 비타민 B6의 보충은 더 이상 월경전증후군의 효과적인 치료법으로 여겨지지 않으며, 하루 100mg 이상을 섭취하면 독성을 보일 수 있어 주의가 필요하다.

(2) 비만

대사증후군(metabolic syndrome) 인슐린 저항성, 복부비만, 고혈압, 고지혈증 등의 증세가 3~4개 정도 동시에 나타나는 비정상적인 대사증후이며 심장병, 고혈압, 제2형 당뇨의 위험이 따름

성호르몬결합글로불린(sex hormone binding globulin, SHBG) 테스토스테론이나 에스트로겐 등 성호르몬과 결합하는 단백질. 이와 결합한 호르몬들은 생리활성을 나타내지 못함

비만은 인슐린 저항성, 고인슐린혈증, 만성염증, 산화스트레스, 그리고 대사증후군과 관련이 있다. 여성에게 비만은 혈중 인슐린 농도를 상승시켜 성호르몬결합글로불린 농도를 저하시키고, 난소의 테스토스테론 생성량을 증가시킨다. 과다 분비된 테스토스테론은 난자의 발달을 방해하여 배란장애가 발생하게 하고, 불규칙한 월경생리나 무월경이 나타나게 하거나 임신하는 데 걸리는 시간이 길어지게 한다.

비만 남성은 체지방률이 증가하면서 지방조직의 테스토스테론 대사 변화로

인해 출산력장애를 겪게 된다. 지방조직에는 테스토스테론을 에스트라다이올로 전환하는 효소가 존재하는데, 체지방이 축적되면 이 효소의 반응이 증가한다. 따라서 테스토스테론 수준이 감소하고 에스트라다이올이 증가하게 된다. 테스토스테론의 저하는 정자 생성의 감소를 유도하여 출산력을 저하시킨다. 또한 내장 복부지방의 축적은 산화스트레스를 유발하여 정자의 세포막에 존재하는 불포화지방산의 산화를 촉진하거나 정자핵의 DNA를 손상시켜 정자의 기능과 운동성을 크게 떨어뜨린다.

내장 복부지방(intra-abdominal fat) 간, 췌장, 소장 등이 위치한 복강 내에 축적되어 있는 지방으로 일명 내장 지방이라고 함

따라서 비만상태의 불임 여성과 남성은 치료요법으로 우선 체중 감량을 선택해야 한다. 남성은 체중 감량만으로도 테스토스테론의 수준이 정상으로 회복되며 성호르몬결합글로불린 수준이 증가하고, 여성은 성호르몬결합글로불린 수준이 증가하고, 에스트로겐, 혈당 및 인슐린 수준이 감소한다. 이 방법은 약물치료에 비해 비용이 적게 들며 건강상의 이점이 많다.

(3) 섭식장애

거식증과 폭식증은 여성의 생식기능에 부정적인 영향을 주어 일부 여성에게 무월경이나 생리불순을 초래한다. 섭식장애를 가진 여성은 임신을 하더라도 유산이나 조산, 저체중아 출산과 같은 좋지 못한 임신 결과가 나타나기 쉽다. 섭식장애 여성은 체지방량이 극히 낮은 상태이기 때문에 지방세포에서의 에스트로겐 생성량이 크게 감소하며 난소에서도 에스트로겐 분비량이 저하된다. 그 결과, 골밀도가 낮아지고 골다공증이나 골절의 위험성이 높아진다. 섭식장애 증상이 개선되어 정상적인 식생활로 돌아오면 체중 증가가 뒤따르면서 배란이나 월경생리가 회복된다.

거식증(anorexia nervosa) 극심한 체중 감소, 왜곡된 신체 이미지, 체중 증가나 비만에 관한 극심한 공포를 지니는 섭식장애
폭식증(bulimia nervosa) 짧은 시간에 많은 양의 식품을 한꺼번에 무절제하게 섭취하는 섭식장애

거식증에 대한 초기 치료의 목표는 체중을 바로잡는 것이며, 신경성 폭식증의 치료 목표는 섭식행동을 정상화하는 것이다. 신경성 식욕부진의 치료법으로는 개인, 가족, 또는 그룹 치료법이 권장되며 심각한 경우에는 입원 치료가 요구된다. 정신과적 치료를 위한 약물 투여도 신경성 폭식증의 완화에 다소 효과가 있지만, 인지-행동요법이 가장 좋은 치료 방법으로 인정되고 있다.

(4) 임신 전 당뇨

임신 전에 당뇨가 유발된 여성 중 다수는 이 질환이 모성과 태아의 합병증 위험을 증가시킨다는 것을 깨닫지 못하는 듯하다. 이들은 임신 전부터 혈당을 조절하여 정상혈당을 유지해야 하는데, 그렇지 못한 경우가 흔하게 나타나고 있다. 임신 초, 첫 두 달 동안 모체의 혈당 수준이 높으면 **기형 유발**의 위험성이 커져 선천성 기형 발생 확률이 두 배에서 세 배까지 증가한다. 즉, 임신 첫 두 달 동안 혈당이 높게 유지되면 유산율이 높을 뿐더러 자궁 내 고혈당 노출이 신생아의 골반, 중추신경계, 심장 등에 기형을 발생시킬 수 있다.

당뇨병의 혈당관리는 부분적으로 당뇨병의 유형에 따라 다르다. **제1형 당뇨**는 인슐린의 생산이 이루어지지 않거나 그 양이 충분치 않으므로 인슐린 투여가 반드시 필요하지만, **제2형 당뇨**는 인슐린을 생산하나 인슐린 저항성 때문에 인슐린을 이용하지 못하기 때문이다. 따라서 여성의 제1형 당뇨는 성인이 되기 전에 발병한 것이고, 제2형 당뇨는 대부분 성인기에 발생한 것이다.

한편 과체중이거나 경계 영역의 높은 혈당 수준(포도당 내성손상)을 지닌 여성들은 임신기간 동안 이것이 제2형 당뇨로 진행될 위험성을 감소시켜야 한다. 적당한 수준의 체중 감소(약 5kg), 지방 섭취 감소(특히 트랜스지방), 식이섬유 섭취 증가, 규칙적인 신체활동 등은 성인 중 50%, 또는 그 이상의 제2형 당뇨 개시를 예방하거나 지연시킨다고 알려져 있다. 따라서 임신 전에 과체중과 손상된 포도당 내성을 보이는 여성들은 건강상의 이점이 많은 체중 감소나 식사 섭취 또는 신체활동의 개선을 적극 고려해야 한다. 임신성 당뇨 및 제2형 당뇨의 예방관리를 위한 방법을 요약하면 다음과 같다.

- 체중 감소
- 규칙적인 운동
- 건강한 식생활
- 식이섬유 섭취 증가
- 혈당지수가 낮은 식품 섭취
- 다양한 채소와 과일 섭취

기형 유발(teratogenic) 배아나 태아에게 선천적 장애를 유도하는 물질

제1형 당뇨(type1 diabetes) 인슐린을 생성하는 췌장의 세포의 손상으로 고혈당을 나타내며 주로 성장기에 발생

제2형 당뇨(type2 diabetes) 체조직에서 인슐린 이용이 제한되어 고혈당을 나타냄. 인슐린 생성은 충분해도 체세포가 인슐린 저항증을 보여줌

혈당지수(glycemic index, GI) 탄수화물 50g에 해당하는 식품을 섭취한 후 상승한 혈당 수준을 비교하는 지수

(5) 다낭성난소증후군

월경생리가 불규칙하거나, 임신이 되지 않아 산부인과를 방문하는 가임기 여성 중 5~10%가량이 다낭성난소증후군으로 진단받는다. 다낭성난소증후군을 앓는 여성의 불임은 우선적으로 무배란과 관련이 있다. 이러한 여성의 난소는 외벽이 두껍고 딱딱하며 황색을 띤다.

다낭성난소증후군을 지닌 여성의 절반가량은 과체중이거나 비만이고 정상체중이더라도 일반적으로 복부지방이 과다한 특성을 보인다. 또한 이들은 혈중 인슐린, 중성지방 및 남성호르몬의 농도가 상승되어 있고, HDL-콜레스테롤 농도는 저하되어 있다.

다낭성난소증후군은 테스토스테론과 같은 남성호르몬의 과다 생성을 유도하는 특수 유전인자에 의해 발생한다고 알려져 있으므로 여기에 일부 유전적 소인이 관여한다고 볼 수 있다. 이외에 중요한 인자로 인슐린 저항성이 있는데, 고인슐린혈증이 유발되면 난소에서 남성호르몬(테스토스테론)의 생성이 자극되며, 과다 분비된 남성호르몬이 난소에서 난포의 발달을 방해한다. 10대를 비롯해서 가임기의 다낭성난소증후군 발생률은 과체중과 비만 여성에게서 높으며 이들 여성은 자연유산, 임신성 당뇨, 제2형 당뇨, 고혈압 및 심장질환의 위험도가 높다.

다낭성난소증후군의 예방과 관리에서 우선시되는 것은 식사 변경, 체중 조절, 그리고 운동이다. 체중 감소나 운동은 인슐린 예민도를 개선하고, 혈액의 지질, 인슐린, 포도당 및 테스토스테론 농도를 감소시키므로 다낭성난소증후군으로 진단받은 여성은 꾸준히 바람직한 생활습관을 실천해야 한다. 다낭성난소증후군의 예방과 관리에 권장되는 식품으로는 지방이 적은 살코기, 전곡류와 항산화영양소와 식이섬유가 풍부한 과일과 채소, 저지방 유제품, 비타민 D, 혈당지수가 낮은 탄수화물이 있다. 다낭성난소증후군의 증상을 치료하기 위해 약물요법을 실시할 때도 식사 조절과 운동을 병행하면 그 효과가 훨씬 좋아진다.

다낭성난소증후군(polycystic ovary syndrome, PCOS) 난소막에 여러 개의 비정상적인 포낭이 형성되어 있으며, 인슐린저항증, 비만, 월경생리 장애, 무월경, 불임 및 여드름이 나타나는 증상

(6) 선천성 대사장애

배아의 발달, 또는 수정능력에 영향을 미치는 대표적인 선천성 대사 결함으로는 페닐케톤뇨증과 지방변증이 있다.

페닐케톤뇨증

페닐케톤뇨증(phenylketonuria, PKU) 페닐알라닌수산화효소 결핍으로 인한 페닐알라닌의 선천적 대사장애

페닐케톤뇨증은 소변으로 페닐알라닌이 배설되는 특징에 의해 명명되었다. 이는 페닐알라닌수산화효소(phenylalanine hydroxylase)의 결핍이나 부족에 의해 혈중 페닐알라닌 수준이 증가하는 유전적 질환이다. 이 효소의 부족은 필수 아미노산인 페닐알라닌이 비필수 아미노산인 타이로신으로 전환되는 것을 감소시키므로 혈중 페닐알라닌의 축적을 야기한다. 만약 임신 초기에 이 질환을 관리하지 않으면, 혈중의 높은 페닐알라닌 수준으로 인해 태아의 중추신경계 발달이 손상된다. 페닐케톤뇨증을 치료하지 않은 상태로 임신을 유지하면 정신 지체아를 출산할 가능성이 92% 정도로 높아지고, 소두증(microcephaly)을 가진 신생아를 출산할 가능성이 73%나 된다.

페닐케톤뇨증은 경험이 많은 영양사들의 도움으로 모니터된 저페닐알라닌 식사를 통해 성공적으로 관리할 수 있다. 이러한 조절식사는 일생 동안 섭취해야 하지만, 태아의 정상적인 성장·발육을 위해 임신 직전과 임신 전 기간 동안 특히 고수해야 한다. 임신 전에 정상적인 혈중 페닐알라닌 수준을 확립하고 임신기간에 그 수준을 유지한 여성은 거의 정상적인 지적 능력을 지닌 신생아를 출산하게 된다.

지방변증

지방변증(celiac disease, 글루텐유인 장질환) 밀, 호밀, 보리 및 귀리에 있는 글루텐의 글리아딘에 민감한 선천성 대사장애로 지방 흡수 불량과 지방변증을 나타냄

지방변증의 유전적 소인을 지닌 사람들은 밀과 호밀, 그리고 보리와 귀리에 적은 양 함유된 글루텐에서 발견되는 단백질 글리아딘에 민감한 반응을 보인다. 이 반응은 소장의 융모를 손상시켜 점막층을 평평하게 만들어 글루텐을 섭취했을 때 지방을 비롯해 여러 다른 식품 성분의 흡수 불량을 일으킨다. 이러한 흡수 불량으로 인해 여러 영양소의 결핍이 야기되므로 성장기에 성장이 저해된다. 지방변증의 진단이 지체되면 필요한 식사요법을 수행하지 못해 부작용이

커지게 된다. 지방변증의 증상이 나타나는 평균 나이는 이 질환으로 진단되기 전인 11세이다.

지방변증은 여성은 물론 남성의 불임과도 연관된다는 증거가 뚜렷하다. 남성에게는 성 성숙 지연과 비정상적인 테스토스테론 이용성이 야기되고, 여성에게는 무월경으로 인한 불임이 나타난다. 또한 임신 중에 이를 치료하지 않으면 유산하거나, 태아의 성장저해로 인해 저체중아를 출산하거나, 출산 후 수유장애와 같은 바람직하지 못한 결과가 초래될 수 있다. 지방변증은 아연, 엽산 및 철분의 흡수 불량으로 인한 비타민과 무기질의 결핍을 수반하게 되어, 불임을 야기하거나 좋지 않은 임신 결과를 불러온다.

지방변증을 겪는 모든 사람이 명확한 불임증상을 보이는 것은 아니므로 이 질환을 불임의 근본적인 원인이라고 보지는 않는다. 설사 지방변증으로 확진되었더라도 식사에서 글루텐을 제거하고 영양소 결핍을 교정하면 남녀 모두의 수정능력이 정상으로 회복된다.

CHAPTER 2
임신기 영양

임신기간 동안 태아의 생존과 성장발달은 온전히 모체에 달려 있다. 태아의 근육을 구성하는 단백질이나 뼈와 치아의 발달에 사용되는 무기질은 모두 임신부가 식사로 섭취했거나 모체 조직의 저장분으로부터 공급받은 것이다. 따라서 갓 태어난 아기의 신체는 '임신하고 있는 동안 그의 어머니로부터 받은 영양소 그 자체'이다. 임신기간 중 태아의 영양 상태는 출생 후에도 오랜 기간에 걸쳐 성장발달에 영향을 발휘한다.

임신부는 생리적으로, 정서적으로 많은 변화를 겪으면서 '엄마'가 된다. 따라서 성공적인 임신과 출산을 위해서는 임신기 동안의 생리적 변화를 이해하고, 임신부의 영양소 요구량 및 영양 관리 전반에 대한 정보를 알아야 한다.

학습목표
여성의 신체적 특성과 태아 성장에 따른 임신기의 생리적 변화, 태아발달 및 영양필요량을 이해하고, 이를 임신부의 영양관리에 활용할 수 있도록 한다.

1. 임신 생리

임신은 하나의 난자와 정자가 결합하는 순간, 즉 수정에서부터 시작된다. 수정란의 착상과 동시에 태반이 형성되고 '하나의 세포'였던 태아는 280일에 걸쳐 3.5kg 정도로 성장한다. 태아의 성장은 자궁 내에서 태반과 연결된 제대(탯줄)를 통해 모체혈로부터 영양소를 공급받게 되므로 임신과정과 태반조직의 기능 및 태아발달 양상을 통합하여 이해할 필요가 있다.

(1) 수정과 착상

임신은 수정과 함께 시작된다. 여성의 질 내에 200~300만 개의 정자가 들어오지만 자궁을 거쳐 난관으로 이동해 배란된 난자에 접근하는 정자는 불과 100여 개 정도이다. 수정이란 난소 가까이에 있는 난관 팽대부에서 정자가 난자로 침투하면서 난자와 정자, 즉 부모의 유전인자들이 서로 합쳐지는 것이다(그림 2-1). 수정란은 자궁 쪽으로 이동하면서 분열을 시작하고 수정된 지 6일경에 착상이 시작된다. 착상할 때는 약 0.1mm 크기의 포배(blastocyst)가 자궁내벽의 상피세포 내로 파고들어간다. 포배는 배아를 형성하는 세포군과 영양세포

태반(placenta) 임신 중 태아와 모체의 자궁을 연결하는 기관. 태아에게 영양분을 공급하고 배설물을 내보내는 기능을 함

태아(fetus) 포유류의 모체 안에서 자라고 있는 유체로 사람의 경우 수태하여 2개월이 지난 뒤 인체의 모습을 갖춘 것을 뜻함

제대(탯줄, umbilical cord) 태아와 태반을 연결하는 관. 이를 통해 산소와 영양분을 공급하며 물질대사를 함

배란(ovulation) 난소에서 성숙된 난자가 배출되는 현상

배아(embryo) 수정 후 2~8주 된 상태로 이미 대부분의 신체기관이 형성되어 있음

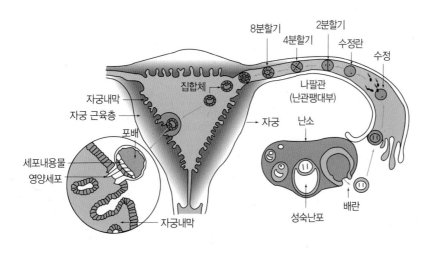

그림 2-1 수정과 착상
자료: Kretchmer N & Zimmerman M(1997). Developmental Nutrition. p.64.

(trophoblast)군이라는 두 가지의 서로 다른 세포군으로 구성되어 있는데, 전자는 태아로 발달하며, 후자는 태반을 형성한다.

(2) 태반

태반은 영양세포군으로부터 발달하여 태아와 모체를 연결해준다. 태반에서 분비되는 호르몬은 모체의 영양소대사에 영향을 미쳐 임신을 유지하게 하고, 선택적 물질 이동을 통해 태아를 보호하는 장벽의 역할을 수행한다.

태반의 기능

태반은 모체와 태아조직이 합쳐져서 만들어진 원반 모양의 기관이다(그림 2-2). 태아는 자궁에서 태반과 연결된 제대(탯줄)를 통해 모체의 혈액으로부터 성장발달에 필요한 영양소와 산소를 공급받고, 노폐물을 배설한다. 시간당 30L의 혈액이 태반을 통해 태아로 순환되는데, 이때 모체에서 태아로 또는 태아에

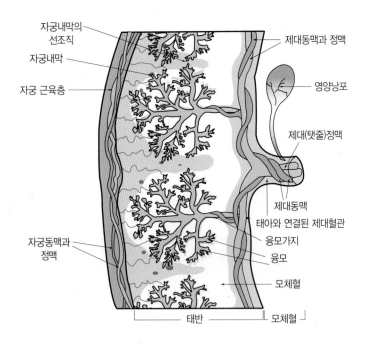

그림 2-2 **태반의 구조**
자료: Vander AJ & Sherman JH & Luciano DS(2001). Human physiology. 8th de, p.667.

서 모체로 여러 가지 물질이 선택적으로 이동된다. 태반에서의 선택적 물질 이동은 해로운 성분이나 고분자 화합물로부터 태아를 보호하는 혈액-태반장벽의 역할을 수행한다. 또한 태반은 일부 물질을 대사시키고, 10여 가지 호르몬을 분비하여 임신기 모체의 영양소대사에 큰 영향력을 발휘한다.

태반조직은 모체 혈액으로부터 공급되는 포도당의 30~40%가량을 에너지로 사용하므로 모체로부터의 영양소 공급이 부족하면 태반조직이 태아에게 영양소를 전달하기 전에 우선적으로 이들을 이용한다. 따라서 태반조직의 요구량보다도 영양소가 적게 공급되면 태반기능은 저조해지고 태아 영양과 모체 건강이 위협받게 된다.

태반을 통한 영양소 이동 기전

태반을 통한 영양소의 이동 기전은 모체 혈액과 제대 혈액의 영양소 농도를 비교하여 추정할 수 있다. 양쪽의 농도가 동일하다면 이 영양소는 단순확산이나 촉진확산에 의해 이동한다고 볼 수 있다. 단순확산은 대부분의 영양소의 경우 모체 혈액의 농도가 제대 혈액보다 높으므로 농도가 낮은 태아 쪽으로 평형에 도달할 때까지 이동한다. 촉진확산은 운반체를 이용하므로 단순확산보다 빠른 속도로 이동하지만 이 역시 농도가 높은 쪽에서 낮은 쪽으로 수송된다. 반면에 능동적 수송기전은 농도차에 역행하는 이동으로 일부 영양소의 경우 태아 쪽 제대혈의 농도가 모체 혈액보다 높아도 제대혈 방향으로 이동한다. 능동수송은 운반체 단백질과 대사 에너지를 필요로 한다. 한편 대부분의 혈장 단백질은 분자량이 커서 태반의 융모막을 통과하지 못하므로, 태아는 모체에서 태반을 통해 수송된 아미노산을 이용해 필요한 단백질을 스스로 합성하게 된다.

표 2-1 태반을 통한 영양소 이동 기전

이동 기전	영양소
단순확산	물, 일부 아미노산과 포도당, 유리지방산, 케톤체, 비타민 E와 비타민 K, 나트륨, 염소, O_2, CO_2
촉진확산	일부 포도당, 철, 비타민 A와 D
능동기전	수용성 비타민, 일부 무기질(칼슘, 아연, 철, 칼륨), 아미노산
음세포작용	면역글로불린, 알부민

그러나 모체 면역글로불린의 하나인 IgG는 음세포작용에 의해 태반을 통과해 태아의 혈액으로 이동한다. IgG는 태아에게 감염성질환에 대한 저항력을 갖게하는데 이러한 저항력은 출생 후 6~9개월까지 유지된다(표 2-1).

(3) 태아발달

수정란은 수정과 동시에 세포분열이 일어나면서 착상되고, 이때부터 태아가 발달하기 시작한다. 태아는 임신 첫 8주 동안의 배아기와 그 이후부터 출생까지의 태아기로 구분한다(그림 2-3).

배아기

임신 초기 몇 주 동안의 배아기(embryonic phase, 임신 첫 8주)는 수정란의 착상에 매우 중요한 시기이다. 배아의 착상 실패율은 10%나 되고 착상된 경우라도 50% 정도는 임신을 확인하기 전에 유산될 수 있다. 배아 자체의 비정상적인 발달이나 배아를 둘러싸고 있는 영양조직의 발달 이상으로 인해 임신이 유실되기 때문이다. 3주가량 된 배아는 세포분열과 분화로 신체기관을 형성하기 시작하는데 이 시기를 형태 발생기라고 한다.

형태 발생기에 배아는 외배엽, 중배엽 및 내배엽의 세 배엽으로 발달한다. 이

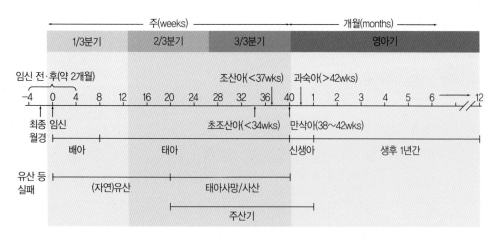

그림 2-3 임신 전후 시기별 태아 및 신생아 상태 구분
자료: Brown JE. Nutrition through the Life Cycle(2005).

후 세포의 분화에 의해 외배엽에서 뇌, 신경계, 피부 등이 형성되고, 중배엽에서 심장순환계, 신장, 근육 및 골격계통이 만들어지며, 내배엽으로부터는 소화기, 호흡기 및 선(腺)조직들이 발달한다.

임신 1/3분기에 해당하는 이 형태 발생기에는 적절하고 균형 잡힌 영양이 매우 중요하다. 만약 이 시기에 영양소 공급이 충분하지 못하면 선천적인 기형이 나타나거나 태아의 성장과 발달에 장애가 생길 수 있다.

태아기

배아기를 거친 임신 9~10주경의 태아는 무게가 6g에 지나지 않지만, 주요 기관이 모두 형성되어 있으며, 심장 박동이 시작되고, 사지가 움직인다. 태아기(fetal phase, 9주~출생 전)의 성장속도는 일생의 어느 시기보다도 빠르다. 배아기에 형성된 주요 신체기관과 조직들은 점차 성장하여 태아의 무게는 6g에서 3,000g 이상으로 증가한다. 임신 전반기의 영양결핍이 특정 세포나 기관에 영향을 끼치는 데 비해, 임신 후반기의 영양결핍은 전반적인 성장저해를 가져온다.

출생 시 체중은 향후 영유아기의 건강을 예측하는 좋은 지표가 된다. 저체중아는 정상체중아에 비해 질병이환율과 영아사망률이 높다.

2. 임신기 모체의 변화

수정란의 착상, 태반의 발달 및 태아의 성장은 모체인 임신부에게 여러 가지 생리적 변화를 일으킨다. 이러한 변화는 주로 태반조직에서 분비되는 호르몬이 주도한다. 임신 중 모체에 나타나는 생리적 변화는 태아의 성장을 정상적으로 유지하고 분만 후 수유기를 준비하기 위한 것이라고 할 수 있다.

(1) 생리적 변화

임신기에는 태아에게 많은 양의 영양소와 산소를 공급하기 위해 혈장량과 심박출량이 증가되어 혈액 희석현상이 나타나며, 소변량도 증가한다. 또 임신 중 호르몬의 변화가 위장관 기능 저하를 야기하게 된다.

호르몬 분비의 변화

수정란이 착상을 하면 황체에서 분비되는 에스트로겐과 프로게스테론은 뇌하수체 전엽의 난포자극호르몬과 황체형성호르몬의 분비를 억제한다. 세포영양막에서 생성되는 융모막성선자극호르몬(hCG)은 황체형성호르몬 작용을 이어받아 혈관신생을 촉진시키고 자궁내벽을 증식시킨다. 태반이 형성되면 에스트로겐과 프로게스테론의 분비가 임신 말기까지 계속 증가하면서 태반 형성과 유방발달, 태아성장에 관여한다. 분만기가 되면 뇌하수체 후엽에서 옥시토신이 분비되면서 자궁 수축을 야기하는데, 프로게스테론은 분만 시까지 옥시토신의 감수성을 억제한다(그림 2-4).

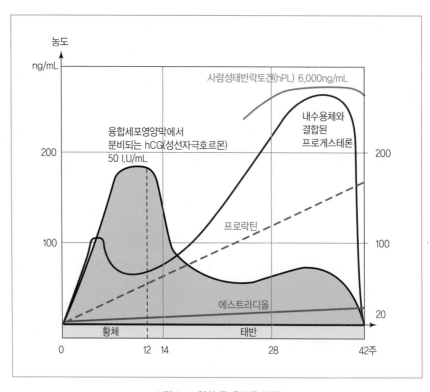

그림 2-4 **임신 중 호르몬 변화**

심장 · 순환기능: 혈액의 양과 조성

임신기에는 많은 양의 영양소와 산소를 태아에게 전달하고 동시에 태아의 대사산물을 효율적으로 배설하기 위하여 모체의 혈장량이 임신 전보다 45%가량 증가한다(표 2-2). 또 심박동 수가 증가하면서 심박출량이 임신 전보다 30~50%가량 늘어나 태반과 신장으로 많은 양의 혈액이 순환하게 된다.

알부민을 비롯한 혈장 단백질과 적혈구의 합성 역시 현저히 증가한다. 그렇지만 그 증가량이 혈장량 증가에 미치지 못해 혈중 농도가 감소하는 '혈액 희석현상'이 나타난다(그림 2-5). 따라서 임신 중 빈혈을 판정할 때는 생리적 혈

표 2-2 **임신기 모체, 태아조직 발달 순서**

조직	발달 순서	최대 성장 시기
모체 혈장 부피	1	20주
모체 영양소 저장	2	20주
태반 무게	3	31주
자궁 내 혈액 흐름	4	37주
태아 체중	5	37주

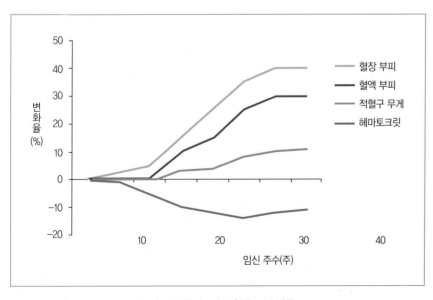

그림 2-5 **임신기간의 혈액 조성 변화**

액 희석을 감안하여 비임신기 빈혈 판정 기준인 '12g/dL'보다 낮은 기준을 적용한다. 즉, 임신 초반기(1/3분기)와 후반기(3/3분기)에는 11g/dL 미만일 때, 임신 중반기(2/3분기)에는 10.5g/dL미만일 때를 빈혈로 판정한다.

신장의 기능 변화

레닌(renin) 콩팥의 겉질(신피질)에서 분비되는 단백질가 수분해효소의 일종. 이것이 분비되면 안지오텐신과 알도스테론의 분비를 자극하여 혈압을 높이는 효과가 있음

알도스테론(aldosterone) 부신겉질에서 생성·분비되는 전해질 조절 호르몬으로. 신장에서 나트륨과 물의 재흡수를 증가시킴으로써 체액을 증가시킴

임신기간 중 혈장량의 증가는 레닌과 알도스테론의 작용과 관련이 있다. 임신 중에는 이들 효소의 활성이 2~20배 증가하는데 이로 인해 수분이 약 7L 이상 증가하고, 나트륨은 약 17g 정도 늘어난다. 따라서 신장으로 관류되는 혈액량이 임신하기 전보다 50~85%가량 증가하므로 모체와 태아조직에서 생성된 많은 양의 대사산물들을 충분하게 배설할 수 있다. 그러나 이로 인해 포도당, 아미노산 또는 기타 영양소의 여과량이 많아져서 이들 물질이 세뇨관의 재흡수 범위를 초과하게 되면 소변을 통해 배설되는 양이 증가하기도 한다.

위장관의 기능 변화와 소화장애

에스트로겐(estrogen) 난소와 태반에서 생성되는 스테로이드계 여성호르몬으로 2차 성징과 월경주기의 출현을 유발함

임신 중 혈액 내 프로게스테론과 에스트로겐 농도가 상승하면 위장관을 이루는 평활근이 이완되어 위 배출속도가 지연되고, 소화기능이 저하되며, 장내 가스 발생량이 많아져 식사 후 포만감 또는 복부팽만을 느끼게 된다. 이때 임신부는 답답함과 식욕 저하를 호소하여 영양요구량을 충족하는 데 어려움이 생길 수 있다.

위배출 지연과 함께 식도하부 괄약근의 강도가 감소되어 위에 있던 음식물과 위산이 식도 하부로 역류하게 되면서 답답함과 속쓰림 증상을 야기하는 가슴앓이(heartburn)가 나타나기도 한다. 특히 임신 후반기에는 확대된 자궁이 위장을 압박하면서 위 내용물의 역류가 더 자주 발생할 수 있다. 이와 같은 증상에 대한 대처 방법은 음식을 소량씩 자주 섭취하는 것이다. 아울러 편안한 마음으로 천천히 먹는 것이 좋고, 가스를 많이 발생시키는 강한 향미음식을 삼가야 하며, 운동 직전에는 음식을 섭취하지 않아야 하고, 식사 후 눕는 것을 피해야 한다. 또한 잠자기 전 3시간 이내에는 음식을 섭취하지 않는 것이 좋으며, 음료 섭취를 증가시키고, 식이섬유가 많이 들어 있는 전곡, 과일, 채소, 마른 과일, 특히 자두나 자두주스를 먹게 되면 배변에 도움이 된다. 변비 방지제 또는

설사제의 사용은 가급적 피해야 하며, 전문의의 판단하에 사용해야 한다.

이때 장 운동성이 떨어져 영양소의 흡수에 충분한 시간이 확보되는 장점이 있는 반면, 결장에서는 수분의 흡수가 증가되어 변비 증상이 나타나기도 한다. 이러한 변화로 철, 칼슘 및 비타민 B_{12}의 흡수율은 증가하나, 포도당의 흡수속도는 느려지는 등 여러 영양소의 흡수율이 변하기도 한다.

이외에도 임신부는 담석증 발생률이 높다. 이는 임신기간 중에 담즙 분비가 지연되고 담즙에 더 많은 양의 콜레스테롤이 함유되어 담석이 보다 쉽게 형성되기 때문이다.

(2) 섭식행동의 변화

임신기 호르몬의 변화는 메스꺼움, 구토, 소화불량, 피곤함 등의 증상을 특징으로 하는 입덧을 야기함으로써 식욕 및 식품에 대한 기호도를 변화시킨다. 또 임신기에는 식품이 아닌 물질을 먹으려고 하는 이식증이 나타난다.

이식증(pica) 식품이 아닌 물질을 먹으려고 하는 강박 증상

입덧
임신기에 나타나는 메스꺼움과 구토 증상은 '입덧'이라고 하며 주로 이른 새벽이나 아침에 일어난다고 하여 'morning sickness'라고도 일컫는다. 메스꺼움이나 구토 이외의 입덧 증세로는 식욕부진, 소화불량, 피곤함 등이 있다. 입덧은 대개 임신 초 2~3개월 동안 지속되나 임신 전 기간 동안 계속되는 경우도 있다. 입덧의 원인은 임신 초기에 정상적으로 발생하는 호르몬 분비의 변화에 근거한 생리적인 현상 또는 임신 자체에서 오는 긴장과 불안감에서 오는 심리적인 현상일 수도 있다. 임신 시 냄새에 민감해지는 현상 역시 입덧 발생과 관련이 있다. 우리나라 임신부들의 입덧을 주로 야기하는 음식은 밥, 김치, 생선, 기름진 음식 등이다.

입덧에 대한 대처 방법으로는 식사를 소량씩 자주 섭취하거나 메스꺼움이나 구토 증상이 나타나면 크래커나 비스킷과 같이 쉽게 소화되는 식품을 섭취하는 것이다. 또한 조리할 때 나는 냄새를 가능한 한 피하고, 물은 음식과 함께 마시는 것보다 식후에 마시는 것이 좋다. 만약 심한 구토 증세, 비정상적인 메

스꺼움과 울렁거림이 장기간 지속되면 탈수나 전해질 불균형, 체중 감소 등을 막기 위해 임상적인 치료를 받아야 한다. 그러나 임신 초기에 약하게 나타나는 입덧 증세는 정상으로 간주되며 태아에게 아무런 해가 없으므로 염려할 필요는 없다.

식욕의 변화

임신을 하면 식욕 변화가 뚜렷하다고 하지만 임신부의 식욕과 관련된 연구는 많지 않다. 일부 연구에서는 임신 초기에 영양상태가 양호한 임신부의 에너지 섭취량은 임신하기 전보다 약간 증가하여 하루에 50~70kcal 정도를 더 섭취하는 것으로 나타났다. 이는 달걀 1개 또는 우유 1/2컵에 해당되는 양이다.

임신부의 에너지 섭취는 주로 임신 중·후반기에 증가한다. 임신기 모체의 식사 섭취량은 태반 호르몬에 영향을 받을 수 있다. 혈액 내 프로게스테론과 에스트로겐 농도의 상승은 식욕을 증가시키는 경향이 있다. 임신 중반기에 들어서면 배고픔을 많이 느끼면서 식사 섭취량이 크게 증가한다. 이와 같은 현상은 임신 중반기 이후에 모체의 체중이 뚜렷하게 증가하는 것과 시기적으로 일치한다.

식품의 기호

대부분의 임신부들은 식품 기호에 변화가 생겨 특정 식품의 맛이나 향미에 대한 기호가 좋아지거나 싫어진다. 임신부의 미각과 식품 섭취 패턴은 변경되지 않는다는 연구결과가 있기도 하나, 대체로 임신 중반기에는 단맛이 나는 음식을 선호하며, 후반기에는 짠맛에 대한 예민도가 감소되면서 짠 음식을 선호하는 것으로 보인다. 일부 임신부의 경우 평소와 달리 특정 식품을 선호하기도 하지만 혐오감을 느끼는 경우도 있다. 임신부들이 특히 선호하는 음식은 단 음식, 과일, 유제품 등이며 혐오하는 음식으로는 고단백 식품, 육류, 알코올이나 카페인이 함유된 음식이 있다. 특정 식품에 대한 선호와 혐오가 동물성 단백질 섭취를 다소 감소시켜 단순당의 섭취를 증가시킬 수도 있으나 식사의 질에는 큰 변화가 없는 것으로 보인다.

이식증

임신기에 나타난 이식증의 주요 대상 물질은 먼지, 지푸라기, 진흙, 세탁풀 등이다. 이외에도 얼음이나 냉동고 서리, 성냥, 자갈, 숯, 담뱃재, 베이킹파우더, 커피 알맹이 등을 섭취하는 경우도 보고되었다. 이식증의 의학적 원인은 명확하게 규명되어 있지 않으나 보편적인 현상이라고 생각된다. 이는 특정 집단에만 제한되어 나타나는 것은 아니다. 이식증으로 인해 영양이 풍부한 식품의 섭취가 감소되어 필수영양소가 부족해질 수 있고, 전분류와 같이 에너지 함량이 높은 물질을 과다 섭취하면 비만을 초래할 수도 있다. 이식증의 대상 물질 중에는 독성이 있는 것도 있으며, 무기질 흡수를 저해하는 것도 있다. 흔하지는 않으나 이식증으로 인해 납 중독, 빈혈, 위장장애 및 기생충 감염이 발생할 수도 있다.

(3) 영양소 대사의 변화

임신기에는 모체조직의 해부학적·생리적 변화와 함께 모체의 항상성 유지와 태아의 성장·발달을 위해 영양소의 대사에 변화가 나타난다.

호르몬의 작용

태반에서 분비되는 호르몬들은 임신기간 중 모체의 영양소대사를 조절하는 가장 주요한 역할을 담당한다(그림 2-4). 이들 호르몬이 인슐린의 작용에 영향을 끼치기 때문이다. 임신기간 동안 식후 인슐린 분비는 급격히 상승하는데, 고농도의 인슐린은 임신 초반에 여러 가지 동화적인 대사를 촉진해서 모체에 지방, 글리코겐 및 단백질을 축적시킨다. 그러나 임신이 진행됨에 따라 태반에서 에스트로겐, 프로게스테론 및 사람성태반락토겐(hPL)의 분비량이 많아지면서 이화적인 대사가 일어난다. 이는 이들 호르몬의 작용이 인슐린의 동화적인 작용과는 상반되기 때문이다. 따라서 임신 후반기에 들어서면 모체조직에 저장되었던 지방, 글리코겐 및 단백질이 분해되어 빠른 속도로 성장하는 태아와 태반에 이들 영양소를 공급한다.

다량영양소 및 에너지대사 변화

임신기간 동안 태아와 태반조직에서는 동화과정이 계속 진행되지만, 모체조직의 경우 임신 초기에는 동화작용이 일어나나 후반기로 접어들면서 이화적 상태로 변한다. 즉, 임신 초기에 에너지는 모체의 지방조직에 단백질은 근육조직에 저장되었다가 임신 후기에는 각각 포도당과 아미노산 형태로 태아에게 수송된다. 임신기간 중 모체조직은 단백질을 비교적 경제적으로 이용하며, 가능한한 태아를 위해 아미노산을 사용하려고 한다.

동화 단계인 임신 전반기와 이화 단계인 임신 후반기 모체의 대사적 특징은 표 2-3과 같다.

미량영양소의 대사 변화

임신 시에는 혈중 에스트로겐 농도가 상승하면서 간 조직에서 미량영양소의 운반에 필요한 여러 가지 혈장단백질의 합성이 증가한다. 예를 들면, 트랜스페린이나 세룰로플라즈민의 농도가 높아져 철분이나 구리의 이동을 증가시킨다. 또한 소화관으로부터 칼슘이나 철의 흡수율이 높아져 흡수량이 많아진다. 비타민 C 또는 비타민 B_6 등 여러 비타민의 대사도 항진된다. 그러나 혈액 희석

표 2-3 **임신 전후반기 모체의 대사적 특징**

구분	임신 전반기	임신 후반기
탄수화물 대사	태아의 포도당 요구는 적은 편이므로 글리코겐이나 지방으로 전환되어 모체 지방조직에 축적됨	임신 유지 호르몬의 인슐린 억제작용으로 모체의 식후 혈당이 상당시간 높게 유지되나, 태아에게 많은 포도당이 전달되므로 공복혈당은 비임신기보다 10~20% 낮음
지질 대사	식사로 섭취된 지방산은 빠르게 중성지방으로 합성되는 반면, 중성지방의 분해는 느리므로 모체의 지방 저장량이 증가함	포도당을 태아에게 수송하기 위해, 모체는 체지방을 분해하여 에너지원으로 사용하며, 이로 인해 모체혈의 케톤체 농도 증가, 이외에 콜레스테롤 합성 증가와 분해 저하로 혈중 콜레스테롤 농도가 상승함
단백질 대사	단백질 합성이 증가되며, 특히 적혈구 생성과 태반조직 형성에 주로 사용됨	식후 흡수된 아미노산들은 태반과 태아조직의 단백질 합성에 우선 사용되고, 공복 시에는 모체의 저장단백질을 분해하여 태아에게 아미노산을 제공하므로 모체의 혈중 아미노산 농도는 저하됨

현상과 태아 및 모체의 요구량 증대로 인해 모체의 혈액 내 대부분의 비타민과 무기질 농도는 임신기간 중 대체로 서서히 감소하는 경향을 보인다.

(4) 체중 증가

임신 중 체중 증가 양상은 임신의 유지과정과 결과를 예측하는 중요한 인자 중 하나이다. 임신부의 체중 증가는 태아의 체중 증가와 밀접하게 관련되기 때문이다. 신생아의 출생체중은 영유아 및 아동기 건강을 예견하는 중요한 지표이다. 임신 초반기에는 모체조직의 형성으로 인해 약간의 체중 증가를 보이는데, 이는 임신 중·후반기 태아의 빠른 발달을 지원하기 위한 준비 단계라고 할 수 있다. 임신 중반기에는 주로 모체조직의 증가와 적은 양의 태아조직 증가가 나타나며, 임신 후반기에는 대부분 태아조직의 증대로 인해 뚜렷한 체중 증가가 나타난다. 특히 임신 중·후반기 모체의 체중 증가는 태아 성장의 중요한 결정인자라고 할 수 있다.

임신기간 중 총 체중 증가량의 약 30%는 모체의 생식기관과 임신 관련 조직의 발달이 차지하고, 25%가량은 태아조직, 5%는 태반, 6%가량은 양수가 차지하며, 모체조직과 체액의 축적이 나머지에 해당된다. 증가된 체중의 조성은 62%의 수분, 8%의 단백질, 그리고 30%의 지방으로 구성된다. 축적된 단백질 중 2/3가량은 태아와 태반에 존재하며, 축적된 지방 중 90%는 모체의 지방조직에 존재한다. 임신부는 임신기간에 평균 2~4kg의 새로운 지방을 축적하는데 이는 임신 말기와 수유기간의 에너지 소요에 이용된다.

바람직한 체중 증가 양상

일반적으로 임신기간 중 평균 13kg 정도의 모체 체중 증가가 바람직하다고 알려져 있다. 그러나 영양상태가 양호하고, 건강한 임신을 유지하고, 양호한 임신 결과를 얻은 임신부의 체중 증가량은 그 범위가 상당히 넓어 11.5~16.0kg의 체중 증가량을 정상으로 본다. 권장하는 임신기간 중 모체의 체중 증가 범위는 임신 전 **체질량지수**에 따라 다르다. 체질량지수가 정상보다 낮은 임신부에게는 위의 범위보다 더 많은 양의 체중 증가가 필요하며, 반면에 체질량지수

체질량지수(Body mass index, BMI) 신체비율을 나타내는 지표 중 하나로 체중(kg)을 신장(m)의 제곱으로 나눈 값

표 2-4 임신부의 바람직한 체중 증가량

구분	임신 전 체질량지수(BMI)	바람직한 체중 증가량(kg)
저체중	< 18.5	12.7~18.1
정상체중	18.5~24.9	11.3~15.9
과체중	25.0~29.9	6.8~11.3
비만	≥ 30.0	5.0~9.1
다태아임신		16.0~20.5

자료: Institute of Medicine(2009). Nutrition during pregnancy. USDA.

가 정상보다 높은 임신부에게는 더 적은 양의 체중 증가가 바람직하기 때문이다(표 2-4).

비정상적인 체중 증가의 영향

임신기간 중 모체의 체중 증가량이 권장 범위에 비해 너무 적으면 태아의 성장에 좋지 못한 영향이 나타난다. 체중 증가량이 7kg 미만으로 적으면 성장이 부진한 신생아를 분만할 확률이 높다. 반면 체중 증가량이 정상 범위보다 과다하면 과체중의 신생아를 분만할 확률이 높아 분만 시 어려움을 겪게 된다. 즉, 진통시간의 연장, 산과적인 손상, 신생아 질식, 모체 및 영유아 사망 등의 위험이 따른다. 또한 출생 시 과체중 영아는 성장기에 계속 과체중 상태가 유지되어 비만으로 발전할 수 있고, 모체의 경우는 출산 후 체중 과다의 원인이 될 수 있다.

체중 증가의 결정인자

임신 전 체중, 나이, 분만횟수, 사회적·경제적 상태, 약물이나 특정 식품의 섭취 여부, 활동 정도 등은 임신기간 중 모체의 체중 증가량에 영향을 준다.

- BMI가 26.0 이상인 과체중 여성은 체중 증가량이 적은 편이다.
- 10대 청소년인 임신부는 성인에 비해 체중 증가량이 적은 편이다.
- 경산부는 초임부에 비해 체중 증가량이 약 1kg 정도 적은 편이다. 따라서 경

산부는 체중 증가량이 낮을 위험이 높다.

● 저소득계층 또는 미혼 여성의 경우는 체중 증가량이 적다.

● 흡연 또는 일부 약물 복용은 체중 증가량을 감소시킨다.

3. 모성영양과 태아발달

독립적인 개체로 존재하지 못하는 태아의 성장발달은 모체에 의존할 수밖에 없다. 따라서 모체의 영양불량, 임신합병증 등은 저체중아, 미숙아 또는 조산아 출산을 초래할 수 있다. 특히 개발도상국에서 저체중아의 출산율이 높은 것은 모체의 영양불량과 관계가 깊다.

(1) 성공적인 임신 결과

성공적인 임신 결과는 모체와 신생아의 건강이 모두 양호할 때 나타난다. 임신부가 신체적·정신적으로 최적의 건강을 유지하면 분만 후 임신 전의 상태로 쉽게 돌아갈 수 있으며, 충분한 모유를 생성할 수 있다. 아기의 건강을 고려할 때 크게 두 가지 기준을 살펴보게 되는데, 첫째는 재태기간이 37주 이상일 것, 둘째는 출생체중이 2.5kg 이상일 것이다. 이 기준이 충족되어야 신생아의 생존과 성장에 있어 임상적인 문제 발생이 최소화될 수 있다. 위의 두 가지 기준 이외에 모체의 양호한 건강 유지를 포함하여 다음의 세 가지 조건을 성공적인 임신 결과라고 본다(Brown JE, 2005).

● 재태기간 37주 이상

● 출생 시 아기 체중 2.5kg 이상

● 모체의 양호한 건강 유지

(2) 영양불량과 태아의 성장지연

자궁내 태아성장지연(Intrauterine growth restriction)은 출생체중이 해당 임신주수 평균체중의 백분위수 10 미만인 경우를 의미한다. 태아의 성장지연은 주로 태반기능의 저하 또는 모체의 영양불량에서 비롯된다. 태반의 구조적 결함과 기능 저하는 태아로의 산소와 영양소 이동을 방해하고 일부 독성물질을 그대로 통과시킴으로써 태아의 성장부진이나 기형 등을 유발한다.

모체의 영양불량이 태아의 성장발달에 미치는 영향은 영양불량이 발생한 시기와 정도에 따라 다르게 나타난다. 임신 초기에 영양 공급이 부족하면 태아의 신체 구성비율은 정상이나 체중이 낮다. 이러한 형태를 대칭적인 성장지연(Type I)이라고 한다. 이 경우의 태아는 성장기 동안 성장장애를 나타내기 쉽다. 반면 임신 중·후반기에 영양불량을 경험한 아기는 저제중과 함께 신체 구성 비율이 비대칭적인 양상을 보인다. 즉, 신장과 머리둘레는 정상이지만 골격근과 체지방이 거의 없는 매우 야윈 상태로 태어난다. 이러한 형태를 비대칭적인 성장지연(Type II)이라고 한다(표 2-5).

태아도 모든 생물체의 경우와 마찬가지로 영양부족에 대해 적응하는 기전이 있다. 태아는 영양부족에 대한 적응기전으로 혈류량을 재배분한다. 즉, 영양부족으로 성장이 둔화되는 상황에서 태아는 생명 유지에 보다 필수적인 기관인 뇌의 성장을 유지하기 위해 보다 덜 주요한 기관인 간 등 내부 장기로의 혈류량을 줄인다. 이로 인해 출생 시 각 기관에 따라 상대적으로 크기가 다를 수 있다.

표 2-5 태아 성장지연의 형태

Type I (대칭적인 성장지연)	Type II (비대칭적인 성장지연)
임신 전반기 영양불량의 영향	임신 중·후반기 영양불량의 영향
신장, 체중, 두위 등 전반적 신체 발육 부진	신장과 두위 발달에 비해 기타 기관의 발육 부진
신체 구성비율은 정상이나 체중 미달	신체 구성비율 비정상과 체중 미달

(3) 조산 및 저체중아 출산

평균 임신기간은 40주이나 37~42주를 정상으로 간주한다. 앞서 성공적인 임신 결과에서 서술된 대로 재태기간은 적어도 37주 이상이 바람직하다. 임신 37주 이후에 출생한 아기를 만기 분만아라 하고, 그 전에 태어난 아기를 조산아 또는 조기 분만아라고 부른다. 조산아는 태아의 일부 조직, 특히 폐조직이 충분히 발달하지 못하여 출산 후 외부환경에 잘 적응하지 못할 수 있다. 이러한 생리적 미숙은 호흡기질환의 유발률을 높이며, 비정상적인 출혈과 감염 등을 일으킬 수 있어 영아사망률을 높이게 된다.

출생 시 아기의 체중은 2.5kg 이상을 정상으로 본다. 체중이 2.5kg 미만인 신생아를 저체중아라고 한다. 저체중아는 일반적으로 두 가지 형태로 구분하는데 조산으로 인한 저체중아와 만기 분만임에도 저체중아인 경우가 있다. 후자의 저체중아, 즉 재태기간이 37주 이상인데도 체중이 부족한 아기는 SGA(small for gestational age)라고 부른다.

저체중아의 출산은 신생아 사망 외에 선천성 기형, 산과적 손상 또는 지능 발달장애의 원인이 되기도 한다. 따라서 임신기에 충분한 영양과 적절한 체중 증가로 성공적인 임신의 결과를 얻는 것이 중요하다. 조산이나 저체중아 출산의 위험요인은 다음과 같다.

- 저소득
- 저학력
- 빈혈
- 영양불량
- 산전관리 소홀
- 임상적인 합병증(태반박리, 임신성 고혈압)
- 만성 또는 급성 질병(당뇨, 고혈압, 감염성질환)
- 10대 임신 또는 고령 임신(≥ 35세)
- 흡연, 음주, 약물복용
- 임신 중 체중 증가 미달 또는 임신 전 비만이나 저체중

조산아(preterm infant) 임신 37주 이전에 태어난 아기

저체중아(low birth weight infant) 출생 시 체중이 2.5kg 미만인 아기

임신성 고혈압(gestational hypertention) 임신 20주 후에 나타나는 고혈압 증상

(4) 아프가점수

아프가점수(Apgar score)
신생아의 건강상태를 평가하는 지표로 생후 1분과 5분에 10점 만점으로 평가

아프가점수는 1952년 아프가 박사에 의해 고안된 신생아의 건강상태를 빠르게 평가하기 위한 방법으로 피부색, 맥박, 자극에 대한 반사, 근긴장도 및 호흡의 다섯 가지 항목을 평가하고 한 항목당 0~2점을 부여한다. 검사는 출산 1분 후와 5분 후에 이루어지며, 생후 5분에 측정한 아프가점수는 신생아의 예후를 판정하는 좋은 지표가 된다. 각각 총 10점을 만점으로 하며, 5분에 6점 이하인 경우는 5분 간격으로 20분까지 아프가점수를 매겨 상태를 평가하고, 5점 미만은 제대혈 동맥검사를 시행하는 기준이 된다. 3점 이하면 즉시 응급처치가 필요하다.

표 2-6 아프가점수의 채점기준

증상	점수		
	0점	1점	2점
심박수	없음	< 100회/분	≥ 100회/분
호흡	없음	느리거나 불규칙	좋음, 잘 움
자극에 대한 반응	반응 없음	얼굴을 찡그림	기침이나 재채기를 함
근긴장력	늘어져 있음	사지를 약간 굴곡	활발히 움직임
피부색	청색 또는 창백	몸통은 홍색, 손발은 청색	전신이 분홍색

(5) 영아사망률

최근 우리나라의 영아사망률은 경제 발전과 건강관리에 대한 높은 관심으로 크게 감소하였다(그림 2-6). 2014년을 기준으로 1,000명 출생당 사망률이 2.8명으로 OECD 국가들의 평균 3.8보다 낮았다. 하지만 저소득층 가정의 임신부나 고위험 영아에 대한 사회적인 서비스가 빈약하여 정기적인 산전관리를 받지 못하는 경우 또는 병원 치료를 충분하게 받지 못하는 영아들이 많은 편이다. 영아사망에 영향을 미치는 주요한 요인은 임신부의 영양부족, 흡연, 음주, 약물남용, 감염, 낮은 교육수준 등 다양하다.

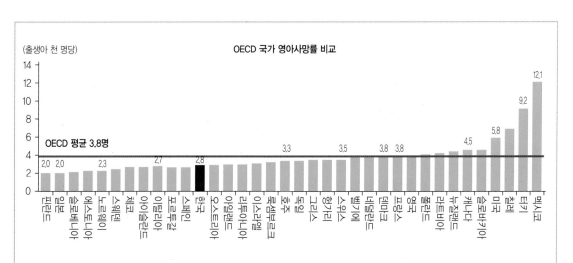

영아사망자 수 및 영아사망률(2008~2018)

연도		사망자 수			영아사망률			출생아 수
		남녀 전체	남	여	남녀 전체	남	여	
2008		1,580	842	738	3.4	3.5	3.3	465,892
2009		1,415	756	659	3.2	3.3	3.1	444,849
2010		1,508	888	620	3.2	3.7	2.7	470,171
2011		1,435	818	617	3.0	3.4	2.7	471,265
2012		1,405	779	626	2.9	3.1	2.7	484,550
2013		1,305	698	607	3.0	3.1	2.9	436,455
2014		1,305	715	590	3.0	3.2	2.8	435,435
2015		1,190	655	535	2.7	2.9	2.5	438,420
2016		1,154	642	512	2.8	3.1	2.6	406,243
2017		1,000	569	431	2.8	3.1	2.5	357,771
2018		931	534	397	2.8	3.2	2.5	326,822
2017 대비	증감	−69	−35	−34	0.1	0.1	0.0	−30,949
	증감률	−6.9	−6.2	−7.9	1.9	3.2	0.4	−8.7

단위: 명, 출생아 천 명당 명, 명, %

그림 2-6 영아사망률
* OECD 평균은 자료 이용이 가능한 36개국의 가장 최근 자료를 이용하여 계산
자료: OECD(2019). Health Status Data.

(6) 만성퇴행성질환

최근 연구들은 임신 중 모체의 영양결핍에 대한 생애 초기 적응기전으로 태아의 유전자 발현 등 유전자의 후천적 변화를 일으키고, 태아의 대사기능을 프로그래밍하여 성인기 만성콩팥질환이나 고혈압 등 만성퇴행성질환의 위험률을 높일 수 있다고 한다. 이를 예방하기 위해서는 가임기 여성의 건강 증진이 무엇보다 중요하다.

태아기원설

영국의 베이커(Barker) 등은 영국의 한 지역 출생자에게서 출생체중과 만성질환 발병 사이에 관련이 있음을 관찰하였다(그림 2-7). 즉, 임신 초기의 영양 부족이 자궁 내 태아의 유전자 발현을 불리하게 프로그래밍함으로써 이들 저체중 출생아들이 성인이 된 후에 심혈관질환이나 당뇨병의 발생이 증가하게 되었다는 태아기원(fetal origins)설을 제안한 것이다.

임신 중 자궁 내 환경 요인은 유전적 요인이 아니지만, 태아에게 영향을 미쳐 대사과정이 프로그래밍되면 출산 후에는 마치 유전적 요인과 비슷하게 타고난 체질로 작용한다. 특히 이렇게 태어난 여아는 임신할 경우, 프로그래밍된 대사 이상을 다음 세대까지 전달하는 것으로 보인다.

태아기 대사기능의 프로그래밍

태아기 대사기능의 자궁 내 프로그래밍은 생애 초기 영양불량에 따른 적응기전으로 나타나는 혈류량의 재배분과 대사 변화 및 내분비계의 변화 등으로 설명할 수 있다. 혈류량의 재배분에 대한 예로, 임신 후반기 영양부족과 콩팥 성장저해를 들 수 있다. 즉, 임신 후반기의 영양부족은 이 시기에 가장 빠르게 성장하는 태아의 콩팥에 영향을 미쳐 콩팥의 세포 수를 감소시키는데, 이러한 감소는 출생 후에도 회복이 어려워 성인기 만성콩팥질환이나 고혈압 발생에 영향을 미치게 된다.

콩팥 이외에 여러 장기 기관의 성장 및 발달 저해도 대사 변화와 밀접하게 연관된다. 한 연구에서 수태 중 저단백식사에 노출된 쥐는 출생체중이 적었고,

췌장의 세포 증식이 부족해 인슐린 분비조직의 크기가 작았으며 간, 골격근, 지방세포 등에서 인슐린에 대한 민감도가 높아진 것이 관찰되었다. 대사기능의 프로그래밍은 내분비 계통의 다른 실험에서도 보고되었다. 즉, 암컷 쥐의 경우 생후 5일째 남성호르몬에 한 번만 노출되어도 대뇌의 생식센터가 프로그램되어 영구히 무배란상태로 변하는 반면에 생후 20일째에 노출된 경우는 이러한 효과가 나타나지 않았다. 이러한 연구결과는 태아의 대사기능이 임신 중 특정 시기의 심각한 환경 자극에 의해 비정상적으로 프로그래밍되고, 그 영향력이 출생 후까지 지속된다는 점을 보여준다.

후성유전학적 프로그래밍 이론

최근에는 태아기원설 및 프로그래밍 이론을 후성유전학적 이론(epigenetic

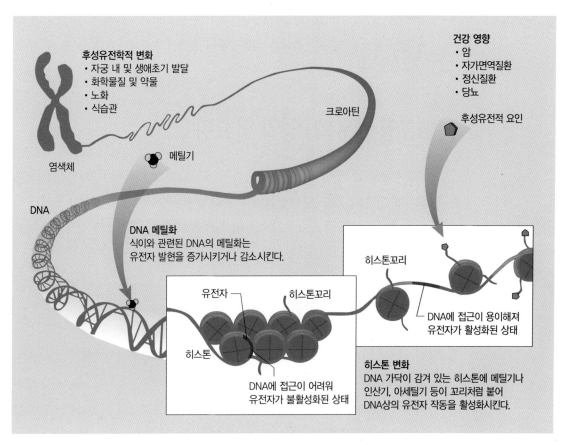

그림 2-7 후성유전학적 프로그래밍 이론

theory)으로 설명한다(그림 2-7). 후성유전학은 신체의 질병과 노화 등이 DNA의 유전정보만으로는 충분히 설명되지 않으며, 그 유전자가 어떻게 조절되고 발현되느냐에 따라 영향을 받는다는 점을 강조한다. 후생유전학적 이론에 따르면, 태아 발달시기의 영양상태는 핵 내에서 DNA의 포장에 관여하는 단백질인 히스톤이나 DNA의 메틸화 상태를 변화시켜 출생 후 건강상태에 영향을 미치는 것이며, 이러한 특성이 4대까지 전달된다고 한다.

태아기 영양불량의 예방과 여성의 건강 증진

태아의 영양불량을 예방하기 위해서는 가임기와 임신기 여성의 건강 증진이 무엇보다 우선된다. 따라서 임신하기 전부터 저체중아 출산의 위험요인들에 대해 관심을 갖고 관리해야 하며, 임신기에는 태아의 정상적인 성장발달에 필요한 영양필요량을 확보해야 할 것이다. 태아기원설을 생각할 때, 건강하게 오래 살기 위해서는 출생 이전인 태내에서부터 죽을 때까지(from womb to tomb) 전 생애 동안 양호한 영양과 건강한 생활습관의 실천이 요구된다는 점을 알 수 있다.

4. 임신부의 영양필요량

모든 영양소는 에너지 생성을 비롯하여 세포분열 및 세포의 구조와 기능 유지, 그리고 신체 각 기능의 조절 등 주요한 대사과정에 참여한다. 임신의 유지와 태아의 성장에 필요한 주요 영양소들의 역할과 영양소섭취기준을 살펴보면 다음과 같다.

(1) 에너지 및 다량영양소

임신부는 임신의 유지와 태아의 성장발달을 위해 에너지 필요량이 증가한다. 특히 태아의 성장이 왕성한 임신 2/3분기와 3/3분기에는 추가로 에너지를 섭취해야 한다. 태아는 에너지 필요량의 상당 부분을 포도당의 산화로부터 얻으므로 총 에너지 섭취량의 55~65%를 탄수화물로 공급해야 한다. 또 태아에게서 충분히 합성될 수 없는 DHA, EPA 등의 ω−3 지방산과 성인기 불필수 아미노산인 아르기닌과 시스테인이 필수영양소로 간주된다.

에너지

임신부의 에너지 필요량은 비임신 여성의 에너지 필요량에 더해 임신을 유지하고 출산과 수유를 준비하는 데 필요한 에너지가 요구된다. 모체는 임신으로 인해 적혈구, 유선조직 및 지방조직과 같은 새로운 조직의 형성과 태반 및 태아의 발달에 에너지를 필요로 한다. 또한 임신기간 중 모체는 심장순환계, 호흡계 및 배설기관의 기능과 활동이 증대되므로 대사적인 요구량도 많아진다. 대부분의 임신부는 임신 중 신체활동을 줄여 증가된 에너지 필요량을 부분적으로 충족하는 적응현상을 보인다.

태아는 성장과 대사 및 신체활동을 위해 하루에 50~95kcal/kg이 필요하다. 따라서 임신 말기에 체중이 3.5kg인 태아는 하루에 175~350kcal의 에너지를 필요로 한다고 추산된다. 이 중에 대략 1/3은 성장에 이용되고 나머지는 대사를 유지하는 데 쓰이며, 신체활동에 소비되는 양은 그리 많지 않다.

임신 중 모체와 태아에 축적되는 단백질과 체지방의 양을 임신에 요구되는 총 에너지 소모량으로 간주하면 39,862kcal가 된다. 이를 인지하기 전, 혹은 입덧이 심해서 식사 섭취량이 부족한 임신 첫 2개월을 제외한 임신기간인 220일로 나누면, 임신으로 인해 하루에 추가로 요구되는 에너지는 약 180kcal라고 계산된다. 임신부의 에너지 섭취기준은 임신 1/3분기에는 추가량을 설정하지 않았

표 2-7 **임신부의 1일 에너지 · 단백질 영양소섭취기준**

영양소	일반 여성		임신부
	19~29세	30~49세	
체중(kg)	55.9	54.7	
신장(cm)	161.4	159.8	
에너지(kcal)	2,000*	1,900*	+0/340/450***
단백질(g)	55**	50**	+0/15/30***

* 필요추정량, ** 권장섭취량, *** 임신 3분기별 영양소섭취기준
자료: 한국영양학회(2020). 한국인 영양소섭취기준.

으며, 2/3분기와 3/3분기에는 각각 +340과 +450kcal로 설정하였다(표 2-7).

만약 영양상태가 좋지 못한 상태로 임신을 했다면 임신 초부터 에너지 섭취량을 증가시키는 것이 좋다. 흔히 임신부는 두 사람 몫을 먹어야 한다고 하지만, 임신부라고 해서 에너지 필요량이 두 배로 증가하는 것은 아니다. 임신 중 평소보다 추가로 300kcal의 에너지를 섭취하기 위해서는 하루 두 컵 정도의 우유와 바나나 또는 사과 한 개 정도를 더 섭취하면 된다. 임신부의 식사는 양보다 질이 중요하다. 임신기간 중 바람직한 체중 증가 양상을 보인다면, 에너지 섭취가 양호하다고 할 수 있다.

탄수화물

분만 직전의 태아는 하루 40g 이상의 포도당을 요구한다. 태아에게는 포도당이 가장 중요한 에너지원으로 1일 필요량의 80%를 포도당의 산화로부터 얻는다. 또한 포도당은 지질, 글리코겐 및 구조적인 다당류 합성의 전구체로 쓰인다. 모체의 포도당 농도와 태반으로 흐르는 혈류량에 따라 태아에게 수송되는 포도당의 양은 달라진다. 따라서 임산부는 총 에너지 섭취량 중 55~65%를 탄수화물로부터 공급받아야 하며, 태아의 뇌조직이 사용하는 포도당을 충족하려면 적어도 하루에 175g의 탄수화물을 섭취하여야 한다. 에너지 급원으로 식이섬유가 많은 식물성 식품의 섭취를 증가시킨다면 변비 예방뿐만 아니라 그 속에 함유된 식물성 화학물질(phytochemicals)의 효능도 얻을 수 있다.

지방

태아는 태반을 통해 모체 혈액 중의 지방을 공급받기도 하며 동시에 태반조직에서 새롭게 합성된 지방을 받아들이기도 한다. 태아의 간과 지방조직은 포도당, 젖산 또는 아미노산으로부터 지방산을 합성할 수 있다. 태아는 소량의 지방산을 산화하여 에너지원으로 이용하기도 하지만, 대부분은 지방조직에 중성지방으로 저장한다. 임신 35주 이후에는 태아조직 내 지방 축적이 매우 빠르게 이루어지는데, 그 양이 하루 약 3.5mg에 달한다.

EPA와 DHA는 태아의 뇌와 망막조직의 발달에 필수적인 기능을 수행한다. 그러나 성인과 달리 태아는 이들 지방산을 합성하지 못하므로 모체로부터 공급받아야 한다. 임신부가 등푸른생선을 충분히 섭취하면 태아 성장에 ω−3 지방산이 쓰일 뿐더러 자궁 수축을 방지하여 조산을 예방한다고 알려져 있다.

필수지방산들의 생리적 기능은 상호 관련이 있기 때문에 적절한 기능을 수행하려면 ω−3 지방산과 ω−6 지방산의 균형 잡힌 섭취가 요구된다. 일반적으로 리놀렌산, DHA 및 EPA와 같은 ω−3 지방산의 섭취 증가가 강조되는 것은 이들 지방산의 섭취가 상대적으로 적기 때문이다. 생선류와 ω−3 지방산이 강화된 달걀은 EPA와 DHA의 좋은 급원식품이다.

우리나라 임신부의 경우 비임신 여성에 비해 더 많은 지방산을 섭취하고 있으며 결핍증상이 나타나지 않는 수준이므로, 임신부의 지방 에너지적정비율과 리놀레산, 알파-리놀렌산, DHA와 EPA 충분섭취량을 비임신 여성과 동일하게 설정하였다.

아미노산과 단백질

임신기간 중 태아가 필요로 하는 총 단백질량은 350~450g으로 추산된다. 임신 초기에는 단백질 필요량이 매우 적지만 후반기에는 크게 증가하여 태아는 하루에 2g/kg의 단백질을 필요로 한다. 태아는 양수에 함유된 단백질을 삼킴으로써 단백질 필요량 중 5% 정도를 얻으나, 태아는 단백질 합성에 필요한 아미노산을 대부분 태반을 통해서 확보한다. 임신 첫 3개월 동안 태아의 간조직은 비필수 아미노산을 합성할 수 없으므로 모든 아미노산들은 임신 초기의 태아에게 필수이다. 임신 20주 이후 태아조직은 성인에서와 같이 비필수 아미노산들을 합성할 수 있으나, 아르기닌과 시스틴은 충분히 합성할 수 없어 필수 아미노산으로 간주된다.

태아의 요구량 외 자궁 및 태반을 위해서는 266g이, 모체의 조직 단백질에 925g이, 혈액 및 체액 증가에 따른 합성 및 유지를 위해 216g이 요구된다. 식사 단백질이 체조직 단백질로 전환되는 효율을 47%로 간주하여, 성인 여성에 비하여 임신 2/3분기에는 하루 11.2g이, 3/3분기에는 23.7g의 단백질이 더 요구된다. 임신부의 부가 권장섭취량은 변이계수 12.5%를 적용해 임신 2/3분기와 3/3분기에 각각 하루 15g과 30g으로 설정하였다(표 2-7).

(2) 미량영양소

임신기간 중 증가된 에너지대사로 인해 대부분의 비타민과 무기질의 필요량이 증가하는데, 특히 골격의 발달에는 석회질화를 위해 칼슘이 필요하고, 칼슘의 흡수와 이용에 비타민 D가 요구되며, 결체조직의 형성을 위해 비타민 C가 필요하다. 한편 태아와 모체조직의 새로운 세포들을 형성하는데 엽산, 비타민 B_{12}, 아연 및 철의 필요량이 증가된다(표 2-8, 2-9).

나트륨

나트륨은 신체의 수분 균형을 유지하는 데 중요한 역할을 한다. 임신기에는 혈장 부피의 증가 때문에 요구량이 크게 증가한다. 과거에는 부종과 고혈압을 방지하기 위해 모든 임신부에게 저나트륨 식사를 권장했다. 그러나 최근에는 임신기의 나트륨 제한은 오히려 나트륨 보존 기전에 문제를 일으켜 혈액량 증가

표 2-8 임신부의 1일 비타민 권장섭취량

영양소	일반 여성(19~49세)	임신부
비타민 A(μg RE/일)	650	+70
비타민 D(μg/일)*	10	+0
비타민 E(mg α-TE/일)*	12	+0
비타민 K(μg/일)*	65	+0
비타민 C(mg/일)	100	+10
티아민(mg/일)	1.1	+0.4
리보플라빈(mg/일)	1.2	+0.4
니아신(mg NE/일)	14	+4
비타민 B_6(mg/일)	1.4	+0.8
엽산(μg DFE/일)	400	+220
비타민 B_{12}(μg/일)	2.4	+0.2
판토텐산(mg/일)*	5	+1
비오틴(μg/일)*	30	+0

* 충분섭취량
자료: 한국영양학회(2020), 한국인 영양소섭취기준.

를 저해해 임신 결과를 악화시킬 수 있다고 여겨진다. 임신부의 나트륨 충분섭취량은 일반 가임기 여성과 동일한 1.5g으로 설정되어 있다. 따라서 임신 중에는 특별히 소금 섭취량을 변화시키지 않고, '맛있을 정도'로 섭취하는 것을 권고하고 있다.

칼슘

재태기간 동안 약 30g 이상의 칼슘이 태아에게 축적되는데, 이들 대부분의 칼슘은 임신 후반기에 태아의 골격과 치아 형성에 이용된 것이다. 임신기간 중에는 에스트로겐과 혈중 비타민 D 농도의 증가로 인해 식품으로부터 섭취한 칼슘의 흡수율이 증가한다. 그러나 외인성 칼슘의 공급이 부족하면 모체의 골격에 축적된 칼슘을 방출해 태아의 칼슘 요구량을 충족시킨다. 다행히도 임신부는

표 2-9 임신부의 1일 무기질 권장섭취량

영양소	일반 여성(19~49세)	임신부
칼슘(mg/일)	700	+0
인(mg/일)	700	+0
나트륨(mg/일)	1,500	+0
염소(mg/일)*	2,300	+0
칼륨(mg/일)*	3,500	+0
마그네슘(mg/일)	280	+40
철(mg/일)	14	+10
아연(mg/일)	8	+2.5
구리(μg/일)	650	+130
불소(mg/일)*	19~29세 2.8, 30~49세 2.7	+0
망간(mg/일)*	3.5	+0
요오드(μg/일)	150	+90
셀레늄(μg/일)	60	+4
몰리브덴(μg/일)	25	+0
크롬(μg/일)*	20	+5

* 충분섭취량
자료: 한국영양학회(2020). 한국인 영양소섭취기준.

태아가 많은 양의 칼슘을 요구하지 않는 임신 초기에 자신의 골격에 칼슘 축적을 도모하였다가 이를 후반기에 사용하므로 임신 중 모체의 골 손실은 그리 크지 않다. 따라서 임신에 따른 칼슘 권장섭취량의 부가량을 설정하지 않았다. 그러나 우리나라 성인 여성의 경우 평균 칼슘섭취량이 매우 낮고, 임신 중 필요량을 충족시키지 못하는 경우 태아 성장발달이나 모체의 골 대사에 부정적 영향을 미칠 수 있으므로 해당 연령에 필요한 칼슘 권장섭취량이 충족될 수 있도록 해야 한다.

철

철 결핍성 빈혈은 임신 중 흔히 발생하는데, 조산과 저체중아 출산의 위험률을 증가시킨다. 임신기간에는 모체와 태아의 혈액이나 조직에 헤모글로빈과 마이오글로빈 등 철 함유 단백질의 합성을 위해 철 필요량이 증가한다. 그럼에도 불구하고 임신기간 중에는 철 흡수율이 증가하고, 월경 중지로 인해 철 손실량이 감소한다. 많은 여성에서 철 결핍이 빠르게 나타나는 것은 철 저장량이 낮은 상태에서 임신하기 때문이다.

임신 후반기 태아의 헤모글로빈 생성과 체내 철 축적 및 분만 중 출혈 손실량을 고려한 임신 중 철의 부가 권장섭취량은 10mg이나 되므로, 24mg의 철을 식사만으로는 충족하기 어렵다. 이러한 이유로 특히 임신 중반기와 후반기에 철 보충제 섭취가 권장된다. 육류, 녹색채소류 또는 철 강화시리얼은 철의 좋은 급원이다. 감귤류나 육류는 비헴철의 흡수를 촉진하므로 이들 식품을 충분히 섭취하는 것도 철 영양을 양호하게 유지하는 좋은 방법이다.

아연

아연은 단백질 합성을 포함한 많은 효소의 보조인자로 작용한다. 철과 같은 아연의 생물학적 활성은 육류에서 높고 식물성 식품, 특히 전곡류에서 매우 낮다. 아연 섭취량이 적거나 아연의 섭취를 곡류나 시리얼에 의존하는 경우, 혹은 하루 30mg 이상의 철 보충제를 복용하는 경우에는 아연 영양상태가 불량해진다. 경미한 아연 결핍도 조산아 출산, 출산 중 용혈, 감염, 진통 시간의 연장 등과 관련이 있다.

비타민 D

비타민 D는 칼슘 흡수에 필수적이므로 임신기에는 비타민 D 섭취량을 비임신 시보다 증가시키는 것이 바람직하다. 그러나 임신부의 비타민 D 권장섭취량은 비임신부와 같이 10mg으로 설정되었다. 비타민 D는 햇빛을 충분히 쬘 경우 피부에서 합성된다. 그러나 햇빛 노출에 제한을 받고 식품으로부터도 비타민 D를 충분히 섭취하지 못할 경우에는 비타민 D를 추가로 공급받아야 한다. 아프리카 여성들은 대부분 유당불내증이 있어서 칼슘 섭취량이 적고, 검은 피부로 인해 피부에서의 비타민 D 합성도 부족하므로 이들이 임신할 경우 불충분한 비타민 D가 종종 문제가 된다. 따라서 임신부는 규칙적으로 햇빛을 쪼이고, 비타민 D 강화우유를 섭취하는 것이 좋다.

엽산

엽산은 핵산 합성과 아미노산대사에 필수적인 역할을 하므로 세포분열에 관여한다. 그러므로 임신 중에는 태반 형성을 위한 세포의 증식과 혈액량 증가에 필요한 적혈구의 생성 및 태아 성장 등을 지지하기 위해 많은 양의 엽산이 추가로 요구된다. 특히 임신 초기에 수정란이 착상한 이후 21~27일 사이에 엽산 영양이 불량하면 세포분열에 장애가 생겨 태아의 신경관 손상 유발률이 높아지고, 모체는 거대적아구성빈혈이 초래되기 쉽다. 따라서 임신 전에도 적절한 엽산 영양상태를 유지하는 것이 중요하다. 임신기간 중에는 비임신 여성의 엽산 권장섭취량인 $400\mu g$ DFE에 $220\mu g$ DFE가 추가로 요구된다. 엽산은 오렌지주스, 녹색 채소류, 내장육, 엽산을 강화시킨 빵이나 시리얼, 곡류 제품 등에 풍부하므로 임신기에는 이들 식품의 섭취량을 늘려야 한다.

비타민 B$_{12}$

비타민 B$_{12}$는 엽산이 활성형으로 전환되는 데 필요하다. 그러므로 비타민 B$_{12}$ 부족은 엽산 결핍 시와 마찬가지로 거대적아구성빈혈을 유발한다. 임신기의 비타민 B$_{12}$ 권장섭취량은 2.6mg으로 비임신 때보다 0.2mg이 추가되었다. 이는 동물성 식품이 풍부한 식사로 충족될 수 있다. 임신기간에 채식 위주의 식사를 했던 산모에게서 태어난 영아는 비타민 B$_{12}$ 결핍을 보이기도 한다. 그러므로 채식주의자인 임신부는 비타민 B_{12} 보충제나 비타민 B_{12} 강화식품을 섭취해야 한다.

비타민 C

비타민 C는 피부, 힘줄 및 골격의 기질 단백질의 구조를 이루는 등 결체조직에서 중요한 기능을 하는 콜라겐 합성에 관여한다. 그러므로 태아의 뼈와 결체조직 형성에 비타민 C 영양이 중요하다. 또한 비타민 C는 친수성 항산화제로 태아를 산화에 의한 손상으로부터 보호한다. 비타민 C는 감귤류와 같은 식품을 통해 쉽게 섭취할 수 있으므로 식품 이외의 보충은 일반적으로 불필요하다. 임신기의 비타민 C 권장섭취량은 1일 110mg으로 비임신 여성보다 10mg이 많다.

(3) 물

임신을 하면 혈액량 및 세포외액량의 증가와 양수와 태아의 요구량을 충족하기 위해 모체는 수분 섭취량을 증가시켜야 한다. 적절한 수분 섭취는 모체와 태아조직에서 생성된 노폐물의 배설을 도우며, 변비를 예방하는 효과도 있다. 임신 중 체중 증가의 62%가량은 물이 차지하는데 이는 하루에 30mL의 수분이 축적되는 셈이다. 따라서 임신부의 하루 수분 섭취량은 음용수 8~10컵 정도가 바람직하다. 임신부의 수분 충분섭취량은 비임신 성인 여성의 수분 충분섭취량인 2,100mL에 200mL를 더한 2,300mL이다. 수분의 급원으로는 과일이나 채소주스 등 영양소가 함유된 음료를 선택하는 것이 좋으며 카페인, 감미료 또는 알코올이 함유된 것은 삼가는 것이 바람직하다.

5. 임신 결과에 영향을 주는 식습관과 생활습관 요인

임신부의 생활습관 중에는 임신 유지와 태아 발달에 해로운 영향을 주는 것들이 있다. 대표적인 것으로는 알코올 음용, 카페인 섭취 및 흡연을 들 수 있다. 여기에서는 이들 세 가지 요소와 함께 고단위 비타민 보충 및 신체활동이 임신 결과에 미치는 영향에 대해 간단하게 살펴보고자 한다.

(1) 알코올

임신기간 중 알코올 섭취, 즉 음주는 태아의 발달에 심각한 영향을 준다. 알코올은 태아 기형을 유발할 수 있는 요소이며, 과량의 음주는 태아알코올증후군을 유발한다. 태아알코올증후군을 보이는 신생아는 눈이 작고 눈 주위에 주름이 많으며 코, 턱, 입술의 모양이 비정상적인 안면 기형을 보인다. 또 자궁 내 성장부진으로 인해 체중, 신장 및 머리둘레가 작은데 이는 영유아기와 아동기에도 회복되지 않는다.

태아알코올증후군(Fetal alcohol syndrome, FAS) 임신부의 음주로 인해 태아나 신생아에 나타나는 신체적·정신적 발달 이상

알코올과 그 대사산물인 아세트알데하이드는 태반을 쉽게 통과하여 태아조직에 전달된 후 직접적으로 기형을 유발한다. 태아조직에는 알코올을 분해시킬 수 있는 효소체계가 발달되어 있지 않다. 태아의 뇌조직에 다량의 알코올이 수송되면 신경기관의 장애가 발생해 행동발달과 지능발달장애를 초래한다.

과량의 음주는 모체의 영양상태에도 좋지 못한 영향을 미친다. 알코올은 1g당 7kcal의 에너지를 내는 에너지원이지만 필수영양소는 전혀 함유되어 있지 않은 식품(empty calorie food)이다. 따라서 술을 많이 마시면 알코올로부터 에너지는 얻으나 단백질, 비타민, 무기질 등의 섭취는 제한되므로, 모체에 영양결핍이 초래될 수 있다. 알코올은 또한 소화관 내에서 미량영양소의 흡수장애를 유발한다. 과음 습관이 있는 경우 아연과 엽산을 비롯한 비타민 B군의 결핍이 흔하며, 만성 알코올 중독자인 임신부의 아연 결핍은 기형아 출산과 관련이 있다. 알코올은 태반에서 아미노산의 이동을 방해하기도 한다. 알코올은 직

접적인 독성 효과와 모체의 영양불량으로 인한 간접적인 영향으로 태아발달에 유해하다. 따라서 임신이 시작되는, 즉 수정이 일어나는 임신 초기에는 적은 양의 알코올도 섭취하지 않는 것이 좋다.

(2) 카페인

지금까지 확인된 임신부의 카페인 섭취와 관련된 바람직하지 못한 임신 결과로는 조산, 유산, 산과적 결함, 태아 성장부진, 신생아의 건강불량 등을 들 수 있다. 동물실험에서도 수태한 쥐에게 카페인을 공급했을 때 산과적 손상과 유산이 나타났으며 과량의 카페인을 섭취한 경우는 기형인 새끼가 출생했다.

카페인은 쉽게 흡수되어 신체 각 부분으로 분포되며 태반을 빠르게 통과하여 태아에게 수송된다. 임신은 카페인대사를 변경하는데, 혈중 고농도의 에스트로겐으로 인해 간조직에 있는 카페인 분해효소의 활성이 감소되기 때문이다. 따라서 혈중 카페인의 제거속도가 느려져 비임신 시에 2~6시간이던 반감기가 임신 시에는 7~11시간으로 증가한다. 태아조직에는 카페인 분해효소의 활성이 매우 미약하다. 카페인 분해효소는 출생 후 6개월이 지나야 작용하므로 신생아의 경우도 반감기가 40~130시간으로 매우 느리다.

또한 카페인은 혈액 내 농도가 아주 낮아도 태반의 혈관을 수축시킨다. 이로 인한 태반 혈류속도의 감소는 태아에게 산소와 영양소의 공급을 감소시키는 결과를 초래하게 된다. 이들을 종합할 때, 임신 시 하루 300mg 정도의 카페인(하루 3잔 이상의 커피) 섭취는 태아에게 해롭다고 결론 내릴 수 있다. 하지만 임신부는 이보다 적은 양의 카페인 섭취도 가능하면 삼가야 한다. 카페인의 주요 공급원은 커피이지만 차, 초콜릿, 콜라, 일부 의약품에도 카페인이 함유되어 있다.

(3) 흡연

흡연은 모체와 태아 건강을 해롭게 하는 주요 요인이다. 선진국에서 저체중아 출산 등 태아발달의 위험요인으로 가장 문제시되는 것이 바로 흡연이다(표

표 2-10 흡연과 저체중아 출산

인종	비흡연자(%)	흡연자(%)
백인	4.3	8.6
아프리카계 미국인	9.0	15.1
스페인인	5.5	9.4
본토 미국인	3.3	6.1

자료: Centers for Disease Control(1993), "CDC Surveillance Summaries", MMWR 41:SS-7.

2-10). 흡연 임신부는 조산, 신생아 사망, 유산 등의 위험률이 높으며, 흡연 임신부에게서 출생한 아기는 신체 성장은 물론 지능발달의 장애가 장기적으로 나타날 수 있다. 흡연 정도가 심각할수록 위해효과는 더 크게 나타난다. 흡연이 모체와 태아의 영양상태를 변화시키는 작용기전은 다음과 같다.

- 흡연자의 식습관은 일반적으로 불규칙하다. 흡연자는 비흡연자에 비해 술과 커피를 더 즐기는 경향이 있다. 일반적으로 흡연 임신부의 단백질, 아연, 비타민 B_1, 비타민 B_2 및 철 섭취량이 비흡연 임신부보다 적기 때문에 저체중아 출산율이 높다고 할 수 있다.
- 흡연은 일부 미량영양소 대사를 변경시켜 이들 영양소의 요구량을 증가시킨다. 흡연은 아연, 비타민 C, 비타민 B_6 및 비타민 B_{12}와 엽산 영양상태에 좋지 못한 영향을 미친다. 흡연 임신부와 비흡연 임신부의 비타민 C와 비타민 E 및 베타카로텐 섭취량이 비슷하더라도, 흡연 임신부의 경우 모체와 태아의 혈액 또는 태반의 이들 영양소의 농도가 비흡연 임신부보다 현저히 감소되어 있다.
- 흡연은 태반으로의 혈류량을 감소시킴으로써 태아에게 수송되는 산소와 영양소의 양을 제한한다. 흡연 임신부는 비흡연자와 비교했을 때 임신하기 전 체중도 적고 임신 시 모체의 체중 증가량도 낮은 편이다. 흡연이 대사율을 상승시키기 때문에 임신기간 중 체중 증가에 이용되는 에너지를 감소시키는 것이다. 따라서 흡연습관이 있는 가임기 여성은 임신하기 전에 금연하여 모체와 태아 및 출생 후 영유아의 건강을 보호해야 한다.

(4) 고단위 비타민과 무기질의 보충

많은 사람이 건강을 생각해서 비타민과 무기질 보충제를 복용하지만 임신부는 무분별하게 영양보충제를 복용해서는 안 된다. 임상적으로 임신 후반기에 철 보충제 섭취를, 임신 전 기간 동안 엽산 보충을 권장한다. 과량의 비타민 A, 비타민 D, 비타민 C 및 비타민 B_6의 섭취는 태아에게 해로울 수 있다. 이러한 위해를 예방하기 위해 임신·수유기의 비타민·무기질 보충 적정량이 설정되어 있다(표 2-11).

비타민 A와 비타민 D의 독성

임신기 비타민 A의 과량 섭취는 태아의 두뇌, 얼굴, 심장 및 중추신경계에 기형을 유발한다. 과거에 심한 여드름 증세를 치료하기 위해 비타민 A 유도체인 에큐탄(accutane)을 사용한 여성에게 임신 시 비타민 A의 독성이 나타났었기 때문에, 지금은 임신부에게 이 약을 사용하는 것이 금지되었다. 따라서 가임기의 젊은 여성은 비타민 A 유도체 사용에 신중을 기하여야 한다. 임신기에 비타민 D의 과량 섭취는 태아의 고칼슘혈증을 유발하여 뼈와 치아발달에 비정상이 초래되거나 동맥에 기형이 유발되기도 한다.

비타민 C와 비타민 B_6의 독성

임신기간 중 모체의 비타민 C 섭취가 하루 400mg 정도로 과량이었던 경우 신

표 2-11 임신부의 비타민·무기질 보충 적정량

무기질	보충 적정량	비타민	보충 적정량
철	30~60mg	비타민 D	10μg
아연	15mg	비타민 C	50mg
구리	2mg	비타민 B_6	2mg
칼슘	250mg	엽산	300μg
마그네슘	25mg	비타민 B_{12}	2mg

※ 만일 비타민 A를 보충하려면 독성과 다른 부작용 감소를 위해 베타카로텐이 레티놀보다 바람직하다. 칼슘과 마그네슘은 철 흡수를 저해할 수 있다.

자료: IOM(1992), Nutrition during Pregnancy and Lactation, An Implementation Guide, p.112.

생아에게서 괴혈증이 나타난 사례가 있다. 이는 임신 중 태아가 항진된 비타민 C 대사에 적응이 되었다가 출산 후 비타민 C 공급이 현저히 감소되자 금단 증후로 결핍증이 야기된 것으로 보인다.

이와 유사하게, 임신 중 많은 양의 비타민 B_6(하루 50mg 정도)를 섭취한 경우에도 신생아에게서 비타민 B_6 결핍증이 나타난 바 있다.

(5) 심한 운동

다수의 젊은 가임기 여성들이 체중 조절과 건강 유지를 위해 규칙적으로 운동을 하기도 하는데, 이들 중 활동적인 여성들은 임신을 해도 계속 운동 프로그램에 참여하기를 희망한다. 태아의 성장발달에 장애를 주지 않는 운동의 강도가 어느 정도인지는 아직 확실하지 않다. 그러나 임신기간 중 모체의 심한 운동은 여러 가지 신체기능을 변화시킬 수 있으며 임신의 유지와 태아에게 다음과 같은 영향을 줄 수 있다.

- 첫째, 임신 초기의 태아는 체온 상승에 민감하다. 임신 초 모체의 체온이 39.2℃로 상승하면 태아 성장부진과 선천적 기형이 유발될 수 있으므로 임신부는 심한 육체적 활동을 삼가야 한다.
- 운동 시에는 포도당이 근육의 에너지원으로 사용되기 때문에 혈당량이 크게 감소하는데, 임신부는 비임신부에 비해 혈당량 감소의 폭이 더 크다. 모체의 혈당은 태아의 주된 에너지원이므로 운동으로 인한 모체의 혈당 감소는 태아에게 전달되는 포도당 부족을 초래할 수 있다.
- 운동 시에는 피부와 근육으로의 혈액순환량이 증가하므로 자궁이나 태반으로의 혈류량이 감소된다. 따라서 모체의 심한 운동은 태아에게 수송되는 산소와 영양소의 양을 저하시킬 수 있다.
- 임신 시에는 프로게스테론 분비가 상승하면서 결체조직의 이완이 현저하게 나타난다. 이때 지나친 운동을 하게 되면 근육과 골격의 긴장이 증가되고 신체조직의 스트레스가 커지면서 조기분만의 위험이 높아진다.

그러나 임신 시 가벼운 운동은 임신 유지와 태아 발달에 안전하다는 연구결과도 있으므로, 임신기간 중 운동을 계속할 때는 적절한 영양을 유지하는 것이 중요하다. 에너지 섭취가 적절히 유지된다면 운동으로 인한 에너지 소모를 보충할 수 있고 체중 증가도 정상적인 양상을 유지할 수 있다. 따라서 운동 시 당질을 적정량 섭취하고 시원한 음료를 보충하면 혈당도 유지되고 탈수와 체온 상승도 막을 수 있다. 우리나라의 경우 임신·수유부를 위한 신체활동지침이 임신·수유부를 위한 식생활지침에 포함되어 있다.

6. 고위험 임신과 영양관리

임신의 유지와 태아발달에 위험 부담이 큰 경우를 고위험 임신이라고 일컫는다. 고위험 임신을 야기하는 인자로는 10대 청소년기의 임신을 비롯하여 임신 시에 자주 발생하는 건강장애, 즉 임신합병증과 임신 이전부터 갖고 있었던 기존 질병들이 있다. 이러한 고위험상태의 임신부에게는 특별한 영양관리가 요구된다.

(1) 10대 임신

최근 사회적·경제적 제반 여건의 변화와 함께 서구 문명의 급속한 유입으로 전통적인 윤리관과 도덕관 및 성에 대한 태도와 행동양식의 변화가 급격히 일어나고 있다. 이러한 이유로 10대 청소년의 혼전 성문제가 사회문제로 대두되었다. 청소년기 임신은 모체와 태아는 물론 출산 이후 영유아의 건강과 영양상태에 많은 문제를 일으킨다. 10대 임신부는 성인 임신부보다 철 결핍성 빈혈이나 임신성 고혈압의 유발률이 높고, 분만 후 비만으로 연결되는 경향도 크다.

특히 15세 미만의 어린 10대 임신부의 경우에는 여러 가지 임신합병증이 더욱 나타나기 쉽고, 임신의 유지도 어려우며, 양호한 임신 결과를 얻기도 힘들다. 이들의 저체중아 출산율은 성인 임신부보다 2배가량 높으며, 분만 시 진통시간도 길고, 난산하기 쉽다. 또한 조산의 위험과 신생아 사망률도 높다. 이와 같은 10대 임신과 관련된 위험한 임신 결과는 생식기능의 미숙과 바람직하지 못한 생활습관 및 불량한 식생활에서 비롯되기 쉽다. 10대 임신부들은 대체로 가정의 경제 수준과 교육 수준이 낮으며, 미혼모인 경우가 많고, 임신하기 전 체중이 낮고 산전관리를 소홀하게 여긴다. 또한 10대 임신부들은 임신기간 중에도 흡연, 음주 및 약물복용의 습관을 지속하는 경향을 보인다.

이외에도 10대 임신부의 영양불량은 모체와 태아의 건강을 해롭게 하는 주요 환경요인 중 하나이다. 10대 임신부는 자신도 아직 성장 단계에 있는 와중에 태아와 임신 부속기관이 발달하므로 영양적 요구가 크게 증가한다. 특히 아연, 철 및 칼슘의 섭취량이 권장기준에 크게 미달되면 태아와 모체의 건강 유지에 손상이 초래될 수 있다. 10대 청소년들은 체중 조절을 위한 다이어트 실행이나 불규칙한 섭식으로 영양필요량을 충족하기 어려운 상황에 놓인 경우가 많다. 자신의 성장이 완료되지 못한 채 임신하게 된 청소년들은 임신 중 체중 증가량도 미흡하고 임신 결과도 바람직하지 않을 수밖에 없다.

일반적으로 11~17세는 신장과 체중이 크게 성장하며 골격의 성숙이 진행되므로 칼슘 필요량이 높은 시기로, 15세 미만에 임신을 하면 모체 골격의 석회질화가 제대로 이루어지지 않아 골밀도가 낮고 향후 골다공증에 민감해진다. 10대 임신부에 대한 산전 영양관리와 영양상담은 임신 중 건강하고 균형된 식생활을 유지하기 위한 중요한 요소이다. 따라서 이들의 식사에 에너지, 칼슘, 철, 아연, 비타민 C와 비타민 B_6 및 엽산이 충분히 함유되도록 식생활관리가 이루어져야 한다.

(2) 다태아 임신

지난 20년간 다태아 출산의 증가는 약물에 의한 **배란유도**와 시험관 수정 같은 생식 보조기술의 이용 증가와 관련이 있다. 최근 나타나는 임신 연령의 점진적인 증가도 다태아 임신비율을 높이는 한 요인인데, 35세 이후부터는 자연적인 다태아 임신의 확률이 연령이 증가함에 따라 높아진다. 한편 저체중 여성에 비해 비만 여성에게서 다태아 임신비율이 2배 정도 높다.

다태아 임신은 모체와 태아에게 더 많은 건강상의 위험을 수반한다. 임신부

배란유도(ovulation induction)
배란장애가 있는 난소요인 불임 환자에게 클로미펜, 성선 자극호르몬, 난포자극호르몬 등 배란유도약물을 투여하여 치료하는 방법

자간전증(preeclampsia)
임신 중·후반기에 현저한 체중 증가, 혈압 상승, 단백뇨가 나타나는 증상

전치태반(placenta previa)
태반의 위치가 자궁경부의 안쪽을 완전히 혹은 부분적으로 덮고 있는 경우

에게는 **자간전증**, 임신성 당뇨, 빈혈, 전치태반, 조산 및 제왕절개 분만 등의 위험이 따르며 신생아의 경우에는 사망, 선천성 기형, 호흡곤란증후군과 뇌성마비 등 많은 임상적 건강문제를 보인다.

다태아 임신 여성의 경우 '적절한 영양'을 공급받는 것이 산전관리의 핵심이다. 다태아 임신 여성은 임신기간 동안 혈액량, 세포외액, 그리고 자궁과 태반 및 태아의 성장으로 인해 에너지와 영양소의 필요량이 단태아 임신부보다 확실히 증가한다. 다태아 임신부가 낳은 신생아는 비록 작지만 태아의 무게는 쌍둥이의 경우 5,000g, 세 쌍둥이의 경우 5,400g 이상이나 된다.

둘 이상의 태아를 갖는 임신 여성은 체중 증가량이 더 많을 뿐더러 기아상태의 대사가 더 빨리 초래되므로 단태아 임신에 비해 더 많은 에너지가 요구된다. 따라서 식품의 섭취횟수를 증가시키고 임신 중 체중 증가량이 16~20kg 정도가 되도록 세심한 영양관리가 필요하다.

쌍둥이 임신에서의 체중 증가량은 평균 18.2kg이며, 이는 단태아 임신에 비해 4.5kg 정도 많은 양이다. 이에 기초해 에너지 필요량을 산출하면 쌍둥이를 임신한 여성은 단태아를 임신한 여성에 비해 임신기간 중 35,000kcal를 더 섭취해야 한다. 이것은 단태아 임신부보다 매일 약 150kcal를 더 섭취하거나 임신 전보다 평균 450kcal를 더 섭취해야 하는 양이다. 저체중 여성은 임신기간 중 체중 증가량이 더 많으므로 이보다 많은 에너지를 섭취해야 하며 과체중이나 비만 여성은 이보다 적은 수준의 에너지를 섭취해야 한다.

(3) 임신기 고혈압성질환

임신기 고혈압은 모체 사망의 주요 위험인자이다. 임신부 중 10%가량이 고혈압성질환을 경험하는데, 이로 인해 태아 또는 신생아 사망 등 나쁜 임신 결과가 나타날 수 있다. 표 2–11에는 임신기에 자주 나타나는 몇 가지 형태의 고혈압성질환에 대한 설명을 요약하였다. 과거에는 임신성 고혈압증에 '임신이 유도하는 고혈압(pregnancy induced hypertension, PIH)'이라는 제목을 붙였으나, 점차 이 용어를 사용하지 않고, 표 2–12의 분류를 따르고 있다.

표 2-12 **임신기 고혈압 질환의 특성**

질환	특성
만성 고혈압 (chronic hypertension)	• 임신 전 또는 임신 20주 전에 진단된 고혈압 • 수축기 혈압 ≥ 140mmHg • 이완기 혈압 ≥ 90mmHg
임신성 고혈압 (gestational hypertension)	• 임신 중반기(2/3분기) 이후 처음으로 진단된 고혈압 • 단백뇨 없음 • PIH, 임신중독증, 심한 부종(안면, 손등), 현기증, 두통, 시각 이상, 상복부 통증, 식욕결핍, 메스꺼움, 구토 • 산후 12주 이전에 정상 혈압으로 회복됨(회복되지 않으면 만성 고혈압으로 판단함)
자간전증–자간증 (preeclampsia–eclampsia)	• 임신 20주 이후 진단된 고혈압(수축기 혈압 ≥ 140mmHg, 이완기 혈압 ≥ 90mmHg) • 단백뇨 수반(0.3g 단백질/24시간 소변) • 자간증: 자간전증 증상과 함께 경련 또는 발작 증세 유발
만성 고혈압 환자의 자간전증 (superimposed preeclampsia)	• 만성 고혈압 임신부 중 단백뇨 수반 • 임신 20주 전 단백뇨, 혈압 상승, 혈소판 증가, 간 효소 수치 증가

만성 고혈압

만성 고혈압, 혹은 임신 20주 전에 진단된 고혈압 발생은 1~5% 범위이며, 임신 후반기 고혈압과는 반대로 비만 여성, 35세 이상 여성, 과거 임신에서 고혈압이었던 여성에게 더 많이 발생한다. 임신 중 건강한 여성에게 나타나는 경미한 고혈압은 모체나 신생아 건강에 거의 위험을 가져오지 않는 것 같다. 그러나 혈압이 160/110mmHg 이상(한쪽이나 두 가지 수치)인 임신부에게는 태아 사망, 조산, 태아성장저해의 위험률이 증가한다. 임신 중 적당한 고혈압 치료제를 선택하면 다소 위험을 감소시킬 수 있으나 어떤 고혈압 약은 임신부의 혈중 나트륨 수준을 감소시키고 혈장부피 확대를 제한하면서 태아 성장을 방해하기도 한다.

고혈압인 여성은 임신 전과 임신 동안 임신을 유지하는 데 적합한 균형 있는 식사를 해야 하며, 체중 증가 권장량은 다른 임신부들과 같다. 소금에 민감한 고혈압 여성은 혈압 조절을 위해 나트륨 섭취를 제한하여 태아 성장에 장해가 생기지 않게 해야 한다. 임신 전 저나트륨 식사로 혈압을 관리했던 여성들에게는 일반적으로 동일한 정도의 제한이 권장된다.

임신성 고혈압

임신성 고혈압은 일반적으로 임신 20주 후에 진단되고, 자간전증보다는 덜 심각하다. 임신성 고혈압은 자간전증과는 다르게 혈청 인슐린 수치가 상승하지 않으며 단백뇨가 나타나지 않는다. 이러한 임신성 고혈압을 경험한 여성에게는 향후 만성 고혈압이나 뇌졸중의 위험이 따를 수도 있다.

자간전증-자간증

자간전증은 혈압 상승과 두통, 혈소판 응집과 혈액응고 등의 증상을 특징으로 하며(표 2-13), 자간증은 자간전증의 증상과 함께 경련 또는 발작을 보이는 경우를 말한다. 자간전증의 발생확률은 약 1/2,000이다.

자간전증은 태반과 모체의 신장, 간, 뇌 등에 영향을 주어 산모와 신생아 모두에게 위험한 결과를 초래한다(표 2-14). 자간전증을 가진 여성에게는 인슐린저항성이 나타나고, 인슐린저항증이 있는 여성들은 자간전증으로 발전할 위험성이 있다. 자간전증과 인슐린저항증의 공통된 특징은 인슐린 상승과 포도당

표 2-13 **자간전증의 증상과 영향**

구분		내용
자간전증의 증후와 증상		• 고혈압 • 단백뇨(알부민) • 혈장 부피 감소로 인한 헤모글로빈 농도 상승(> 13g/dL) • 소변량 감소 • 끊임없는 심각한 두통 • 밝은 빛에 대한 눈의 민감성 • 시력 흐림 • 복통 • 메스꺼움 • 혈소판 응집 증가, 트롬복세인 농도 증가와 프로스타사이클린 농도 감소로 인한 혈관 수축
자간전증의 영향	모체	• 제왕절개술에 의한 조기 분만 • 급성 신장기능장애 • 임신성 당뇨, 고혈압, 제2형 당뇨의 위험성 증가 • 태반의 조기박리(태반의 파열)
	신생아	• 성장부진 • 호흡곤란증후군

표 2-14 **자간전증의 위험요인**

- 초산
- 비만, 특히 복부체지방이 많음
- 흑인, 인디언
- 자간전증의 병력
- 기존의 당뇨병
- 35세 이상
- 다태아 임신
- 인슐린저항증
- 만성 고혈압
- 신장병
- 외조모나 조모의 자간전증 병력
- 고혈중 호모시스테인
- 부적절한 식사(비타민 C, 비타민 E, 칼슘, 아연, ω-3 지방산 섭취 부족)

불내증, 고혈압과 바람직하지 못한 혈중 지질 조성(감소된 HDL-콜레스테롤과 상승된 유리지방산과 중성지방), 혈소판 기능의 혼란, 비정상적인 혈액응고, 동맥경화, 비만이다.

자간전증의 원인은 확실하지 않으나, 비정상적인 착상 또는 태반의 비정상적인 혈액순환에서 기인한 것으로 인식되며, 인슐린저항증 외에도 비만, 다태아 임신, 고령 임신 및 부적절한 식사 역시 자간전증의 위험요인으로 작용한다(표 2-14).

불량한 영양상태는 자간전증의 잠재적인 원인으로 조사되었다. 자간전증의 발생률을 줄이기 위하여 다음과 같은 여러 가지 영양소를 보충하기도 한다.

● **칼슘**: 임신부의 자간전증 발생에 칼슘이 어떤 역할을 하는지는 아직 불확실하나, 칼슘 부족은 성인의 고혈압과 관련이 있다고 알려져 있으며 임신 중 칼슘의 권장섭취량 정도(1일에 1,000mg)를 섭취하거나 매일 1~2mg의 칼슘 보충제를 주었을 때 혈압이 20% 감소되었고, 자간전증의 위험요인을 지닌 여성들이 그 발병률을 78%까지 감소시켰으며, 조산아 출산율을 56% 정도 감소시켰다. 그 밖에도 자간전증의 위험요인을 지닌 여성들이 임신 3/3분기에 매일 450mg의 리놀레산(linoleic acid)과 600mg의 칼슘을 함께 보충했을 때 위약 복용자들에 비해 자간전증의 발생률이 낮았고, 신생아의 몸무

고령 임신

우리나라의 평균 출산 연령은 2015년에 32.23세로, 만혼 풍조와 더불어 출산 연령이 지속적으로 증가하는 추세이다. 30대 후반 출산율은 전년 대비 11.8% 증가하여 35세 고령 임신부가 전체의 23.8%를 차지하였다. 이는 30여 년 전에 비해 약 8.5배 증가한 수준이다. 이러한 추세는 전 세계의 고소득 국가에서도 관찰된다.

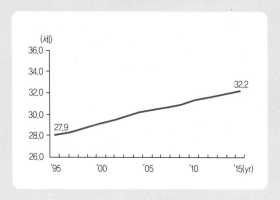
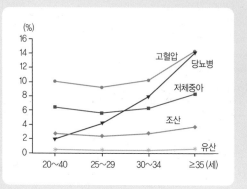

게가 평균 124g 더 많았다. 임신 중 식품이나 보충제로 칼슘을 매일 375~2,000mg 범위로 증가시켰을 때 신생아 혈압 수준이 감소되었다는 보고도 있다.

- **비타민 C, 비타민 E**: 임신 16~22주에서 분만까지 비타민 C와 비타민 E를 보충제로 주었을 때 자간전증에 의한 산화손상이 감소되었다. 자간전증 예방에 항산화제 보충제의 효과는 아직 확실하지 않다. 칼슘과 항산화영양소의 자간전증 예방효과는 언제 섭취량을 증가시키기 시작하느냐에 따라 다른데, 임신 20주 이후 보충을 시작하면 자간전증에 대한 보호효과가 감소할 수 있다.

- **엽산, 고호모시스테인혈증**: 혈중 호모시스테인 수준이 높은 여성의 경우 낮은 여성보다 자간전증이나 자간증이 나타날 확률이 4배 이상 더 많다. 충분한 엽산 섭취가 자간전증이나 그 증상을 감소시키는지는 분명하지 않으나 자간전증을 가진 임신부의 혈장 호모시스테인 수준을 정상으로 회복시켜주었다. 임신 중 혈중 호모시스테인의 농도의 상승은 자연유산이나 태반조기박리와도 관련이 있다.

태반조기박리(placenta abruptio) 분만되기 이전에 태아가 태반에서 분리되는 현상. 박리된 태반에서 출혈이 생기고 태아와 산모의 생명을 빼앗을 수 있는 응급상태

만성고혈압 환자의 자간전증

자간전증은 만성고혈압 환자의 15~30%에서 발생하는데, 이들의 자간전증은 일반인들의 자간전증보다 좀 더 조기에 발생하며 증상이 심하고 태아의 성장부진 등을 포함하여 모체와 태아의 예후가 더 좋지 않다고 알려져 있다. 따라서 이러한 증상의 예방을 위해 만성고혈압 임신부에게는 항고혈압제 치료가 적용되며, 자간전증의 식사요법을 따르게 된다.

- **ω−3 지방산**: ω−3 지방산 보충으로 프로스타사이클린과 트롬복산 수준이 감소되어 혈관 수축을 방지할 수 있고, 출생체중과 임신기간을 다소 증가시킨다는 보고도 있으나, 자간전증 발생에 관련하여 ω−3 지방산 보충제와 생선 섭취 효과에 관한 실험은 아직 부족한 실정이다.

　　자간전증의 위험요인을 가지고 있는 임신부 중 영양상태가 좋지 못한 여성은 비타민과 무기질 보충제 섭취가 자궁내 태아성장지연을 예방할 수도 있으나, 상한섭취량 이하로 섭취하는 것이 안전하다.

(4) 임신성 당뇨

임신 시에는 에스트로겐, 프로게스테론, 사람성태반락토겐, 프로락틴, 코티솔 등 여러 가지 호르몬 분비가 상승하면서 인슐린의 혈당 조절작용이 감소한다. 대부분의 임신부들은 인슐린을 더 많이 분비하여 혈당을 잘 조절하나 3~5%의 임신부에게서 이러한 보상기전의 미비로 인해 혈당 조절이 어려운 경우가 생긴다. 임신부의 당뇨 증세는 조기분만, 자간전증 등 산과적 결함을 유발할 수 있고, 태아 성장에 좋지 않으며, 출산 후 신생아에서 질병이환율, 사망률, 산과적 결함 등의 위험률을 높인다. 또한 임신성 당뇨를 나타내는 임신부는 태아의 출생체중이 정상 임신부에 비해 더 나가는 경향을 보이므로 분만에 어려움이 따를 수 있다.

　　임신성 당뇨의 관리에는 적절한 영양과 운동이 필수적이다. 단백질은 총 에너지 섭취 중 10~20%를, 포화지방산은 10% 미만을, 불포화지방산은 10% 이상을 섭취하고, 나머지는 탄수화물로 섭취하는 것이 바람직하다. 특히 아침식

임신성 당뇨(gestational diabetes) 임신에 의해 유발되고 임신 중 당대사 변화로 나타나며 임신 중 처음으로 인지되었거나 발생한 당대사장애

시험관 아기

1984년 2월, 국내의 체외수정시술에 의한 첫 시험관 아기(in vitro fertilization)가 출생한 이래로 2015년 기준 약 6만 6,000여 명이 시험관 아기로 출산되어 전체 출생자 중 3%를 차지한 것으로 집계되었다. 시험관 아기는 자연주기법, 배란 유도, 인공수정 등 여러 가지 방법을 동원했음에도 임신에 실패했을 때 마지막으로 시도하는 방법으로 부부의 몸에서 정자와 난자를 채취하여 인공적으로 수정시킨 뒤 수정란이 2~4세포기가 되었을 때 자궁에 주입하는 시술을 말한다. 최근 결혼하는 연령이 높아짐에 따라 난임부부가 증가하는 추세로, 건강보험통계연보에 따르면 2014년에 난임으로 진단받은 사람이 남녀 각각 4만 8,704명에서 16만 615명으로 늘어나 남녀 각각 2.2배와 1.5배가 늘어났다. 정부에서는 저출산 대책의 일환으로 2005년부터 불임 부부의 시험관 아기 시술비용을 지원하기 시작하여 이를 점차 확대하고 있다.

생활방식도 시험관 아기의 성공률에 영향을 미치는 것으로 알려져 있다. 특히 전곡류 및 과일류와 채소류의 섭취가 반응산소종과 항산화 방어체계의 균형을 유지하는 데 필요한 비타민과 무기질의 좋은 급원식품으로 여겨지고 있으며 흡연, 알코올 남용과 영양과잉이 산화적 스트레스와 만성염증을 증가시킬 수 있으므로 시험관 아기를 시도하는 부부 둘 다 최소 2~3개월 전부터 기본적인 식이, 운동, 금연 및 금주 등의 건강관리를 시작하는 것이 좋다.

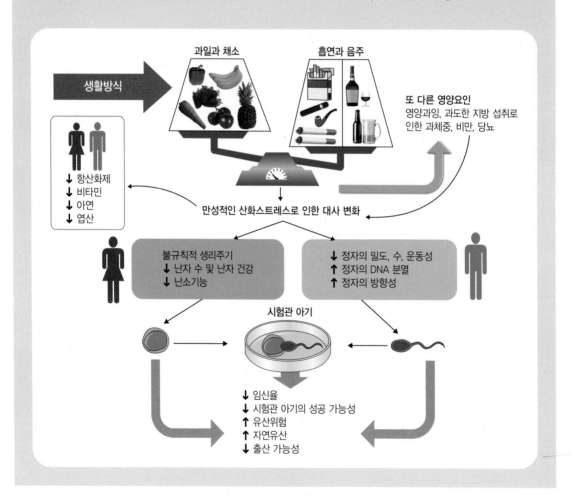

사 시 탄수화물 섭취를 제한하고, 식사를 소량씩 자주 섭취하며, 적당한 운동을 하면 혈당 조절이 더 원활해져 인슐린 주사에 의존하지 않아도 된다.

(5) 비만

체중 과다나 비만인 상태로 임신을 하면 임신의 유지 및 분만 시 임신합병증 위험이 높아진다. 즉 고혈압, 부종, 단백뇨, 빈혈, 임신성 당뇨, 감염 등의 유발률이 정상체중인 임신부보다 높다. 그러나 비만인 임신부가 임신기간 중 체중 감소를 위한 다이어트를 하는 것은 위험하다. 저열량식사는 태아의 성장에 좋지 않은 영향을 줄 수 있고, 철이나 칼슘, 엽산과 같은 중요한 미량영양소 부족을 초래할 수 있기 때문이다. 임신 중 금식을 하거나 에너지 섭취가 크게 제한되면 모체의 혈중 케톤체 농도가 상승하므로 태아에게 유해한 영향을 끼치게 된다. 그러므로 비만이나 체중 과다 임신부의 경우 일반적인 영양관리를 통해 임신기간 중 적절한 체중 증가가 이루어져야 하며, 정기적으로 산전관리를 받는 것이 중요하다.

CHAPTER 3
수유기 영양

자신의 아이를 안고 젖을 먹이는 어머니의 모습은 지극히 인간적이다. 한때는 조제유의 보급으로 모유수유비율이 현저히 저하되었으나 최근에 다시 반등하고 있는 현상은 다행스럽다. 이는 모유의 장점에 대한 교육과 모유수유에 대한 사회적 지원 및 자연스러운 생활을 추구하는 분위기 등의 영향 때문일 것이다.

모유분비는 여성이 수행하는 독특한 생리적 현상이며, 모유는 영아의 성장에 필요한 모든 영양소를 제공하는 완전한 음식이다. 모유생성을 위해서는 유방조직이 정상적인 구조를 갖추고 있어야 하며, 모유수유가 개시되고 또한 유지되어야 한다. 이들 세 가지 사항은 모든 포유동물에 적용되는 생리적 조건이다.

그러나 인간에게 모유수유는 생리적 기능 이외에 사회적 의미를 포함하고 있다. 모유수유의 수행 여부와 이에 따르는 만족감은 개인의 신념과 지식뿐만 아니라 사회적 지지에 따라 크게 다를 수 있다. 국가의 정책, 직장의 배려, 가족의 격려 등 다중적인 수준에서의 지원은 모유수유에 익숙하지 않은 현대 여성들을 격려하는 중요한 요소가 된다.

학습목표
유방의 해부학적 구조와 수유생리를 알고, 모유생성과 관련된 모체의 대사와 영양필요량을 이해하며, 모유수유의 실제에 대해 탐구함으로써 수유여성의 모유수유를 지도하고 영양을 관리할 수 있는 능력을 기른다.

1. 유방의 구조

여성의 유방조직은 분비조직과 이를 지지하는 결체조직 및 지방조직으로 구성되어 있다. 분비조직인 유선은 수많은 유선엽과 유관으로 이루어져 있다. 체외 유방의 중심 부위에는 유두가 돌출해 있고, 유두는 유륜에 둘러싸여 있다(그림 3-1).

(1) 유선엽과 유관

유방 분비조직의 기능적 단위는 유즙을 생성하고 저장하는 유선소포이다. 이들 소포는 여러 개의 분비세포(유즙생성세포, lactocyte)로 이루어져 있으며 작은 원형 또는 타원형 모양을 하고 있다. 여러 유선소포가 모여 유선엽을 형성한다.

15~20개에 달하는 포도송이 같은 모양의 유선엽은 각각 하나의 유관을 유두로 내고 있다. 유두에서 밖으로 열려 있는 이들 유관은 유포에서 나온 작은

유선(mammary gland) 포유동물에 존재하는 모유를 생성하는 조직으로 일반적으로 유방이라고 함

유선엽(mammary lobes) 여러 개의 유선소포로 이루어져 있으며 모유를 저장하는 포도송이 형태의 구조

유선소포(mammary alveoli) 여러 개의 분비세포(유포)로 이루어진 모유를 생산하는 원형 또는 타원형의 구조

분비세포(secretary cells) 유선을 구성하는 세포로 모유성분을 합성해 유관으로 분비하며 유포라고도 함

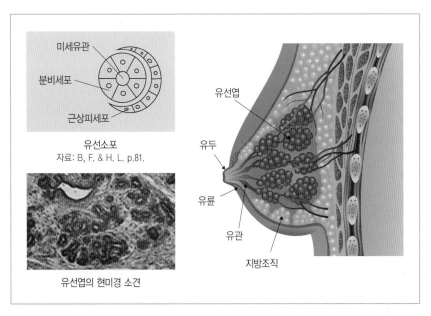

미세유관
분비세포
근상피세포

유선소포
자료: B, F. & H. L. p.81.

유선엽의 현미경 소견

유선엽
유두
유륜
유관
지방조직

그림 3-1 **유방의 구조**

유관들이 점차 모여 굵어진 것이다.

한편 유선소포는 골격근의 성질을 갖는 근상피세포로 이루어진 수축성 망으로 둘러싸여 있다. 따라서 근상피세포가 수축하면 분비세포에서 생성된 유즙이 분비되어 유관을 통해 유두로 흐른다.

(2) 유두와 유륜

유두(nipple)는 주름진 피부조직에 싸여 돌출되어 있는데, 15~20개의 유관이 유두를 통해 체외로 열려 있다. 한편 유두를 둘러싸고 있는 원형의 유륜(mammary areola)은 멜라닌 색소가 많이 침착되어 진한 갈색을 띤다. 유륜의 표면은 거친데, 이는 분비물을 생성하는 비교적 큰 분비선들이 피하조직층에 자리 잡고 있기 때문이다. 이들 분비선에서는 지용성 물질이 분비되어 유두를 매끄럽게 한다. 또한 유륜조직에는 평활근의 섬유다발들이 발달되어 있어 유두에 탄력성을 부여한다. 이러한 이유로 아기는 유두를 입에 물고 젖을 잘 빨 수 있다. 유륜 하부 유관의 내강은 약간 부풀어 있는데 이곳에 분비된 유즙이 일시적으로 저장된다.

2. 유방의 발달과 성숙

여성의 유방조직은 태아기에 이미 형성되어 있으나, 유아기와 아동기에는 발육이 정지되었다가, 제2차 성징을 나타내는 사춘기에 들어서면서 급격히 발달한다. 그러나 성인 여성의 유방조직은 아직도 모유를 생성하기에 적합한 상태라고 볼 수 없다. 임신기간 동안 여러 임신성 호르몬의 작용으로 분비조직이 더욱 발달하고 성숙한 후에야 비로소 완벽하게 수유에 적합한 상태가 된다.

(1) 영아기, 유아기 및 아동기

신생아의 유방은 둥근 모습으로 솟아 있다. 태아기에 형성된 미성숙상태의 유방조직이 존재하기 때문이다. 신생아는 태아 말기에 모체의 난소와 태반에서 분비되는 임신성 호르몬의 작용으로 생후 2~3일에 기유를 분비하기도 한다. 유아기에는 출생 후 둥글게 솟았던 유방이 내려앉으며, 아동기 동안 유방의 발육은 정지된다.

기유(witch's milk) 신생아의 유방에서 소량 분비되는 모유와 비슷한 유즙

(2) 청소년기와 성인기

사춘기에 들어서면 초경 이후 생리주기마다 분비되는 에스트로겐과 프로게스테론에 의해 유선엽이 점차 발달하는데, 첫 생리 후 12~18개월에 나뭇잎과 같은 구조가 완결된다. 유관도 점차 성숙하며, 유두가 커지고, 멜라닌 색소가 침착되면서 유륜이 형성되며, 결체조직과 지방조직도 증가한다. 결과적으로 유방이 점점 커지고 단단해진다.

(3) 임신기와 수유기

임신이 진행되면서 수유에 대비하기 위해 유방 분비조직의 구조와 크기에 큰 변화가 일어난다. 임신기간 중에는 분비세포가 점차 많아지고 유선소포의 중심 공간이 늘어나면서 유선엽의 덩어리가 크게 팽창한다. 유관도 연장된다. 또한 결체조직을 지지하는 새로운 지방조직 세포들이 생겨나고 새로운 혈관이 형성된다. 이러한 결과 약 200g이었던 유방의 무게는 400~500g 정도로 증가한다.

   이는 임신기에 황체와 태반에서 생성되는 다량의 에스트로겐과 프로게스테론 및 사람태반성락토겐과 뇌하수체 전엽에서 분비되는 프로락틴 등 여러 호르몬이 유방조직의 성숙을 촉진하기 때문이다.

사람성태반락토겐(human placental lactogen, hPL) 임신기간 중 태반에서 분비되는 호르몬으로 모체의 대사를 변화시켜 태아로의 에너지 공급을 촉진하며, 프로락틴이나 성장호르몬과 유사한 작용을 함

프로락틴(prolactin) 뇌하수체 전엽에서 분비되며 임신기에 유선발육을 자극하고 수유기에 모유생성을 촉진하고 모성행동을 유발하는 호르몬

(4) 모체의 영양불량과 유방 발육

임신기간 중 모체의 영양불량이 심하면 유방의 추가적인 발달과 성숙이 제한될 수 있다. 이러한 주장을 뒷받침하는 인체 기반의 자료는 없으나 동물실험에서는 구체적인 증거가 나타났다. 한 실험에서 수태한 흰쥐의 사료 공급량을 절반

정도로 제한하자 유방조직 내 DNA는 물론 RNA와 단백질 함량이 대조군에 비해 유의성 있게 감소했다.

3. 모유 생리

초유(colostrum) 출산 후 일주일 전후까지 분비되는 수분과 단백질 함량이 높고 지방과 유당이 적으며 에너지 함량이 낮은 황색을 띠는 모유

개인에 따라 차이가 있으나 분만 후 2~3일부터 초유가 소량 분비되기 시작하며 이후 모유분비량이 점차 증가해 일주일경에는 현저하게 많아진다. 일반적으로 분만 후 2~3주를 모유분비가 개시되는 시기로 보는 것은 이러한 이유에서이다. 이후로는 모유수유를 계속하는 한 모유생성은 지속된다.

인간의 경우 수유기간 중 모체의 영양상태가 모유분비량과 조성에 큰 영향을 미치지 않는 것으로 보인다. 그러나 영양상태가 극도로 불량한 경우에는 모유생성이 저해될 수 있다.

(1) 모유성분의 합성

모유의 일부 성분은 모체의 혈액에서 직접 공급되기도 하나, 유선소포를 구성하는 분비세포에서 단백질, 당질, 지방 등 모유성분의 대부분이 합성된다. 이들 성분의 합성에 필요한 전구물질들은 모체의 혈액에서 공급된다. 이와 같은 모유성분의 합성은 아기의 젖빨기 자극에 의해 분비되는 프로락틴에 의해 촉진된다.

단백질의 합성

모유의 주요 단백질인 카제인, 알파-락트알부민 및 베타-락트알부민은 분비세포의 조면소포체에서 합성된다. 단백질 합성에 필요한 전구체인 아미노산은 주로 모체의 혈액으로부터 공급되나 일부 비필수아미노산은 분비세포에서 합성되기도 한다. 모유에는 분비세포에서 합성된 단백질 외에, 면역글로불린 A 등 면역물질을 비롯해 모체의 혈장 단백질도 들어 있는데, 이들 단백질은 성숙유보다 초유에 많이 들어 있다.

당질의 합성

모유의 주요 당질인 유당은 분비세포의 골지체에서 합성된다. 모체 혈액에서 분비세포로 유입된 포도당이 일부는 갈락토스로 전변되며, 포도당과 갈락토스가 결합해 유당이 합성된다.

지방의 합성

모유에 들어 있는 지방의 대부분은 모체 혈액에서 유입된 포도당을 이용해 분비세포의 활면소포체에서 합성된 단쇄지방산이다. 장쇄지방산은 모체의 혈액으로부터 공급된다. 이들 단쇄지방산이나 장쇄지방산은 글리세롤과 결합해 중성지방이 된다.

(2) 모유성분의 분비

분비세포에서 합성된 모유의 각 성분들은 세포외유출, 아포크린, 수동확산 또는 세포횡단수송에 의해 분비된다. 한편 모체 혈액의 일부 성분은 세포주위간격수송으로 분비된다(그림 3-2). 모유의 각 성분이 분비되는 경로를 살펴보면 모체의 영양상태나 섭취한 보충제 또는 복용한 약물 등이 모유의 조성이나 분비에 어떠한 영향을 끼치는지 이해할 수 있다.

(3) 사출반사

사출반사는 모유를 사출시키는 반사작용을 일컫는다. 아기가 젖을 빨면 그 자극이 감각신경을 통해 시상하부에 전달되는데 이 자극에 의해 뇌하수체 후엽에서 옥시토신이, 전엽에서 프로락틴이 분비된다.

옥시토신은 유선소포를 둘러싸고 있는 근상피세포를 수축시켜 유즙이 분비되도록 한다. 이로써 유즙은 작은 유관을 거쳐 큰 유관에 이르며 유두로 수송되어 체외로 방출된다. 한편 프로락틴은 유선엽에 작용해 지속적으로 모유성분의 합성과 분비를 촉진한다.

사출반사는 유두, 척수, 뇌하수체 및 시상하부에 분포된 감각신경들과 뇌하

사출반사(letdown reflux) 아기의 젖빨기에 의해 유선엽에서 유관으로 모유가 분비되는 반사작용

옥시토신(oxytocin) 뇌하수체 후엽에서 분비되며 자궁수축을 유발하고, 유선의 근상피세포를 수축시켜 모유 사출을 촉진하며, 모성행동을 유발하는 호르몬

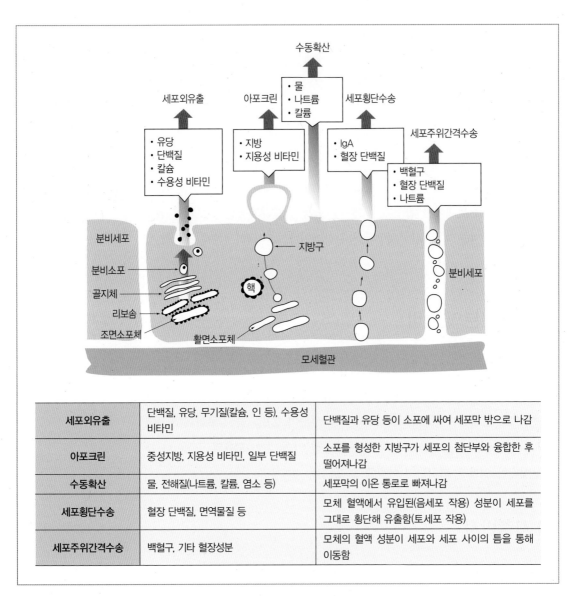

세포외유출	단백질, 유당, 무기질(칼슘, 인 등), 수용성 비타민	단백질과 유당 등이 소포에 싸여 세포막 밖으로 나감
아포크린	중성지방, 지용성 비타민, 일부 단백질	소포를 형성한 지방구가 세포의 첨단부와 융합한 후 떨어져나감
수동확산	물, 전해질(나트륨, 칼륨, 염소 등)	세포막의 이온 통로로 빠져나감
세포횡단수송	혈장 단백질, 면역물질 등	모체 혈액에서 유입된(음세포 작용) 성분이 세포를 그대로 횡단해 유출함(토세포 작용)
세포주위간격수송	백혈구, 기타 혈장성분	모체의 혈액 성분이 세포와 세포 사이의 틈을 통해 이동함

그림 3-2 모유 주요 성분의 분비 경로

자료: Kretchmer N & Zimmerman M(1997). Developmental Nutrition. p.176.

수체와 시상하부에서 분비되는 호르몬들이 작용하는 신경계-호르몬계 복합기 전이다. 사출반사를 일으키는 주요한 자극은 아기의 젖빨기이다. 아기가 하루에 한 번 이상 젖을 빠는 한 모유생성이 유지되는 것은 이 때문이다.

젖빨기 자극 외에 스트레스나 근심, 걱정, 당황 등 수유여성의 정서적 또는

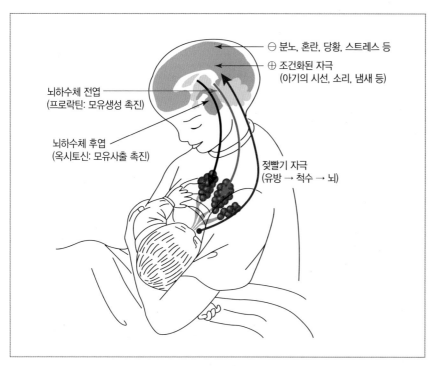

그림 3-3 사출반사(아기의 젖빨기 자극과 옥시토신과 프로락틴 분비)
자료: B. F. & H. L. p.239.

정신적 상태도 이들 호르몬의 분비에 영향을 미친다. 또한 조건화된 반사도 작용한다. 수유여성이 아기의 시선을 느끼거나, 아기의 울음소리를 듣거나 또는 단순히 아기를 생각하기만 해도 유두에서 모유가 흘러나오는 것은 조건반사작용의 결과이다(그림 3–3).

(4) 모유생성과 호르몬

앞서 설명한 대로, 유방조직의 발달을 포함하여 분만 후 모유생성과 사출반사에는 여러 호르몬이 작용한다(표 3–1). 모유와 관련된 주요 호르몬의 혈장 농도는 임신기와 수유기에 상당한 변화를 보인다(그림 3–4).

표 3-1 유방 발달과 모유생성에 작용하는 호르몬

호르몬	작용	작용 단계
에스트로겐	유관 성장	월경생리 시
프로게스테론	유선엽 발달	초경 이후와 임신기
사람태반성락토겐	유선엽 발달	임신기
프로락틴	유선엽 발달 및 유즙 생성	임신 3/3분기~이유
옥시토신	모유 사출(근상피세포 수축)	수유 개시~이유

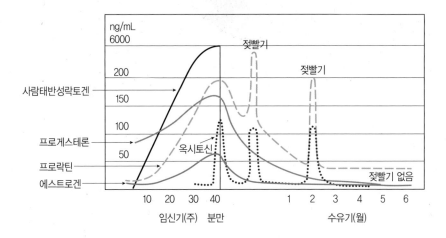

그림 3-4 임신기와 수유기 모유 관련 주요 호르몬의 혈장 농도
자료: Kretchmer N & Zimmerman M(1997). Developmental Nutrition. p.173.

(5) 모유생성량

모유생성량은 출산 후 시기에 따라 달라진다. 출산 후 1~3일경에 분비되는 모유를 초유라고 하는데 첫날은 하루에 50mL 정도이나 그 양이 점차 증가하게 된다. 이행유가 분비되는 5일경에는 약 500mL로, 성숙유가 생성되는 한 달 즈음에는 750mL 정도로 증가하며, 4~5개월에는 800mL 전후에 달한다. 이후 모유수유를 계속하면 이 정도의 생성량이 유지된다. 그러나 모유생성량은 상당한 개인차를 보인다. 비교적 최근에 조사된 우리나라 1~5개월 영아의 평균 모유섭취량은 766~868mL이었다.

모유생성량은 영아의 요구에 의해 결정되는 것으로 보인다. 쌍생아를 분만한 경우, 두 아기의 요구에 맞추어 2,000mL까지 분비되기도 한다. 아기가 젖을 빠는 한 모유분비는 계속되나 출산 12개월 이후에는 모유생성량이 점차 감소한다. 이러한 현상은 아기가 성장하면서 이유보충식을 섭취하게 되고 이에 따라 모유에 대한 요구가 감소하여 젖빨기 자극이 약해지기 때문이다.

모체의 영양상태와 모유생성

모유의 생성량이나 조성을 보면, 영양상태가 비교적 양호한 수유여성은 영양상태의 영향을 거의 받지 않으며 항상성을 유지한다. 이는 수유기간 중 모체의 대사가 모유생성에 우선순위를 두기 때문이다. 그러나 영양불량이 극심하면 모유생성이 저해될 수 있다.

에너지의 경우 하루에 1,500kcal 이상을 섭취하면 모유생성이 저해되지 않으나 이 수준 미만이면 혈장의 프로락틴 농도가 떨어지고 모유생성량이 15%

모유생성과 관련된 몇 가지 문제

유방의 크기
유방의 크기는 분비조직인 유선엽의 양과는 관련이 없으므로, 모유생성능력에 영향을 미치지 않는다. 그러나 유방이 작으면 유관의 팽창이 제한될 수 있으므로 모유의 저장성은 감소한다. 따라서 동일한 양의 모유를 수유하는 데 있어 유방이 큰 수유여성은 작은 여성에 비해 수유횟수가 적을 수 있다.

모유 짜내기
다양한 이유로 모유를 짜내야 하는 경우가 있다. 손으로 짜낼 수도 있고, 수동 유축기 또는 전동 유축기를 사용하기도 한다. 전동 유축기를 사용하면 손으로 짜내는 경우에 비해 프로락틴이 많이 분비되는 것으로 알려져 있다. 젖을 짜내 아기에게 수유하는 경우 모유분비량이 부족할 수도 있는데 하루에 적어도 모유를 8~12회 짜내야 모유생성을 충분하게 촉진할 수 있다.

유방 성형
유방을 작게 성형한 경우 어느 조직을 얼마나 제거했느냐에 따라 모유생성능력이 달라질 수 있다. 일반적으로 유방을 성형한 여성은 모유수율비율이 낮고 모유생성량이 충분하지 않은 경향을 보인다. 한편 유방에 실리콘이나 식염수를 삽입해 크게 성형한 경우는 유관이 압박을 받으므로 모유생성능력이 저해될 수 있다. 실리콘의 독성은, 증거는 충분하지 않으나 거의 없는 것으로 보인다.

정도 감소된다. 이러한 내용은 동물실험에서도 증명되었는데, 수유 중인 비비 (baboon)의 사료섭취량을 20% 제한했을 때는 유즙분비량에 변화가 없었으나 40% 제한 시에는 유즙분비량이 20% 정도 줄었다.

수유여성이 식사로 섭취한 지방이나 지방산 조성은 모유의 지방 함량이나 지방산 조성에 영향을 미친다. 한편 수유여성의 체지방 함량은 모유생성량과 유의한 상관관계를 보이지 않는다. 다만 체지방이 많은 여성의 모유는 적은 여성에 비해 지방 함량이 높은 경향을 보인다. 수유여성의 단백질 영양과 관련해, 단백질 영양상태가 양호한 수유여성에게서는 식사를 통한 단백질의 보충급여가 모유생성량이나 모유의 단백질 농도에 영향을 미치지 않는다. 그러나 단백질 영양상태가 불량한 수유여성에게 단백질을 보충급여하면 모유생성량이 증가한다. 수유여성은 충분한 양의 수분을 섭취해야 하나, 수분섭취량의 과·부족이 극심하지 않는 한 수분 섭취가 모유생성량에 영향을 미치지 않는다.

4. 수유기 모체의 대사

수유여성의 대사적 우선순위는 적정한 양과 질의 모유생성이다. 그러므로 모유성분의 합성에 필요한 포도당, 아미노산, 지방산 등 여러 물질이 유선엽의 분비세포에서 우선 사용된다. 식사를 통해 섭취한 에너지원과 영양소는 물론 섭취가 부족한 영양소의 경우, 모체의 저장분을 동원하여 분비세포에 우선 공급된다.

(1) 에너지대사

수유여성은 모유생성에 필요한 에너지를 확보하기 위해 에너지 섭취는 늘리는 반면 에너지 소비는 줄이는 적응현상을 보인다. 모유생성이라는 부가적인 생리기능을 수행하는 데도 불구하고, 수유여성의 기초대사량은 비임신·비수유여성보다 낮다. 또한 식사성 발열효과가 낮아지고, 신체활동의 제한으로 활동대사량도 감소한다.

수유기간 중 모체의 체중 감소

임신기간 중에 늘어난 평균 13kg에 달하는 체중은 1차로 아기를 분만함으로써
태아, 태반 및 양수가 차지하던 5~6kg이 감소하고, 2차로 출산 첫 주에 일어
나는 혈장과 체수분의 감소로 약 2~3kg이 줄어들며 이외에 자궁 수축 등으로
인해 조금 더 줄어든다.

이와 같은 분만 직후에 일어나는 급격한 체중 감소 후에는 에너지 평형에 따
라 체중 변화의 속도와 방향이 결정된다. 모유생성에는 매일 500~650kcal의
에너지가 쓰이므로 모유수유는 체지방의 분해를 촉진하는 큰 요인이 된다. 음
에너지평형의 정도에 따라 체중 감소의 속도가 결정되나 임신기간 중에 축적된
체지방을 모두 소비하는 데는 대개 1~2년이 소요된다. 모유수유를 하더라도
에너지 섭취량이 소비량보다 많거나 활동대사량이 적어 양에너지평형을 이루
면 체중은 증가한다.

역사적으로 인류가 적어도 1~2년 동안 모유수유를 전적으로 했다는 점을
생각할 때 임신기간 중에 축적된 지방은 이 기간 동안의 모유생성에 필요한 에
너지를 충당하기 위해 비축한 양으로 추정된다.

수유양식과 체중 감소

앞서 설명한 바와 같이, 모유생성에 상당한 에너지가 소비되며 수유기간 중 모
체의 체지방이 분해되므로 모유수유는 체중 감소에 우호적이라고 볼 수 있다.
그러나 모유를 수유하는지 아니면 조제유를 수유하는지 여부는 분만 후 모체
의 체중 감소에 결정적인 영향을 끼치지 않는다.

왜냐하면, 앞서 설명한 것처럼 체중 감소는 단지 음에너지평형의 정도에 달려
있기 때문이다. 그러므로 수유양식만으로 모체의 체중 감소를 예측할 수는 없
다. 출산 후 체중 감소가 개인에 따라 다양한 것은 에너지 섭취량, 신체활동량
또는 체지방 축적량 등에 따라 음에너지평형의 정도가 다르기 때문이다.

최근 미국에서 수행된 한 연구는 임신 전에 정상체중이었던 여성 중에 약
30%가 분만 후 1년이 되었을 때 과체중이나 비만상태를 보였다고 하였다. 이는

수유여성의 다이어트

수유 첫 6개월 동안에 매월 0.8kg(0.5~1.2kg)씩 체중이 감소하는 것은 정상적인 현상이다. 만일 수유여성이 과체중 또는 비만이어서 체중 감량을 시도한다면 한 달에 500kcal 정도의 에너지 섭취를 제한해서 매월 2kg 정도의 체중을 줄이는 것이 바람직하다. 이 수준의 다이어트는 모유생성에 부작용을 거의 나타내지 않기 때문이다. 에너지 감량이 이보다 큰 경우는 모유생성을 저해하는 결과를 초래할 수 있다.

모유를 수유하는 기간 중에 체중을 줄인다 하더라도 하루에 1,500kcal은 섭취하는 것이 바람직하다. 이때에는 저지방 또는 무지방 유제품을 통해 칼슘과 비타민 D를 확보해야 하고, 과일류, 채소류 및 전곡류를 충분하게 섭취하여 미량영양소의 섭취량이 부족하지 않도록 유의해야 한다.

모유수유를 하더라도 양에너지평형이 발생할 수 있음을 알려준다.

(2) 지방대사

모유를 수유하면 유선조직의 지방대사가 항진된다. 프로락틴이 분비세포에서 지단백지방분해효소의 활성을 증가시켜 혈액으로부터의 지방산 유입을 촉진하고, 유선조직 내 분비세포의 인슐린 예민도를 높여 포도당 유입도 증가시키기 때문이다. 유선조직과는 반대로 지방조직에서는 LPL 활성은 떨어지고 인슐린 예민도는 저하되어 지방의 합성속도가 분해속도보다 느려져 지방산 방출이 늘어난다. 이러한 결과, 지방산이 지방조직으로부터 유선조직으로 공급된다.

지단백지방분해효소 (lipoprotein lipase, LPL) 지단백 내 지방을 가수분해하는 효소

모유의 지방 함량은 2.0~5.3% 정도로 차이가 많이 난다. 이는 모유의 지방 함량이 모체의 지방 섭취에 영향을 받기 때문이다. 지방 함량뿐만 아니라 지방산 조성 또한 모체가 섭취한 지방의 내용을 반영한다. 즉, 불포화지방을 많이 섭취하면 모유의 불포화지방산 함량이 증가한다. 그러나 모유의 콜레스테롤 함량은 모체의 콜레스테롤 섭취 수준에 영향을 받지 않는 것으로 보인다.

(3) 단백질대사

모유수유를 하면 모체의 단백질대사도 변한다. 유선조직에서는 단백질대사가 항진되는 반면에 골격근조직에서는 저하된다. 따라서 수유여성은 영양상태가 양호하더라도 비수유여성에 비해 단백질전변율이 낮은 경향을 보인다.

수유여성의 단백질 섭취량이 일시적으로 부족해지거나 또는 생물가가 낮은 단백질을 섭취한다고 해도 모유의 단백질 함량은 거의 영향을 받지 않는다. 이는 모유의 단백질 함량을 일정하게 유지하는 기전이 작용한다는 점을 의미한다. 식사를 통한 공급이 불충분할 경우 모체에 저장된 단백질이 모유생성에 동원된다.

그러나 모체의 단백질 저장량이 극심하게 고갈된 단백질 영양불량상태에서는 모유의 단백질 농도가 정상 미만으로 저하되거나 리신이나 메티오닌의 함량이 감소된다. 이러한 상태에서는 단백질의 보충급여가 모유 단백질의 함량이나 아미노산 조성을 향상시키는 효과가 나타난다.

(4) 비타민과 무기질대사

수유여성은 모유를 생성하므로 비임신·비수유여성보다 대부분의 비타민과 무기질 필요량이 높다. 따라서 모체는 요구량을 충족하려는 방향으로 이들 대사를 변화시키는 것으로 보인다.

일부 무기질에 있어서는 보상기전이 뚜렷하게 나타난다. 예를 들면, 칼슘을 비롯한 몇몇 무기질의 경우 흡수율이 증가하고, 철의 경우 수유기간 중 무월경으로 손실을 줄인다. 그러나 비타민의 경우 수유기간 중 어떠한 대사 변화가 일어나는지에 관한 자료가 많지 않다. 엽산의 경우는 모체의 엽산 섭취량과는 무관하게 모유의 엽산 함량이 일정하게 유지된다. 따라서 수유기간 중 엽산 섭취량이 불충분하면 모체의 저장분이 동원되어 쓰이고 모체의 엽산영양상태가 불량해진다.

모유의 주요한 무기질인 칼슘, 마그네슘, 인, 철, 구리, 망간, 아연 등의 모유 내 함량은 개인차가 거의 없을 정도로 일정하게 유지된다. 모유의 무기질 총량도 개인 간 변이가 적고 상당히 일정하다. 그러나 모유의 무기질 함량은 수유 단계에 따라 뚜렷하게 변하는데, 수유기간이 경과하면서 칼슘, 마그네슘, 아연 등 주요 무기질 함량이 모두 감소하는 추세를 보인다.

한편 일부 무기질의 경우 각각의 무기질 섭취량이나 영양상태가 모유 내 이들 무기질의 농도에 영향을 끼친다는 증거가 나와 있다. 예를 들면, 모유의 요오드와 셀레늄 함량은 모체의 식사 섭취량에 비례해 증감한다. 이외에도 불소를 일정 수준 이상으로 과다하게 섭취하면 모유의 불소 함량이 높아진다.

5. 수유부의 영양필요량

수유여성의 영양필요량은 모유생성량과 직접적으로 관련이 있다. 한국인 영양소섭취기준(2020)은 수유여성의 영양필요량 설정을 위한 모유분비량 기준을, 수유 전후반기 구분 없이 780mL/일로 보고, 비수유·비임신 여성의 영양필요량에 추가해야 할 양으로 설정하였다.

비타민 D, 인, 나트륨, 염소, 마그네슘, 철, 불소, 망간 및 몰리브덴을 제외한 모든 영양소와 에너지에 추가량을 설정하였다. 특히 수분, 비타민 A와 C, 아연, 구리, 요오드 및 셀레늄의 추가량은 상당히 많다.

(1) 에너지, 단백질, 식이섬유 및 수분

수유여성에게 추가되는 에너지의 필요추정량은 모유로 방출되는 에너지에서 모체의 조직에서 동원되는 에너지를 감해서 산출한다. 모유 780mL/일로 방출되는 에너지는 모유의 에너지 밀도를 65kcal/100mL라고 보면 510kcal/일이 되며, 여기서 모체의 지방조직에서 동원되는 에너지 추정치인 170kcal/일을 뺀 340kcal/일이 필요추정량의 추가분이 된다.

수유여성에게 추가되는 단백질의 권장섭취량은, 모유의 단백질 함량을 1.22g/dL라고 보아 780mL/일의 모유로 방출되는 단백질을 9.5g/일이라고 추정하며, 이에 순단백질 이용률 47%를 적용해 나온 값인 20g/일에 개인 변이계수

표 3-2 수유부의 영양소섭취기준(에너지, 단백질, 식이섬유 및 수분)

성별	연령(세)	에너지(kcal)	단백질(g)	식이섬유(g)	수분(mL)
		EER	RI	AI	AI
여성	19~29	2,000	55	20	2,100
	30~49	1,900	50	20	2,000
	수유부	+340	+25	+5	+700

EER: 에너지 필요추정량, RI: 권장섭취량, AI: 충분섭취량
자료: 한국영양학회(2020), 한국인 영양소섭취기준.

12.5%를 적용해 25g/일로 정하였다.

수유여성에게 추가되는 식이섬유의 충분섭취량은 수유기에 부가되는 에너지 필요추정량인 340kcal/일에 에너지 섭취당 식이섬유 필요량인 12g/1000kcal를 적용한 후 수치를 단순화시켜 5g/일로 설정하였다.

한편 수유여성에게 부가되는 수분의 충분섭취량은, 모유의 수분 함량을 87%로 보아 780mL/일의 모유로 방출되는 수분이 700mL/일이라고 추정했고, 이 값을 그대로 추가량으로 설정하였다(표 3-2).

(2) 비타민

수유여성에게 추가되는 비타민별 평균필요량이나 권장섭취량 또는 충분섭취량은 모유로 방출되는 각 비타민 양에 의해 결정된다. 모유의 각 비타민 함량은 수유기간이 경과하면서 달라지는데 대체로 초유에서 높고 이행유를 거쳐 성숙

표 3-3 수유부의 영양소섭취기준(지용성 비타민)

성별	연령(세)	비타민 A (μg RAE)	비타민 D (μg)	비타민 E (mg α-TE)	비타민 K (μg)
		RI	AI	AI	AI
여성	19~29	650	10	12	65
	30~49	650	10	12	65
	수유부	+490	+0	+3	+0

RI: 권장섭취량, AI: 충분섭취량
자료: 한국영양학회(2020), 한국인 영양소섭취기준.

표 3-4 수유부의 영양소섭취기준(수용성 비타민)

성별	연령(세)	비타민 C (mg)	티아민 (mg)	리보플라빈 (mg)	니아신 (mg NE)	비타민 B₆ (mg)	엽산 (μg DFE)	비타민 B₁₂ (μg)	판토텐 (mg)	비오틴 (μg)
		RI	RI	RI	RI	RI	RI	RI	AI	AI
여성	19~29	100	1.1	1.2	14	1.4	400	2.4	5	30
	30~49	100	1.1	1.2	14	1.4	400	2.4	5	30
	수유부	+40	+0.4	+0.5	+3	+0.8	+150	+0.4	+2	+5

RI: 권장섭취량, AI: 충분섭취량
자료: 한국영양학회(2020). 한국인 영양소섭취기준.

유로 진행하면서 감소한다. 따라서 수유여성의 비타민 필요량은 수유 단계에 따라 다를 것이나, 한국인 영양소섭취기준에서는 수유 전반기에 분비되는 모유의 각 비타민 평균 함량과 모유분비량, 780mL/일을 기준으로 삼아 추가량을 설정하였다(표 3-3, 3-4). 비타민 D와 K 두 종류를 제외한 지용성 비타민 A와 E를 비롯해 수용성 비타민 아홉 종류 모두에도 추가량이 설정되었다. 이 중에서도 비타민 A와 C, 비타민 B₆ 및 엽산의 추가량이 상당히 많은 편이다.

(3) 무기질

수유여성에게 부가되는 각 무기질의 평균필요량이나 권장섭취량 또는 충분섭취량은 모유로 방출되는 각 무기질량과 무기질별 생체이용률에 의해 결정된다. 모유의 각 무기질 함량은 수유기간이 경과하면서 매우 달라지는데 대체로 초유에서 높고 이행유를 거쳐 성숙유로 진행하면서 크게 감소한다. 따라서 수유

표 3-5 수유부의 영양소섭취기준(다량무기질)

성별	연령(세)	칼슘 (mg)	인 (mg)	나트륨 (g)	염소 (g)	칼륨 (g)	마그네슘 (mg)
		RI	RI	AI	AI	AI	RI
여성	19~29	700	700	1.5	2.3	3.5	280
	30~49	700	700	1.5	2.3	3.5	280
	수유부	+0	+0	+1.5	+2.3	+0.4	+0

RI: 권장섭취량, AI: 충분섭취량
자료: 한국영양학회(2020). 한국인 영양소섭취기준.

표 3-6 **수유부의 영양소섭취기준(미량무기질)**

성별	연령(세)	철 (mg)	아연 (mg)	구리 (µg)	불소 (mg)	망간 (mg)	요오드 (µg)	셀레늄 (µg)	몰리브덴 (µg)	크롬 (µg)
		RI	RI	RI	AI	AI	RI	RI	RI	AI
여성	19~29	14	8	650	2.8	3.5	150	60	25	20
	30~49	14	8	650	2.7	3.5	150	60	25	20
	수유부	+0	+5.0	+480	+0	+0	+190	+10	+3	+20

RI: 권장섭취량, AI: 충분섭취량
자료: 한국영양학회(2020). 한국인 영양소섭취기준.

여성의 무기질 필요량은 수유 단계에 따라 다를 것이나, 한국인 영양소섭취기준에서는 수유 전반기에 분비되는 모유의 각 무기질 평균 함량과 모유분비량, 780mL/일을 기준 삼아 추가량을 설정하였다(표 3-5, 3-6).

다량무기질 중에서는 칼륨만 추가 충분섭취량이 설정되었고, 칼슘을 비롯한 나머지 다섯 종류에는 추가량이 없다. 미량무기질 중에서는 아연, 구리, 요오드 및 셀레늄에 평균필요량과 권장섭취량의 추가량이 설정되었으나 철을 포함한 네 종류의 미량무기질은 추가량이 설정되지 않았다.

6. 수유부의 식생활관리

수유여성은 질 좋은 모유를 충분하게 생성하기 위해 앞서 살펴본 바와 같이, 에너지와 단백질 및 기타 영양소의 필요량을 충족하는 식생활을 영위해야 한다. 임신기간 중의 태교와 마찬가지로 수유기의 식생활에도 여러 가지 주의를 기울일 필요가 있다. 따라서 공해물질에 오염되지 않은 식품으로 조리된 음식을 아기를 위해 섭취한다는 마음을 갖는 것이 중요하다. 수유기에 비타민과 무기질 보충제의 복용은 일반적으로 권장되지 않으며 커피 음용, 음주, 흡연 등 건강과 관련되는 생활양식에서도 주의할 필요가 있다.

(1) 모유생성에 부가되는 영양필요량의 섭취

수유여성에게 추가되는 에너지 340kcal와 단백질 25g는 비수유 성인 여성의 균형 잡힌 식사 구성에 우유나 유제품을 2~3단위 더 먹거나 어육류 2~3단위를 더 섭취하면 충족할 수 있다. 그러나 비타민 C와 엽산 필요량은 우유만으로는 충족되지 않으며 과일류나 녹색채소류 및 식물성 유지류나 두류 또는 견과류의 섭취도 증가시켜야 한다. 한국인의 경우 유제품의 섭취가 많지 않으므로 칼슘 함량이 높은 녹색채소류와 칼슘이 강화된 식품을 많이 선택하는 것이 바람직하다(그림 3-5). 한편 수분 추가량인 700mL를 충족하기 위해서는 우유 섭취를 늘리거나 과일주스나 여러 종류의 차 또는 음용수 섭취를 증가시켜야 한다.

비타민 · 무기질 보충제

수유여성에게 비타민과 무기질 보충제의 복용은 일반적으로 권장되지 않는다. 다양한 식품을 균형 있게 섭취하는 경우 대부분의 비타민과 무기질의 필요량이 식사를 통해 충족되기 때문이다. 그러나 모체에 비타민과 무기질 저장량이 부족하거나 식사 섭취가 불량한 수유여성에게는 비타민·무기질 보충제의 섭취가 권장된다. 예를 들면, 우유 및 유제품의 섭취량이 적거나 유당불내증을 가진 수유여성은 600mg/일의 칼슘을, 햇볕에 노출될 기회가 적은 수유여성의 경

우유 200mL 고등어 60g   시금치 70g   당근 70g   콩기름 5g

쇠고기 60g   귤 100g   두부 80g

2~3단위 우유, 유제품 또는 어육류 + 2~3단위 채소류 또는 과일류 + 2단위 식물성유, 두류 또는 견과류

그림 3-5 수유여성이 추가로 섭취해야 할 식품

우는 10μg/일의 비타민 D를, 순수 채식주의자인 수유여성은 2μg/일의 비타민 B$_{12}$를 보충하는 것이 권장된다. 기타 미량영양소의 경우도 보충 적정량이 설정되어 있다(임신기, 표 2-8, 2-9).

참고로, 수유 6개월 동안 모유로 분비되는 칼슘은 성인 여성이 체내에 보유하고 있는 총 칼슘을 대략 1,000mg으로 보았을 때 약 4%에 해당한다. 성인 여성의 체내 비타민 A 보유량은 약 200mg RAE이며, 이 저장량은 6개월 동안 모유로 분비되는 비타민 A의 약 32%에 달한다. 엽산의 경우는 성인 여성의 체내 엽산보유량이 6~7mg으로 매우 적어 이는 3개월 동안 모유로 분비되는 엽산의 양과 거의 같다.

오염물질

모체가 중금속, 약물, 환경공해물질, 바이러스 등 오염물질에 노출되면 이들 성분의 일부가 모유로 수송될 수 있다. 실제로 납이나 수은 등의 중금속이 모유에서 확인되었으며, 살충제로 사용하는 유기할로겐화합물이나 다이옥신 등도 모유로 분비되어 충격을 준 바 있다.

그러나 모유수유의 장점이 잘 알려져 있는 반면에 영아가 모유를 통해 이들 오염물질을 섭취하는 경우의 부작용은 아직 확실하지 않으며 이론적이다. 그러므로 수유여성은 오염되지 않은 식품을 선택하도록 노력해야 할 것이다. 예를 들면, 오염된 환경에서 서식한 담수어 섭취를 피하고, 채소나 과일은 충분히 씻고 껍질을 제거하며, 육류의 경우는 오염물질이 축적되어 있는 지방조직을 제거하는 등의 방법을 활용할 수 있다.

유기할로겐화합물(organic halogen compounds) 할로겐 원소(F, Cl, Br, I)를 함유한 유기염소계 농약이나 프레온가스 등

다이옥신(dioxin) 주로 쓰레기소각장에서 발생하는 환경호르몬의 한 종류

(2) 건강 관련 생활습관

건강과 관련된 생활습관 중 카페인 섭취, 음주 또는 흡연은 모유생성에 영향을 끼친다. 또한 카페인, 알코올 및 니코틴 성분은 모유로 분비되므로 가능한 한 이들을 피하는 것이 바람직하다. 한편 운동은 출산 후 체중 조절과 관련이 있을 뿐 모유생성과는 연관성이 없다.

카페인 섭취

수유기간 중 커피 섭취는 수유여성으로 하여금 휴식을 취하게 할 수 있다. 그러나 커피를 비롯해 청량음료, 초콜릿 또는 약물 등을 통해 모체에 카페인이 공급되면 섭취된 카페인의 약 1%가 모유로 분비된다. 모유의 카페인 농도는 모체 혈장 농도의 50~80% 수준이다.

영아는 카페인 대사속도가 성인보다 느려서 카페인이 체내에 축적되는 경향을 보인다. 하루 커피 1~2잔의 음용은 영아에게 큰 영향을 미치는 것 같지 않으나 6~8잔을 마실 경우 영아는 흥분과 각성 등 과민반응을 보일 수 있다. 따라서 수유여성은 카페인의 과량 섭취를 삼가야 할 것이다.

음주

수유기간 중 소량의 알코올 섭취는 모유분비를 촉진하는 긍정적인 효과가 있다고 알려져 왔다. 그러나 최근의 증거는 알코올이 결코 모유분비의 촉진제가 아님을 밝히고 있다. 수유부가 알코올을 섭취하면 즉시 옥시토신 분비가 감소하고 반면에 프로락틴 분비는 증가해 호르몬의 작용이 교란된다. 또한 에탄올은 유선조직의 분비세포를 신속하게 통과해 모유에 나타난다.

모유의 에탄올 농도는 에탄올 섭취 후 30~60분(음식물과 함께 섭취 시, 60~90분)에 모체 혈장과 동일한 수준에 이른다. 평균 체중의 수유여성이 맥주나 포도주를 한 잔 마셨을 때 흡수된 알코올이 체내에서 완전히 제거되는 데는 2~3시간이 걸린다.

모유를 통해 장기적으로 과량의 알코올에 노출된 영아는 수면패턴이 변화하며, 기면증을 보이기도 하고, 신경계의 발달이 저해되거나, 성장발육도 나빠질 수 있다. 모유의 알코올 농도가 높은 경우 가성 쿠싱증후군의 증상을 나타내기도 한다.

미국의학협회에서는 수유여성은 알코올 섭취를 삼가는 것이 좋으며, 피치 못할 상황으로 섭취해야 한다면 체중(kg)당 알코올을 0.5g 미만으로 제한하고, 체내에서 알코올이 제거된 이후에 모유를 수유하도록 권하고 있다.

가성 쿠싱증후군(pseudo-Cushing's syndrome) 모유를 통해 알코올에 노출된 영아에게 나타나는 증상으로 부신피질호르몬의 과잉으로 인한 쿠싱증후군과 유사함

흡연

모체의 흡연은 모유를 수유하든 그렇지 않든 간에 아기의 건강에 바람직하지 않다. 우리나라의 경우 산모의 흡연 상황에 대한 자료가 거의 없다. 다른 나라의 자료를 살펴보면 미국의 임신 여성 중 10.7%(CDCP, 2012)가 흡연을 하고, 유럽도 임신 여성 10명당 1명꼴로 담배를 피우며(Euro-Peristat, 2013), 이들 중 반수 이상이 분만 후에도 흡연을 하는 것으로 보인다. 흡연하면서 모유를 수유하는 것은 당연히 좋지 않고, 흡연하면서 조제유를 수유하는 것도 좋지 않다. 간접흡연의 위해도 크기 때문이다.

흡연은 모유생성량을 감소시키고 조성도 변화시킨다. 하루에 담배 30개비 이상을 피우는 여성은 분만 초기의 혈중 프로락틴 농도가 흡연하지 않는 여성에 비해 30~50% 정도 낮아 모유생성량이 줄어든다. 반면에 혈중 에피네프린 농도는 높아서 유선 내 혈관의 수축이 유발되어 모유사출이 억제된다. 흡연 산모의 모유는 지방 함량이 낮으며(Baheiraei et al., 2007), 비타민 C 등 비타민의 함량도 낮고, 카드뮴 등 중금속 함량은 높으며, IL-6나 TNF-α 등 방어물질의 함량은 적고, 냄새도 좋지 않다. 흡연 산모에게 태어난 아기는 그렇지 않은 아기보다 출생체중이 평균 200g 정도 적게 나가고, 젖을 빠는 힘이 약하며, 중이염이나 상기도염, 하기도염 등의 호흡기 감염이나 영아산통이 발생할 확률이 높다. 일반적으로 저체중으로 태어난 아기는 따라잡기성장을 하지만 흡연여성에서 태어난 저체중아는 여러 가지 이유로 체중 증가속도가 더디다. 흡연하는 산모가 일찍 이유하는 현상이 나타나는 것은 이러한 까닭으로 생각된다(Chou 등, 2008).

모유로 분비되는 니코틴은 흡연량과 비례한다. 하루 10~20개비의 줄담배를 피우는 모성의 모유에는 0.4~0.5mg/L 정도의 니코틴이 들어 있다. 이러한 모유를 먹는 영아는 식욕이 감소하고(Mennella 등, 2007), 젖빨기를 거부하게 되며, 심박수가 증가하고, 구토증과 기면증을 보이며, 배뇨와 배변장애 등의 증상이 나타나거나 니코틴중독증이 나타나기도 한다. 신생아의 니코틴 대사속도는 성인보다 3~4배 느리다. 니코틴 외에 담배 연기에 들어 있는 수많은 발암물질, 돌연변이물질, 생식기계 독성물질 등이 모유에 얼마나 나타나는지에 관한 정보는 거의 없으나 이러한 물질들이 모유로 분비될 가능성은 매우 높다.

니코틴중독증(nicotine dependency) 과다한 흡연으로 생기는 기침, 객담, 변비, 피로, 두통, 금단현상 등의 증상

운동

수유여성의 운동은 모유생성과 관련해 아무런 부정적인 영향을 미치지 않는 것으로 알려져 있다. 다만 운동을 통해 에너지 소비를 증가시킬 수 있으므로 체중 감량효과를 얻을 수 있다. 중등 강도의 운동과 저에너지 식사를 병행하면 체지방 감소에 더욱 효과적이다.

7. 모유수유의 실제

성공적인 모유수유를 하기 위해서는 분만 전 유방관리가 필요하며, 출산 이후 빠르게 모유수유를 시작하고 유지하는 것이 중요하다. 산모와 아기 모두 편안한 수유 자세로 젖을 물리는 것이 바람직하다. 제왕절개 분만 등 특수한 상황인 경우나 산모나 아기에게 질병이 있는 경우, 또는 수유여성이 직장에 복귀해야 하는 경우에도 모유수유를 유지할 수 있는 방법이 있다.

(1) 분만 전 유방관리

분만 후 모유수유에 대비해 임신 말기부터 유방을 관리하면 모유수유 개시 후에 나타날 수 있는 유두통증이나 유방충혈 등의 문제를 감소시킬 수 있다. 임신 후반기에 들어서면 유두를 적당히 마사지하여 유두의 민감성을 감소시키는 것이 바람직하다. 그러나 유두와 유륜의 윤활물질을 과하게 제거하는 것은 좋

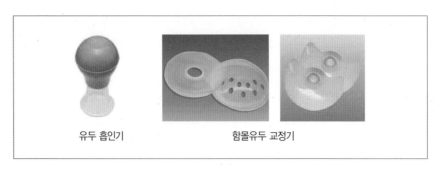

유두 흡인기   함몰유두 교정기

그림 3-6 유두 흡인기와 함몰유두 교정기

지 않다. 분만이 가까워지면 유선엽의 분비세포들이 초유를 생산하므로 유방이 팽만하기 시작한다. 이때는 유두와 함께 유방도 마사지하면 모유수유를 원활하게 시작하는 데 도움이 된다.

한편 일부 여성에게서 유두가 함몰된 상태로 있는 **함몰유두**가 나타나기도 한다. 함몰 정도가 심하지 않은 경우는 분만 전에 손가락을 이용해 유륜 부위를 지속적으로 누르거나 유두 흡인기를 이용해서 유두가 밖으로 돌출되도록 한다. 또는 임신 말기에 함몰유두 교정기를 착용해 꾸준히 압력을 가할 수도 있다(그림 3–6). 아기가 젖을 빨기 시작하면 돌출된 상태가 안정된다.

함몰유두(inverted nipple)
유두가 돌출되지 않고 유방 쪽으로 함몰된 상태

(2) 모유수유의 개시

순산을 했다면 첫 모유수유는 빠르게 시작할수록 좋다. 출산 후 20분이면 산모는 젖을 물릴 수 있으며 아기도 젖을 찾아 물고 빨 수 있다. 이때는 아직 젖이 충분히 돌지 않은 상태지만 임신 중에 만들어진 소량의 초유가 분비될 수 있으며, 젖을 물리는 행위를 통해 젖돌기를 촉진하는 효과를 얻을 수 있다. 출생 직후 모유에 대한 영아의 요구야말로 모유생성을 촉진하는 가장 중요한 요소이다.

수유 자세
상황에 따라 다양한 수유 자세가 가능하나 산모와 영아 모두 편안한 자세를 취하는 것이 좋다(그림 3–7).

- **요람 자세**: 산모의 한쪽 팔로 영아의 머리와 등을 받쳐 얼굴이 유방을 향하도록 한다. 등받이를 받치고 팔걸이를 사용하면 보다 편안한 자세를 유지할 수 있다.
- **옆구리에 끼는 자세**: 산모의 한쪽 손바닥으로 아기의 머리를 받치고 그쪽 팔 위에 아기의 등을 걸쳐놓고 아기의 다리 부분을 옆구리에 낀다.
- **옆으로 누운 자세**: 제왕절개수술로 아기를 분만하여 앉기 힘들거나 잠을 자는 중에 수유할 때는 산모와 영아 모두 옆으로 누운 자세를 취할 수 있다.

요람 자세

옆으로 누운 자세

옆구리에 끼는 자세

양쪽으로 끼는 자세(쌍생아)

그림 3-7 **모유수유 자세**

● **양쪽으로 끼는 자세**: 쌍생아를 동시에 수유하는 경우에는 양쪽 옆구리에 끼는 자세를 취한다.

젖 물리는 법

아기에게 유두를 물리는 방법은 조제유수유에 사용하는 젖병의 인공 젖꼭지를 물리는 방법과 크게 다르다. 조제유를 수유할 때는 인공 젖꼭지의 돌출된 부분만 물게 하면 된다. 그러나 모유수유 시에는 유두뿐만 아니라 유륜 전체를 물려야 한다. 유두만 물면 모유분비가 약하고 유두통증이 야기되기 쉽다.

젖을 물릴 때 산모는 아기를 받치지 않은 자유로운 손으로 유방을 잡고 엄지와 검지로 유두를 조인 다음 아기의 입 가까이로 가져간다. 아기가 입을 벌리면 부드럽게 아기의 입안으로 유두를 밀어 넣는데 이때 유륜 부위까지 물 수 있도록 깊이 넣어준다(그림 3-8).

그림 3-8 젖 물리는 법

수유시간과 횟수

수유 초기에는 모유분비를 자극하기 위해 양쪽 유방을 모두 빨게 하는 것이 좋다. 모유분비가 자리 잡히면 매 시마다 오른쪽과 왼쪽 유방을 바꾸어 수유하는 식으로 번갈아가며 먹인다. 1회 수유시간은 수유 첫날인 경우 한쪽 젖에 각각 5분 정도가 적당하며, 둘째 날은 각각 10분 정도로 늘리고, 이후 점차 증가시킨다. 한쪽 젖만을 빨게 할 때는 약 30분 전후로 수유한다. 실제로 아기가 젖을 먹는 양을 살펴보면, 수유 개시 후 5분 안에 50%를 먹으며, 15분이 지나면 95% 정도를 섭취한다. 그러므로 15분 이후의 젖빨기는 모자간에 피부 접촉을 통한 애정 나누기의 의미가 더 강하다.

신생아의 수유 욕구는 매우 불규칙하다. 생후 3~4일에는 하루에 7~8회 수유하나 이는 개인차가 상당해서 12~14회에 걸쳐 모유를 먹는 아기도 있다. 그러나 산모는 점차 아기의 욕구를 파악하게 된다. 신생아기에는 보통 2시간마다 수유하나 아기의 요구에 자연스럽게 따르는 것이 좋다. 아기가 크면서 수유간격은 3~4시간으로 늘어나므로 수유횟수가 3개월경에는 6~7회로, 6개월경에는 5~6회 정도로 자리 잡히게 된다. 그러나 적어도 4~5시간마다 수유해야 젖돌기가 촉진된다. 유방에 유즙이 정체되어 있으면 모유생성이 억제되므로 바람직하지 않다.

(3) 특수 상황의 모유수유

보통은 한 명의 아이를 정상 분만하는 것이 일반적이나, 간혹 쌍생아를 낳거나 제왕절개수술로 아이를 출산하기도 한다. 이러한 경우에도 모유수유는 가능하다.

제왕절개 분만

제왕절개 분만(cesarean delivery) 산모의 복부를 열고 자궁을 절개하여 태아를 분만하는 방법

제왕절개 분만 후 처음에는 마취제의 영향으로 산모와 아기 모두 무기력하지만 산모는 12시간 안에 아기를 안을 수 있으며 모유를 수유할 수 있다. 수유 시에는 수술 부위가 아프지 않도록 편안한 자세를 취한다. 진통제는 수유 직후에 복용함으로써 다음 수유 시까지의 시간을 최대로 확보하여 모유로 분비되는 양을 최소화한다.

쌍생아 분만

쌍생아를 분만한 대부분의 여성은 두 아기에게 수유할 수 있는 충분한 양의 모유를 생성하게 된다. 모유생성량은 아기의 요구에 의해 조절되므로 하루에 2,000mL까지도 분비된다. 초기에는 두 아이의 요구를 조절하기 어려우므로 두 명의 아기를 옆구리에 끼는 자세로 함께 안아 양쪽 젖을 이용해 동시에 수유하지만 점차 한 명씩 수유할 수 있게 된다.

(4) 유방 관련 문제

분만 전에 유두와 유방을 마사지하는 등 모유수유에 대비하더라도 유두통증, 유방충혈이나 유관막힘 또는 유선염이 발생하는 등 여러 가지 유방 관련 문제가 생길 수 있다. 또한 모유사출 과다나 모유분비 과다 또는 모유분비 부족현상도 발생할 수 있다.

유두통증

수유부의 대부분은 수유 첫 주에 어느 정도의 유두통증(nipple pain)을 경험

한다. 이를 예방하려면, 아기에게 유륜까지 젖을 깊숙이 물려야 한다. 또한 수유 후에는 유두를 건조하게 유지하며, 유두에 상처가 나면 약보다는 모유를 발라 말리고, 아기가 지나치게 배고프지 않은 상태에서 수유하여 아기가 젖을 너무 세게 빨지 않도록 한다.

유방충혈

출산 후 2~4일에 유방이 팽만해지는 것은 모유가 생산되기 시작했다는 신호이다. 이때 아기에게 젖을 빨게 하지 않으면 유선엽에 모유가 과다하게 축적되면서 유방이 단단해지고 자극에 예민해지며 열이 나는 등 유방충혈 (engorgement) 증상이 나타난다. 이는 따뜻한 찜질과 마사지로 완화할 수 있으나 가장 중요한 해결 방법은 적어도 3시간 간격으로 아기에게 젖을 빨게 하는 것이다. 유방이 너무 단단해 아기가 젖을 잘 물지 못할 때는 손이나 유축기 (그림 3-9)로 젖을 짜서 유방 내 압력을 조금 낮춘 후 수유한다.

　모유가 유관에 오랫동안 남아 있게 되면 유관이 막힐 수 있다. 유관막힘 (plugged duct) 증상이 나타나면 유방에 온습포를 하고 자주 젖을 빨게 해서 유선염(mastitis)으로 발전되지 않도록 한다. 유선염이 발생하면 마치 감기처럼 두통, 발열, 피곤 등의 증상이 나타난다. 이때도 모유수유를 계속해야 치료에 도움이 된다. 온습포를 하고 휴식을 취하면 증상이 완화되지만 심할 때는 의사와 상의하여 항생제를 복용할 수 있다.

| 전동식 | 전동식-휴대용 | 수동식 | 착유한 모유 |

그림 3-9 **유축기와 착유한 모유**

모유사출 과다

모유사출 과다(hyperactive letdown)는 수유를 시작하자마자 모유가 지나치게 많이 쏟아져나오는 현상을 말한다. 아기는 많은 양의 젖을 급히 삼키느라 사레들리거나 기침을 하기도 하며, 이때 공기를 삼켜 가스로 인한 복통이 발생하거나 신경질적인 반응을 보이기도 한다. 모유사출 과다가 일어나면 잠시 젖을 흘려보낸 후에 수유한다. 이렇게 하면 아기는 모유사출 과다로 인한 부작용을 피하고, 후모유를 섭취하는 이득도 얻게 된다.

후모유(hindmilk) 일회 모유수유 후반에 분비되는 지방 함량이 높은 모유

모유분비 과다

모유분비 과다(hyperlactation)는 아기의 요구량에 비해 모유생성량이 많은 상황을 이른다. 앞서 살펴본 모유사출 과다는 모유분비 과다의 한 증상이며, 또 다른 증상으로는 수유 후에도 많은 양의 젖이 유관에 남아 있는 것을 들 수 있다. 이렇게 되면 모유가 저절로 흘러넘치거나, 유관막힘이 발생하거나 유방통증이 나타날 수 있다. 아기에게 나타나는 증상으로는 젖을 토하거나, 지방 함량이 낮은 전모유를 섭취하여 체중 증가속도가 느리거나, 장 통과속도가 빨라 부글부글한 녹색 변을 보는 것 등이 있다. 아기가 장기간 전모유를 섭취하면 대장염이 발생하기도 한다. 이러한 문제의 해결 방안으로는 번갈아가며 한쪽 젖만 수유하고 다른 한쪽은 짜내는 것이다. 이외에도 양배추 잎이나 차가운 물건으로 유방을 눌러서 모유생성을 감소시킬 수도 있다.

전모유(foremilk) 일회 모유수유 초반에 분비되는 지방 함량이 낮은 모유

모유분비 부족

모유분비부전증(hypogalactia)이라고도 부르는 모유분비 부족(low milk supply)은 전적으로 모유수유를 하지 않거나 젖 짜내기를 충분하게 하지 않는 경우에 발생한다. 모유분비 부족은 그것이 사실이든 생각이든, 앞서 모유수유 통제 상황에서 언급한 바와 같이, 모유수유를 그만두게 하는 가장 중요한 요인이다.

　모유분비 부족은 모유수유횟수를 늘리거나 전동식 유축기를 이용해, 낮에는 2~3시간마다 그리고 밤에는 적어도 한 번 이상 젖 짜내기를 하면 대부분 개선된다. 수유여성은 또한 적정한 식사와 충분한 수분을 섭취를 해야 하고,

에스트로겐 피임약이나 모유생성을 억제하는 약물 복용을 피해야 한다.

(5) 산모의 질병과 영아의 모유수유장애

산모가 기존에 어떤 질병을 가지고 있었다면 아기를 출산한 후 모유를 수유해야 할 것인지를 잘 판단해야 한다. 질병의 종류와 상태 및 복용하는 약물의 종류와 양을 고려해야 하나 대부분의 경우 모유수유가 가능하다. 또한 영아가 모유수유장애를 보이는 경우라도 가능한 한 모유를 수유하도록 노력할 필요가 있다.

산모의 질병

임신 전부터 질병을 가지고 있었거나, 수유기간 중에 어떤 질환이 발생한 경우 대부분의 사람들은 모유수유를 하지 못하는 것으로 알고 있다. 그러나 극히 일부의 상황을 제외하고는 약물을 바꾸거나 수유시간을 조정하여 모유수유를 계속할 수 있다.

모체가 섭취한 대부분의 약물은 모유에 일부 나타난다. 다행히도 모유수유와 관련해 각종 약물의 안전성이 잘 밝혀져 있다. 그러므로 수유부에게 사용이 금지된 약물은 가능한 한 허용된 약물로 대체해야 한다. 또한 모유로 분비되는 약물의 양을 최소화하기 위해서는 모유에 가장 적게 분비되는 약물을 선택하고, 작용시간이 긴 약물을 피하고, 모유를 수유한 직후에 약물을 복용해야 한다.

수유부가 약물을 복용하는 경우에는 아기의 섭식패턴이나 수면습관에 변화가 나타나는지, 안달복달하는지, 발진이 생기는지 등을 자세히 관찰해야 한다. 신생아, 특히 미숙아는 약물대사에 필요한 간세포 내 효소계의 발달이 아직 불완전하고 배설기관도 미숙하여 약물의 부작용에 취약하다.

● **당뇨**: 당뇨가 있는 산모도 모유수유를 성공적으로 수행할 수 있다. 이들에게는 임신기와 마찬가지로, 보통 메트포르민이 처방된다. 당뇨병 여성의 모유는 분비량과 조성 모두 정상 모유와 다르지 않다. 그러나 임신기간을 포함해

메트포르민(metformin) 간에서 포도당 신생 억제를 주작용으로 하는 경구용 제2형 당뇨 치료제

서 수유기간까지 장기간 메트포르민을 복용했을 때 아기에게 나타나는 영향은 아직 알려지지 않았다.

- **만성질환**: 수유부가 분만 전부터 약물치료를 요하는 만성질환을 앓던 경우, 모유수유에 허용되는 약물로 바꾸어 질병을 치료할 수 있다면 모유수유가 가능하다. 그러나 소모성 질병으로 인해 모체의 영양불량이 심하거나 약물 남용이나 알코올 중독 등의 상황에서는 조제유수유가 권장된다.

- **감염성질환**: 산모가 감염성질환에 걸린 경우, 바이러스나 박테리아가 모유에 나타날 수 있다. 그러나 항체와 면역세포도 함께 분비되므로 영아는 대부분 감염으로부터 보호된다. 수유부에게 허용되는 약물로 질병을 치료할 수 있다면 모유를 수유할 수 있다.

- **B형 간염**: B형 간염에 걸린 산모에게 태어난 신생아의 3~13%는 자궁 내 감염이며, 대부분 분만과정에서 감염된다. 이들 신생아에게는 출생 즉시 백신 접종과 면역학적 예방이 시행된다. B형 간염 바이러스는 모유로 분비되기 때문에, 모유수유를 통해 아기가 감염될 수 있으나 출생 후 적절한 면역예방을 받은 아기의 경우에는 모유수유아와 조제유수유아 간 B형 간염 발생률에 차이가 나지 않는다.

- **에이즈**: 에이즈 바이러스는 모유를 통해 분비된다. 모유를 통해 27~40%의 영아가 에이즈에 감염된다고 알려져 있다. 에이즈에 걸린 산모가 모유를 수유할 것인가에 대해서는 상반된 견해가 존재한다. WHO는 과거에 설사성질환으로 인한 영아사망이 흔한 아프리카 등의 지역에서는 에이즈를 가진 산모라도 모유를 수유하는 것이 영아사망률을 감소시키는 방법이라고 하였다. 그러나 최근에는 조제유수유가 바람직하다고 정책을 바꾸었다.

에이즈(acquired immune deficiency syndrome, AIDS) HIV, 즉 human immunodeficiency virus의 감염으로 면역계의 기능이 저하되어 나타나는 여러 가지 증상

영아의 모유수유장애

산모가 모유를 수유할 준비를 완벽하게 하더라도, 영아에게 문제가 있어 모유수유가 어려운 경우가 있을 수 있다. 만약 이러한 경우라면 문제의 종류에 따라 적절한 해결 방안을 모색하여 모유수유가 가능하도록 노력해야 할 것이다.

- **구순열**: 출생 시 장애로 영아의 입술에 갈라진 틈이 있으면 젖을 빨기 어려우

나 수유 시 엄지손가락 등으로 갈라진 부분을 덮어주면 도움이 된다. 생후 3
주경에 성형을 하면 이후 정상적인 모유수유가 가능하다.

● **구개열**: 입술뿐만 아니라 입천장까지 열려 있는 상태로 모유가 기도로 넘어
갈 가능성이 크다. 구개열 영아를 위해 고안된 플라스틱 마개를 사용하면 모
유수유에 도움이 된다.

● **신생아 황달**: 신생아 황달은 생리적 황달과 병리적 황달로 구분한다. 생리적
황달은 신생아가 태어난 지 24시간 이후에 생기며, 3~5일 후에 가장 심하고,
1~2주 후에 사라진다. 건강한 만기아의 약 50~60%에서 발생한다. 조산아
의 경우는 발생할 확률이 더 높고 증상의 강도도 심하다. 출생 후에 태아 헤
모글로빈이 다량 분해되어 빌리루빈 생성량이 많아지는데 미성숙한 신생아
의 간이 이를 원활하게 대사하지 못해 혈중 빌리루빈 농도가 상승해서 눈의
흰자위, 얼굴, 가슴 등의 피부가 노란색을 띠게 된다. 영아가 잠을 과다하게
자면서 모유를 충분하게 섭취하지 못하는 결과를 초래하기도 한다.

반면에 병리적 황달은 출생 후 24시간 이내에 나타나며, 혈중 빌리루빈 농
도의 상승이 급속하고 오래 지속된다. 대부분 용혈성 황달이다. 이 경우도
모유수유를 중단할 필요는 없다. 모유수유를 12~24시간 제한해서 황달이

**신생아 황달(neonatal
jaundice)** 신생아기에 고빌
리루빈혈증으로 인해 피부나
점막에 황색을 띠는 증상

모유황달

모유황달(breast milk jaundice)은 신생아황달과 달리 비교적 늦게, 즉 출생 3일 이후에 혈중 빌리루빈 농도가 상승
하기 시작해서 6~14일에 최고치를 보인다. 혈중 빌리루빈 농도가 올라가는 것은 모유에 함유된 다음과 같은 세 가지
성분이 기여하는 것으로 생각된다. 하나는 상피세포성장인자(epidemal growth factors)로 이들은 빌리루빈의 장-간
순환을 촉진한다. 두 번째는 글루쿠로니데이스(gluculonidase)로 이 효소는 글루쿠론산을 가수분해하여 유리빌리루
빈을 증가시킨다. 세 번째는 지단백질분해효소(lipoprotein lipase, LPL)이다. 지단백질분해효소는 유리지방산 농도
를 올리는데, 간의 유리지방산 함량이 높아지면 글루쿠로닐트랜스퍼레이스(gluculonyltransferase)의 활성이 억제되
어 빌리루빈의 포합작용이 저해되기 때문이다.

고빌리루빈혈증이 해소되지 않으면 중추신경계에 비가역적인 손상을 초래하는 핵황달*로 발전할 위험이 있으므로,
혈중 빌리루빈 농도를 낮추는 치료를 해야 한다. 광선치료로 빌리루빈을 분해하여 황달증상을 완화시킬 수 있는데 청
색광이 효과가 좋다.

* 핵황달(kernicterus, bilirubin encephalopathy): 고빌리루빈혈증으로 인해 뇌세포에 빌리루빈이 침착되어 발생하는 신경학적 증상

갈락토스혈증(galactosemia)
갈락토스를 포도당으로 전환
시키는 능력이 손상된 매우
드문 유전성 탄수화물 대사
이상

페닐케톤뇨증(phenylketouria)
페닐알라닌을 분해하는 효소
의 결핍으로 체내에 페닐알라
닌이 축적되어 경련이나 발달
장애를 일으키는 유전성 대사
질환

진정되면 다시 수유한다. 모유를 수유하면 장 운동이 촉진되고 빌리루빈의 제거가 빨라지는 이득이 있다. 다만 황달의 원인이 갈락토스혈증인 경우는 모유수유를 중지한다.

● **호흡기 감염**: 콧물을 흘리고 기침을 하는 아기는 젖빨기가 힘들다. 이 경우 모유수유 전에 콧물을 닦아주고 아기를 수직으로 안으면 도움이 된다.

● **선천성 대사장애**: 갈락토스혈증이나 페닐케톤뇨증을 지니고 태어난 아기에게는 모유를 수유할 수 없다. 특수 성분이 조절된 조제유를 선택해서 수유해야 한다(영아기 참조).

(6) 수유부의 직장 복귀

직장에 다니던 여성이 산후휴가를 마치고 직장에 복귀했을 때도 모유수유를 계속할 수 있다. 직장에 있는 동안 젖이 불면 3시간 정도 간격으로 손이나 유축기로 젖을 짜서 젖병에 넣어 냉장고에 보관하였다가 다음날 낮 시간 동안 아기에게 수유하면 된다.

짜낸 젖은 냉장보관하는 경우 72시간 이내에 수유해야 하고, 냉동보관하는 경우 6개월까지 사용할 수 있다. 냉동된 모유는 냉장실에서 해동하고, 가온은 중탕으로 한다. 모유는 한 번 해동하면 즉시 수유해야 한다. 최근에 '엄마에게 친근한 일터'가 생기고 있다. 이런 곳에는 수유실이 마련되어 있으므로 가족 중에 누가 아기를 직장으로 데리고 오면 수유가 가능하다.

8. 모유수유비율

우리나라의 경우 1970년경에서 2000년까지 모유수유비율이 급감했다. 21세기에 들어서서 반등하고 있으나 서구의 개발 국가에 비해서는 여전히 낮은 편이다. 모유수유에 대한 산모의 의지는 사회적·문화적 분위기에 상당한 영향을 받는다.

(1) 모유수유비율의 저하

우리나라의 모유수유비율은 1960년대까지만 해도 95% 이상이었는데 2000년에 10% 수준까지 급격하게 감소했다. 이 시기에 일어났던 다음과 같은 여러 사회적 변화가 여성들로 하여금 모유수유를 필수가 아닌 선택사항으로 여기게 만든 것으로 보인다.

- 고품질의 영아용 조제유를 쉽게 구할 수 있게 되었다.
- 많은 여성이 사회활동을 하게 되었다.
- 모유수유를 공공장소나 대중 앞에서 하면 안 된다는 사회적 분위기가 형성되었다.

(2) 모유수유비율의 반등

이후 21세기에 들어서면서 우리나라의 모유수유비율은 반등하여, 2015년 62.3%까지 증가했다. 이와 같은 반등현상은 모유수유를 촉진하기 위한 다음과 같은 여러 정책의 수행과 교육적 중재의 효과라고 판단된다.

- 유니세프와 WHO 및 우리나라의 대한가족복지협회와 보건복지부 등 여러 기관이 적극적으로 모유수유를 확대하기 위해 교육, 훈련 및 홍보활동을 하고 있다(그림 3-10).
- 모유에 함유된 여러 가지 면역물질이 아기에게 주는 건강상의 이득과 함께 모유수유가 유선조직이 에스트로겐에 노출되는 기간을 단축시키고 손상된 분비세포의 제거를 촉진해서 유방암 발생을 예방하는 효과가 있음을 일반인들이 인식하게 되었다.
- 자연스럽고 단순한 생활로 돌아가려는 사회현상(참살이, wellbeing)이 여성

그림 3-10 유니세프의 모유수유 교육 홍보물

들로 하여금 모유수유를 자연스러운 생활양식으로 받아들이게 하였다.

2000년 이후 점차 증가하던 완전모유수유율은 최근 다시 감소되고 있는데, 이는 산후조리원의 모자분리와 유축수유, 조제유 보충수유 때문으로 여겨지고 있다.

(3) 모유수유 실천의도의 강화신념과 통제상황

모유수유를 실천하는 데는 이를 강화하는 신념과 통제하는 상황이 영향을 미칠 수 있다. 본인 이외에 남편, 가족, 친구 등 준거인도 모유수유 실천의도에 영향을 끼치는데 그중에서도 특히 모유를 수유한 자매, 친구 및 친정어머니의 영향이 크다.

강화신념

산모가 모유를 수유하겠다는 실천의도를 강화하는 데 긍정적인 영향을 미치는 중요한 신념은 모유의 장점과 모유수유에 따른 이득으로 구분할 수 있다. 즉, 모유가 아기에게 최선의 영양원이며, 질병과 알레르기를 예방하고, 지능발달에도 좋다는 장점에 대한 신념과 모유수유가 아기와 친밀감 형성에 바람직하며, 출산 후 모체의 체중 감소와 유방암 예방에 도움이 된다는 모유수유에 따른 이득에 관한 신념이다. 이외에 모유수유가 조제유수유에 비해 경제적이고 편리하다는 신념도 강화작용을 한다.

통제상황

모유수유의 실천의도를 약화시키는 통제상황으로는 젖몸살을 앓거나, 유방 마사지를 해야 하거나, 남은 젖 짜내기 등 유방관리에 불편함을 느끼거나, 제왕절개수술로 모유수유가 불편하거나, 사회 분위기가 모유수유에 부정적이거나, 공공장소에 수유 편의시설이 부족하거나 등이 있다.

우리나라의 한 조사결과에 따르면 모유분비가 부족한 경우와 수유여성이 직장에 복귀해야 하는 경우가 강한 통제상황이었다(김승권 외, 2012). 이러한 상황은 해결이 가능하다. 모유분비가 부족한 주요 이유는 병원에서 조제유를 수유받은 아기가 엄마 젖빨기에 익숙하지 않아 젖빨기 자극이 약하기 때문이다. 따라서 모자동실을 운영하며 모유수유를 권장하는 "아기에게 친근한 병원(baby-friendly hospital lnitiative, BFHI)"을 늘려 병원에서부터 모유수유를 시작함으로써 극복할 수 있다. 아기에게 친근한 병원 만들기 운동은 세계보건 기구(WHO)와 유니세프(UNICEF)가 전적인 모유수유를 촉진하기 위해 1991년에 공동으로 시작하였다. 현재 전 세계에서 약 2만 개의 기관이 이러한 병원으로 인정받았고, 우리나라에서는 2016년에 22개 병의원이 임명되었다. 한편 직장 복귀에 따른 문제는 "엄마에게 친근한 일터(mother-friendly workspace, MFW)"를 사회적으로 권장해서 모유를 짜서 냉장보관했다가 집에서 수유하거나 직장으로 아기를 데려와 수유하는 방법으로 해결할 수 있다.

아기에게 친근한 병원과 성공적인 엄마 젖 먹이기 10단계

아기에게 친근한 병원 만들기 운동(Baby-Friendly Hospital Initiative, BFHI)은 유니세프와 WHO가 공동으로 시작한 세계적인 운동으로 모유수유를 적극적으로 권장하는 의료 환경을 조성하여 모든 아기들에게 모유수유라는 최고의 혜택으로 인생을 시작하게 하는 것이 목적이다. 이 운동은 유니세프와 WHO가 정한 "성공적인 엄마 젖 먹이기 10단계"를 실천하고, 모유대체품 제조사로부터 무료 샘플과 지원을 받지 않아야 한다.

1. 병원은 의료요원을 위한 모유수유정책을 문서화한다.
2. 이 정책을 실행하기 위하여 모든 의료요원에게 모유수유기술을 훈련시킨다.
3. 엄마 젖의 장점과 젖먹이는 방법을 임신부에게 교육시킨다.
4. 출생 후 30분 이내에 엄마 젖을 빨리기 시작한다.
5. 임신부에게 엄마 젖을 먹이는 방법과 아기와 떨어져 있을 때 젖 분비를 유지하는 방법을 자세히 가르친다.
6. 갓난아기에게 엄마 젖 이외의 다른 음식물을 주지 않는다.
7. 엄마와 영아는 하루 24시간 같은 방을 쓴다.
8. 모유는 영아가 원할 때마다 먹인다.
9. 영아에게 인공젖꼭지나 노리개젖꼭지(pacifier)를 물리지 않는다.
10. 모유수유 모임을 만들도록 도와주고 퇴원 후 모임에 참여하게 해준다.

자료: 유니세프(www.unicef.or.kr)

(4) 모유수유 지원정책

유니세프, 병의원, 보건소 등의 제기관과 정부에서는 모유수유를 지원하기 위해 다양한 교육프로그램을 운영하고 있다. 또한 공공장소에 수유실을 설치하거나 병의원이나 산후조리원에서 모자동실 운영을 권장하는 등의 정책을 시행하고 있다.

모유수유 교육

요즈음과 같은 핵가족 문화에서는 가정에서 모유수유에 대한 간접경험을 하기가 힘들다. 이러한 문제를 해결하기 위해 여러 기관에서 모유수유 교육을 제공하고 있다. 유니세프의 홈페이지에는 모유수유에 관한 교육 영상과 책자의 내용이 있고(그림 3-11), 보건복지부의 홈페이지에는 모유수유 상담코너가 있어 국제 모유수유전문가가 일반인의 상담에 응하고 있다. 한편 여성병원이나 산부인과에서는 모유수유나 산전 유방관리 또는 육아상담을 시행하고 있으며, 사설 모유수유클리닉에서는 모유수유 상담이나 가정방문을 유료로 제공한다.

그러므로 산모는 온라인 또는 오프라인에서 모유수유 방법은 물론 직장에 다니며 모유를 먹이는 요령, 젖몸살이나 함몰유두에 대한 대응책 등 모유수유

그림 3-11 유니세프의 모유수유 관련 자료
자료: 유니세프(www.unicef.or.kr)

와 관련된 여러 가지 문제에 대해 상담을 하고 조언을 들을 수 있다. 또래 엄마
들끼리 모유수유 카페를 만들어 정보와 도움을 주고받기도 한다.

공공장소의 수유실

앞서 설명한 바와 같이, 공공장소의 적절하지 않은 수유 환경은 모유수유 실천
의도를 통제한다. 아기와 함께 외출하거나 여행하기가 쉽지 않기 때문이다. 따
라서 정부와 지방자치단체가 수유실(그림 3-12) 설치를 확대하기 위해 노력하
고 있다. 아울러 수유여성이 직장에 복귀해도 모유수유를 지속할 수 있도록
일터에도 수유실을 설치해야 할 것이다.

모자동실

출산 후 산모가 신생아와 같이 지내는 모자동실 제도의 운용은 모자간의 정서
적 유대를 돕고, 모유수유를 실천하는 데 유리한 환경을 조성한다. 모자동실
운영은 "아기에게 친근한 병원"을 지정하는 조건 중 하나이다. 보건복지부에서
는 공공 산후조리원의 모자동실 운영을 필수로 정하고, 분만 병의원과 사설 산
후조리원에서도 모자동실을 운영하도록 적극 권장하고 있다.

모자동실(rooming-in) 출산
후 병의원이나 산후조리원에서
산모와 아기가 한 방에서 기거
하는 제도

국립한글박물관 내 서부이촌동 지하철역 내 서울역 내

그림 3-12 **공공장소의 수유실**

산후조리원

산후조리와 요양 등에 필요한 인력과 시설을 갖춘 곳으로, 분만 전후 임산부나 신생아에게 급식·요양과 그 밖의 일상생활에 필요한 편의를 제공하는 시설이다. 1997년부터 개설되어 영업 중이며, 2014년에는 공공 산후조리원도 설립되었다.

정부는 모자보건법(법률 제11441호)을 제정해 산후조리원의 인력·시설의 기준, 임신부와 영유아의 건강·위생관리와 위해 방지, 시장·군수·구청장에 의한 관리·감독과 시정, 정지 또는 폐쇄 명령권, 산후조리원의 평가 지표 등에 관한 사항 등을 정하고 있다. 또한 산후조리원에서는 모유수유를 권장하도록 하고 있다. 2016년부터 공공 산후조리원에는 모자동실 설치를 의무화했으며, 사설 산후조리원에도 이를 적극 권유하고 있다.

산후조리원을 이용하는 비율이 점차 증가하고 있는 추세이다. 2015년, 국내 산후조리원이 610개소에 이르며, 대략 40%의 산모가 이를 이용했다고 한다. 그러나 산후조리원마다 시설이나 가격이 크게 달라 소비자의 만족도가 상이하며 감염이나 질병, 안전사고 등도 발생하고 있다. 산욕기의 산모와 신생아 관리의 중요성에 비추어볼 때 산후조리원은 안전과 감염 예방을 고려한 산모와 신생아 중심적인 시설로 변화할 필요가 있다.

9. 모유수유가 산모에게 좋은 점

모유수유는 영아에게 영양적인 측면에서는 물론 면역력 강화와 인지기능 발달에 좋은 영향을 미친다(영아기 참조). 더불어 모유수유는 산모에게도 생리적인 면에서 여러 가지 이득을 줄 뿐만 아니라 경제적·심리적·환경적인 측면에서도 도움이 된다. 그러나 아직 모유수유가 가져오는 다양한 측면의 장기적 이득을 평가하지 못하고 있는 실정이다.

(1) 생리적 이득

모유수유로 인한 호르몬 분비 변화는 생리적인 측면에서 모체에 여러 가지 이득을 가져온다. 분만 후 4주 정도가 되면, 모유를 수유하지 않는 산모의 경우 혈중 황체호르몬(luteinizing hormone, LH) 농도가 정상 수준으로 회복되어 생리주기가 재개된다. 반면에 모유수유여성의 황체호르몬 농도는 정상보다 낮게 유지된다. 이는 아기의 젖빨기가 시상하부에서 성선자극호르몬방출호르몬의 분비를 방해하기 때문인 것으로 보인다. 혈중 프로락틴 수준과 난소주기는 일정한 경향을 나타내지는 않으나, 프로락틴이 성선자극호르몬의 분비와 난소 기능을 억제하기 때문이라는 설명도 있다.

혈중 황체호르몬 농도가 낮은 모유수유여성은 자연피임효과를 얻는다. 출산 후 6개월간 전적으로 모유를 수유하면 무월경으로 인한 피임효과가 98%에 달하며 이로써 짧은 터울의 추가 임신을 피할 수 있어 자녀 간 나이의 터울이 많이 나게 되므로 모체 건강에 부담이 적다. 장기적인 관점에서 골다공증, 유방암, 자궁내막암 또는 난소암의 유발률이 낮아지는 이득도 있다.

젖빨기에 의해 분비가 촉진되는 옥시토신은 자궁의 수축을 촉진하므로 출산 이후에 발생하는 자궁 출혈을 조절하는 데 도움이 된다. 이외에도 모유수유는 유관에 모유가 정체되는 것을 막아주므로 유방충혈 등 젖몸살을 예방한다. 또 모유를 생성하는 데 많은 에너지가 쓰여 임신 전 체중으로 회복하는 데 도움을 준다.

(2) 경제적 이득

모유수유는 조제유수유보다 매우 경제적이다. 모유수유에 드는 비용은 모유 생성에 추가로 필요한 340kcal 정도의 에너지와 20g 정도의 단백질 및 미량영양소들의 섭취를 위해 필요한 식비이다. 즉 우유, 곡류, 두류, 유지류, 견과류 또는 채소류를 약간 더 섭취하는 것(그림 3-5) 정도에 불과하다. 모유를 수유하는 데는 아무런 도구나 장치가 필요하지 않아 기타 부가되는 비용이 없는 반면 조제유수유는 경제적인 부담이 크다. 영아용 조제유를 구입하는 데 드는 비용은 우리나라의 경우 매달 20여만 원에 달하므로 6개월이면 100만 원이 훌쩍 넘는다.

모유영양아는 조제유영양아에 비해 질병 발생빈도가 낮아 내원횟수나 입원 일수가 적으므로 의료비 부담이 적다. 미국에서 조사한 한 자료에 따르면, 미국인 산모의 90%가 6개월간 전적으로 모유수유를 한다면 영아에게 소비되는 의료비 중 대략 1,380억 원이 절감될 것이라고 한다(Bartick와 Reinhold, 2010). 또한 형제간에 터울이 많이 나면 영아사망률이 낮아지므로(Rutstein, 2008), 이로 인한 경제적 이득도 상당한 것으로 추측할 수 있다. 이외에도 앞서 생리적

모유분비촉진제

대부분의 문화권은 모유를 수유하는 산모가 전통적으로 섭취하는 특정한 음식이나 허브가 있다. 우리나라에서는 주로 미역국, 돈족즙, 잉어즙, 두유 등 국물음식이나 몇몇 한약재 등을 섭취한다. 한편 서구에서는 큰엉겅퀴잎(밀크시슬, milk thistle), 호로파씨(fenugreek), 남방등갈퀴꽃(고트스루, goat's rue) 등이 널리 이용된다. 이들 허브 추출물에는 여러 생리활성물질이 들어 있어 프로락틴 분비를 증가시키거나 유선조직의 발달을 자극하는 등의 기전으로 모유생성을 촉진하는 효과를 보인다고 알려져 있다. 이러한 연유로 이들 추출물을 주재료로 한 다양한 제품이 유럽이나 미국에 출시되어 있다. 국내에서도 돈족즙과 잉어즙에 강화쑥, 익모초, 천궁, 감초, 당귀 등 한약재를 첨가한 제품을 비롯해 밀크시슬을 주성분으로 한 제품 등 몇몇 모유분비촉진제(galactogogue)가 시판되고 있다.

그러나 이들 제품이 나타내는 모유분비 촉진효과가 어떠한지, 이들 제품에 함유된 성분이 모유로 얼마나 분비되는지, 이를 섭취한 영아에게 어떠한 영향이 나타나는지에 관해서 잘 계획된 대규모의 과학적인 연구결과는 거의 없다. 최대효과를 발휘하는 복용량에 관한 자료도 부족하고, 산모나 아기에 관한 위해성도 구체적으로 알려져 있지 않다.

한편 오심이나 구토 증상을 완화시키는 약물 돔페리돈(domperidone)이 모유생성을 촉진하는 용도로 처방되고 있다. 이 약물은 심장질환을 유발한다는 문제점이 지적되었으나, 미국이나 캐나다에서는 안전성이 매우 높고 모유분비 촉진효과가 크다고 보아 적정량의 사용을 권장하고 있으며, 우리나라에서도 모유분비가 부족한 산모에게 널리 처방되고 있다. 다만 심장에 문제가 있는 산모라면 돔페리돈 복용에 주의해야 할 것이다.

큰엉겅퀴꽃의 꽃과 씨

남방등갈퀴꽃

호로파의 잎과 씨

돔페리돈정

이득에서 설명한 바대로, 모유수유는 산모의 건강에도 장단기적으로 도움이 되므로 이와 관련된 의료비 절약효과도 있을 것이다.

(3) 심리적 이득

성공적으로 모유를 수유한 산모는 산후우울증에 걸릴 확률이 낮다. 모유수유로 인해 분비되는 호르몬인 옥시토신과 프로락틴이 산모를 진정시켜 편안하게 하며, 아기를 돌보고자 하는 본능을 유발시키기 때문이다. 특히 옥시토신은 모자간에 보다 깊은 유대감을 형성시키고 산모로 하여금 아기를 양육한다는 성취감을 갖게 한다. 또 배우자나 가족원 간의 관계를 긴밀하게 하는 데 도움을 준다. 이러한 이유로 인해 산후우울증이 예방되는 것으로 보인다.

(4) 환경적 이득

조제유수유의 경우, 조제유 생산에 사용되는 재료와 전력 및 시설에 드는 에너지, 용기나 포장재 생산 및 조제유 제품의 수송이나 폐기과정에 쓰이는 에너지 등으로 인해 탄소발자국이 많다. 이에 비해 모유수유는 탄소발자국이 적어 환경친화적이다.

탄소발자국(carbon footprints) 사람의 일상생활이나 상품의 생산 및 소비과정에서 발생하는 이산화탄소(CO_2)의 총량

PART 2

성장영양

인간은 수정란으로부터 시작해서 출생 시까지 자궁 안에서 성장한다. 출생 이후 영아기, 유아기, 아동기 및 청소년기에 걸쳐 성장속도는 다르지만 충분한 성장발달을 이루고, 사춘기에는 성 성숙을 이룬다. 생물학적 관점에서 볼 때, 인간의 생애주기는 다른 동물이나 마찬가지로 수정에서부터 다음 세대를 이루는 난자나 정자를 생성하는 사춘기까지 일어나는 변화로 구성된다.

영아기는 출생 이후 1년까지의 시기로 이때 아기의 신장과 체중이 빠르게 증가하며 신경구조가 복잡하게 발달하고, 골격과 근육이 발달되면서 앉고, 기고, 서고, 뛰는 등의 운동기능도 발달하게 된다. 유아기에는 신체성장과 운동기능의 발달뿐 아니라 타인과 자신의 개념을 형성하고 인지발달과 함께 사회적·심리적·정서적 발달도 많이 이루어진다. 아동기에는 영유아기에 비해 신체성장속도가 다소 감소하면서 식욕이 줄어드는 경향을 보이기도 한다. 이 시기에는 주위 환경에 대한 관심이 높아지고 평생 가는 식습관이 자리 잡으므로 좋은 자극을 많이 주고 바른 식습관을 형성할 수 있도록 이끌어야 한다.

사춘기와 청소년기의 특징은 급속도의 신체성장과 성 성숙이 일어난다는 점이다. 청소년기가 끝나는 20세경에는 최대 신장에 도달하게 된다. 이 시기에는 에너지와 영양소 필요량이 생애 다른 어느 주기보다도 높다. 그러나 불규칙적인 생활과 과도한 학습 등으로 식사를 소홀히 하기 쉬우며 또래 집단의 영향과 강한 호기심으로 흡연과 음주 등 건강을 해치는 습관을 배우기 쉬운 때이기도 하다. 청소년기에 규칙적인 생활과 바른 식습관을 실천하면 중년 이후 발생하는 생활습관 관련 질병을 예방하거나 지연시킬 수 있다.

CHAPTER 4
영아기 영양

인간의 성장발달을 볼 때, 출생 후 첫 1년 동안의 성장률이 가장 높고 체조성도 크게 변하며 발육 면에서도 가장 큰 변화가 생긴다. 이 기간 동안 아기는 키가 자라고 체지방이 축적되며 제법 통통한 모습을 갖추게 된다. 머리도 가누게 되며 누워 지내던 상태를 벗어나 앉을 수 있게 되고, 더 나아가 일어서고 걸음마를 하게 된다. 오로지 반사적으로 젖을 빨아 영양을 취하던 상태에서 자발적으로 손가락을 움직여 음식을 집어 먹을 수 있게 되고, 씹고 삼키고 또 컵에 담긴 것도 마실 수 있게 된다. 영양 공급 형태에도 변화가 생기는데, 첫 4~6개월에는 모유나 조제유로 필요한 에너지와 영양소를 공급받지만 그 후에는 유동식을 먹을 수 있게 되고 계속해서 이유식, 성인식을 먹을 수 있게 된다.

학습목표

영아의 성장발달과정을 이해하고, 영양 특성과 영양문제를 파악하여 영아기 영양관리에 활용할 능력을 기른다.

1. 영아의 신체성장

인간의 성장발달을 볼 때 출생 후 첫 1년 동안의 영아기에 체중과 신장, 머리둘레 등 신체성장이 빠르게 일어나고 신체비율과 체조성도 크게 변화한다. 영아의 발육상태를 평가할 때는 신장과 체중 등을 측정하여 성장도표의 백분위수 곡선에 대비하거나 발육지수를 계산하여 사용한다.

(1) 체중과 신장

우리나라 영아의 평균 출생체중은 남아가 3.3kg, 여아가 3.2kg이며, 평균 출생 신장은 남아가 49.9cm, 여아가 49.1cm이다. 건강한 아기는 생후 3개월이 지나면 출생 때보다 체중이 2배, 1년이 지나면 3배, 3년 후에는 4배로 증가한다(표 4-1). 아기의 출생체중은 모체의 임신 전 체중과 임신 중 체중 증가량에 좌우 되나, 출생 후 아기의 신장과 체중은 유전, 환경 및 영양상태에 좌우된다. 출생 직후 아기의 체중은 6~10% 정도 감소하는데 그 이유는 자궁 내 양수에 떠 있던 때와 달리 수분이 줄어들고 태변이 배출되기 때문이고, 또 며칠 동안 유즙 섭취량 부족으로 체조직이 분해되기 때문이다. 생후 10일이 지나면 체중은 다시 원상 복귀되고 그 후로는 계속 증가하는데 첫 4개월까지는 하루 평균 20~25g, 그 후 8개월까지는 매일 15g 정도씩 증가한다. 출생체중이 낮은 아기의 체중 증가율이 더 높은 경향이 있다.

한편, 신장은 첫 1년 동안 출생 시보다 25~30cm 정도 커지는데 이는 약 50%의 증가에 해당되며, 만 4세가 되면 출생 시 신장의 2배가 된다(표 4-1). 유전형질상 키가 작은 아기는 출생 시 신장이 크더라도 출생 후 신장증가율이 낮으며, 반대로 출생 시에는 키가 작았으나 유전형질상 큰 아이들은 출생 후 신장증가율이 증가하는데, 이러한 변화는 출생 후 3~6개월부터 나타난다.

(2) 머리둘레와 가슴둘레

출생 시 영아의 머리둘레는 약 34cm이며, 1세에는 대략 46cm로 1년간 약

표 4-1 **소아 발육표준치(체중과 신장)**

연령(개월)	남아		여아	
	체중(kg)	신장(cm)	체중(kg)	신장(cm)
출생 시	3.3	49.9	3.2	49.1
1	4.5	54.7	4.2	53.7
2	5.6	58.4	5.1	57.1
3	6.4	61.4	5.8	59.8
4	7.0	63.9	6.4	62.1
5	7.5	65.9	6.9	64.0
6	7.9	67.6	7.3	65.7
7	8.3	69.2	7.6	67.3
8	8.6	70.6	7.9	68.7
9	8.9	72.0	8.2	70.1
10	9.2	73.3	8.5	71.5
11	9.4	74.5	8.7	72.8
12	9.6	75.7	8.9	74.0
15	10.3	79.1	9.6	77.5
18	10.9	82.3	10.2	80.7
21	11.5	85.1	10.9	83.7
24	12.2	87.1	11.5	85.7
36	14.7	96.5	14.2	95.4

자료: 질병관리본부(2017). '17 소아·청소년 표준 성장도표.

12cm가량 증가한다. 이후 머리둘레의 증가속도는 점차 감소하는데 2세가 되면 1세 때보다 2.0cm 정도 커지고, 3세가 되면 2세 때보다 약 1cm 증가한 49cm 정도가 된다(표 4-2).

다른 체위와 달리 머리둘레는 개인차가 매우 적고 영양상태의 영향을 그다지 받지 않는다. 만약 머리둘레가 평균보다 4~5cm 크거나 작으면 수두증(水頭症)이나 소두증(小頭症) 등 뇌의 이상을 의미할 수 있으므로 정밀검사를 받아야 한다. 출생 시 가슴둘레는 약 33cm로 머리둘레보다 1cm가량 작은데, 1세가 되면 46cm 정도로 증가해 머리둘레와 거의 같아졌다가 그 후에는 머리둘레보다 가슴둘레가 커진다. 가슴둘레는 영양상태의 영향을 크게 받으므로

표 4-2 소아 발육표준치(머리둘레)

(단위: cm)

연령(개월)	머리둘레	
	남아	여아
출생 시	34.5	33.9
1	37.3	36.5
2	39.1	38.3
3	40.5	39.5
4	41.6	40.6
5	42.6	41.5
6	43.3	42.2
7	44.0	42.8
8	44.5	43.4
9	45.0	43.8
10	45.4	44.2
11	45.8	44.6
12	46.1	44.9
15	46.8	45.7
18	47.4	46.2
21	47.8	46.7
24	48.3	47.2
36	49.8	48.8

자료: 질병관리본부(2017). '17 소아·청소년 표준 성장도표.

만약 2세 이후 가슴둘레가 머리둘레보다 크지 않으면 영양장애가 있는 것으로 생각할 수 있다.

(3) 신체비율의 변화

체중과 신장이 증가하면서 신체비율에도 큰 변화가 생긴다. 출생 시 전체의 1/4을 차지하던 머리비율은 시간이 경과하면서 상대적으로 감소하고, 몸통과 다리가 차지하는 비율은 증가하며 성인이 되면 머리가 신장의 1/8 정도를 차지하게 된다. 신생아 때 신체의 3/8을 차지하던 다리의 비율은 점차 증가하여 성인이 되면 전체의 반을 차지하게 된다(그림 4-1).

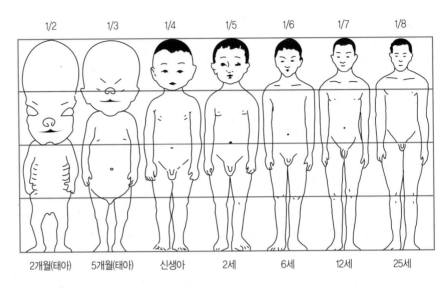

그림 4-1 **연령별 체형의 비율 변화**
자료: Hurley LC(1980). Developmental Nutrition, p.6.

우리나라 영아의 발육 표준치는 어떻게 변화해왔나

1965년, 1985년, 1998년(대한소아과학회)과 2007년, 2017년(질병관리본부)에 조사한 한국 소아의 신체 발육 표준치를
비교해보면, 우리나라 영아의 출생체중과 1세 영아의 체중 및 신장, 머리둘레, 가슴둘레 등 모든 체위지표가 점차 향
상되고 있음을 알 수 있다. 이러한 현상은 부분적으로나마 우리나라 국민의 영양상태가 좋아진 것에서 기인한다.

소아 신체 발육 표준치의 변화

성별	연령(세)	체중(kg)					신장(cm)				
		1965년	1985년	1998년	2007년	2017년	1965년	1985년	1998년	2007년	2017년
남아	출생 시	3.21	3.40	3.40	3.41	3.3	50.36	51.4	50.8	50.12	49.9
	1	8.89	10.26	10.42	10.16	9.6	74.82	77.8	77.8	77.15	75.7
	2	10.89	12.56	12.94	12.70	12.2	82.74	87.9	87.7	87.63	87.1
	3	12.74	14.37	15.08	14.53	14.7	89.04	94.6	98.7	95.19	96.5
여아	출생 시	3.17	3.24	3.30	3.29	3.2	50.01	50.5	50.1	49.35	49.1
	1	8.26	9.49	10.01	9.60	8.7	72.83	76.2	76.9	75.89	74.0
	2	10.26	12.01	12.51	12.07	11.5	81.53	86.9	87.0	88.21	85.7
	3	12.29	13.63	14.16	13.93	14.2	87.72	92.9	94.2	94.02	95.4

자료: 질병관리본부(2017). '17 소아·청소년 표준 성장도표.

(4) 체조성의 변화

신장과 체중의 증가와 함께 수분, 제지방 신체질량, 지질 등 체조성에도 변화가 생긴다. 출생체중의 70%였던 수분 함량은 생후 1년이 되면 60%로 감소하는데 이는 거의 대부분 세포외액의 감소에서 기인한다. 수분 감소에 따라 제지방 질량은 상대적으로 증가하여 생후 1개월에 12.5% 미만이었던 것이 1세에는 17%로 증가한다.

한편, 체지방도 증가하는데 출생 시 14~15%였던 체지방 함량은 출생 후 9개월까지 계속 증가하다가 그 후 약간 감소하면서 1세가 되면 22~24%가 된다. 특히 출생 후 2~6개월의 지방 증가량은 같은 시기 근육 증가량의 두 배 이상이다. 체지방 축적량에는 성별 차이가 있어 여아가 남아보다 체지방 함량이 약간 높다. 우리나라 영유아의 피부두껍두께는 출생할 때부터 여아가 약간 두껍고, 출생 후 차츰 두께가 증가하여 8~12개월에 최고치에 달한 후 점차 감소하다가 사춘기가 되면 성별에 따라 체지방 축적량에 더욱 큰 차이가 생긴다.

제지방 신체질량(lean body mass) 체중에서 체지방량을 뺀 신체질량

(5) 뇌 성장

한국 영아의 뇌 중량은 500g 정도이며, 2~5세에는 약 1kg으로 증가하고 11~15세에 성인의 뇌 중량(1.3~1.4kg)에 도달한다.

(6) 치아 발육

유치의 기질은 태아기 3개월경에 발달하기 시작하여, 생후 6개월에 아래 앞니가 나오고, 2년 6개월까지 모두 20개가 나온다. 이가 나는 시기는 개인차가 매우 크며, 이가 나는 순서에도 예외가 많다. 6세경에는 큰 어금니가 나오고 그 후 유치를 갈아가면서 12~13세가 되면 사랑니를 제외한 28개의 영구치가 나온다. 사랑니는 16~40세경에 나오며, 영구치는 평생 교체되지 않는다.

(7) 영아의 발육상태 평가

영아의 발육상태는 질병관리본부의 소아·청소년 표준 성장도표 백분위 곡선 (percentile graph)이나 신체 발육 표준치와 비교하거나 신장, 체중, 흉위를 일정한 공식에 대입하여 발육지수를 계산하는 방법으로 평가한다.

신체 발육 표준치와 백분위수 곡선
영아의 발육상태를 신체 발육 표준치와 비교하여 평가할 때는 다음에 유의해야 한다. 일반적으로는 표준 성장도표의 신체 발육 표준치와 백분위로 나타낸 곡선을 많이 이용한다.

- 신체 발육 표준치는 나타나는 현상의 평균치이지 이상치는 아니다.
- 발육은 항상 변화하므로 현재의 수치로 평가하지 말고 발육과정 전체를 살펴가며 평가한다.
- 단순히 신체 외형상의 크기만으로 발육상태를 평가하지 말고 기능적인 면도 함께 고려한다.

백분위수(percentile) 계측 치를 작은 쪽에서 세어 몇 % 째의 값이 어느 정도인지를 나타내는 통계적 표시법

신체계측치가 표준치와 크게 동떨어져 있는 경우에는 어떤 이상이 있는지 살펴볼 필요가 있다. 만약 영아의 신장과 체중이 백분위수 3 미만에 머무르고 있다면 영양부족 또는 불량, 질병, 성장부진을 의심할 수 있으며, 영아의 신장은 백분위수 50 정도인데 체중이 백분위수 97을 능가한다면 비만상태를 의미한다. 성별 신장과 체중의 백분위 도표는 다음과 같다(그림 4-2, 4-3). 현재 우리나라의 성장도표는 백분위수 3, 5, 10, 25, 50, 75, 90, 95, 97로 나타내고, WHO의 성장도표는 백분위수 2, 5, 10, 25, 50, 75, 90, 95, 98로 나타내고 있다.

발육지수
영아의 발육상태는 신장, 체중, 흉위 등 신체계측치로부터 비체중, 카우프 (Kaup)지수, 뢰러(Röhrer)지수, 브로카(Broca)지수 등을 계산하여 평가할 수 있다. 일반적으로 영아기에는 카우프지수를, 아동기 이후에는 뢰러지수를 사

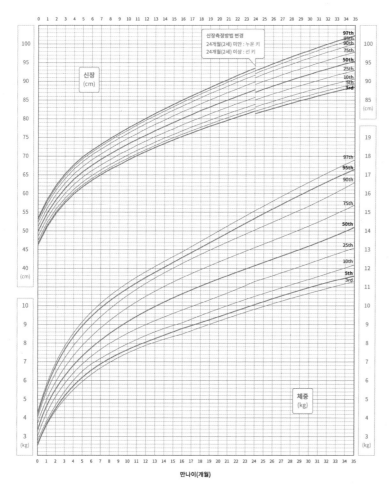

그림 4-2 신장 및 체중의 성장도표(남아, 0~35개월 백분위수)
자료: 질병관리본부(2017). '17 소아·청소년 표준 성장도표.

용한다. 그러나 생후 3개월까지는 카우프지수의 수치 변동이 심하므로 이를
사용하는 것은 좋지 않고, 3개월에서 3세까지의 소아에게 사용하는 것이 좋다.
카우프지수가 10 이하이면 체소모증, 13~15이면 체중 부족, 16~18이면 보통,
19~22이면 과체중, 그 이상이면 비만으로 평가한다.

비체중 = 체중 / 신장 × 100(신장은 cm, 체중은 kg)
카우프지수 = 체중 / 신장^2 × 10(신장은 cm, 체중은 g)
뢰러지수 = 체중 / 신장^3 × 10^4(신장은 cm, 체중은 g)

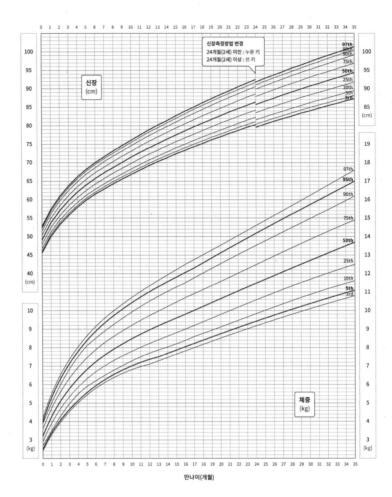

그림 4-3 신장 및 체중의 성장도표(여아, 0~35개월 백분위수)
자료: 질병관리본부(2017). '17 소아·청소년 표준 성장도표.

(8) 성장발달의 결정적 시기

성장발달은 인체의 유전적 잠재성의 한계 안에서 일정 기간 안에 정해진 순서에 따라 비가역적으로 이루어지는 현상이다. 따라서 영양상태가 불량하거나 기타 다른 부적절한 환경 때문에 일정한 기간에 성장이 제대로 이루어지지 못하면 그 결과를 되돌리기 어려울 수도 있다.

성장에는 영양상태에 민감한 '결정적 시기(critical period)'가 있다. 만약 성장 발달이 급속도로 일어나는 어린 시기, 특히 세포의 수가 늘어나는 증식성 세포

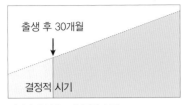

출생 후 30개월

↓

결정적 시기

영양장애 없음: 정상적인 성장

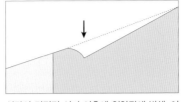

성장의 결정적 시기 이후에 영양장애 발생: 이후 영양상태 향상으로 회복됨

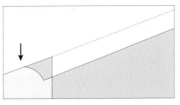

성장의 결정적 시기에 영양장애 발생: 이후 영양상태가 향상되어도 회복되지 않음

그림 4-4 **성장발달의 결정적 시기**

성장기에 영양불량상태가 오래 지속되거나 질병이 오래 지속된다면 그 후 영양상태가 회복되더라도 성장발달이 완전히 정상으로 회복되지 못한다. 한편, 증식성 세포성장기가 끝난 후 비대성 세포성장기에 가해진 영양불량은 그 후 영양상태가 향상된다면 아동의 성장발달이 정상으로 회복된다. 여러 종류의 세포로 이루어진 인체의 경우, 언제까지가 '결정적 시기'인지에 대해 의견이 분분하나 대체로 30개월(2.5세)까지를 성장에서 중요한 시기로 간주한다(그림 4-4).

2. 영아의 생리발달

영아기에도 음식물의 소화·흡수나 배설에 필요한 소화기능과 신장기능을 가지고 있으나 그 기능이 미성숙하여 지나치게 높은 단백질과 무기질을 처리하기 어렵고 수분 조절능력이 부족한 편이다. 아기는 출생 시 젖을 먹는 데 필요한 반사기능의 섭식행동기술만을 가지고 있으나, 월령이 증가하면서 차츰 반고형식과 나아가 고형식을 섭취하는 데 필요한 섭식행동기술들이 빠르게 발달한다.

(1) 소화 · 흡수기능

영아의 위장은 출생 후 계속 성장하며 성숙의 과정을 거친다. 출생 직후 신생아의 위 용량은 10~12mL 정도밖에 되지 않으나, 1년이 되면 그 용량이 200~250mL로 늘어난다. 출생 직후에는 위의 pH가 약알칼리성을 띠나 24시간만 지나면 위산 분비가 시작되어 강산성으로 변한다. 영아의 소장 내 트립신 활성은 성인과 마찬가지이나, 키모트립신과 카르복시펩티데이스의 양은 각각 성인의 10%와 60%밖에 되지 않는다. 그러나 영아가 섭취하는 단백질을 소화시키는 데는 문제가 없는 것으로 알려져 있다. 신생아의 단백질 소화능력은 체중 1kg당 1.95g 정도이고, 생후 4개월이 된 영아는 체중 1kg당 약 3.75g이므로 평소에 영아가 섭취하는 단백질을 충분히 소화해낼 수 있다.

신생아의 소장에는 췌장 라이페이스의 함량이 낮고 담즙산이 적어 지방의 소화·흡수력이 떨어진다. 그러나 구강과 위에 라이페이스가 있고 또한 모유에 담즙산염 자극 라이페이스가 함유되어 있어 섭취하는 지방을 소화시킬 수 있다. 지방산의 종류에 따라 영아의 소화력이 다른데 포화지방산보다는 불포화지방산의 소화·흡수가 더 용이하다. 팔미트산의 경우 글리세롤의 1번과 3번 탄소에 결합된 것보다는 2번 탄소에 결합된 β−팔미트산의 흡수가 더 잘된다. 모유지방에는 β−팔미트산의 함량이 많고 불포화지방산이 많아 우유지방보다 소화·흡수가 잘된다. 모유지방은 85~90%가 흡수되나, 우유지방은 70% 미만이 흡수될 뿐이다. 조제유에는 불포화지방산이 많이 함유되어 있어 조제유의 지방은 모유지방 못지않게 흡수가 잘된다.

소장 내 이당류 분해효소인 말테이스, 아이소말테이스, 수크레이스, 락테이스는 일찍부터 발달되어 있다. 그러나 영아의 췌장 아밀레이스는 생후 4개월 이상이 되어야 나타나기 시작하며 그 활성도 상당히 낮아 탄수화물의 소화에 지장이 있을 수 있다. 한편 영아의 타액 아밀레이스는 일찍부터 발달되어 생후 6개월~1년에 성인의 수준까지 도달한다. 이러한 점을 생각할 때 너무 일찍 곡류를 먹이는 것은 바람직하지 않다. 될 수 있으면 생후 4개월이 지난 후에 곡류를 이유식으로 주는 것이 좋다(표 4−3).

영아의 경우 생후 3개월까지는 점막장벽기능이 미성숙하여 단백질이 그대로 흡수되는 경우가 있다. 이는 면역단백질을 흡수할 수 있는 이점이 되기도 하고, 반면에 이종단백질의 침투로 알레르기를 일으킬 수 있어 해롭기도 하다. 미숙아의 경우 점막장벽기능이 매우 미성숙하거나 결함이 있어 설사를 심하게 하는 궤사성 장염에 걸리는 경우가 많다. 모유에 있는 분열촉진인자, 호르몬, 아미노당은 소장 점막을 성숙시키는 데 중요한 역할을 담당한다. 또한 장점막세

점막장벽기능(mucosal barrier function) 장 점막이 지닌 여러 기능 중 하나로 외부로부터 세균이나 병균이 몸의 내부로 들어오는 것을 막는 기능

분열촉진인자(mitogenic facor) 체세포분열을 촉진시킴으로써 세포분열을 유도하는 화학물의 총칭

표 4-3 출생 시 존재하는 소화효소

	효소	성인의 백분율
단백질	수소이온	> 30
	펩신	> 10
	키모트립신	10~60
	프로카르복시펩티데이스	10~60
	엔테로키네이스	10
	펩티데이스	> 100
지방	구강 라이페이스	> 100
	췌장 라이페이스	5~10
	답즙산	50
탄수화물	췌장 아밀레이스	0
	타액 아밀레이스	10
	락테이스	> 100
	수크레이스-아이소말테이스	100
	글루코아밀레이스	< 100

자료: Worthington-Roberts BS & Williams SR(1998), Nutrition throughout the Life Cycle, p.243.

포의 성숙과정은 섭취하는 음식물에 의해서도 영향을 받는다. 조제유영양아에 비해 모유영양아의 항원흡수율이 낮은 것으로 보아 모유영양아의 점막세포는 조제유영양아에 비해 더욱 성숙한 것으로 보인다.

(2) 신장기능

신생아의 신장은 성인에 비해 크기가 작고 기능도 미숙하다. 네프론과 세뇨관이 미성숙한 상태이고, 항이뇨호르몬의 분비량도 적어 사구체 여과율이 낮으며, 소변을 농축시킬 수 있는 능력이 성인의 절반 수준인 700mOsm/L밖에 되지 않는다. 한국 정상 신생아의 크레아티닌(creatinine) 제거율은 25~30mL/분으로 10대 아동의 수치(105mL/min)의 25% 정도밖에 되지 않는다. 한편, 조산아의 크레아티닌 제거율은 정상 신생아의 제거율보다 낮은 20mL/분 정도이다.

모유의 용질부하량(solute load)은 75~93mOsm/L로 우유의 221mOsm/L나 우유 조제유의 133mOsm/L 및 두유 조제유의 177mOsm/L보다 낮다. 모유의 용질부하량이 낮다는 사실은 신생아의 미성숙한 신장이 노폐물을 제거하는 기능 수행에 도움이 된다. 건강한 아기는 영양 공급 방법에 관계없이 신장기능이 원활히 이루어져 조제유의 용질부하량이 크게 부담되지 않으나 설사나 구토, 발한으로 수분상실량이 크고 유즙섭취량이 감소될 때는 신장기능의 미숙으로 체내 수분과 전해질 균형에 문제가 생길 수도 있다.

(3) 섭식행동 발달과정

신생아

신생아의 입 주변이나 볼을 건드리면 자극이 있는 쪽을 향해 얼굴을 돌려 젖을 먹으려 하는 **포유반사**가 일어나는데 이때 아기의 입이 빨아먹으려는 모습을 갖춘다. 이 반사로 인해 아기는 필요한 영양분을 섭취할 수 있다. 젖을 빨고 있는 신생아는 머리가 기운 쪽의 손이 주먹을 쥔 긴장된 자세를 취하며 혀를 위아래로 율동적으로 움직인다. 이 시기에는 아직 삼키는 행동이 발달하지 않아 숟가락으로 음식을 주면 받아먹지 못하고 음식물의 일부가 다시 입 밖으로 나오기도 한다.

포유반사(rooting reflex)
신생아의 볼을 건드렸을 때 아기에게 나타나는 반사행동으로 자극이 가해진 쪽으로 입을 오므려서 고개를 돌려 젖을 물려고 하는 행동

4~8개월 영아

영아가 4개월이 되면 위아래로 움직여 젖을 빨던 혀의 움직임이 앞과 뒤로 바뀌고 숟가락으로 떠먹여도 잘 받아넘기게 된다. 또한 머리를 잘 가누게 되고, 손으로는 젖병이나 엄마의 젖을 잡을 수 있게 된다. 6개월이 되면 아기는 눈에 보이는 물체를 쫓아 손바닥으로 잡을 수 있는데, 일단 손에 잡은 물체를 거의 대부분 입으로 가져간다.

6~8개월경에는 저작에 필요한 턱의 움직임이 발달한다. 또한 혼자 앉을 수 있게 되고, 음식을 손가락에 쥐고 먹을 수 있게 된다. 8개월쯤 되면 컵에 담긴 물이나 우유를 마실 수 있는 능력도 생긴다.

9~12개월 영아

대부분의 영아들은 이때 스스로 엄마 젖을 거부하기 시작한다. 이유보충식을 통해 여러 가지 종류의 음식을 접하게 되는 때이다. 초기에는 잘 갈아진 음식만 먹을 수 있으나, 12개월쯤에는 저작기능이 충분히 발달하여 다지거나 잘게

썬 음식을 먹을 수 있고, 부드러운 것은 그대로 먹을 수 있게 된다. 또 어른들이 하는 대로 따라 하려고 하며, 음식이 담겨 있는 포장용기를 알아차리기도 한다. 엄지와 검지로 물체를 잡을 수 있고 어른의 도움을 받기보다는 스스로 숟가락질을 하여 먹으려고 시도하기도 한다.

3. 영아의 영양필요량

신체 성장이 급속도로 일어나는 영아기에는 체중 1kg당 에너지와 영양소의 필요량이 어느 생애주기보다도 많다. 영아의 영양소섭취기준을 살펴보면, 0~5개월의 경우 모유로부터 섭취하는 각 영양소의 양에 근거하여 산출되었고, 6~11개월은 모유와 이유보충식으로부터 섭취하는 양에 근거하여 산출되었다.

(1) 에너지

영아기는 체중 1kg당 에너지필요량이 어떤 생애주기보다도 높은 시기이다. 영아기에 단위체중당 에너지필요량이 높은 이유는 체중에 비해 체표면적의 비율이 상대적으로 높고 열손실이 크기 때문이며, 성장률이 높고, 대사율이 높으며 활동량도 많아 에너지소비량이 많기 때문이다.

아래와 같은 공식으로 에너지소비량을 계산하고 여기에 성장에 필요한 에너지축적량을 더하여 영아의 에너지요구량을 산출한다. 한국 영아의 에너지 필요추정량은 0~5개월은 500kcal로, 6~11개월은 600kcal로 설정되었다.

표 4-4 **영아기 에너지필요추정량(EER) 산출식 및 설정값**

연령(개월)	에너지필요추정량(EER)	
	산출식(산출값)	설정값(kcal/일)
영아 전기(0~5)	(89kcal/kg/일 × 5.5kg − 100kcal/일) + 115.5kcal/일 = 505kcal/일	500
영아 후기(6~11)	(89kcal/kg/일 × 8.4kg − 100kcal/일) + 22kcal/일 = 669.6kcal/일	600

(2) 단백질과 아미노산

출생체중의 11%이던 체단백질 함량은 생후 1년이 되면 14.6%로 증가한다. 이는 생후 4개월까지 하루 평균 3.5g, 4~8개월에는 3.1g의 단백질이 체내에 축적된다는 것을 의미한다.

영아 전기(0~5개월)의 단백질 충분섭취량은 모유섭취량에 근거하여 하루 10g으로, 영아 후기(6~11개월)의 단백질 평균필요량은 질소균형실험법을 이용하여 하루 12g으로 설정하고, 권장섭취량은 단백질 이용효율의 개인 간 변이계수(12.5%)를 감안하여 15g으로 설정하였다. 표 4-5에는 영아의 1일 에너지 필요추정량과 단백질섭취기준이 나타나 있다.

영아에게 필요한 필수 아미노산은 루신, 페닐알라닌, 리신, 발린, 트립토판, 아이소루신, 메티오닌, 히스티딘, 트레오닌이다. 이 밖에도 신생아에게는 시스틴, 타우린이 필요한 것으로 알려져 있으며 페닐케톤뇨증(PKU) 아기의 경우는 티로신도 필수 아미노산이다. 한국인 영양소섭취기준에는 영아 전기의 경우 단백질과 각 필수아미노산의 충분섭취량이 설정되었고, 영아 후기에는 평균필요량과 권장섭취량이 설정되었다.

표 4-5 영아의 1일 에너지 필요추정량과 단백질섭취기준

연령 (개월)	체중 (kg)	신장 (cm)	에너지		단백질		
			kcal/kg	kcal/일	충분섭취량 (g/일)	평균필요량 (g/일)	권장섭취량 (g/일)
0~5	5.5	58.3	92.3	500	10	–	–
6~11	8.4	70.3	80.2	600	–	12	15

자료: 보건복지부(2020). 한국인 영양소섭취기준.

(3) 지질

모유의 에너지 함량 중 55% 정도가 지방에서 기인한다는 것을 생각해보면, 영아의 에너지 공급에서 지방이 차지하는 비중이 상당히 큰 것을 알 수 있다. 영아기의 지방섭취기준은 총지방과 필수지방산(리놀레산, 알파-리놀렌산,

EDA+DHA)에 대한 충분섭취량으로 설정하였다.

0~5개월 영아의 지방 충분섭취량은 모유만을 섭취하는 영아의 지방섭취량에 근거하여 모유섭취량 780mL/일, 모유의 지방 함량 3.2g/100mL로 계산한 값을 대략 올림하여 25g/일로 설정하였다. 6~11개월 영아의 지방 충분섭취량은 모유와 이유보충식을 통한 지방섭취량에 근거하여 25g/일로 설정하였다.

지방산의 섭취기준은 태아기와 영아기에 세포막의 구성, 뇌와 시신경 등의 성장발달에 필수로 알려진 불포화 지방산 중 리놀레산, 알파-리놀렌산, EPA+DHA에 대해 충분섭취량을 설정하였다. 지방산별 충분섭취량은 0~5개월의 경우 리놀레산은 5.0g/일, 알파-리놀렌산 0.6g/일, EPA+DHA 200mg/일로, 6~11개월의 경우 리놀레산은 7.0g/일, 알파-리놀렌산 0.8g/일, EPA+DHA 300mg/일로 설정하였다.

(4) 탄수화물

영아가 사용하는 에너지의 60%가량이 두뇌에서 포도당으로 쓰이므로, 영아의 체중당 포도당 요구량은 성인보다 4배 정도 많다. 모유에 함유된 탄수화물은 주로 유당이며 다른 동물의 유즙에 비해 모유의 유당 함량이 높은 편이다. 유당은 장내 이로운 미생물인 산을 생성하는 박테리아의 성장을 촉진하여 장내 해로운 세균의 성장을 억제시킬 뿐만 아니라 신경조직 합성에 필요한 갈락토스를 공급해준다.

영아의 탄수화물 충분섭취량은 모유의 탄수화물 함량과 모유섭취량 및 이유보충식을 통한 탄수화물섭취량을 근거로 하여 0~5개월의 경우 60g으로, 6~11개월의 경우 90g으로 설정되었다.

(5) 수분

신체 크기에 비해 체표면적이 큰 영아는 체표면으로 증발하는 수분의 양이 많기 때문에 수분을 많이 필요로 한다. 영아의 경우 총 수분손실량 중 피부와 호흡기로 상실되는 불감수분손실이 60%나 되는데 이는 성인의 불감수분손실인

불감수분손실(insensible water loss) 수분손실을 감지하지 못하는 사이에 손실되는 수분의 양으로 체표면을 통해 증발되는 수분이 이에 속함

40~50%보다 월등히 높은 수치이다. 불감수분손실은 외부 기온이 높을 때나 체온이 높을 때 증가한다. 변으로 배설되는 수분은 체중 1kg당 10mL이고, 소변으로 배설되는 수분은 20~30mL 정도이다.

영아의 수분 충분섭취량은 0~5개월의 경우 700mL, 6~11개월의 경우 800mL이다. 보통은 모유나 조제유를 통해 수분 공급이 이루어지므로 고열이나 구토, 설사 등으로 수분을 많이 상실하는 경우를 제외하고는 영아에게 따로 물을 먹일 필요는 없다.

(6) 무기질

칼슘

영아의 골격은 빠르게 성장하므로 칼슘 필요량이 상당히 높고 칼슘의 흡수율도 높다. 모유 내 칼슘은 이용률이 높아 70%에 달하나, 우유 칼슘의 체내 보유율은 25~30%로 낮다. 칼슘이 잘 이용되려면 인의 섭취량을 고려하여 칼슘과 인의 비율을 최적비율인 2 : 1~1 : 1로 유지하는 것이 바람직하다. 한국 영아의 칼슘 권장섭취기준은 모유영양아의 칼슘 섭취량을 근거로 하여 0~5개월 영아의 경우 하루 250mg을, 6~11개월 영아의 경우는 300mg을 충분섭취량으로 설정하였다.

철

건강한 영아는 철을 충분히 확보하고 태어나지만 출생 후 혈액의 부피가 급격히 증가하므로 몇 개월만 지나면 철 결핍이 생길 수 있다. 모유에는 철이 소량 (0.4~1.0mg/L) 들어 있지만 흡수율이 49% 정도로 비교적 높다. 이에 비해 조제유의 철 흡수율은 4%로 매우 낮은 편이다. 모유수유를 하는 경우에는 생후 4~6개월부터 철이 강화된 곡류를 제공하여 철을 보충하고, 조제유를 먹이는 경우 철이 강화된 조제유를 선택하는 것이 좋다. 한국 영아의 철 권장섭취기준을 살펴보면 생후 5개월까지는 충분섭취량이 0.3mg, 6~11개월은 권장섭취량이 6mg으로 설정되었다.

아연

아연은 철과 달리 신생아의 체내에 저장되어 있지 않으므로 영아는 태어나자마자 아연을 섭취해야 한다. 한국 영아의 아연 권장섭취기준은 5개월까지 영아의 경우 충분섭취량이 2.0mg으로, 그 후 11개월까지는 권장섭취량이 3.0mg으로 설정되었다. 모유에 들어 있는 아연 생체이용률은 59%로 매우 높은 반면, 조제유에 들어 있는 아연의 체내이용률은 26~40% 정도로 모유의 아연에 비해 낮다. 조제유 중 대두 조제유의 아연 이용률이 가장 낮은데, 콩에 피트산이 함유되어 있기 때문으로 보인다.

피트산(phytate) 콩류·곡류의 외피에 주로 분포되어 있는 항산화물질

불소

모유의 불소 함량은 수유부가 거주하는 지역에 따라 적정하거나 낮을 수 있기 때문에, 식수에 불소가 부족한 지역에 거주한다면 생후 4~6개월에 불소를 보충해주는 것이 좋다. 식수의 불소의 함량이 0.3ppm 이하인 경우 2세까지의 영아에게 0.25mg의 불소를 보충해주는 것이 좋다. 한국 영아를 위한 영양소섭취기준을 살펴보면, 불소의 충분섭취량은 5개월까지 영아의 경우 0.01mg으로, 6~11개월 영아의 경우 0.4mg으로 설정하였다.

(7) 지용성 비타민

한국 영아의 지용성 비타민 권장섭취기준은 0~5개월의 경우 모유를 통한 섭취량에 근거하고, 6~11개월은 모유와 이유보충식을 통한 각 지용성 비타민의 섭취량에 근거하여 설정되었다. 한국 영아의 비타민 A 충분섭취량은 첫 5개월까지 350μg RAE, 6~11개월은 450μg RAE이다. 우리나라 영아의 비타민 D 충분섭취량은 영아기 내내 5mg으로 설정되었다. 바깥 출입을 하지 않아 햇볕을 잘 쬐지 않는 모유영양아의 경우 2개월 이후부터 하루 5.0~7.5mg의 비타민 D를 보충하도록 권장한다.

모유에는 불포화지방산의 함량이 총 에너지 함량의 6%로 매우 높으며, 비타민 E도 많이 들어 있다. 비타민 E의 권장섭취기준은 0~5개월까지는 3mg, 6~11개월은 4mg을 충분섭취량으로 설정하였다. 비타민 K는 장내 세균에 의해

합성되는데 아기의 장은 출생 시 무균상태이므로 생후 수주일 동안 비타민 K 결핍상태가 올 수 있다. 모유의 비타민 K 함량은 매우 낮아 출혈성질환이 있을 때 위험할 수 있다. 비타민 K의 권장섭취기준은 0~5개월까지는 $4\mu g$, 6~11개월은 $6\mu g$을 충분섭취량으로 설정하였다. 일반적으로 병원에서는 출생 후 0.5~1.0mg의 비타민 K 근육주사나 1.0~2.1mg의 비타민 K를 경구로 투여하고 있다.

표 4-6 영아의 비타민과 무기질의 영양소섭취기준(충분섭취량 또는 권장섭취량)

영양소		연령(개월)	
		0~5	6~11
비타민	비타민 A(μg RAE)	350	450
	비타민 D(μg)	5	5
	비타민 E(mg α-TE)	3	4
	비타민 K(μg)	4	6
	비타민 C(mg)	40	55
	비타민 B$_1$(mg)	0.2	0.3
	비타민 B$_2$(mg)	0.3	0.4
	니아신(mg NE)	2	3
	비타민 B$_6$(mg)	0.1	0.3
	엽산(μg DFE)	65	90
	비타민 B$_{12}$(μg)	0.3	0.5
	판토텐산(mg)	1.7	1.9
	비오틴(μg)	5	7
무기질*	칼슘(mg)	250	300
	인(mg)	100	300
	마그네슘(mg)	25	55
	철(mg)	0.3	6
	아연(mg)	2.0	3
	구리(μg)	240	330
	불소(mg)	0.01	0.4
	망간(mg)	0.01	0.8
	요오드(μg)	130	170
	셀레늄(μg)	9	12
	크롬(μg)	0.2	4.0

※ 영양소섭취기준은 충분섭취량임
* 6~11개월 영아의 철과 아연 영양소섭취기준은 권장섭취량임
자료: 보건복지부(2020). 한국인 영양소섭취기준.

(8) 수용성 비타민

우리나라 영아의 비타민 B_1 권장섭취기준을 보면, 0~5개월은 모유섭취량과 모유의 비타민 B_1 함량에 근거하여, 5~11개월은 모유와 이유보충식을 통한 섭취량에 근거하여 충분섭취량으로 설정되었다. 첫 5개월까지는 0.2mg, 그 후 11개월까지는 0.3mg이다. 모유에는 티아민이 매우 적게 들어 있으므로 모유영양아의 티아민 섭취량이 낮은 편이며, 혈청 티아민 수준 역시 조제유영양아에 비해 낮다. 때문에 모유영양아의 경우 티아민의 보충이 필요한 상황이 생길 수 있다. 모유의 리보플라빈과 비타민 B_6 함량은 수유부의 섭취량에 의해 영향받는다. 우리나라 영아의 리보플라빈 충분섭취량은 첫 5개월까지는 0.3mg이고, 6~11개월은 0.4mg이다. 한편 비타민 B_6 충분섭취량은 첫 5개월까지는 0.1mg, 6~11개월에는 0.3mg으로 설정되었다.

엽산과 비타민 B_{12}의 충분섭취량은 첫 5개월까지는 각각 65mg과 0.3mg으로, 6~11개월에는 각각 90mg, 0.5mg으로 설정되었다. 영아의 비타민 C 충분섭취량은 첫 5개월까지 40mg, 6~11개월까지 55mg으로 설정되었다(표 4-6).

4. 영아를 위한 각종 유즙

갓 태어난 영아는 모유를 통해 자신에게 필요한 에너지와 영양소를 공급받는다. 따라서 출생 후 적어도 6개월까지는 아기의 성장발달을 위해 가장 완전한 유즙인 모유를 먹이는 것이 바람직하다. 그러나 모유를 먹일 수 없는 상황이라면 조제유로 양육할 수도 있다. 조제유는 조유 지시에 따라 위생적으로 조유해야 한다.

(1) 모유

모유는 유당, 단백질, 지방, 비타민, 무기질 및 그 밖의 다양한 생리기능을 지닌 물질들을 함유하고 있는 영아의 성장발달을 위해 가장 완전한 유즙이다. 모유에 들어 있는 영양소 및 기타 성분 등은 수유가 진행됨에 따라 그 함량이 변한다. 이는 아기가 성장함에 따라 달라지는 영양요구량에 부응하기 위한 현상으로 이해된다.

초유

초유(colostrum) 출산 후 2~3일부터 1주일간 분비되는 모유

초유는 성숙유에 비해 수분과 단백질 함량이 높고, 색깔이 노랗다. 즉, 단백질 함량은 2g/dL로 매우 높고, 지방과 유당의 함량이 적어 에너지 함량은 낮다. 그러나 나트륨, 칼륨, 염소, 인 등 무기질과 베타카로텐 등 비타민 함량은 성숙유보다 높다. 초유에는 질병으로부터 아기를 보호할 수 있는 대식세포나 면역글로불린 등의 면역물질이 많이 함유되어 있어 초유부터 계속해서 모유를 섭취하는 영아는 호흡기계질환이나 소화기계질환에 잘 걸리지 않는다. 초유에는 태변 배설을 도와주고 영아의 장을 튼튼하게 해주는 성분도 들어 있다.

출산 후 일주일이 지나면 모유는 차츰 초유에서 이행유로 바뀌면서 단백질 함량은 점차 감소하고 지방과 유당 함량은 점차 증가하면서 색깔도 점차 희게 되는 등 성숙유의 조성으로 변화한다(표 4-7).

성숙유

출산 후 한 달 정도가 지나면 영양소의 조성이 일정해지는 성숙유가 분비된다. 모유의 단백질, 지질, 탄수화물, 비타민 및 무기질의 조성은 다른 동물의 유즙과는 다른 특성을 보이며, 이외의 방어물질도 함유되어 있다. 수유부가 오염물질에 노출될 경우, 오염물질 중 일부가 모유로 분비되기도 한다.

단백질　성숙유의 단백질 함량은 8~9g/L로 다른 동물의 유즙에 비해 낮은 편이며, 아주 심한 만성 영양불량상태를 제외하고는 수유부의 영양상태나 단백질섭취량과 무관하게 거의 일정한 수준으로 유지된다.

모유단백질은 우유단백질과 달리, 응유단백질인 카세인 함량이 10~50%로 낮고 유청단백질인 락트알부민이 50~90%로 높다. 특히 초유나 조산유에는 카세인 함량이 극히 낮거나 거의 없다. 락트알부민은 영아의 위 속에서 부드럽게 응고되어 소화가 잘되는 특징이 있다. 카세인과 락트알부민 외에도 모유에

표 4-7 초유와 성숙유의 조성 비교

(단위: 100g당)

영양소	모유			우유
	초유	이행유	성숙유	
수분(g)	88.2	87.4	87.1	87.8
단백질(g)	2.0	1.5	1.3	3.2
지질(g)	2.6	3.7	4.1	3.9
탄수화물(g)	6.6	6.9	7.2	4.8
에너지(kcal)	56	67	69	66
총 질소(g)	0.31	0.23	0.20	0.50
포화지방산(g)	1.1	1.5	1.8	2.4
단일불포화지방산(g)	1.1	1.5	1.6	1.1
다중불포화지방산(g)	0.3	0.5	0.5	0.1
콜레스테롤(mg)	31	24	16	14
나트륨(mg)	47	30	15	55
칼륨(mg)	70	57	58	140
칼슘(mg)	28	25	34	115
마그네슘(mg)	3	3	3	11
인(mg)	14	16	15	92
철(mg)	0.07	0.07	0.07	0.05
구리(mg)	0.05	0.04	0.04	Tr
아연(mg)	0.6	(0.3)	0.3	0.4
염소(mg)	N	86	42	100
망간(mg)	Tr	Tr	Tr	Tr
셀레늄(mg)	*N	(2)	1	1
요오드(μg)	N	N	7	15
베타카로텐(μg)	(135)	(37)	(24)	21
티아민(mg)	Tr	0.01	0.02	0.04
리보플라빈(mg)	0.03	0.03	0.03	0.17
니아신(mg)	0.1	0.1	0.2	0.1
엽산(μg)	2	3	5	6
판토텐산(mg)	0.12	0.20	0.25	0.35
비타민 B_6(mg)	Tr	Tr	0.01	0.06
비타민 B_{12}(μg)	0.1	Tr	Tr	0.4
비타민 C(mg)	7	6	4	1
비타민 D(μg)	N	N	0.04	0.03
비타민 E(mg)	1.30	0.48	0.34	0.09

* N: 분석되지 않음, tr: trace(미량)

자료: Emmett PM, Rogers IS(1997). Early Hum Dev 49 Supp: S7-S28.

는 락토페린, 락토글로불린, 당단백질이 소량 들어 있다.

모유에 들어 있는 질소성분 중 20~25%가 비단백태 질소(non-protein nitrogen)로 그 함량이 상당히 높다. 이들은 펩타이드와 호르몬, 각종 분열촉진인자 등이며, DNA와 단백질의 합성을 돕고, 세포의 증식과 분화를 촉진한다.

모유 단백질의 아미노산 조성 역시 아기의 성장 발육을 위해 가장 이상적이다. 모유의 아미노산 조성의 특징으로는 타우린의 함량이 높다는 점과 페닐알라닌과 메티오닌 함량이 낮은 대신 타이로신과 시스테인 함량이 높다는 점을 들 수 있다. 타우린은 지방의 소화를 돕고 중추신경계와 망막에서 신경전달물질로 작용한다. 한편 타이로신과 시스테인 함량이 높다는 점은 페닐알라닌과 메티오닌이 끼칠 수 있는 유해성을 차단해준다는 의미를 갖는다.

지질　　모유의 지질 함량은 수유부의 식사, 계절, 출산 횟수 등에 따라 2~5%로 매우 다양하다. 심지어 아기가 젖을 빨기 시작할 때의 모유(foremilk)보다 수유를 끝내기 직전에 나오는 모유(hindmilk)의 지질 함량이 3배나 높다. 이는 아기의 젖빨기 자극에 의해 지방 합성이 촉진되기 때문이다.

모유에 들어 있는 지질의 종류는 주로 소화가 잘되는 β-팔미트산 함량이 높은 중성지방이며, 그 밖에 인지질, 콜레스테롤, 모노글리세라이드, 다이글리세라이드, 당지질, 유리지방산도 소량 들어 있다. 모유 지방산 조성의 특징으로는 ω-6 계열의 리놀레산과, ω-3 계열의 EPA, DHA 등의 고급불포화지방산 함량이 높다는 점을 들 수 있다. 모유의 지방산 조성은 수유부가 섭취하는 식

모유와 지능

1920년대 후반, 모유가 아이의 지능에 영향을 미친다는 학계의 주장이 제기된 후 모유를 먹은 아이의 지능이 더 좋다는 연구결과가 꾸준히 발표됐다. 그러나 모유수유가 기대만큼 큰 효과를 가져다주는 것은 아니라는 보고도 있다. 3,000명 이상의 여성이 낳은 아이 5,475명을 대상으로 조사한 큰 규모의 연구결과, 모유를 먹은 아이가 조제유를 먹은 아이에 비해 지능이 높기는 했으나, 어머니의 지능과 가정환경, 사회적·경제적 지표 등을 감안한 후에는 모유의 효과가 사라졌다. 이는 모유수유와 아이의 지능 사이에는 직접적인 연관이 없음을 시사한다. 향후 모유수유와 지능과의 연관성을 규명하는 체계적인 연구가 더 필요할 것이다.

자료: Strohm S, Plomin R. PLoS One 2015.

사의 지방산 조성을 반영하는 것으로 알려져 있다. 예를 들어 채식을 하는 수유부의 모유에는 리놀레산과 리놀레닌산이 많이 들어 있고, 생선을 많이 먹는 경우에는 모유 내 $\omega-3$ 계열의 지방산 함량이 높아진다.

또 모유에는 콜레스테롤이 풍부하게 들어 있어서 영아의 뇌조직에서 이루어지는 수초 형성에 이용되고, 이후 과량의 콜레스테롤에 노출되었을 때 이를 대사할 수 있는 능력을 갖게 하는 이점이 있다. 이 밖에도 모유에는 지방을 잘 소화시키지 못하는 영아를 위하여 지방분해효소인 지단백라이페이스와 담즙염자극 라이페이스 등이 포함되어 있다.

탄수화물　모유에 들어 있는 탄수화물은 대부분 이당류인 유당이며 그 외에 포도당, 갈락토스, 올리고당, 아미노당도 소량 들어 있다. 모유의 유당 함량은 7g/100mL로 수유부의 영양상태와 관계없이 일정한 수준을 유지한다. 단당류에 비해 당도와 용해도가 낮은 유당은 아기의 소장에서 천천히 흡수되므로 인슐린요구량이 낮다는 점과 모유의 삼투압을 낮게 유지한다는 이점이 있다.

모유에는 유당 이외에 130여 종 이상의 올리고당이 들어 있다. 올리고당은 소장에 있는 병원성 미생물이 표적세포의 수용체와 결합하는 것을 막아낸다. 이로써 병원균이 소장 상피세포에 침투하지 못하게 하여 각종 질병으로부터 영아를 보호하는 역할을 한다.

비타민　모유에는 비타민 A와 베타카로텐이 많이 들어 있으며 이 함량은 수유부의 식사내용에 따라 달라진다. 모유에는 비타민 D가 소량 들어 있어 영아가 햇볕을 충분히 쐬지 못할 경우 비타민 D의 보충이 필요하다. 모유에는 비타민 E가 풍부하게 들어 있다. 한편 모유의 비타민 K 함량은 매우 낮은 편이다.

모유의 수용성 비타민 함량은 수유부의 비타민 섭취량에 의해 변화한다. 비타민 B_2, 비타민 B_6, 엽산 및 비타민 B_{12}의 섭취량이 낮은 경우, 모유의 이들 비타민 함량이 저하되며, 따라서 이러한 모유를 먹는 영아의 이들 비타민 영양상태가 불량하다는 연구보고가 있다.

모유의 무기질 함량은 초유에서 가장 높고, 수유기간이 경과할수록 감소하는 경향이 있다. 모유에는 칼륨, 칼슘, 인 등의 다량무기질은 충분히 들어 있으나 철, 구리, 아연, 망간 등 미량무기질의 함량은 낮다. 그러나 모유의 미량무기질은 흡수가 잘되는 형태로 체내 이용률이 높은 편이다. 모유만 장기간 수유하는 경우 철 결핍성 빈혈이 나타날 수 있으므로 생후 4~6개월부터는 철을 보충해주는 것이 좋다.

기타 성분

● **방어물질과 오염물질**: 모유에는 아기의 성장발달에 필요한 영양성분 이외에 각종 병원균에 대항하는 방어물질이 들어 있어 질병으로부터 아기를 보호한다(표 4-8). 모유의 비피더스 인자는 소장질환을 일으키는 미생물의 침입을 막는다. 락토페린이라는 철 결합단백질은 대장균과 포도상구균의 성장을 억제한다. 림프구는 바이러스 증식을 억제하는 인터페론을 지니고 있다. 모유의 방어물질 함량은 수유부의 영양상태나 건강상태에 따라 크게 달라진다. 단백질-에너지 영양불량의 수유부의 초유에는 IgA, IgG, C3 등의 함량이 낮다. 이 밖에도 모유에는 호르몬, 성장인자, 위와 장 조절 펩타이드, 소화효소, 운반단백질 등 다양한 성분들이 들어 있어 아기의 성장과 발육을 돕는다.

● **오염물질**: 모유에는 수유부가 마시는 음료에 들어 있는 카페인이나 알코올, 수유부의 흡연으로 인한 니코틴, 또 수유부가 복용하는 약물이나 수유부가

표 4-8 **모유에 함유된 방어물질**

방어물질	기능
• Secretory IgA, IgM, IgG	• 박테리아의 장점막 침입과 소화관 내 증식 방지
• Lactoferrin	• 철과 결합하여 박테리아 증식 저해
• Lysozyme	• 박테리아 세포벽 파괴
• Complement C3	• 식균작용 조장
• Bifidus factor	• 비피더스균 성장 촉진, 장내 박테리아 성장 억제
• Antiviral mucins, GAGs	• 바이러스 억제
• Oligosaccharides	• 세균과 상피세포와의 결합 방해, 대장균의 독소 경감
• Tumour necrosis factor	• 박테리아 독소에 저항, 항암작용
• Interleukins	• T-cell과 대식세포의 활성화
• Interferon-g	• 바이러스 증식 억제
• Prostaglandins	• 키모트립신 단백질분해효소 작용 억제
• A1-antichymotrypsin	• 트립신단백질분해효소 작용 억제
• A1-antitrypsin	• 혈소판 활성 증가
• Platelet-activating factor: acetyl hydrolase	

접촉하는 환경오염물질 등 바람직하지 않은 성분이 들어 있기도 하다. 커피나 차를 많이 마시면 유즙으로 카페인이 분비되어 아기가 잠을 자지 못하고 흥분상태에 있게 되며, 유즙으로 알코올이 분비되면 아기에게 알코올에 의한 독성이 나타날 수 있다. 대기오염물질 중 PCB나 DDT 등의 지용성 물질뿐만 아니라 수은, 납, 카드뮴 등의 중금속도 모유에서 분비되는 것으로 알려져 있다. 수유부가 복용하는 결핵치료제, 신경안정제, 혈압강하제 등 대부분의 약

모유의 장점

모유는 영아의 면역기능 증진, 알레르기 질환 예방, 비만과 만성질환 방지, 뇌신경 발달 등 여러 가지 장점이 있다.

면역기능

아기는 다양한 감염에 노출되어도 모유수유로 방어물질을 섭취함으로써 면역조절능력을 길러 각종 유해균에 대처할 수 있다. 모유에 들어 있는 면역글로불린, 호르몬, 효소 등의 면역성분이나 생체활성물질은 당화(glycosylation) 또는 인산화(phosphorylation)되어 있어서 신생아의 장에서 소화되지 않고 흡수되어 활성을 나타낼 수 있다. 또, 모유에는 활성산소를 제거할 수 있는 글루타티온과산화효소(glutathione peroxidase), 슈퍼옥사이드 디스뮤테이스 (superoxide dismutase) 등의 항산화효소도 있으며, 비타민 C와 비타민 E 등의 항산화 영양소도 풍부하게 들어 있다.

모유에 들어 있는 상피세포, 대식세포, 중성백혈구, 림프구 등은 아기의 장에서 살아남아 항체를 만들어낸다. 모유에는 항세균, 항바이러스, 항독소, 항염인자뿐만 아니라 장점막을 성숙시키고 회복을 빠르게 하는 성장인자도 있다. 모유에 들어 있는 올리고당은 장에서 유익균총을 잘 자라게 하는 프리바이오틱스(prebiotics)의 기능을 한다.

아토피 피부염, 비염, 천식 등 알레르기 질환 감소

모유를 수유받는 아기는 아토피 피부염, 비염, 음식 알레르기, 천식의 위험도가 감소한다.

비만과 만성질환 예방

모유를 먹은 아기는 유아나 아동기에 비만 위험이 낮다. 최근 연구에 의하면 발병시기가 빠른 인슐린 의존형 제1형 당뇨가 조제유수유와 관련이 있는 것으로 추정되고 있으며, 성인기에 나타나는 제2형 당뇨는 영아기에 모유수유를 받지 않은 사람에게서 더 많이 발생하는 것으로 확인되었다.

뇌신경발달

모유의 장쇄불포화지방산은 망막과 신경조직의 발달에 중요하다. 망막의 광수용체막(photoreceptor membrane)은 DHA 농도가 높다. DHA는 광수용체막의 유동성을 좋게 하여 시력(visual acuity)을 높이는 데 기여한다.

물은 모유로 분비되며, 에이즈 환자의 경우 유즙으로 에이즈 바이러스가 분비되어 영아를 감염시킬 수 있으므로 수유하지 않는 것이 좋다.

조산유

조산아를 분만한 산모는 조산유(preterm milk)를 분비한다. 조산유는 단백질과 비단백태 질소 함량뿐만 아니라 면역글로불린과 무기질 함량이 월등하게 높으며, 조산아가 소화시키기에 좀 더 용이한 중쇄지방산 함량이 높다. 조산유의 유당 함량은 낮은 편이다. 조산아에게 조산유를 수유하면 이들의 성장발육을 촉진하는 것으로 알려져 있다.

(2) 조제유

영아에게 가장 적합한 유즙은 역시 모유이지만 많은 어머니들이 첫 몇 개월 동안 아기에게 모유를 먹이다가 점차 조제유수유로 바꾸게 된다. 출생 후 6개월까지는 아기에게 모유를 먹이는 것이 가장 바람직하나, 모유를 먹일 수 없는 상황이라면 건강한 영아는 처음부터 조제유로 양육해도 된다. 조제유는 일반

모유은행

마치 혈액은행과 같은 개념에서 출발한 은행으로, 산모에게서 남은 모유를 모아 안전한 가공과정을 거쳐 모유가 필요한 아기들에게 나누어주는 사업이다. 이 은행에서는 기증받은 모유를 고루 섞고 저온살균하여 박테리아와 바이러스를 제거한 후, 균배양검사소에서 미생물과 박테리아 등을 검사한 뒤 냉동 보관한다. 2016년 기준, 국내에는 전국 두 곳의 모유은행이 있는데, 늘어나는 모유수유 요구에 비해 부족한 실정이어서 인터넷을 통해 모유 거래가 이루어지고 있다. 인터넷을 통한 모유 거래의 경우, 모유 공급자의 건강상태나 약물중독상태, 모유의 영양소 함량 및 위생상태 등이 검증되지 않아 면역력이 약한 아기에게 위험할 수도 있다.

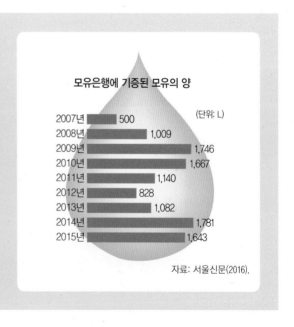

모유은행에 기증된 모유의 양

(단위: L)

2007년	500
2008년	1,009
2009년	1,746
2010년	1,667
2011년	1,140
2012년	828
2013년	1,082
2014년	1,781
2015년	1,643

자료: 서울신문(2016).

적으로 우유로 제조된 제품을 많이 사용한다. 그러나 아기에게 우유 알레르기가 있는 경우에는 대두단백질로 제조된 조제유나 카세인을 가수분해하여 제조된 조제유를 이용해야 하며 이외에도 유전성대사장애를 지닌 아기를 위한 조제유 등이 있다.

조제유는 우유나 두유 단백질에 유당, 지질, 무기질, 비타민을 첨가하여 영양학적으로 모유성분에 가깝게 만든 영아용 유즙이다. 여기에는 탄수화물 급원으로 우유에 적게 들어 있는 유당을 첨가하고 그 밖에 설탕이나 덱스트로글루코스를 넣는다. 단백질로는 우유나 콩에 있는 단백질을 기초로 하여 알부민과 글로불린, 메티오닌 등을 첨가하여 모유의 단백질 함량과 아미노산 조성에 가깝게 조절한다. 지방 역시 모유에 가깝도록 불포화지방산을 첨가한다. 이 밖에 비타민과 무기질을 조제유 제조기준에 맞게 첨가하고 락토페린, DHA 등 모유에 함유되어 있는 영양성분이나 면역성분을 넣어 모유와 비슷하도록 만든다.

우유 조제유

우유 조제유는 우유를 원료로 하여 단백질과 무기질 함량을 모유와 비슷하게 낮추고, 균질화와 열처리를 하여 소화하기 쉽게 제조한 것이다. 단백질 중 유청단백질과 카세인의 비율과 아미노산 조성을 모유와 근사하게 만들고 또 식물성 기름, 유당과 콘시럽 등의 당질을 첨가하여 지방산 조성을 조절하며 에너지함량을 모유와 비슷하게 조성하고 무기질과 비타민도 첨가한다.

모유성분에 대한 분석 방법과 이들 성분의 생리적 기능에 대한 연구가 발전되면서 조제유에 첨가되는 성분이 매우 다양해지고 있다. 최근 DHA가 뇌와 망막기능에 중요한 역할을 수행한다는 것이 규명되자 조제유에 DHA를 첨가한 제품이 나오고 있다. 영양소 이외에도 병균에 대한 저항력을 기를 수 있는 락토페린이 첨가된 제품도 선보이고 있다. 다만 한 가지 흠이 있다면 이들 제품이 매우 비싸다는 것이다. 국내에서 시판되는 조제유의 종류와 성분, 영양소 함유량은 표 4-9와 같다.

대두단백질 조제유

우유에 알레르기가 있는 아기는 대두단백질을 기본으로 제조된 조제유를 이용

표 4-9 **국내 시판 우유 조제유의 조성(6개월 이후용)** (단위: 100mL당)

영양소 \ 제품	I사	M사	N사	P사
에너지(kcal)	68	69	67	68
단백질(g)	2.51	1.7	2.2	2.8
탄수화물(g)	6.9	8.6	8.0	7.1
지방(g)	3.36	3.1	2.9	3.2
리놀레산(g)	0.56	0.67	0.56	0.46
알파-리놀렌산(mg)	56.7	67	53	46
감마-리놀렌산(mg)	2.1	2	1.5	7
DHA(mg)	9.8	4	8.4	8.4
아라키돈산(mg)	9.8	4	2.5	8.4
칼슘(mg)	91	50	81	100.8
인(mg)	50.4	28	45	58.8
나트륨(mg)	33.6	16	25	28
칼륨(mg)	91	70	81	105
마그네슘(mg)	8.4	5.6	5.6	5.6
아연(mg)	0.53	0.5	0.53	0.56
철(mg)	1.12	0.63	1.1	1.12
비타민 A(μg RE)	71.4	71	73	71.4
베타카로텐(μg)	8.4	8.4	14	8.4
비타민 B_1(mg)	0.09	0.06	0.07	0.08
비타민 B_2(mg)	0.14	0.08	0.1	0.1
비타민 B_6(mg)	0.09	0.04	0.07	0.07
비타민 B_{12}(μg)	0.28	0.28	0.28	0.28
비타민 C(mg)	7.7	8	14	10
비타민 D(μg)	1.26	1.3	1.3	1.26
비타민 E(mg α-TE)	0.7	0.66	0.67	0.84
니아신(mg)	0.84	0.7	0.7	0.7
엽산(μg)	14	14	14	14
비오틴(μg)	3.08	2.8	2.6	2.8
판토텐산(mg)	0.42	0.42	0.42	0.42
콜린(mg)	13.4	7	9.8	9.8
타우린(mg)	4.9	4.9	4.9	4.9
이노시톨(mg)	4.9	4.9	4.9	9.8
비타민 K(μg)	4.2	4.2	4.2	4.2

표 4-10 국내 시판 대두단백질 조제유와 특수 조제유의 조성 (단위: 100mL당)

영양소 \ 제품	두유 조제유	단백질 가수분해물 조제유	급성 설사용 조제유		조산아용 조제유			
	M사 소이	M사 HA	M사	N사 HD	M사 14% 조유	M사 16% 조유	N사 14% 조유	N사 16% 조유
에너지(kcal)	65	70	55	55	70	80	72	82
단백질(g)	2	1.8	2	2.4	2.1	2.4	2.1	2.4
탄수화물(g)	7	7.8	9	9	7.4	8.5	7.3	8.3
지방(g)	3.3	3.5	1.2	1.2	3.6	4.1	3.8	4.3
아라키돈산(mg)	N	N	N	N	7	8	2.1	2.4
리놀레산(g)	0.7	N	N	N	0.6	0.7	0.35	0.40
알파-리놀렌산(mg)	70	N	N	N	560	64	35	40
감마-리놀렌산(mg)	1.6	N	N	N	2.8	3.2	2.0	2.2
DHA(mg)	8.4	N	N	N	7	8	9.8	11
칼슘(mg)	81	50	52	70	112	128	101	115
인(mg)	53	28	36	42	60	69	55	62
나트륨(mg)	30	27	40	40	30	34	32	36
칼륨(mg)	78	58	71	84	81	93	70	80
마그네슘(mg)	5.6	5.5	4	7	7.7	7.8	5.6	6.4
아연(mg)	0.7	0.5	N	N	0.98	1.12	0.71	0.82
철(mg)	1.2	0.84	N	N	0.29	0.33	0.21	0.24
비타민 A(μg RE)	71	65	71	71	120	137	84	96
비타민 B$_1$(mg)	8.4	0.06	0.04	0.06	0.14	0.16	0.15	0.18
비타민 B$_2$(mg)	0.04	0.07	0.07	0.08	0.19	0.22	0.17	0.19
비타민 B$_6$(mg)	0.08	0.03	0.04	0.04	0.14	0.16	0.11	0.13
비타민 B$_{12}$(μg)	0.04	0.2	0.15	0.3	0.36	0.41	0.28	0.32
비타민 C(mg)	0.2	7	7	7	140	16	14	16
비타민 D(μg)	7	1.3	1	1.2	2.6	3.0	1.5	1.8
비타민 E(mg α-TE)	1.3	0.7	0.4	0.7	1.9	2.2	2.1	2.4
니아신(mg)	1.4	0.7	0.4	0.7	2.2	2.5	2.8	3.2
엽산(μg)	14	16	11	14	250	29	27	30
비오틴(mg)	2.8	2.8	1.1	3	3.5	4.0	3.5	4.0
판토텐산(mg)	0.4	0.4	0.4	0.42	0.5	0.57	0.7	0.8
콜린(mg)	7	6.5	N	7	12	14	5.6	6.4
타우린(mg)	4.9	5.6	4.6	5.6	5.6	6.4	3.5	4.0
이노시톨(mg)	4.9	4.9	N	N	N	N	3.2	3.7
비타민 K$_1$(μg)	4.2	3.7	N	4.0	N	N	4.2	4.8

N: 분석되지 않음

할 수 있다. 두유 조제유는 대두분에서 대두단백질을 분리하고 대두단백질에 부족한 아미노산인 메티오닌을 첨가한 다음 당질, 식물성 기름, 비타민, 무기질을 첨가하여 제조한다. 대두분에 있던 트립신 저해제는 열처리과정에서 활성을 잃게 되고, 콩에 자연적으로 들어 있던 고이트로겐 역시 열처리에 의해 효력이 감소하며, 요오드 결핍을 예방하기 위해 요오드를 첨가한다. 국내에서 시판되는 대두단백질 조제유의 종류와 성분, 영양소 함유량은 표 4-10과 같다.

고이트로겐(goitrogen) 식품에 자연적으로 함유되어 있으면서 섭취 시에 갑상샘호르몬 기능 저하를 야기할 수 있는 물질

특수 조제유

특수 조제유로는 단백질가수분해물로 이루어진 저항원성 조제유, 유당소화장애나 유단백 알레르기 아기용 조제유, 조산아용 조제유, 저단백 조제유, 저칼슘증이나 고인혈증 아기용 조제유, 페닐케톤뇨증 조제유, 단풍당뇨증 조제유, 메틸말론산뇨증, 프로피온산혈증 등 유전성대사장애 아기용 조제유 등이 있다. 우리나라에서 시판되는 단백질가수분해물 조제유와 일부 특수 조제유의 종류와 성분은 표 4-10과 같다.

단백질가수분해물 조제유　　우유와 두유 모두에 알레르기가 있는 아기는 단백질을 아미노산으로 가수분해시켜 만든 조제유를 먹일 필요가 있다. 카세인 가수분해물과 옥수수기름으로 제조된 뉴트라미겐(Nutramigen), 카세인 가수분해물과 중사슬지방(medium chain triglyceride)이 함유된 프리제스티밀(Pregestimil), 유리 아미노산이 들어 있는 알리멘텀(Alimentum) 등의 제품은 우리나라에서도 팔리고 있다. 이러한 조제유는 카세인 가수분해물과 아미노산 때문에 맛과 냄새가 별로 좋지 못해, 이를 어려서부터 먹은 아이들은 크게 거부반응을 보이지 않으나 어느 정도 성장하게 되면 이 맛을 싫어하게 된다는 단점이 있다.

저항원성 조제유　　저항원성 조제유(hypoallergenic formula)는 우유단백질 알레르기로 인한 피부 발진, 구토, 설사 등으로 우유 조제유나 모유를 섭취할 수 없는 아기를 위한 것이다. 우유단백질 대신 대두단백질을 사용하여 제조한 것으로 메티오닌을 강화하여 대두단백질의 아미노산 이용률을 향상시킨 제품이다.

페닐케톤뇨증 조제유　페닐알라닌을 티로신으로 전환하는 효소의 활성이 낮거나 결핍된 경우 페닐케톤뇨증(phenylketonuria, PKU)이 발생한다. 우리나라의 발생빈도는 6만 명당 1명으로, 연간 60만 명의 출생률을 감안할 때, 1년에 약 10명 정도의 페닐케톤뇨증 아기가 태어난다. 이러한 아기를 위해 페닐알라닌을 함유하지 않도록 제조된 조제유가 나오고 있다.

단풍당뇨증 조제유　측쇄(branched chain) 아미노산인 아이소루신, 루신 및 발린을 대사하지 못하는 질환인 단풍당뇨증이 있는 아기를 위하여 이들 아미노산을 함유하지 않도록 제조된 조제유를 말한다.

(3) 조제유의 조유 및 수유

조유 요령

우리나라에서 시판되는 조제유는 대부분 분말의 형태로, 13%의 용액(분유 13g에 물을 넣어 100mL로 만든 용액)을 만들도록 되어 있다. 분말 형태 외에 액상 형태의 조제유도 있는데 이는 조유과정 없이 바로 수유할 수 있다.

　조유 시에는 반드시 끓여 소독한 물을 적정온도로 식혀 사용해야 하고 조유지시에 따라야 한다. 만약 지시보다 더 진한 용액을 만들어 먹이면 아기의 용질부하량이 증가하여 고나트륨혈증이나 탈수현상이 나타나고 신장에 부담을 주며, 반대로 너무 묽은 용액을 만들어 먹이면 성장·발육에 지장을 주고 저나트륨혈증을 유발시킬 수도 있다.

　조유하는 사람은 우선 손을 깨끗이 씻고 모든 기구, 즉 젖병이나 젖꼭지 등을 깨끗하게 씻어 살균해놓아야 한다. 한 번 먹일 분량만 조유할 때는 수유하기 직전에 만들면 살균할 필요가 없으나 하루치를 한꺼번에 만들어 보관할 경우에는 조제유가 담긴 병뚜껑을 반만 잠그고 물을 반 정도 채운 냄비에 넣어 15분 정도 끓여 살균한다. 살균이 끝난 병은 꺼내어 식힌 후 뚜껑을 단단히 잠그고 냉장고에 보관한다. 아기가 먹다 남은 조제유를 냉장고에 보관했다가 다시 먹이는 것은 좋지 않다.

　최근, 국내에서 질산성 질소에 오염된 것으로 밝혀진 지하수를 조제유에 타

청색증(cyanosis) 혈중 산소 부족으로 환원 헤모글로빈의 농도가 증가하여 얼굴의 혈색이 파랗게 되는 증세

서 먹인 아기에게 청색증이 나타났다는 의학계의 보고가 있었으므로 수질을 알 수 없는 지하수로 아기의 조제유를 만드는 일은 바람직하지 않다. 또 지하수나 약수 중에는 중금속의 함량이 지나치게 높은 것도 있으므로 주의해야 한다.

수유 방법

아기가 젖을 먹는 일은 단순히 배고픔을 해결하고 영양 공급의 필요성을 충족하는 생리적·생화학적 욕구 충족만이 아니다. 이에 못지않게 심리적·사회적 욕구를 만족시키는 것도 중요하다.

아기에게 수유할 때는 팔로 안아서 아기가 비스듬히 누운 자세에서 먹을 수 있도록 해야 한다(수유기, 수유 자세 참조). 아기가 아주 어릴 때는 하루 2~4시간 간격으로 젖을 한 번에 60~90mL씩 먹지만, 차츰 간격이 길어지면서 한 번에 먹는 양이 늘어나므로 섭식횟수가 줄어든다. 6개월쯤 경과하면 세 차례의 이유식과 함께 젖 먹는 횟수가 하루 4번 정도로 자리를 잡게 된다. 젖을 다 먹인 후에는 아기를 어깨에 대고 똑바로 세운 후 등을 쓸어주거나 가볍게 두드려 젖을 먹을 때 들이마셨던 공기를 내보낼 수 있도록 도와주어야 한다. 이렇게 트림을 시키지 않으면 위 속에 공기가 차서 아기가 불편해하거나 젖을 토하기도 한다.

수유횟수와 수유량

영아의 수유횟수는 아기의 월령, 개인적 필요량, 수유일정에 따라 달라진다. 예전에는 4시간 간격으로 시간에 맞추어 먹이는 것이 권장되었으나 요즈음에는 오히려 아기가 원하는 대로 먹이는 것이 더 좋다는 주장을 따르는 경향이 있다(self-demanding schedule). 신생아기에는 아기가 거의 2~3시간 간격으로 젖을 먹으므로 수유부가 아기에게서 해방되기 어려운데, 1개월이 경과하면 거의 대부분 일정한 간격을 유지하게 되고, 4개월이 되면 하루 4~6회 정도로 감소하므로 큰 문제가 되지 않는다.

우리나라 아기를 대상으로 조사한 바에 의하면 영아의 모유수유횟수는 초기에는 하루 평균 8회에서 차츰 감소하여 5개월이 되면 4~6회 정도를 유지하는

것으로 나타났다. 한편, 1회 수유량은 영아 초기에는 60~120mL 정도였다가 5개월에는 약 150~180mL로 늘어났다.

5. 영아의 이유보충식

아기가 태어난 지 6개월 이상이 되면 모유만으로는 성장발달에 필요한 에너지와 영양소를 충족시키기 어려워진다. 이유보충식을 처음 개시하는 시기에 대한 문제는 학자들 사이에서 논란의 대상이지만 일반적으로 4~6개월, 또는 체중이 출생 시 체중의 2배(7kg)가 되는 시기에 시작하는 것이 권장된다. 이유보충식을 너무 일찍 먹기 시작하면 영아비만이나 알레르기를 일으킬 수 있고, 너무 지연되면 아기가 늦게까지 엄마 젖이나 젖병에 매달려 성장과 발육이 늦어지며 영양 공급이 충분하지 못한 데서 오는 영양결핍증이 나타날 수 있다.

(1) 이유 실시 시 유의점

이유는 아기의 건강상태가 양호할 때 시작하도록 하고, 시작하기 전에 수유시각과 간격을 규칙적으로 맞추어놓는 것이 좋다. 이유보충식은 아기의 기분이 좋고 공복일 때 먹이고 수유는 나중에 하도록 한다. 하루에 한 가지 식품을 한 숟가락 정도 주고, 양을 차츰 늘려가면서 사흘 정도 같은 식품을 주어 식품에 대한 거부 또는 알레르기 반응 여부를 관찰한다. 한 식품에 익숙해지면 같은 원칙으로 다음 식품을 소개하며, 될 수 있는 한 다양한 식품을 접하게 한다.

(2) 이유보충식 공급 방법

영아는 성장하면서 점차 섭식에 필요한 신체구조와 구강운동능력, 손놀림 등 여러 가지 능력이 발달하여 액상의 모유나 조제유 이외에 새로운 음식을 받아들일 수 있게 된다. 앞니와 혀의 움직임 발달은 음식이 입 밖으로 흘러나가지 않고 목으로 넘어가게 도와준다. 따라서 식품의 형태도 미음 → 죽 → 밥의 형태로 바꾸어주고, 젖병 대신에 수저나 컵으로 음식을 제공해주어야 한다. 조제유 영양아의 경우 이유보충식을 조제유에 섞어서 젖병으로 수유하는 것은 바람직하지 않다. 반드시 숟가락으로 떠먹여야 아기의 섭식운동과 소화기능의 정상적인 발달을 도모할 수 있다.

(3) 이유보충식의 단계

이유보충식품의 종류와 양은 영아의 신장과 체중 증가상태를 살펴보면서 결정하게 되는데, 가장 먼저 먹일 수 있는 식품이 바로 곡류이다. 곡류 중에도 알레르기 반응을 일으키지 않는 쌀을 이용하고 차츰 다른 종류의 곡류를 먹이는 것이 좋다. 6개월쯤 되면 과일을 갈거나, 채소를 삶은 후 잘 갈아서 체에 받친 것을 줄 수 있다. 설탕은 되도록 넣지 않는 것이 좋다. 8~9개월이 되면 죽, 토스트, 사과 간 것, 조리해서 다진 육·어류, 달걀 반숙을 먹일 수 있고, 1세가 되면 진밥, 치즈, 아이스크림, 토스트, 잘게 썬 육·어류, 삶은 채소, 부드러운 과자를 줄 수 있다. 표 4-11은 영아가 먹을 수 있는 이유보충식의 종류를 월령별로 나눈 것이다.

생후 4~6개월: 이유 초기
이때 아기가 먹을 수 있는 식품은 씹지 않고 그대로 먹을 수 있는 입자가 고운 죽, 삶아서 으깨거나 곱게 간 과일, 채소, 흰살 생선, 고기, 달걀노른자 등이다. 대부분의 이유보충식이 미음이나 죽의 형태이지만 아기에게 먹일 때는 젖병에 넣지 말고 반드시 숟가락으로 떠먹어야 한다.

생후 7~8개월: 이유 중기
이때 아기는 조그만 덩어리가 있는 형태의 음식도 우물우물해서 넘길 수 있다. 알레르기를 유발하지 않는다면 거의 대부분의 식품을 부드럽게 삶아 잘 으깨어주면 먹을 수 있다. 1회에 죽 50~100g, 채소 25g, 달걀 1/2~2/3개, 생선이나 육류 20g 정도를 주는 것이 적당하다.

표 4-11 이유보충식 진행에 따른 조리 형태와 기준량

월령		4	5	6	7	8	9	10	11
먹는 형태			꿀꺽꿀꺽 그냥 넘김		우물우물해서 넘김		질근질근 잇몸으로 씹어 넘김		
조리 상태			흐물흐물한 상태	질척한 잼 상태	물컹물컹한 상태		죽과 진밥 정도의 상태		
이유보충식 재료와 분량	곡류와 감자류		5~30g (연하게 으깬 죽·국수)	30~50g	50g (으깨지 않은 부드러운 죽)	50~100g	100g (보통죽)	100g (진밥)	
	채소		5~10g (삶아서 으깨거나 체에 거른 채소즙)	10~20g	20~30g (삶아서 으깬 채소즙)		30~40g (잘게 잘라 삶은 것)		40g (그대로 잘 삶은 것)
	과일	50g (과즙)	50~100g (갈아서 거르거나 으깬 과일)		100g (먹기 좋도록 잘게 자른 것)				
	달걀	※ 1회 식사에 이 4가지 중 하나를 준다. ※ 1회 식사에 두 종류만 줄 때는 1/2, 세 종류를 줄 때는 1/3씩 계산한 양으로 한다.	노른자 1/4~1/2 (으깨 물에 푼 것)	노른자 1/2~1	달걀노른자 1 (반숙보다 좀 더 조리된 것)	달걀 2/3~1개	달걀 1개		
	콩제품		5~10g	10~20g	20~50g		50g		50~70g
	생선		5~10g (삶아서 으깬 것)		10~15g (잘 다져서 조리한 것)	15~25g	25~30g		30g (잘게 잘라서 조리한 것)
	고기		5~10g (삶아서 으깬 것)		10~15g (잘 다져서 조리한 것)	15~25g	25~30g		30g (잘게 잘라서 조리한 것)
이유보충식 횟수		1회	2회	2회	2회	3회	3회	3회	
수유 횟수		4회	3회	3회	3회	2회	2회	2회	

생후 9~12개월: 이유 후기

된죽이나 진밥, 두부, 달걀, 잘게 썬 고기들을 먹을 수 있다. 1회에 된죽이나 진밥 100g, 채소 30~40g, 달걀 1개, 생선이나 고기 30g, 두부 50g 정도를 주는 것이 적당하다. 이 시기는 아기가 혼자 식사할 수 있는 능력과 컵으로 마실 수 있는 능력이 발달하여 젖병을 떼도 좋다.

(4) 가정에서 이유보충식을 만드는 방법

이유보충식의 조리는 성인의 입맛에 맞추기보다는 단순하게 하는 것이 좋다. 강한 향신료나 지나친 당 및 염분 사용은 삼가고 조리 전에 식품과 조리기구 및 손을 깨끗이 씻는다. 가정에서 이유보충식을 준비하는 경우, 매일 1회 분량을 준비하기보다는 한꺼번에 여러 회 분량을 만들면 경제적이고 간편하다. 이유보충식을 만들 때 주의할 사항은 다음과 같다.

- 모든 식품 재료는 신선하고 좋은 것으로 선택한다.
- 이유보충식 제조에 사용하는 도마, 칼, 블렌더, 냄비 등은 깨끗한 것을 준비하며, 이유식을 만들기 전에는 손을 잘 씻는다.
- 영양소의 손실을 최소화하기 위해 식품 재료를 소량의 물로 씻고, 식품을 삶을 때도 되도록 물을 적게 사용한다.
- 소금이나 간장 또는 설탕이나 꿀 등으로 음식의 간이나 당도를 맞추지 않는다.
- 식품은 부드러워질 때까지 삶은 후 물을 조금 넣어 블렌더나 그라인더를 이용해 잘 간 다음 얼음 얼리는 틀에 넣고 냉동시킨다.
- 단단하게 얼린 이유식을 얼음틀에서 꺼내 중탕기나 전자레인지로 데워 먹인다.

이유보충식으로 사용하기에 적절하지 않은 식품

- **알레르기를 유발하는 식품**: 가족 중에 식품알레르기가 있다면 알레르기 유발식품으로 잘 알려진 우유, 달걀, 생선, 밀가루, 메밀, 열대과일 등을 되도록 피하고 이유 초기보다는 후기에 사용하는 것이 좋다.
- **꿀**: 보툴리즘 식중독을 일으킬 수 있는 클로스트리디움 보툴리눔 포자가 들어 있을 수 있으므로 이유식에 사용하지 않는 것이 좋다.
- **질식을 유발하는 식품**: 단단한 비스킷이나 크래커, 딱딱한 견과류는 잘못하면 기도로 넘어가서 질식을 유발할 위험이 있으므로 피하는 것이 좋다.

(5) 국내 시판 이유보충식품

최근 국내 시판 이유보충식품의 종류가 다양해지고 사용률도 급증하고 있다. 한 조사에 의하면 도시지역에 거주하는 4~6개월 영아의 대부분이 시판식품을 사용하고 있었다. 최근에는 육류, 어류, 채소류, 과일류 등 개별 식품뿐만 아니라 여러 가지 식품을 혼합하여 만든 혼합식(junior dinner) 등 영유아를 위한 이유보충식이 다양해졌다. 또한 가정으로 가져다주는 배달이유보충식도 판매되고 있다.

그림 4-5 풀무원의 배달이유보충식 제공 서비스
자료: 베이비키즈 홈페이지(2016).

우리나라 영아의 이유 실태

우리나라 영아의 이유 시작 연령은 1990년에는 평균 5.6개월이었으나 근래 들어 조금 늦춰졌다. 2012~2012년 국민건강영양조사 자료에 의하면 이유보충식 시작 월령은 6.3개월로 2007~2009년 조사결과인 6.6개월과 비슷했다. 이러한 이유식 시작 시기는 대한소아과학회, 세계보건기구 및 유니세프가 권장하는 적절한 시기와 비슷하다. 한편, 이유식을 제공할 때 숟가락을 사용하는 비율은 1987년 57.0%에서 2007~2009년 국민건강영양조사 자료와 대한소아과학회 영양위원회 조사에서 90.9%로 크게 향상되어 이유식 제공방법이 바람직한 방향으로 바뀐 것을 알 수 있다.

자료: 질병관리본부(2014). 국민건강통계, 2005; Yom HW et al, 2009; Kim YH et al, 2011.

6. 영아기의 영양 관련 문제

일부 영아는 유전성 대사장애 같은 심각한 건강문제를 지니고 태어나기도 한다. 이러한 영아들은 특수 조제유로 양육하는 등의 영양관리를 해주어야 한다. 영아는 면역기능이 성숙하지 않아서 소화기계와 호흡기계 감염질환에 취약하므로 위생에 특별히 신경 써야 한다. 이외에도 영아산통, 젖병 치아우식증, 식품 알레르기와 성장장애 등 세심한 영양관리가 필요할 수도 있다.

(1) 유전성 대사장애

유전성 대사장애(선천성 대사장애, inborn errors of metabolism)는 태어날 때부터 체내에 필요한 효소가 없어 모유나 조제유 성분을 정상적으로 대사시키지 못하여, 비정상적인 대사산물이 뇌나 기타 조직에 손상을 주거나 정신지체를 초래하는 질병이다. 대사장애의 종류에 따라 탄수화물대사이상질환, 지방산대사이상질환, 아미노산대사이상질환, 유기산대사이상질환, 리소솜축적질환, 사립체대사이상질환, 미네랄대사이상질환 등으로 나눌 수 있다.

유전성 대사장애를 지닌 아기의 출생빈도는 낮은 편이지만, 선천성 갑상샘기능저하증, 페닐케톤뇨증(phenylketonuria), 단풍당뇨증(maple syrup urine disease), 호모시스틴뇨증(homocystinuria), 페닐케톤뇨증(phenylketononuria), 히스티딘뇨증(histidinuria), 갈락토스혈증(galactosemia), 당원축적병(glycogen storage disease) 등이 보고된 바 있다. 선천성 대사장애는 신생아 스크리닝으로 출생 후 발뒤꿈치에서 혈액을 채혈하여 진단하기도 하고, 이러한 아기를 출산한 경험이 있다면 출산 전 양수검사를 통해 진단할 수 있다.

선천적인 갑상샘자극호르몬의 결핍으로 생기는 선천성 갑상샘기능저하증은 갑상샘호르몬을 투여하여 치료하고, 나머지 선천성 대사장애가 있는 것으로 진단되면 아기에게 질환에 맞는 특수한 조제유나 저단백식사 또는 탄수화물 조절식을 주어야 한다. 아미노산 대사장애 질병을 위한 특수 조제유는 단백질을 완전히 가수분해하고 장애요인이 되는 아미노산을 제거하여 만든 것이다. 국내에서는 페닐케톤뇨증, 단풍당뇨증, 요소회로장애아용으로 메티오닌이나 루신 또는 단백질이 제거된 특수 조제유들이 시판되고 있다.

(2) 감염성질환

조제유영양아에 비해 모유영양아는 설사나 급성 위장염과 같은 질환에 걸리는 비율이 훨씬 낮으며 중이염과 호흡기질환에 대한 이환율도 낮다. 모유영양아가 소화기계나 호흡기계질환에 잘 걸리지 않는 것은 모유에 들어 있는 각종 방어물질과 모유로 인한 장내유익균 균총의 분포가 좋아져 면역능력이 증강되기 때문이다. 이렇듯 모유는 감염성질환 예방에 효과가 있어, 조제유를 먹는 영아보다 모유영양아의 영아사망률이 낮다.

제3세계에서는 깨끗하지 않은 물로 조유한 조제유를 먹은 영아에게 감염성질환 이환율과 사망률이 증가하였다. 이를 해결하기 위해 이들 국가에서는 만 2세까지 완전모유수유를 적극 권장하고 있는 실정이다.

한편, 이유보충식의 개시시기와 소화기계 질환의 발생을 비교한 한 연구에 의하면 제3세계에서는 이유보충식을 빨리 주었을 때 비위생적인 환경 때문에 소화기계 질환의 발생률이 증가했으나, 환경이 비교적 양호한 개발국에서는 일찍 이유보충식을 주어도 이러한 영향이 나타나지 않았다.

(3) 영아산통

영아들은 별다른 질병이 없는 것 같은 데도 다리를 배 쪽으로 오므리며 가스를 많이 내보내고 심하게 우는 경우가 있다. 이를 영아산통이라고 하며 복통을 호소하는 것으로 이해할 수 있다. 조제유영양아라면 사용하던 조제유를 다른 제품, 두유 조제유나 카세인 가수분해물 조제유로 바꾸면 이러한 복통증세가 가라앉기도 한다. 모유영양아의 경우 수유부가 우유 섭취를 제한함으로써 이러한 증세를 완화시킬 수 있다.

영아산통(infantile colic)
생후 4개월 이하의 영아에게서 발작적인 울음과 보챔이 하루 3시간, 최소 한 주 동안 3회 이상 발생하는 상태

(4) 젖병 치아우식증

아기가 보채지 않고 쉽게 잠들도록 침대에 누인 채 젖병을 물려 재우는 경우가 상당히 많은데, 이것이 습관화되면 아기의 위 앞니와 아래 뒷니가 많이 상하는 젖병 치아우식증(nursing bottle caries)이 나타나기 쉽다. 아기가 자는 동안 젖을 빨면 아기의 혀가 입 앞으로 나와 아래 앞니를 덮어 세균이 잘 번식하기 때문이다. 취침시간에 젖, 조제유, 과즙 등을 먹이는 것은 구강 건강에 좋지 않다. 만약에 꼭 젖을 빨아야만 잠이 드는 아기라면 유즙 대신 물을 채운 젖병을 주는 것도 젖병 치아우식증을 예방하는 좋은 방법이다.

(5) 식품 알레르기

대부분의 영아들은 모유수유가 어려운 상황에서 우유 조제유를 잘 먹는다. 그러나 질병을 앓고 난 후 일부 영아들은 우유 조제유에 알레르기 반응을 나타내기도 한다. 알레르기 반응으로 복통, 설사, 천식, 피부 발진 등의 증세가 발현된다. 이러한 증상을 보이는 아기들에게는 우유 조제유 대신에 두유 조제유를 먹여보고, 그래도 증상이 없어지지 않으면 단백질가수분해물 조제유로 바꾸어 먹여야 한다. 알레르기는 가족력이 중요한 요인이므로 가족 중에 식품 알레르기가 있다면 가능한 한 우유 조제유 대신 모유를 수유하는 것이 바람직하다. 또한 이들 영아에게는 알레르기를 잘 유발하는 것으로 알려진 밀가루, 달

알레르기 유발식품의 노출 시기

예전에는 알레르기 유발이 의심되는 식품을 아기에게 주지 말라고 권고했으나 최근에는 이러한 식품 기피가 영양불량을 일으킬 수 있으므로 식품을 금기시키지 않고 있다. 게다가 알레르기 유발식품에 일찍 노출된 아기의 알레르기가 오히려 감소된다는 연구결과도 있다.

달걀, 땅콩버터, 요구르트, 참깨페이스트, 생선, 밀비스킷 등 알레르기를 유발식품으로 잘 알려진 6가지 식품을 생후 3개월령 아기 1,300명에게 제공하고 추적 관찰하여 만 3세가 되었을 때 알레르기 유발 정도를 비교했는데, 알레르기 유발식품에 일찍 노출되었던 아동은 생후 6개월까지 모유만 먹었던 아동에 비해 알레르기 발병률이 낮았다.

자료: Perkin, et al., NEJM(2016).

걀, 땅콩버터, 몇몇 과일 등을 이유보충식으로 먹이지 않는 것이 좋다. 이들 식품은 적어도 2~3세가 될 때까지 주지 않는 것이 바람직하다. 이유보충식을 일찍 주는 것이 호흡기계질환이나 습진의 발생률을 유의적으로 증가시킨다는 연구결과는 이들 질환이 식품 알레르기와 관련된다는 점을 알려준다.

(6) 성장장애

영아 중에서 신장과 체중이 표준성장곡선의 백분위 5 미만에 그치는 성장장애를 겪는 경우가 있다. 영아에게 성장장애를 일으키는 요인으로는 영양학적, 신체적, 사회적·심리적 요인 등이 있는데 이 중에서 영양학적 요인이 가장 큰 비중을 차지한다. 개발도상국의 영아나 빈곤한 가정의 영아에게는 에너지와 단백질이 부족한 영양장애가 흔하고, 철이나 아연 등 미량무기질의 결핍도 수반하

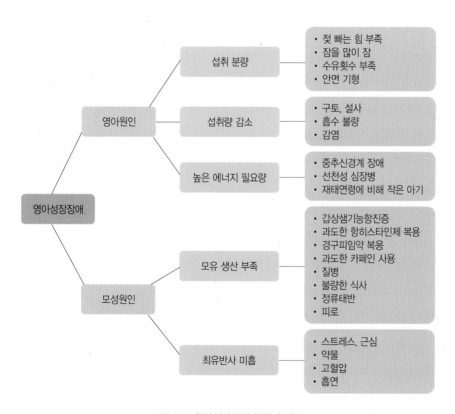

그림 4-6 **영아성장장애 진단 순서도**
자료: Worthington-Roberts BS & Williams SR(2000). Nutrition throughout the Life Cycle, p.138.

므로 이들에게서 성장 부진이 자주 나타난다.

신체적 요인에 의한 성장장애는 영아들이 젖을 충분히 빨지 못하거나 수유 간격이 너무 길어 영양을 충분히 섭취하지 못해서 발생한다. 이외에 산모가 질병에 걸렸거나, 영양상태가 나빠서 모유 분비량이 모자라는 경우 혹은 스트레스나 흡연·음주 등으로 최유반사가 잘 일어나지 않는 경우에도 영아가 모유를 충분히 먹지 못하므로 일어나기도 한다. 그림 4-6은 영아의 성장장애를 진단할 때 사용하는 순서도를 영아원인과 모성원인으로 나누어 살펴본 것이다.

영아가 처한 사회적·심리적인 양육환경도 성장장애를 일으키는 요인이 될 수 있다. 가정이 빈곤하거나, 가정불화가 있거나, 부모의 사랑이 부족한 경우에 영아는 심하게 보채거나, 지나치게 예민해지고, 돌보기가 힘들어지며 이에 따라 성장도 부진해진다.

(7) 설사

영아들은 어른보다 설사가 자주 발생할 수 있다. 정상상태에서 대변으로의 수분손실량은 보통 총 수분손실에서 차지하는 비중이 낮지만, 설사 시에는 대변을 통한 수분손실이 증가하여 탈수를 초래하기도 한다. 모유영양을 하는 경우 심한 설사를 오랫동안 하는 일은 드물다. 열이 없고, 설사를 하되 횟수가 많지 않을 때는 젖이나 조제유를 먹이는 시간 간격을 늘리고 시간도 단축하는 것이 좋다. 설사가 심해지면 우유를 몇 차례 줄이고 대신에 탈수를 방지하기 위하여 엷은 포도당액, 보리차, 또는 끓인 물을 계속해서 조금씩 먹인다. 주스와 젖산 음료는 장내에서 발효를 일으켜 설사를 악화시킬 수 있으므로 피한다. 만일 설사할 때 38℃ 이상의 열이 나거나 구토가 24시간 이상 계속될 경우, 또는 하루에 10번 이상의 심한 설사가 일어나는 경우에는 수분, 나트륨, 칼륨 등을 보충해야 한다.

설사가 멎은 후 다시 수유할 때는, 모유영양이라면 수유량을 줄이기 위해서 수유 전에 먼저 물을 몇 수저 먹이고 나서 젖을 빨게 한다. 조제유영양아의 경우라면 처음에 조제유의 농도를 1/4로 희석하여 먹이고, 이후 경과를 보면서 조제유의 농도를 1/2로 늘리고, 점차 본래의 농도로 회복시킨다.

7. 조산아

의료기술의 발달로 재태연령 37주 미만의 조산아 출산이 증가하고 있다. 조산아는 폐질환을 비롯한 각종 합병증을 지닐 수 있고 섭식기술도 충분히 갖추지 못하여 영양 공급에 큰 문제가 생길 수 있다. 조산아도 산모가 분비하는 조산유로 양육하는 것이 바람직하나 필요한 경우에는 위장관이나 정맥을 통해 영양을 공급한다.

조산아와 저체중아를 통틀어 조산아라 부르나, 엄밀하게 말하면 재태연령이 37주 미만인 아기는 조산아, 출생체중이 2.5kg 미만인 아기는 저체중아, 출생체중이 1.5kg 미만인 아기는 극소체중아라 한다. 최근 들어 이러한 아기들의 출산율이 증가하는 추세이나 의학기술의 발달로 미숙아나 저체중아, 심지어 극소체중아의 생존율이 높아지고 있다. 미국이나 일본의 경우 출생체중이 1,000g 미만일 경우 20%, 1,000~1,500g일 경우에는 5%가 사망하는 것으로 보고되어 있다. 우리나라의 경우 이보다 사망률이 높다. 일반적으로 극소체중아 중 생존아의 약 10%에게 중증장애가 생기는 것으로 알려져 있다.

조산아나 저체중아의 경우 감염, 뇌출혈, 인공호흡기 치료 시 기흉, 폐출혈, 만성폐질환 등의 합병증이 나타날 수 있으며 괴사성 장염이나 조산아 망막증 등도 생길 수 있다. 또 합병증의 결과로 뇌성마비나 지능 저하 등의 신경학적 후유증이 발생하기도 한다.

(1) 영양 공급방법

조산아는 젖을 먹는 데 필요한 반사작용이나 운동기능이 잘 발달되어 있지 않아 젖을 먹기 어렵다. 또한 흡인반사가 미숙하고, 위의 용량도 부족하며, 장 운동능력도 감소되어 있다. 조산아는 위장관의 문제로 인해 장출혈이 생기며, 치명적인 **괴사성 장염**이 발생하기 쉽다. 이렇게 되면 경구를 통한 영양소 공급이 불가능하며 정맥영양을 통해 영양 공급을 받아야 한다. 아기의 체중과 건강상태에 따라 수분, 에너지, 단백질과 아미노산, 지방, 무기질, 비타민 등을 혼합하여 특수하게 맞춤 조제한 비경구 정맥영양액으로 영양 공급을 한다. 정맥영양

흡인반사(sucking reflex)
무엇이든 입에 닿는 물질이면 빨려고 하는 신생아의 반사행동으로 이때 혀가 위아래로 움직임

괴사성 장염(necrotizing enterocolitis) 장의 일부가 세균이나 병균에 감염되어 염증이 발생하거나 괴사된 상태

으로 영양소를 공급하는 동안에는 경구영양이 제한되므로 장에서 흡수기능을 수행하는 상피세포가 퇴화된다. 장의 건강상태를 유지하기 위해서는 되도록 빨리 경구영양 공급으로 전환해야 한다.

아기의 위장과 식도, 장의 건강상태가 허락한다면 경관영양을 시행할 수 있다. 경관급식의 종류로는 경구-위(oral-gastric) 급식 방법이 가장 흔하게 사용되며 이 밖에도 유문전위술(transpyloric), 위조루술(gastrostomy), 공장조루술(jejunostomy) 등 수술을 통한 경관급식 방법도 이용된다. 극소체중아에게 출생 후 첫 2~7일 사이 아무것도 투여하지 않고 금식하게 하는 것보다는 소량이라도 경관급식을 하는 것이 아기의 생존율을 높인다는 최근의 연구결과도 있다.

(2) 영양요구량

조산아는 태아기에 미처 자라지 못한 것을 만회하기 위해서 출생 후 정상아보다 성장속도가 빠르므로 에너지와 단백질 및 거의 모든 영양소의 단위체중당 필요량이 많다. 표 4–12에는 미국 소아과학회 영양위원회에서 제정한 조산아를 위한 영양소권장기준이 나타나 있다.

영양필요량이 특히 높은 극소체중아는 출생 후 몇 주 동안 정맥영양이나 경관급식을 하게 된다. 경관급식은 튜브가 아기의 위와 식도를 자극할 수 있고, 위천공, 미주신경 자극, 역류, 흡인 등의 위험이 있다. 경관급식과정이 별 무리없이 진행되면 3~4일 경과 후 1/2 농도의 미숙아용 조제유를 먹이고, 7~10일에 걸쳐 조제유의 농도를 차츰 높여 정상 농도로 올린다. 출생체중이 1.8~2.5kg인 아기라면 경관급식을 하기보다는 처음부터 조산아용 조제유로 양육하는 것이 좋다.

아기가 쉽게 피곤해하거나 젖을 빠는 힘이 너무 약하다면 에너지와 영양소가 농축된 조제유를 주어야 한다. 조산아용 조제유의 에너지와 영양소 함량은 표 4–13과 같이 정상아용인 일반 조제유에 비해 높다. 일반 조제유의 경우 에너지와 단백질 함량은 30mL당 각각 20kcal와 2.1g인 데 비해, 조산아용 조제유에는 각각 24kcal와 3g이 들어 있으며 무기질과 비타민의 함량도 높다. 이

표 4-12 조산아(출생체중 1,000g 이상)를 위한 영양소권장기준

영양소	출생 후 7일까지	출생 후 만기까지	임신 만기부터 1세까지
에너지(kcal/kg)	70~80	105~135	100~120
단백질(g/kg)	1.0~3.0	3.0~3.6	2.2
지방(g/kg)	0.5~3.6	4.5~6.8	4.4~7.3
탄수화물(g/kg)	5.0~20.0	7.5~15.5	7.5~15.5
칼슘(mmol/kg)	1.5~2.0	4.0~6.0	6.3mmol/일(모유) 9.4mmol/일(조제유)
철(mg/kg)	0	2.0~3.0	2.0~3.0
아연(μmol/kg)	6.5	7.7~12.3	15.0
구리(μmol/kg)	1.1~1.9	1.1~1.9	1.1~1.9
요오드(μmol/kg)	0.20	0.25~0.50	0.25~0.50
비타민 A(IU/kg)	700~1,500	700~1,500	600~1,400
비타민 D(IU)	40~260	400	400
비타민 E(IU/kg)	6~12	6~12	6~12
비타민 K(μg/kg)	8~10	8~10	8~10
비타민 C(mg/kg)	6~10	6~10	20
티아민(mg/kg)	0.04~0.05	0.04~0.05	0.05
리보플라빈(mg/kg)	0.36~0.46	0.36~0.46	0.05
비타민 B$_{12}$(μg)	0.15	0.15	0.15
엽산(μg DFE)	50	50	25
비오틴(μg/kg)	1.5	1.5	1.5
판토테닌산(mg/kg)	0.8~1.3	0.8~1.2	0.8~1.3

자료: WHO(2006). Technical Review. Optimal Feeding of Low-birth-weight Infants.

밖에도 미숙아에게 중쇄지방이나 폴리코스(polycose) 등을 별도로 주어 에너지를 보충시킬 수 있다.

극소체중아는 저체중아보다 섭식과 영양관리에 더 큰 문제가 있다. 이러한 아기들은 쉽게 피곤해하고, 수면시간이 길어 급식할 시간이 부족하고, 급식 후 호흡과 심장박동에 무리가 생겨 젖을 충분히 먹기가 힘들며, 급식이 즐겁기보다는 스트레스를 초래하므로 시간이 많이 들고 힘이 들며 어렵기는 하지만 영양상태를 양호하게 하고 섭식행동기술이 잘 발달하도록 관심을 가져야 한다.

(3) 조산유와 조산아용 조제유

조산아에게도 조산아를 분만한 산모가 분비하는 초유와 조산유를 먹이는 것이
좋다. 따라서 병원에서는 조산아를 출산한 산모가 퇴원 후 집에서 유축기로 젖
을 짜서 냉장 또는 냉동 보관하여 아기에게 먹일 수 있도록 배려해야 한다.

　조산아를 출산한 산모의 유즙은 단백질, 철·칼슘 등의 무기질 함량이 더 높
고, 면역물질도 들어 있어 조산아에게 좋은 영양 공급원이 된다. 재태연령 37
주 정도에 태어난 조산아에게는 젖을 빠는 게 그다지 어렵지 않으나, 그 이전
에 태어난 아기는 흡인반사가 미처 발달하지 못하여 젖을 빠는 것이 어려울
수 있다. 영양소요구량이 워낙 높아 조산유만으로는 조산아의 성장발달에 지

표 4-13 **정상아와 조산아용 조제유의 성분 비교**　　　　　　　　(단위: L당)

영양소 함량	정상아용 조제유	조산아용 조제유
에너지(kcal)	680	680
단백질(g)	14.5	20.4
지방(g)	38.2	34.7
탄수화물(g)	69.6	74.8
비타민 A(μg RE)	1,000	2,550
비타민 D(μg)	10	408
비타민 E(μg TE)	48	19.3
티아민(μg)	420	1,360
리보플라빈(μg)	–	2,040
비타민 B$_6$(μg)	350	1,020
비타민 B$_{12}$(μg)	1.4	1.7
니아신(μg)	–	27,200
엽산(μg DFE)	34	272
비오틴(μg)	10	27.2
비타민 C(mg)	69	136
칼슘(mg)	390	1,122
구리(μg)	420	816
삼투압(mOsmol/L)	300	250~320

자료: WHO(2006), Technical Review Optimal Feeding of Low-birth-weight Infants.

장이 생길 수 있으므로 모유에 부족한 칼슘, 인, 비타민 C, 비타민 D 및 엽산을 보충해야 한다. 이러한 목적으로 개발된 **모유강화제**를 모유에 첨가하거나, 중쇄지방이나 폴리코스 또는 아기용 라이스 시리얼(rice cereal)을 급여하기도 한다. 조산아가 퇴원 후 모유를 먹을 수 없다면 조산아용 조제유를 주는 것이 좋다.

영국에서 926명의 조산아를 대상으로 행한 연구를 보면, 이들이 7.5~8세가 되었을 때의 IQ가 출생 후 4주간 모유를 먹은 경우 조제유를 먹은 경우보다 8.3점이나 높았고, 가장 점수차가 컸던 영역은 언어영역이었다. 이 점수차는 어머니의 교육수준과 사회·경제지표를 조절한 후에 나타난 것으로, 상당히 유의적인 차이로 볼 수 있다. 연구자들은 조산유의 고단백과 DHA 성분 등이 뇌의 발달에 영향을 미쳤으리라 추측했다.

모유강화제(human milk fortifier) 모유를 먹는 조산아들이 모유에 부족한 영양소를 섭취할 수 있도록 도움을 주는 제품

8. 국내의 영아건강증진 프로그램

국가에서 실시하는 영아건강증진 프로그램의 효과는 대단히 큰 것으로 알려져 있다. 우리나라에서는 신생아 선별검사와 영양플러스 프로그램을 실시하여 출생 직후 신생아 선별검사를 통해 유전성 대사질환을 지닌 영아를 조기에 발견하고 이들의 영양관리를 지원하고 있다. 또한 보건소를 통해 저소득층 임신부·수유부·영유아를 위한 영양플러스 프로그램을 실시하고 있다.

(1) 신생아 선별검사

우리나라에서는 한 해 약 220명이 유전질환을 갖고 태어난다. 신생아 선별검사란 아기가 태어난 지 일주일 안에 유전질환과 유전성 대사질환에 대한 검사를 시행하여 정신지체 등의 심각한 합병증을 예방하는 활동이다. 우리나라에서는 1991년 갑상샘기능저하증과 페닐케톤뇨증 검사를 시작으로 2006년부터 이 두 질환을 비롯해 단풍단뇨증, 갈락토스혈증 등 6개 질환에 대한 선별검사를 무료로 하고 있다. 미국, 유럽, 호주, 일본, 대만에서는 이보다 더 많은 유

전질환을 국가가 나서서 무료로 선별검사하고 있다. 신생아 선별검사를 통한 조기 진단과 식사요법을 포함한 적절한 치료는 정신박약아 발생률을 낮추고 있다.

(2) 영양플러스 프로그램

우리나라는 2000년대 중반부터 미국의 Women, Infants, and Children(WIC) 사업을 벤치마킹하여 영양취약계층의 임산부와 영아에게 보충식을 제공하고, 이들 임산부에게 영양교육을 실시하는 영양플러스 사업을 전국의 보건소를 통해 수행하고 있다. 이 프로그램의 실시로 저체중아 출산율 감소, 영양불량 영아의 비율 감소, 영아의 빈혈률 감소 등의 효과가 나타나고 있다.

그림 4-7 영양플러스 프로그램 안내 리플릿
자료: 광산구 수완보건지소(2016)

CHAPTER 5
유아기 영양

유아기는 일반적으로 1세에서 5세까지로 영아기 이후 학동기 이전의 시기로 구분된다. 성장발달 단계에서 시기별로 명확한 차이는 없으나 1~2세의 유아 전기(toddlers)와 3~5세의 유아 후기 또는 미취학 아동기(preschool-age children)로 나누기도 한다. 이 시기의 성장속도(growth velocity)는 비교적 느리고 완만하여 성장의 잠복기라고 하지만 여전히 성장발육이 왕성한 시기임에 틀림없다. 유아기에는 신체적 성장뿐 아니라 신체활동량이 크게 늘어나기 때문에 에너지를 비롯한 각 영양소의 필요량이 증가한다. 특히 이 시기는 신체기능의 조절능력과 운동능력, 사회인지적 능력, 언어, 지능 및 정서 면에서 보다 복잡하게 발달하는 중요한 때이다.

한편 소화기관의 용량이 커지고 소화기능도 상당히 발달한다. 유치를 모두 구비하게 되고 식사기술(feeding skills)이 발달함으로써 성인의 고형식에 가까운 음식을 먹을 수 있게 된다. 또 식행동(feeding behaviors)에서도 거의 자립할 수 있게 되며, 새로운 음식을 수용하고 선택하는 능력이 생기고, 기호도 확실해지며, 점차 식습관이 확립된다. 그러나 성장패턴에 따라 식욕이나 음식에 대한 개념이 불안정하여 개인차가 크며 식욕부진, 편식, 유아비만 등의 식생활 관련 영양문제도 초래될 수 있다. 따라서 이 시기의 식생활 및 영양 관리는 이후 건강한 성인으로 이어지는 중요한 기반이 되므로, 양호한 영양상태를 유지하고 올바른 식습관을 확립해야 한다.

학습목표

유아기의 성장발달, 영양필요량, 적절한 식품 선택과 식생활관리, 영양 관련 문제 및 유아원 급식에 대해 이해한다.

1. 유아의 성장발달

유아기는 영아기와 청소년기에 비해 전반적으로 성장률이 느리지만, 여전히 발육이 왕성한 시기다. 성장·발육은 유전, 생리, 환경, 영양, 질병, 운동뿐만 아니라 사회적·경제적 여건 등 여러 가지 요인에 의해서 영향을 받는다. 그러므로 성장속도는 개인 간 또는 개인 내에서도 시기에 따라 다른 특징을 보인다. 각 개인의 성장과 발달은 고유의 유전적 프로그램에 따라 정해진 순서대로 연속적으로 일어난다. 기관의 성장이나 기능의 발달에 있어서는 기관마다 세포의 수가 증가하는 세포증식기(hyperplasia)와 세포의 크기가 증대되는 세포비대기(hypertrophy)가 시기에 따라 다르기 때문에, 유아기에도 어떤 기관이든 결정적 시기가 존재하게 된다.

유아기의 성장발달을 보면, 태아기에 머리의 성장과 영아기에 몸통의 성장이 뚜렷한 점에 비해, 팔과 다리의 성장이 두드러진다. 또 영아기에 겨우 스스로 서고 걸음마를 할 수 있는 것에 비해, 유아기에는 뛰고 달리고 기어오를 수 있는 골격과 근육이 크게 발달한다. 행동발달 면에서도 유아기에는 상당히 미세한 움직임까지 구사할 수 있게 된다. 식행동 역시 영아기의 의존적인 식생활에서 점차 독립적인 식생활로 발전한다. 이 시기에는 소화기능이 발달하고 유치가 완성되면서 식사기술과 식행동이 크게 발달한다.

성장(growth) 세포 수의 증식과 세포 크기의 증대를 통해 유기체의 크기 증가

발달(development) 기관과 조직의 성장과 분화 및 기능적 통합을 통해 유기체의 신체적·정신적 능력 향상

결정적 시기(critical period) 세포의 수가 증가하는 시기로 성장발달에 영향을 미치는 요인에 의해 크게 손상을 받았을 때 정상으로 회복되기 어려운 위험한 시기

(1) 신체 성장

신장과 체중

유아기는 영아기와 사춘기의 급성장(growth spurt) 사이에서 느리지만 꾸준한 성장이 나타나는 것이 특징이다. 영아기 1년 동안에는 신장이 약 25cm 증가하여 1세가 되면 약 75cm가 되는 데 비해, 2세 유아는 약 87cm, 3세 유아는 96cm 정도 자라고(표 4-1), 4세 유아는 출생 때의 2배인 1m 정도로 큰다. 그후 매년 5~7cm씩 자란다. 일반적으로 2세 미만의 유아는 누운 키(recumbent length)를 재고, 그 이후의 유아는 서 있는 키(stature)를 잰다.

체중의 증가를 살펴보면 영아기 12~15개월 사이에는 출생체중의 3배인 10kg

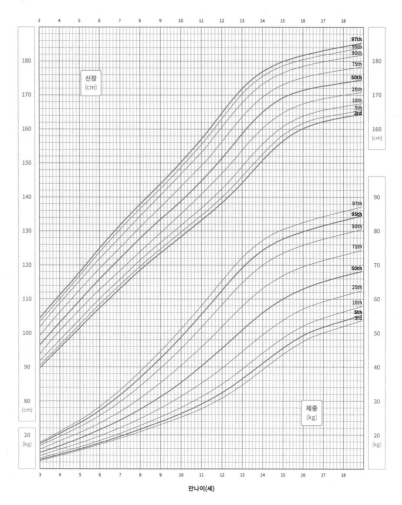

그림 5-1 신장 및 체중의 성장도표(남아, 3~18세 백분위수)
자료: 질병관리본부(2017). '17 소아·청소년 표준 성장도표.

정도가 되고, 2세에서 4배인 12kg 정도가 된다. 유아기의 체중은 연평균 2~3kg씩 늘어나 4세경에는 16~17kg 정도가 된다. 한국 소아의 연령별 성장 패턴은 그림 5-1, 5-2와 같다.

신체 구성과 체조성

유아기의 신체 균형과 구성 성분은 영아기보다 유의적으로 변화한다. 우선 몸의 균형을 보면 몸통에 비해 팔과 다리의 성장이 두드러져, 영아기의 통통한 모습이 사라지고 전형적인 유아의 날씬한 모습이 된다. 운동량과 걸음 수가 증가

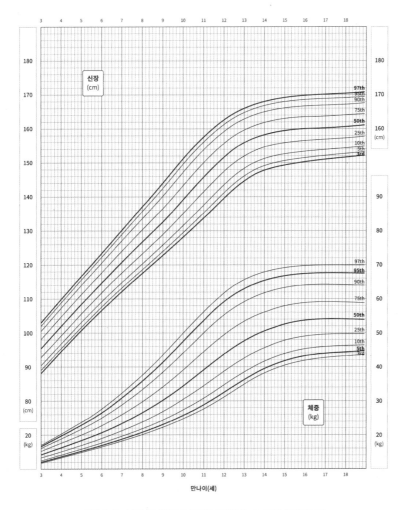

그림 5-2 **신장 및 체중의 성장도표(여아, 3~18세 백분위수)**
자료: 질병관리본부(2017). '17 소아·청소년 표준 성장도표.

하면서 몸을 똑바로 지탱할 수 있도록 배와 등의 근육이 팽팽해지고 다리가 바르게 선다.

이때 체지방량은 전반적으로 감소되는데, 영아기에 22~25%나 차지하던 체지방비율이 유아기에는 14~18% 정도로 줄고, 아동기까지 유지되다가 사춘기에 급격히 증가한다. 반면 골격과 근육량은 점차 늘어난다. 체중 증가량의 약 절반을 근육량의 증가로 보는데, 이는 유아가 똑바로 서고 걷고 달리기 위해 더 많은 근육을 필요로 하기 때문이다. 이러한 변화는 유아기 동안 몇 년에 걸쳐 서서히 일어난다.

(2) 생리기능

소화기계와 치아 발달

유아기에 소화기계의 발달은 영양필요량을 충족시킬 수 있도록 빠르게 이루어 진다. 타액은 2세에 제 기능을 다할 수 있다. 위의 용량은 1세는 250mL, 2세는 500mL, 10세는 900mL 정도로 증가한다. 소화효소계는 3~4세경에 성인과 거의 같은 수준으로 발달한다. 펩신, 트립신 등의 단백질분해효소와 아밀레이스의 분비기능은 2세에서, 라이페이스의 분비기능은 3~4세에 완성된다. 간의 크기는 1세에서 300g 정도인데, 유아기를 통해 2배 정도로 증가하며, 글리코젠 저장과 포도당의 공급능력도 계속 발달한다. 장의 기능도 유아 후기에 거의 발달되어 배변의 특성, 배변시간의 규칙성 및 배변 조절능력을 갖추게 된다.

3세가 되면 유치 20개를 모두 구비하게 되며, 6세가 되면 영구치의 치관이 완성되고 턱의 움직임도 발달한다. 유아기 후반에는 고형 음식을 씹고 삼키는 섭식기술이 크게 발달하여 성인의 일반식을 먹기 위한 준비가 완료된다.

순환기계

심장을 포함한 순환기계는 연령에 따라 점차 발달한다. 적혈구 수와 헤모글로빈 농도는 출생 시에 비해 영아기에 이어 유아기에도 계속 감소해 10세경이 되면 성인과 같이 적혈구 수 500만/mm³, 헤모글로빈 농도 13g/dL 정도가 된다. 백혈구 수도 출생 시 15,000~20,000/mm³에서 영아기에는 약 10,000/mm³ 정도로 감소하는데 유아기에는 더욱 저하되어 4~5세 유아는 약 9,000/mm³이 된다. 10세 아동은 8,000/mm³, 그러나 여전히 성인의 5,000~7,000/mm³보다는 높은 수준이다. 맥박 수도 점차 감소하여 영아기에는 1분에 100~140회이던 것이 유아기에는 90~120회 정도로 줄어든다. 영유아는 혈관의 내경이 비교적 크고 탄력이 좋아 혈관 저항이 적어 혈압이 낮다.

비뇨기계

신장의 크기와 기능은 유아기에 크게 발달한다. 2~3세에는 체수분의 균형을 이루기 위해 체수분량 및 소변량을 조절하는 능력이 많이 발달한다. 유아의 하루 배뇨횟수는 7~10회이고, 배뇨량은 600~1,000mL이다.

호흡기계

영아기의 호흡이 주로 횡격막 운동에 의한 복식호흡이라면, 유아기에는 흉곽운동이 상당히 활발하여 흉식호흡을 많이 하게 된다. 유아기의 호흡 수는 20~30회/분 정도이며, 1회 호흡량은 125~175mL 정도로 여전히 성인의 절반 수준에도 미치지 못한다.

(3) 두뇌발달

아기의 뇌 무게는 출생 시 약 400g 정도로 성인의 뇌 무게의 30% 정도이다. 영아기인 생후 1년 동안에 뇌의 무게는 두 배 증가하며, 이후 유아기에도 계속 증가해 4세에는 성인의 75%, 6세에는 90% 정도로 빠르게 성장하여 사춘기에는 성인과 거의 비슷해진다. 신경세포 축색돌기의 수초화(myelination)는 2세 전후로 급격하게 발달하여 10세경에 거의 완성되는데, 수초 형성은 영양상태에 영향을 크게 받는다. 수초는 지질과 단백질로 구성되어 있고 80% 정도가 인지질과 지방산으로 구성되어 있으므로 2세 전후 이들 영양소의 결핍은 중추신경계의 발달을 저해할 수 있다. 이때의 신경계 손상은 불가역적인 뇌 손상을 초래할 수 있다. 유아기에는 지능과 정서적인 측면이 점차 복잡하게 발달하며 정신발달도 현저하게 일어난다.

(4) 사회성발달

유아기에는 자아가 발달하기 시작하고 주위 환경에 대한 호기심이 늘며 독립심이 발달한다. 사회성도 차차 늘어 친구관계를 형성하며 또래 놀이에 대한 관심이 커져 신체활동도 활발히 하게 된다. 자의식발달, 사회성발달, 심리발달 등 급격한 변화에 따라 어떤 상황에 강하게 집착하고 고집을 부리는 자기중심적인 심리적 특성도 나타난다. 한편 부모, 형제자매, 친구들의 행동을 따라 하길 좋아하며, 늘 부모 주위를 맴돈다.

유아기에는 언어를 습득하기 시작하여 언어로 의사를 표현할 수 있게 된다. 사용하는 언어 수를 보면, 2세 때는 100개 정도의 단어를 구사하고, 5세에는 2,000개 이상의 단어를 구사할 수 있게 된다. 4세경부터는 일상생활에 필요한 언어를 거의 습득한다고 볼 수 있다.

(5) 식행동과 식사기술의 발달

유아기에는 식사 방법을 매우 빠르게 습득하며 식행동과 식사기술이 발달하게

표 5-1 유아의 정서적 특성과 식행동 및 식사기술의 발달

연령(세)	정서적 특성	식행동	식사기술의 발달
1~2	• 식품을 포함하여 낯선 것을 두려워함 • 공유하려 하지 않음 • 항상 감독이 필요함 • 호기심이 많음 • 자주 반항적임 • 관심을 받고 싶어함	• 식성이 까다로움 • 식사 때마다 같은 음식을 먹으려고 고집 부림(식품집착) • 음식을 삼키지 않고 입에 물고 있음	• 숟가락을 꽤 잘 사용할 수 있음 • 음식을 찢거나, 물어뜯거나, 적심 • 컵을 들고 마시고 놓을 수 있음 • 과일이나 채소를 문지르고 닦을 수 있음 • 식품을 옮겨놓을 수 있음
3	• 모든 일에 동참하고 싶어 함 • 여전히 공유하려 하지 않음 • 자기 방식이 옳다고 고집함 • 요구하기보다 선택하게 하면 잘 따름	• 강한 맛의 식품을 제외한 대부분의 식품을 먹음 • 배고프지 않을 때는 식사를 게을리 함 • 식사나 간식에 대해서 의견을 말함	• 숟가락을 잘 사용하고, 포크 사용법을 배울 수 있음 • 손의 근육이 적당히 발달함 • 혼자서 음식을 먹을 수 있음 • 우유나 주스를 따르고, 음식의 분량을 잴 수 있음 • 그릇에 분량만큼 담을 수 있음 • 버터를 바르고, 반죽을 만들 수 있음
4	• 어른의 칭찬과 관심을 받으려고 함 • 공유를 잘함 • 여전히 자기의 방식이 옳다고 고집함 • 한계를 요구하고, 또 이해함 • 대부분의 경우 규칙을 따르려고 함 • 자랑하길 좋아함	• 먹는 도중에 끼어들 수 있는 이야기를 좋아함 • 음식에 대한 기호도가 강함 • 먹기를 거부함으로서 독립심을 표현함	• 식사도구를 모두 사용할 수 있음 • 작은 손가락 근육이 발달함 • 식품의 껍질을 벗기고 자르거나 으깰 수 있음 • 식탁을 닦거나 상 차리는 일을 할 수 있음
5	• 가족의 일상사나 활동에 협조적임 • 집과 가족에 집착함 • 여전히 자기의 방식이 옳다고 고집함	• 좋아하는 음식을 원함 • 대부분의 생채소를 좋아함 • 가족들의 싫어하는 음식을 모방	• 손과 손가락의 움직임이 정교해짐 • 간단한 아침, 점심 및 간식을 만들 수 있음 • 누군가의 감독 아래 식품의 분량을 재고, 자르고, 으깰 수 있음 • 식탁과 남은 음식을 치울 수 있음

자료: Wardlaw GM et al(2016). Wardlaw's Perspective in Nutrition, p.644.

된다. 식사기술, 식습관 및 영양지식의 발달은 여러 단계로 일어나는 인지발달과 평행하다. 유아기의 정서적 특징과 식행동과 식사기술 발달의 단계를 연령별로 제시하면 표 5-1과 같다.

유아의 식사기술이나 식행동 발달은 개인에 따라 상당히 차이가 있다. 대부분의 유아들은 1세가 되면 음식을 집고, 손가락으로 먹는 것이 쉬워진다. 1세 반 정도에는 숟가락으로 음식을 뜰 수 있지만 손목을 자유자재로 사용하지 못해 음식을 흘리거나 그릇을 떨어뜨리기도 한다. 3세가 되면서부터는 스스로 컵을 손에 쥐고 음료를 잘 마시게 된다. 유아 초기에는 컵으로 음료를 마실 수 있지만, 음식은 주로 손가락으로 먹고 숟가락 사용을 점점 익히게 된다. 유아들은 스스로 음식을 선택하려 하고, 음식의 맛을 기억하며, 좋아하는 음식을 요구하는 등 식품기호가 뚜렷해진다.

2. 유아의 영양필요량

유아의 영양필요량은 체격, 성장속도, 활동량, 기초대사량, 영아기의 영양상태 등 많은 요소에 의해서 결정된다. 유아기는 근육과 골격뿐 아니라 모든 기관이 성장발달하고 활동량이 크게 증가하기 때문에 성인기에 비해 체중당 더 많은 영양소를 필요로 한다. 즉, 유아들은 체중에 비해 체표면적이 넓고 활동량이 많기 때문에 에너지를 비롯해 거의 모든 영양소의 필요량이 전체적으로 증가하게 된다. 그러나 유아의 완만하지만 변덕스러운 성장속도와 다양한 활동량으로 말미암아 개인별 영양필요량은 개인차가 크다. 무기질과 비타민은 정상적인 성장과 발달을 위해 반드시 필요하며, 이들 영양소의 불충분한 섭취는 성장을 해치고 결핍증을 초래할 수 있다. 일반적으로 유아기에는 칼슘, 철분, 아연, 엽산, 비타민 A, 비타민 B_6, 비타민 C 및 비타민 E의 섭취가 부족하기 쉽다.

유아기 영양소섭취기준은 우리나라를 포함한 대부분의 국가에서 유아와 성인의 자료를 보정하여 설정된 것이기 때문에 유아 개인에게 엄격하게 적용하기보다는 어린이 집단에 대한 영양지침 정도로 이해해야 할 것이다.

우리나라의 유아기 영양소섭취기준은 남녀의 차이가 없으며, 유아기를 유아 전기(1~2세)와 유아 후기(3~5세)로 구분하고 있다.

(1) 에너지

에너지 필요량은 연령, 신체 크기, 성장, 기초/휴식대사량(basal/resting energy expenditure, REE), 활동대사량, 그리고 식사성 발열효과와 배설에 의한 손실 등에 근거하여 결정된다. 유아의 경우 특히 신체발달의 정도와 활동량에 따라 개인차가 크다. 연령에 따라 성장과 기초대사에 요구되는 에너지 필요량은 감소하지만, 활동에 요구되는 에너지 필요량은 성인기에 달할 때까지 증가하는 추세를 보인다(표 5-2). 4세 유아의 경우 체중(kg)당 기초대사에 필요한 에너지가 40kcal 정도이고, 신체활동에 필요한 에너지가 25kcal 이상이며, 체중당 전체 에너지 필요량은 87~89kcal/kg이다. 이 수치는 성인(47+ kcal/kg)의 약 두 배에 가깝다.

우리나라 유아들의 하루 에너지 필요추정량은 1~2세에 900kcal, 3~5세에 1,400kcal로 설정되었으며(표 5-3), 이는 연령별 에너지 소비량을 산출 공식에 의해 계산한 값에 의해 산출한 값이다.

필요추정량(성장기) = 필요추정량(성인기) × 체중(성장기) / 체중(성인) × (1 + 성장계수*)
* 1~2세(0.30), 3~14세(0.15)

표 5-2 연령에 따른 요인별 에너지 소비량 (단위: kcal/kg)

요인	8주	10개월	4세	10세	15세	성인
기초대사	55	55	40	31	28	25
식이성 발열효과	7	7	6	6	6	6
배설	11	10	8	8	7	6
성장	20	12	8~10	9~11	9~10	0
활동	17	20+	25+	29+	28+	10+
총 에너지	110	104	87~89	83~85	78~79	47+

자료: American Academy of Pediatrics(1993), Pediatric Nutrition Handbook, IL, AAP.

표 5-3 유아의 1일 에너지·단백질 섭취기준

연령(세)	체중(kg)	신장(cm)	에너지 필요추정량(kcal)	단백질	
				평균필요량	권장섭취량(g)
1~2	11.7	85.8	900	15	20
3~5	17.6	105.4	1,400	20	25

자료: 보건복지부(2020). 한국인영양소섭취기준.

에너지 섭취량은 정상적인 성장을 유지하고 단백질이 에너지로 사용되지 않을 만큼 충분해야 한다. 유아들은 작은 신체에 비해 에너지 필요량이 많기 때문에, 이를 충족시키기 위해서는 에너지 밀도가 높은 음식을 섭취해야 한다. 따라서 에너지원으로 지질을 적당량 함유하는 것이 권장되는데, 유아 전기의 경우 지질의 에너지 적정비율은 20~35%이다. 유아의 에너지 섭취량은 개인의 성장, 활동량 및 식욕에 따라 개인차가 크므로 섭취량이 권장량에 미달된다고 해서 쉽게 에너지 부족상태라고 평가할 수는 없다.

(2) 단백질과 아미노산

유아기에는 조직 단백질의 유지, 새로운 조직의 합성 및 성장을 위해서 충분한 단백질 섭취가 필요하다. 단백질의 필요량은 신체 크기, 체구성 성분의 변화 및 성장에 필요한 단백질량에 근거하여 추정된다. 영아기에 체단백질량은 약 15%인 데 비해 4세의 유아기에는 18~19%로 증가한다. 성장에 필요한 단백질량은 새로운 조직 1kg당 1~4g으로 추정되며 1~3세 유아의 단백질 보유 증가량은 하루 체중(kg)당 약 110mg으로 알려져 있다. 성장에 쓰이는 단백질은 성장속도가 감소함에 따라 줄어든다. 즉, 영아기(생후 2개월)에는 단백질 필요량의 50%가 성장에 이용되는 데 반해, 유아기(2~3세)에는 11%가 성장에 이용된다. 성장에 필요한 필수아미노산은 성인의 필수아미노산 8종에 히스티딘을 포함한 9종으로 알려져 있다.

우리나라 유아의 단백질 권장섭취량은 질소평형 유지와 성장에 필요한 단백질량을 고려하여, 1~2세에서는 하루 20g이, 3~5세에서는 하루 25g으로 설정되어 있다(표 5-3).

식품 단백질의 섭취에 있어서는 섭취량뿐만 아니라 생물가가 높고 필수아미노산의 조성이 적절한 질 좋은 단백질 급원식품의 섭취가 중요하다. 일반적으로 생물가가 높은 우유 및 유제품을 포함한 동물성 단백질의 섭취량을 1~3세에서는 전체 단백질 섭취량의 4/5~2/3으로, 4세 이상에서는 1/2~2/3로 하는 것이 바람직하다.

아미노산 필요량의 설정은 양(+)의 질소평형을 유지하는 데 필요한 양을 근거로 하는데, 유아기의 필수아미노산 영양소섭취기준은 표 5-4와 같다. 체중당 필수아미노산의 필요량을 보면 1일 200~250mg/kg으로, 성인에 비해 1.2~1.5배 정도 높다. 유아들의 단백질 섭취량이 적절한가에 대한 판단은 성장 채널을 통해 만족스러운 성장속도를 유지하고 있는지를 살펴보아야 한다.

일반적으로 성장기에는 단백질 식품의 섭취를 강조하기 때문에 식량이 풍부한 산업국가에서는 어린이들의 단백질 결핍이 흔하지 않다. 그러나 철저한 채식주의, 여러 종류의 식품 알레르기, 또는 제한된 식품 이용 등으로 식품 섭취가 부족하거나 다양하지 않은 경우, 단백질 결핍의 위험이 따를 수 있다. 한편

성장 채널(growth channels)
성장기 동안의 체중과 신장의 성장곡선으로, 표준 성장그래프에 근거하여 백분위수(퍼센타일)로 나타냄

표 5-4 **성장기 필수아미노산 섭취기준 설정 요약**

연령(세)	필수아미노산(g/일)					
	메티오닌+시스테인		류신		이소류신	
	EAR[1]	RNI[2]	EAR	RNI	EAR	RNI
1~2	0.3	0.4	0.6	0.8	0.3	0.4
3~5	0.3	0.4	0.7	1.0	0.3	0.4
연령(세)	발린		라이신		페닐알라닌 + 티로신	
	EAR	RNI	EAR	RNI	EAR	RNI
1~2	0.4	0.5	0.6	0.7	0.5	0.7
3~5	0.4	0.5	0.6	0.8	0.6	0.7
연령(세)	트레오닌		트립토판		히스티딘	
	EAR	RNI	EAR	RNI	EAR	RNI
1~2	0.3	0.4	0.1	0.1	0.2	0.3
3~5	0.3	0.4	0.1	0.1	0.2	0.3

1) 평균필요량 2) 권장섭취량
자료: 보건복지부(2020). 한국인영양소섭취기준.

저개발 및 개발도상국가에서의 단백질 영양부족문제는 아직도 심각하게 다루어지고 있다.

(3) 지질과 탄수화물

유아기에는 식사량이 적거나 특히 식욕부진을 보이는 유아의 경우, 농축된 에너지 공급원으로서 지방의 섭취가 매우 중요하다. 영아기에는 식사 시 지방의 섭취량이 전체 에너지의 40~50%를 차지한다. 이와 같이 상대적으로 지방량이 높으면 적은 양으로도 신경계의 발달과 성장에 필요한 에너지를 충분히 공급할 수 있기 때문이다. 2세 이후에는 어린이들의 식사를 통한 지방 섭취량이 점차적으로 감소한다. 근래 들어 심장질환, 암, 비만 등의 만성질환의 위험요인에 대한 예방과 염려 때문에 지방 섭취량의 제한이 논쟁거리가 되고 있다. 그러나 유아기의 지방 섭취 제한은 에너지뿐만 아니라 필수지방산 섭취와 지용성 비타민의 흡수 저해를 초래할 수 있으므로 신중해야 한다. 미국 소아과학협회에서는 어린이들의 지방섭취권장지침을 만들었는데, 2세 이상 유아의 경우 식사지방의 섭취량은 전체 에너지의 30%가 되어야 하며, 포화지방산은 10% 이하여야 한다고 하였다. 또 전체 에너지의 약 3%를 필수지방산인 리놀레산과 알파-리놀렌산을 포함시킬 것과 식사로부터의 콜레스테롤 섭취량을 하루 300mg 이상 초과하지 않도록 하였으며, 불포화지방과 포화지방의 비율은 1:1을 권장하였다.

우리나라 영양소섭취기준(2020)에서는 유아기에 바람직한 에너지 대비 지방의 적정 섭취비율을 1~2세에 20~35%로, 3~5세에 15~30%로 설정하였다. 지방산의 섭취기준은 충분섭취량으로 1~2세의 경우 리놀레산은 4.5g/일, 알파-리놀렌산은 0.6g/일, 3~5세의 경우 리놀레산은 7.0g/일, 알파-리놀렌산은 0.9g/일로 설정하였다.

또한 2020 한국인 영양소섭취기준에서는 처음으로 탄수화물의 영양섭취기준을 설정하였는데, 유아 전체(1~5세)의 평균필요량은 100g, 권장섭취량은 130g이다. 식이섬유는 충분섭취량으로 1~2세의 경우 15g, 3~5세의 경우 20g을 설정하였다.

(4) 무기질

칼슘

유아기에는 체중 증가량을 지탱하기 위해 골격의 길이 성장보다는 무기질의 침착이 더 크게 증가한다. 유아의 칼슘 필요량은 칼슘평형, 체내 칼슘 축적량, 뼈 무기질 함량 등을 근거로 설정한다. 우리나라 영양소섭취기준에서는 유아의 1일 칼슘 권장섭취량으로 1~2세에서 500mg, 3~5세에서 600mg으로 설정하였다(표 5-5). 미국에서는 1일 충분섭취량(adequate intake, AI)으로 설정되어 있으며 1~3세 유아는 500mg, 4~8세 유아는 800mg이다. 칼슘의 필요량은 개인의 칼슘이용률과 단백질, 비타민 D, 그리고 인과 같은 식이요인에 따라 다르다. 2~8세의 칼슘 보유량은 1일 100mg 정도이다. 성장기에 있어서 식사로부터 공급받는 칼슘의 체내이용률은 섭취량의 30~60%로 비교적 높게 평가된다. 식품의 종류에 따라서 소장 내 칼슘의 흡수율은 다르게 평가되어왔다. 우유 및 유제품에 함유되어 있는 칼슘의 체내이용률이 가장 높게 평가되고 있는데, 이는 우유 중의 유당(lactose)이나 카세인포스포펩티드(casein phosphopeptides) 성분이 칼슘의 흡수율을 증진시키는 작용을 하기 때문이다. 반면 곡류 또는 채소류에 함유되어 있는 피트산(phytic acid)이나 수산(oxalic acid)은 칼슘의 흡수율을 저하시키는 물질로 작용한다. 대부분의 어린이들이 우유 및 유제품으로부터 칼슘을 공급받고 있지만, 우유 및 유제품을 섭취하지 않거나 제한적으로 섭취하는 어린이들은 칼슘이 결핍될 우려가 있다. 따라서 우유 제품을 섭취하지 못하는 유아, 우유에 대한 알레르기 반응이나 유당불내증이 있는 유아들에게는 칼슘이 강화된 두유나 식품 또는 발효유 제품 섭취를 적극 권장해야 한다. 또한 우유 제품 이외의 칼슘을 많이 함유한 전곡류, 두류, 짙은 녹색잎 채소, 종자류, 견과류 등의 섭취를 통해 칼슘이 충분히 공급되도록 해야 한다.

비타민 D는 소장에서의 칼슘 흡수는 물론 골격의 칼슘 침착에 작용하는 영양소이다. 비타민 D는 햇볕의 작용으로 피하조직에서도 합성될 수 있으므로, 식품을 통해 공급되는 양은 비식사요인, 즉 지리적 위치와 햇볕을 쪼이는 시간에 따라 다르다. 정상적인 골격 성장을 증진시키기 위해서는 칼슘과 인의 양적 균형이 중요한데, 대체로 1 : 1의 비율이 적당한 것으로 알려져 있다. 근래 식품

산업의 발달에 따라 가공식품과 음료의 소비가 급증하면서 우유의 섭취량이 감소하고 있어 칼슘의 섭취량이 줄어드는 반면, 인의 섭취량은 크게 늘고 있다. 이와 같은 인의 과다 섭취는 칼슘과 인의 불균형을 초래해 골격발달에 좋지 않은 영향을 미치므로 주의가 필요하다. 또한 과량의 단백질 섭취는 소변을 통한 칼슘 배설량을 증가시키므로 칼슘의 이용률을 감소시키게 된다.

철

유아기의 철 결핍성 빈혈은 아직까지도 이 시기에 가장 흔한 영양결핍 증상의 하나이자, 세계적인 공중보건 문제이다. 1~3세의 유아, 특히 2세 유아에게서 철 결핍성 빈혈의 위험이 가장 높다. 유아 빈혈은 그 연령에서 철의 섭취가 부족하다고 하여 즉시 나타나지는 않는다. 철은 체내 저장되는 영양소이기 때문에 철 섭취량이 부족해도 저장 철이 고갈되기 전에는 결핍증이 쉽게 발현되지 않는다. 영아 전반기까지는 체내에 저장되어 있던 철을 이용할 수 있다. 그러나 영아 후반기부터는 이유 보충식이나 유아식에서 철의 섭취가 크게 부족해지면 체내 철 저장량이 고갈되어 빈혈증세가 나타난다. 철의 필요량은 생리적 철 손실량, 헤모글로빈과 조직의 철 증가량, 체내 철 저장량 등을 기초로 산정하는데, 유아의 1일 평균 철 요구량은 1~2세에 0.61mg, 3~5세에는 0.60mg으로 알려져 있다. 유아의 개인별 철의 요구량은 다양한데, 이는 개개인의 성장률이나 체내 철 저장량에 따라 다르기 때문이다. 성장속도가 빠르면 빠를수록 철의 요구량은 더 증가하는데, 이는 혈액량과 조직량이 증가하기 때문이다.

  우리나라 영양소섭취기준(2020)에서는 1일 철 권장섭취량이 유아기 1~2세 하루 6mg, 3~5세 7mg으로 설정되어 있으며(표 5-5), 이때 철 흡수율을 12%로, 개인 간 변이계수를 15%를 적용하였다.

표 5-5 유아의 1일 무기질 영양소섭취기준(권장섭취량 및 충분섭취량)

연령 (세)	칼슘 (mg)	인 (mg)	나트륨* (mg)	염소* (mg)	칼륨* (mg)	마그네슘 (mg)	철 (mg)	아연 (mg)	구리 (μg)	불소* (mg)	망간* (mg)	요오드 (μg)	셀레늄 (μg)	크롬* (μg)
1~2	500	450	810	1,200	1,900	70	6	3	290	0.6	1.5	80	23	10
3~5	600	550	1,000	1,600	2,400	110	7	4	350	0.9	2.0	90	25	10

* 충분섭취량

자료: 보건복지부(2020). 한국인영양소섭취기준.

유아들의 식사에는 철을 함유한 식품이 부족하기 쉬운데 이는 우유 및 유제품에 철이 거의 함유되어 있지 않기 때문이다. 유아에게 좋은 철 급원식품으로는 철 강화 곡물과 시리얼, 건포도, 달걀, 살코기 등을 들 수 있다. 철 섭취에 있어서는 식품의 철 함량뿐만 아니라 흡수율도 고려해야 하는데, 육류에 포함되어 있는 헴철은 식물성 식품에 포함되어 있는 비헴철에 비해 흡수율이 높다. 비헴철의 경우 육류나 비타민 C 급원식품과 함께 섭취하면 흡수율을 높일 수 있다.

철 결핍은 주로 철 섭취 부족, 철 흡수 불량, 많은 출혈, 반복된 혈액 손실 등에서 기인한다. 유아의 철 결핍은 학습능력, 지적 수행능력, 체력, 감정 등에 부정적인 영향을 미치며 질병에 대한 저항력을 떨어뜨리고 회복을 더디게 한다.

아연

아연은 단백질 합성과 성장을 위한 필수원소이다. 새로운 조직을 형성하는 데는 조직 1g당 20μg의 아연이 필요한 것으로 추정된다. 유아의 아연의 권장섭취량은 새로운 조직 생성량을 추정하여 1일 1~2세에서 3mg, 3~5세에서 4mg으로 설정되었다(표 5-5). 아연의 결핍은 성장저해, 식욕부진, 맛의 예민함 저하, 설사, 그리고 상처의 회복 지연, 면역 저하 등의 결과를 초래한다.

혈장, 혈청, 적혈구, 머리카락, 그리고 요 중 함량 등의 측정치들이 아연 결핍을 진단하는 데 이용되고 있다. 아연의 생체이용률은 식품급원에 따라 다르다. 육류와 해산물은 아연의 좋은 급원이 되는 반면, 곡류에 들어 있는 아연은 이용률이 낮게 평가된다. 동물성 식품의 섭취량이 적은 중·하위 소득층의 유아나 편식이 심한 유아는 아연 결핍의 가능성이 높다.

(5) 비타민

각종 비타민은 여러 대사과정에서 필수적인 역할을 수행하므로, 정상적인 성장과 발육에 대단히 중요하다. 비타민 A는 세포의 성장과 분화에 중요한 역할을 하며, 비타민 D 또한 정상적인 골격 성장을 위해 꼭 필요하므로 성장기 동안 충분히 섭취해야 할 지용성 비타민이다. 수용성 비타민인 비타민 B군은 에

표 5-6 우리나라 유아의 1일 비타민 영양소섭취기준(권장섭취량 및 충분섭취량)

연령(세)	비타민 A (μg RAE)	비타민 D (μg)	비타민 E* (mg α-TE)	비타민 K* (μg)	비타민 C (mg)	티아민 (mg)	리보플라빈 (mg)	니아신 (mg NE)	비타민 B₆ (mg)	엽산 (μg DFE)	비타민 B₁₂ (μg)	판토텐산* (mg)	비오틴* (μg)
1~2	250	5	5	25	40	0.4	0.5	6	0.6	150	0.9	2	9
3~5	350	5	6	30	45	0.5	0.6	7	0.7	180	1.1	2	12

* 충분섭취량
자료: 보건복지부(2020). 한국인영양소섭취기준.

너지대사 및 단백질대사에 중추적인 역할을 하므로 성장발육이 왕성한 유아기에 매우 중요하다. 또 성장기에는 혈액량이 크게 증가하므로 조혈인자인 엽산과 비타민 B₁₂도 충분히 섭취해야 한다. 비타민 C는 연골, 뼈, 피부, 혈관 등의 지지조직에 많이 포함되어 있는 콜라겐의 합성에 필수인자이므로 성장기에 반드시 필요하다. 우리나라 유아의 1일 비타민 섭취기준은 표 5-6과 같다.

(6) 식이섬유

유아들도 정상적인 배변과 만성질환의 위험요소를 예방하는 차원에서 성인과 마찬가지로 식이섬유를 충분히 섭취해야 한다. 에너지 섭취량을 기준으로 설정된 성인의 충분섭취권장량인 12g/1,000kcal을 유아에게 적용하는 것은 너무 많다는 의견이 있으나, 우리나라에서는 이를 토대로 1~2세에는 하루 15g을, 3~5세에는 하루 20g을 충분섭취량으로 설정하였다. 어린이들의 식이섬유 권장섭취량에 관해서는 여전히 여러 가지 논란거리가 남아 있다. 어린이에게는 몸무게 1kg당 0.5g의 식이섬유를 섭취하는 것이 권장되지만, 이 공식을 바로 적용하기는 어렵다. 이 공식에 따르면 나이가 많을수록, 체중이 많이 나갈수록 권장량이 높아지기 때문이다.

한편 유아나 아동을 위한 식이섬유권장량에 적용하기 쉬운 공식이 개발되었는데, 이는 연령에 5g을 더하는 것이다. 예를 들어, 5세 유아의 경우 하루 10g(5+5=10g)의 섭취를 권장하는 것인데, 이 공식은 유아기 3세부터 청년기인 19세까지 전 기간에 적용할 수 있다. 하루의 식이섬유 섭취량을 연령 증가에 따라 성인의 권장 수준까지 점차적으로 늘려가게 한 것이다.

(7) 비타민과 무기질 보충제

잘 선택된 다양한 식사를 충분히 섭취하는 유아들은 영양보충제의 섭취 없이도 모든 비타민과 무기질의 필요량을 충족할 수 있다. 그러나 유아의 식행동 특성상 끼니를 자주 거르거나 소식, 식욕부진, 편식 등이 흔하므로, 이러한 경우에는 영양보충제의 섭취를 고려해야 한다.

미국 소아과학회는 정상 어린이들에게 비타민·무기질 보충을 권하지 않는다. 그러나 영양학적으로 위험요소를 가지고 있는 어린이, 즉 ① 궁핍하여 먹지 못하는 어린이, ② 거식증, 식욕부진 그리고 식습관이 좋지 않은 어린이, ③ 낭포성섬유증(cystic fibrosis)이나 간질환 같은 만성질환을 가진 어린이, ④ 체중관리를 위한 식사 프로그램에 등록한 어린이, ⑤ 적절한 유제품의 섭취 없이 채식을 하는 어린이에게는 보충제 섭취가 권장된다.

일상적으로 각종 비타민 또는 비타민·무기질 보충제의 경우, 총 섭취량이 각 영양소의 권장섭취량을 초과하지 않는다면 영양과다의 위험을 초래하지 않는다. 그러나 과량을 복용하지 않도록 주의해야 하며, 특히 지용성 비타민이나 철의 경우 과량 섭취가 독성을 일으킬 수 있으므로 조심해야 한다. 따라서 영양보충제 섭취는 보호자가 관리하며, 보충제는 유아의 손이 닿지 않는 곳에 두거나 뚜껑이 쉽게 열리지 않도록 주의해야 한다.

(8) 우리나라 유아의 영양소 섭취실태

근래 우리나라에서 수행된 유아(3~5세)의 평균 영양소 섭취실태조사 결과를 보면, 칼슘을 제외하고 대부분의 영양섭취량이 영양소섭취기준을 충족하고 있다. 일반적으로 에너지나 영양소섭취량이 권장섭취량의 75% 이하일 경우를 영양소 섭취부족군으로, 그리고 에너지 섭취량이 에너지 필요추정량의 125% 이상인 경우를 과잉섭취군으로 평가할 때, 각각 8% 정도로 약간의 양극화 현상을 나타내었다. 칼슘 섭취량이 부족한 것은 유아기뿐만 아니라 모든 연령층에서 공통된 영양문제로 다루어지고 있다.

3. 유아의 식생활관리

유아들은 성장률, 영양소 필요량, 식욕, 식품 선택과 기호, 식습관 등 식생활과 관련된 요소들에서 개인차가 크며, 개인 내에서도 변동폭이 크므로 일률적인 식생활관리보다는 개인의 특성을 고려한 합리적인 식생활관리가 필요하다. 유아기는 여전히 성장기인 만큼 에너지, 양질의 단백질, 무기질과 비타민을 포함한 균형식을 충분히 섭취할 수 있도록 식사구성안에 따른 식사계획이 필요하다. 유아는 작은 신체에 비해 많은 에너지와 영양소를 필요로 하지만, 위의 용량이 작아 한꺼번에 많이 먹을 수 없기 때문에 영양필요량을 충족시키기 위해 하루 세끼 식사 외에 간식이 필요하다.

유아기는 좋은 식습관과 건강한 생활습관이 형성되는 중요한 시기이므로, 부모나 아이를 돌보는 사람들의 올바른 역할모델이 매우 중요하다. 또한 유아기는 식생활 및 식품 선택에서 가족, 또래 친구, TV 만화의 주인공 및 지역사회의 여러 가지 요인의 영향을 많이 받는 시기이기도 하다. 또 처음으로 어린이집이나 유치원에서 단체급식을 경험하는 때이다. 이러한 유아의 식생활 특성을 고려하여 가정뿐만 아니라 유아교육기관에서도 올바른 식생활 지도와 함께 좋은 식습관이 형성되도록 중점적인 식생활관리가 이루어져야 한다.

(1) 유아 영양의 특성과 목표

유아기에는 성장속도가 완만하나 변덕스럽다. 이러한 이유로 성장발육 정도 및 신체활동 정도에 따라 영양요구도의 차이가 크다. 또 식품의 기호나 식욕도 변하기 쉬운 특징이 있다. 유아의 영양적인 특성과 식생활관리에서 고려해야 할 사항을 요약하면 다음과 같다.

- 성장률이 개인마다 상당히 다르므로 영양필요량이나 음식섭취량에도 개인차가 크다. 따라서 유아의 활동량이나 식욕을 고려하여 영양소 필요량이 충족되도록 식사계획을 해야 한다.
- 식욕이 감소함에 따라 식사량이 저하되기 쉬우므로, 영양밀도가 높은 음식

을 공급하여야 한다. 즉 단백질을 질적·양적으로 충분히 공급하며, 비타민과 무기질, 수분 공급에 유의한다. 특히 철 결핍성 빈혈을 막기 위해 철 급원 식품을 많이 섭취하도록 한다.

- 소화기능과 치아기능이 점차 발달되므로, 발달 정도에 따라 올바른 식사기술의 지도와 식행동발달을 도와주어야 한다.
- 식품기호가 갑자기 변하기 쉬우므로, 다양한 식품 선택을 통해 소식, 식욕부진, 편식 등의 문제가 야기되지 않도록 한다.
- 간식은 영양 보충뿐 아니라 생활에 휴식을 주기 위해 필요하므로, 영양과 치아건강에 좋은 음식을 간식으로 선택하도록 한다.
- 좋은 식습관과 건강습관이 형성되는 시기이므로, 부모의 올바른 역할모델이 필요하다.

유아의 영양목표는 다음과 같다.

- 첫째, 충분한 영양 공급을 통해 정상적인 신체적 성장발달과 정신적·지적 인지능력을 조장한다.
- 둘째, 식사의 형태를 갖추어 공급함으로써 자립심과 심리적 욕구를 충족시킨다.
- 셋째, 다양한 식품 선택과 기호를 통해 좋은 식습관을 확립하여 이후의 건강생활을 확보한다.

(2) 유아의 식사구성 및 식단

유아들의 식사내용은 영양소섭취기준, 식품구성안, 식사지침, 1회 분량(portion size) 등을 기초로 하여 다양한 식품과 적당한 식사량 및 식사기술의 발달에 맞추어 구성해야 한다. 즉, 유아들에게는 적당량의 우유 및 유제품과 질 좋은 단백질 식품을 중심으로 곡류·채소류와 과일류를 포함시킨 다양한 식사구성이 필요하며, 동일 식품군 내에서도 유아에게 적합한 다양한 종류의 식품과 조리 방법을 선택하여야 한다. 표 5-7은 우리나라 식품구성 자전거의 식품군별

미국 유아들의 식품구성안

미국 농무성(USDA)에서는 유아들을 위한 식품구성안(MyPlate for kids)를 개발하였다 (http://www.MyPlate.gov). 이것은 미국인 식사지침(Dietary Guideline for American 2010)에 근거하여, 5가지 식품군을 골고루 섭취할 것과 그와 관련된 실제적인 정보를 포함하고 있다. 즉 곡류, 과일류, 채소류, 저지방의 유제품을 포함한 다양한 식품을 섭취할 것과 단 음료와 염분을 적게 섭취할 것, 연령에 알맞은 신체활동을 강조하고 있다.

권장 섭취를 제시한 유아의 식사구성안의 예이다.

유아의 식단을 구성할 때는 다음과 같은 사항을 참고로 한다.

● 에너지 필요량은 식사구성안의 각 식품군을 골고루 또 다양하게 활용하여 충족시킨다. 당과 지방이 비교적 높은 식품을 선택할 때는 전곡류와 신선한 채소류와 과일류, 저지방 육류, 그리고 유제품과 균형을 이루도록 한다.
● 양질의 단백질과 칼슘을 충분히 함유하는 식단을 구성한다. 단백질 1일 권장

표 5-7 3~5세 권장 식단(1,400kcal, A타입)

분량(회분)

메뉴	분량	아침 달걀샌드위치 양상추샐러드 고구마튀김 우유	점심 쌀밥 채소카레 콩나물국 돈가스 시금치나물	저녁 현미밥 배추된장국 어묵느타리볶음 오이나물 배추김치	간식 과일꼬치 찐 옥수수 호상요구르트
곡류	2회	식빵 35g(0.3) 고구마 70g(0.3)	쌀밥 105g(0.5) 감자 47g(0.1)	현미밥 105g(0.5)	옥수수 70g(0.3)
고기·생선· 달걀·콩류	2회	달걀 60g(1)	돼지고기 30g(0.5)	어묵 15g(0.5)	
채소류	6회	양상추, 토마토, 오이, 당근 105g(1.5)	당근, 양파 35g(0.5) 콩나물 35g(0.5) 시금치 70g(1)	배추 35g(0.5) 느타리버섯 30g(1) 오이 35g(0.5) 배추김치 20g(0.5)	
과일류	1회				파인애플 40g(0.4) 거봉 30g(0.3) 딸기 50g(0.5)
우유·유제품류	2회				우유 200mL(1) 요구르트(호상) 100g(1)

*유지·당류(2회): 조리 시 소량씩 사용됨
자료: 보건복지부(2020). 한국인영양소섭취기준.

량의 2/3 정도를 동물성 단백질로, 나머지는 양질의 식물성 단백질로 구성한다. 우유, 치즈, 요구르트, 아이스크림 등 유제품은 좋은 단백질 급원이면서 생체이용률이 높은 칼슘이 풍부하며 리보플라빈의 좋은 급원이므로 매일 공급한다.

- 지방과 콜레스테롤 섭취량을 너무 제한함으로써 에너지와 필수지방산 부족 및 지용성 비타민의 흡수가 저해되지 않도록 한다.
- 육류는 단백질 이외에 철, 아연, 비타민 B_{12}의 좋은 급원이므로 정기적으로 섭취할 수 있도록 한다.
- 신선한 채소류와 과일류는 비타민과 무기질의 가장 좋은 급원식품이므로 매일 적어도 4회분 이상 포함되도록 한다. 유아들이 싫어하는 채소는 조리 방법을 달리하거나 음식에 첨가하여 제공한다. 과일류는 시리얼과 함께 또는 주스로 제공할 수 있다
- 우유 및 유제품을 반드시 포함하도록 한다. 우유 및 유제품이 유아의 골격 발달을 위한 칼슘과 단백질 급원식품으로 가장 좋은 식품이다. 일반적인 시판 우유 2~3컵에는 400~600mg의 칼슘과 양질의 단백질 12~18g이 함유되어 이를 마시는 것만으로도 1일 칼슘 권장량 대부분과 단백질 권장량의 1/2 정도를 충당할 수 있다. 유제품은 단백질, 칼슘뿐만 아니라 리보플라빈의 중요한 급원이다.
- 치아의 건강을 위해 설탕 섭취는 제한한다.
- 영양소의 필요량이 많은 데 비해 소화기관의 용량은 적으므로 한 끼에 많은 양의 음식을 먹게 하는 것보다는 세끼의 정규 식사와 간식으로 나누어 적당한 1회 분량을 제공한다.
- 유아는 동일한 음식과 조리법에 대해 쉽게 싫증을 느끼며, 이로 인해 소식, 식욕부진, 편식 등의 영양문제를 초래하기 쉬우므로 다양한 조리법을 개발하도록 한다.

(3) 간식

유아는 아침, 점심, 저녁의 세끼만으로 정상적인 성장과 발육에 필요한 에너지

와 영양소를 충분히 공급받기 어려우므로 간식을 필요로 한다. 간식의 주된 목적은 영양 보충이지만, 유아의 기분 전환과 피로 회복, 즐거움과 정서를 풍부하게 하는 역할도 한다. 어린이의 간식은 성인의 간식과 달리 내용, 양, 공급 방법이 계획적이고 효과적이어야 한다.

하루 중 간식의 양은 유아의 연령, 체격, 소화능력, 식욕, 생활방식에 따라 달라질 수 있으나 대체로 하루 에너지 필요량의 10~15%를 제공하는 게 적당하다. 유아기 전반에는 오전 10시와 3시경에 각 1회씩 하루에 2회, 유아 후반기에는 오후 1회가 바람직하며 다음 식사까지 2시간 정도의 간격을 두어 식사량에 영향을 미치지 않게 한다. 간식의 종류는 세끼 식사에서 부족하기 쉬운 영양소를 함유하는 식품을 중심으로 선택해야 한다. 즉 에너지, 단백질, 칼슘, 비타민 C, 수분 등 어린이에게 필요한 영양소가 충족되도록 구성한다.

간식은 맛있고 식욕을 돋울 수 있는 것이 좋다. 그러나 당분이나 지방 함량이 높은 것, 또는 너무 많은 양을 주는 것은 좋지 않다. 간식의 에너지원으로는 빵, 비스킷, 떡, 샌드위치, 쌀과자, 감자, 고구마, 밀전병 등이 있고, 단백질과 칼슘 급원으로는 우유 및 유제품, 달걀, 푸딩, 콩과자 등이 있으며, 수분과 무기질 보완식품으로는 과일이나 채소 등을 이용한 음료나 주스 및 신선한 생과일과 생채소 등이 적당하다. 반면 케이크류나 사탕류, 탄산음료 등은 충치의 원인이 되고 다음 식사에 영향을 미칠 수 있으므로 가급적 피한다. 간식은 하루 영양소 섭취에서 차지하는 비율이 10~15%에 달하므로 영양밀도가 높은 식품을 선택하는 것이 좋다.

어린이집이나 유치원에서는 어린이가 참여할 수 있는 간식 만들기 프로그램을 통해 음식에 대한 관심과 식품의 종류 및 조리법에 대한 간단한 지식을 제공할 수 있다. 이러한 프로그램은 간식 섭취를 통해 유아들이 정해진 일상 속에서 긴장감 해소, 기분전환, 피로 회복, 친구들과의 교제 등 즐거움과 정서를 풍부하게 하는 효과를 얻을 수 있도록 계획할 필요가 있다.

(4) 식행동과 식습관의 형성

식습관이란 건강한 식생활의 행동 패턴이다. 좋은 식습관을 형성하려면 영양적 측면은 물론 교육적 측면에서 식사의 내용뿐만 아니라 식사환경도 중요하다. 균형 잡힌 식사와 함께 제공되는 식사도구, 함께 먹는 사람과의 대화, 산만하지 않고 조용한 즐거운 식사장소 등이 확보되어야 한다.

까다로운 식성(picky eating) 음식이나 식품에 대해서 좋고 싫음이 매우 까다로운 성향

식품집착(food jags) 한주 이상 매 끼니마다 똑같은 음식을 요구하는 식품집착현상

대부분의 유아는 까다로운 식성을 보이며 식품기호가 변덕스럽고 고집이 세다. 또 끼니마다 똑같은 식품이나 음식, 조리법, 형태까지 같은 것을 요구하거나 이전까지 잘 먹던 것을 갑자기 거절하는 등 특정한 식품에 대한 식품집착이 강하다. 이러한 식행동은 일상 식품에 대한 지루함 때문에 나타날 수도 있고, 유아가 독립을 주장하는 수단일 수도 있다.

유아의 불합리하거나 부적합한 식행동을 교정하기 위해서는 부모가 무리하게 또는 엄격하게 통제해서도 방임해서도 안 된다. 아무리 좋은 식사라도 억지로 먹도록 할 수는 없다. 부모들은 이러한 식행동 특성이 유아기의 발달과정이고 일시적인 것임을 이해해야 한다. 유아는 좋은 식습관을 형성하기까지 자신이 처한 환경에서 행동을 배우고 모방하기 때문에 가족, 특히 부모와 손위의 형제자매가 중요한 영향을 미친다.

부모에게 전적으로 의존하던 식생활을 벗어나 유아 스스로 먹는 식습관을 익히기란 쉽지 않다. 올바른 식습관은 젖병 대신에 컵으로 바꾸어 마시는 방법, 수저의 사용법, 식사예절에 이르기까지 스스로 식사기술과 방법을 터득하고 실천하는 과정에서 형성된다. 유아의 식사기술과 식습관은 단시간에 형성되는 것이 아니므로, 돌보는 사람은 지속적인 관심과 사랑, 인내로 지도해야 한다. 즉, 성인 기준의 식사요령이나 식사예절을 강요해서는 안 되며, 유아의 성장과 식사기술을 고려하여 그에 적합한 식습관이 형성되도록 도와야 한다.

올바른 식습관을 형성하기 위해 고려해야 할 사항은 다음과 같다.

- 첫째, 규칙적인 식생활과 일상생활의 균형이 중요하다. 유아가 일상생활에서 끼니에 대한 개념, 규칙적인 식사시간, 정해진 식사장소, 균형식 등에 차츰 익숙해지도록 한다.
- 둘째, 적합한 식사도구 사용과 즐거운 식사 분위기 조성이 중요하다. 유아가 사용할 그릇은 크기가 작고 떨어뜨려도 잘 깨지지 않는 소재여야 하고, 그릇 측면에 손잡이가 달려 있어 아이가 잡기 쉬워야 한다. 컵은 쓰러져도 내용물

은 쏟아지지 않는 흘림 방지형 컵이나 빨아야만 내용물이 나오는 컵 등이 적합하다. 또 즐겁고 안정된 식사분위기는 유아의 식습관 확립에 긍정적인 영향을 미치는데, 부모의 영향이 가장 크게 작용하므로 아늑하고 편안한 분위기를 조성한다.

● 셋째, 부모, 형제자매, 돌보는 사람, 친구 등 누군가와 함께 식사하는 것이 중요하다. 유아들은 성인에 비해 식사시간이 상당히 길기 때문에 혼자서 식사를 하도록 방임하는 것은 정서적으로 좋지 않다.

식사시간을 영양적으로, 교육적으로 그리고 즐거운 경험으로 만들기 위해서는 위협적으로 음식을 먹게 하거나 보상의 수단으로 이용해서는 안 된다. 식품은 보상이나 처벌이 아니라 영양 공급원임을 인식해야 한다. 또 아기의 좋지 못한 식행동을 보고도 귀엽다며 무조건 칭찬하기 쉬운데, 세심한 배려로 좋은 식습관에만 칭찬을 아끼지 말아야 한다.

(5) 유아의 식생활 지도

근래 들어 어린이들의 전형적인 식사에 과일과 채소가 적고, 달고 짠 가공식품이 많으며, 칼슘이 충분치 않고, 지방이 많이 제공되는 경우가 흔하다. 특히 우유의 섭취량이 감소하고 탄산음료, 패스트푸드와 스낵류의 섭취가 증가하면서 식사의 질이 저하되는 경우가 많다. 좋은 식사란 유아가 성장발달에 필요한 영양소를 골고루 적합하게 포함한 균형 잡힌 다양한 식사로, 유아들이 이러한 식사를 섭취할 수 있도록 부모를 비롯해 유아를 돌보는 사람들이 책임감을 가져야 한다. 유아에게 식생활을 지도할 때는 다음과 같은 사항을 고려하도록 한다.

● **채소와 과일을 좋아하도록 지도한다**: 대부분의 유아들은 채소류를 좋아하지 않는데, 그 이유는 채소가 가지고 있는 고유의 맛, 냄새, 향 또는 질감 때문인 것으로 보인다. 유아들이 채소와 과일을 좋아하고 친숙해지도록 하기 위해서는 새로운 것은 조금씩 소개하고 양을 점차 늘려가는 것이 좋다. 또한

과일은 여러 가지 모양으로 예쁘게 깎고 보기 좋은 그릇에 담아 호기심을 자극한다. 또 가족 중 누군가가 긍정적인 역할모델이 되어 과일과 채소가 좋은 식품이라는 것을 유아가 이해할 수 있도록 이야기를 꾸며내는 것도 좋은 방법 중 하나다.

- **기름진 음식이나 짠 음식에 길들지 않게 한다**: 기름진 음식의 과잉 섭취는 에너지의 과다 섭취를 유발하여 비만 위험도를 높일 뿐만 아니라, 장기적으로는 성인병의 위험인자로 작용할 수 있다. 짠맛에 장기간 자극받으면 그것을 느끼는 미각의 민감도가 저하되어 점점 더 진한 짠맛을 요구하게 된다. 맛에 대한 기호도는 유아기에 형성되어 일생 동안 고정되기 쉽다. 따라서 다양한 식품에 대한 첫 경험을 많이 하는 유아기부터 기름진 음식이나 짠맛에 길들여지지 않게 유의한다.

- **식품 자체의 맛을 경험하게 한다**: 유아들의 미각발달과 소화능력 및 발달단계에 따라 적합한 식품의 종류와 조리법을 선택하여 식품 고유의 맛과 특성을 해치지 않도록 한다. 즉 자극성이 강하지 않고 부드러운 맛과 향 또는 질감을 살리는 조리법을 선택한다. 자극이 강하거나 단단한 질감을 지닌 음식은 맛 감각의 발달을 저해하거나 질식의 위험을 초래할 수 있다. 유아에게 제공

올바른 젓가락 사용법

① 젓가락의 두 끝을 맞춘다.
② 한 개는 엄지 안쪽과 네 번째 손가락에 닿게 잡고, 다른 한 개는 검지와 중지 사이에 끼운다.
③ 음식을 집을 때는 검지와 중지만을 사용해서 자유롭게 움직인다.

쌀밥을 주식으로 하는 문화권에서는 주로 손가락이나 젓가락을 사용한다. 우리나라의 젓가락은 중국과 일본에 비해 짧고 가늘며 금속제로 되어 있는 특징을 가지고 있다. 젓가락 사용은 손목, 팔꿈치, 손과 팔의 뼈와 근육, 관절, 신경 등 30여 개의 관절과 50여 개의 근육을 한꺼번에 섬세하게 발달시킨다. 따라서 어릴 때부터 젓가락을 계속 사용하면 뇌신경과 두뇌발달에 도움을 주고, 손가락 운동과 동작을 이용한 기술을 정교하게 익힐 수 있다. 또 작은 근육을 움직이는 손 기능의 발달과 더불어 인내심, 침착함, 치밀함 등 바람직한 성격 형성에도 도움이 된다. 젓가락이라는 식사 도구를 통하여 여러 가지 음식의 형태, 즉 국수류나 다양한 반찬류 등을 즐길 수 있게 된다. 유아원이나 학교급식에서는 포크 대신 올바른 젓가락 사용을 권장해야 한다.

하는 채소는 씹기 쉽도록 부드럽게 조리하고, 너무 차거나 뜨겁게 하지 않고 양념을 강하게 하지 않는다.

- **적당한 식사량과 식사의 횟수에 익숙해지게 한다**: 유아를 돌보는 사람은 식사 때마다 다양한 식품을 제공하고, 유아 스스로가 섭취하는 음식의 종류와 양을 결정하게 한다. 유아는 소화기관의 용량이 작고 영양필요량이 많으므로, 하루 섭취할 수 있는 식사량을 식사횟수에 따라 배분해야 한다. 식사는 정규 식사와 간식을 포함하여 하루 4~6회가 적당하며, 일정한 시간을 정하여 정규 식사나 간식을 제공한다.
- **즐겁게 식사하도록 만든다**: 유아가 식사시간을 즐기려면 편안하게 식사할 수 있는 환경과 정서적 분위기가 조성되어야 한다. 즉 유아의 신체 크기에 알맞은 식탁과 의자, 쉽게 깨지지 않는 밥그릇·접시·컵 등의 식기를 준비하고 식욕을 자극하는 안정된 분위기를 조성한다.

유아는 식사도구를 스스로 사용하는 데 흥미를 느끼므로 적당한 크기와 용도의 숟가락이나 젓가락 등을 손에 쥐여주어 직접 사용해보게 하면 좋다. 그러나 식사도구의 사용이 미숙하므로 그릇을 엎거나 음식을 흘리는 등 서투른 모습을 보일 수 있다. 또 집중력이 충분하지 못해 식사 중에 놀거나 자리에서 일어나기도 하며 차분하게 식사를 끝내지 못하기 쉽다. 이러한 상황에서 지나치게 간섭하거나 대신 먹여주면 유아는 자신감을 잃어 자립이 어려워진다. 따라서 유아가 식사도구를 사용할 수 없을 때는 직접 손으로 들고 먹을 수 있도록, 유아가 손으로 집기 좋고 한입에 먹을 수 있는 크기의 음식을 제공한다.

(6) 유아의 식품 선택과 기호

유아의 식품 선택에 영향을 미치는 요인

유아들의 식품 선택은 영양적 필요 이외에 여러 가지 다른 요인에도 영향을 받는다. 우선 가족의 식습관과 식사 패턴이 유아들의 식품 선택에 크게 영향을 미친다. 어린이에게 어떤 식품이 제공되는가에 따라 식품 선택의 범위가 결정되지만, 개인의 식품기호가 식품 선택에 중요한 역할을 한다.

- **유아의 식품수용성**: 유아들의 식품수용성(food acceptance)은 여러 가지 요인, 즉 아이의 영양상태, 포만감, 먹어본 경험, 특정 식품에 대한 신뢰, 맛, 냄새, 질감, 온도 등에 의해 달라진다. 예를 들면 대부분의 유아들은 식품 향미에 예민하여 좋지 않은 향이나 맛(off-flavors)을 가진 음식이나, 지나치게 익힌 무른 채소를 싫어한다. 음식의 온도는 차고 뜨거운 극단적인 것보다는 미지근한 것을 더 좋아한다. 한편 동일한 식품에 반복적으로 노출되면 식품의 수용성이 증가된다. 유아들은 가끔 이전에 먹었던 음식의 맛, 모양, 담는 그릇을 기억하여 똑같은 것을 고집하기도 한다.
- **부모의 영향**: 부모의 영양지식과 식품구매지식은 어린이의 식품 선택에 지대한 영향을 미친다. 또한 부모의 식습관과 식행동은 어린이들의 모델로 작용한다. 이외에도 식사시간의 대화, 교제, 긍정적인 가정 분위기, 적절한 식행동 등도 유아들의 식품 선택에 큰 영향을 미친다.
- **대중매체의 영향**: 현대사회에서 매스컴을 통한 광고의 영향은 긍정적이건 부정적이건 대단히 크다. 많은 유아가 가정에서 상당한 시간을 TV 앞에 앉아 광고나 만화영화 등을 보며 지낸다. TV 광고는 유아의 식생활, 즉 식품 선택과 기호, 군것질의 종류와 양, 식습관과 식행동, 비만도 등에 크게 영향을 미친다. 한 연구결과는 대부분의 TV 광고가 유아의 식품 선택에 상당히 좋지 않은 영향을 미친다고 보고하였다. 유아들은 식품을 선택할 때, 식품 자체의 특성보다는 포장재에 그려진 캐릭터나 그 안에 있는 스티커 등에 더 관심을 갖고 그것을 요구하기 쉽다. 또 특정 만화의 주인공이 즐겨 먹는 음식을 흉내 내면서 따라 먹으려는 경향을 보이기도 한다. 따라서 TV 광고 담당자는 마케팅만 생각할 것이 아니라 어린이의 건강과 올바른 식습관 형성을 반드시 고려해야 할 것이다. 대부분의 유아들은 정기 프로그램과 광고 메시지를 잘 분별하지 못하며, 상업적 광고 메시지에 더 잘 집중한다.

식품 선택 시 유의할 점

유아기에는 소화기관과 소화기능발달, 치아발달, 식사기술발달, 식행동발달이 일어나고 식습관이 형성된다. 이를 고려할 때 유아기에 다양한 식품과 새로운 형태의 식품을 소개하는 것이 필요하다. 유아는 본인 스스로 식품을 선택할 능력이 거의 없기 때문에 전적으로 부모나 돌보는 사람에게 의존하여 대부분의 식품을 공급받게 된다. 또 유해물질이나 알레르기 원인물질에 성인보다 훨씬 민감하므로 위생이 보장된 식품 선택이 더욱 중요하다. 유아를 위한 식품 선택 시 유의할 사항은 다음과 같다.

● 자연식품을 적극 선택한다. 가능한 한 농약을 쓰지 않고 유기농법을 이용하여 생산한 신선한 우리 농산물을 선택한다.
● 식품을 구입할 때는 포장재에 적힌 영양표시, 원산지, 유통기한, 제조연월일 등을 상세히 살펴보고, 안전한 식품을 선택한다.
● 인스턴트나 가공식품은 그것을 가공 처리하는 과정에서 첨가한 여러 가지 식품첨가물을 함유하고 있으므로 되도록 선택하지 않는다.

좋아하는 음식과 싫어하는 음식

유아들은 음식의 맛, 질감, 크기 및 온도에 예민하다. 유아가 좋아하는 식품은 단맛이 나는 것, 부드러운 질감을 가진 것, 입안에서 씹어 먹기 좋은 것, 입안에 넣기 쉬운 크기인 것, 또는 적정 온도를 지닌 음식 등이다. 또 대체로 싱겁고 자극적이지 않으며 향이 강하지 않은 것, 너무 뜨겁고 찬 음식보다는 실온과 비슷한 정도의 따뜻한 음식을 좋아한다. 유아가 좋아하는 식품을 선택하는 것도 중요하지만, 그들이 좋아할 만한 다양한 조리법을 개발하여 여러 가지 음식을 경험하게 하는 것이 중요하다.

유아가 좋아하는 구체적인 식품으로는 달걀, 우유류, 요구르트, 햄, 소시지, 다진 육류, 사과, 귤 등이 있다. 조리 방법을 선택할 때는 유아가 먹기에 알맞은 크기와 소화하기 쉬운 형태를 고려하고, 자극성이 강한 조미료의 사용은 삼간다. 음식은 색감, 질감, 형태 및 맛이 적당한 조화를 이루어야 한다. 음식 자체의 모양과 색상뿐만 아니라 예쁜 그릇을 사용하며, 음식을 담은 모양이나 색채 역시 배려하고, 적당한 양을 담아놓는다.

유아가 싫어하는 식품은 조리법이나 상차림에 따라 달라지기도 하나 일반적으로 냄새가 강한 채소, 매운 음식, 짠 음식, 쓴 음식 등의 미각·취각 및 촉각을 자극하는 음식들이다. 종류로는 미나리, 파, 양파, 쑥갓, 당근 등 냄새가 강한 채소류를 싫어하며 고추나 겨자 등 맛이 강한 향신료가 많이 들어간 것도 좋아하지 않는다. 가시가 많거나 비린내가 나는 생선 등도 싫어한다. 유아가 싫어하는 음식은 성장하면서 점차 줄어든다. 따라서 유아가 싫어할 것을 미리부터 예상하여 해당 음식을 상에 내놓지도 않는 일은 없어야 한다.

4. 유아의 식생활 및 영양 관련 문제

유아들은 성장 패턴의 특성상 식욕이나 음식에 대한 기호가 불안정하여 수시로 변화하기 쉬우므로 소식, 식욕부진, 편식, 빈번한 식사, 과식 등 여러 가지 식생활 문제를 가진다. 또한 영양문제로는 유아 비만, 허약, 빈혈, 충치, 식품 알레르기 등을 들 수 있다. 이러한 문제를 해결하기 위해서는 문제의 원인을 파악하여 적절한 대책을 세워야 한다.

(1) 소식 · 식욕부진

유아기에는 개인의 성장속도와 식욕 간에 밀접한 상호관계가 나타난다. 유아기는 영아기보다 상대적으로 성장속도가 느리고 개인의 식욕이나 식사량이 식사환경에 따라 쉽게 변한다. 즉, 유아기에는 식욕과 식품기호가 불안정하므로 식사량이나 식품 섭취 범위 등에 개인차가 크다. 유아는 식사량이 적은 것 같아도 필요로 하는 영양소를 섭취하고 있는 경우가 많기 때문에, 일시적 또는 단기적으로 일어나는 소식이나 식욕부진은 큰 문제가 아니다. 3~4세경에는 자아가 발달하여 여러 가지 일에 대해 좋고 싫은 감정이 뚜렷해진다. 이때 싫은 음식에 대해서도 거부반응이 나타나 이를 먹지 않겠다고 고집을 피우기도 한다. 이러한 현상은 어느 유아에게나 나타나는 생리적 현상이자 일시적인 현상이므로 유아가 건강하고 순조롭게 잘 자라고 있다면 특별히 걱정하지 않아도 된다. 오히려 이때 싫어하는 것을 먹도록 강요하면 정서 이상이나 자율신경 실조가 나타나 식욕부진이 고정되는 경우도 있다. 그러나 이러한 생리적 소식이나 식욕 저하 이외에도 여러 가지 원인에 의해 식욕부진이 나타날 수 있다.

식욕부진의 원인

식욕부진은 원인에 따라 식사성, 심리적 또는 병인성 등 여러 가지로 구분된다.

- 식사성 식욕부진의 원인으로는 영양소의 불균형과 부족, 잘못된 이유식, 불규칙하고 빈번하며 많은 양의 간식, 당분과 지방이 과다한 식사, 좋지 않은 식사환경 등을 들 수 있다.
- 심리적 식사부진의 원인으로는 부모의 지나친 관심 또는 무관심, 과잉보호 또는 방임, 간섭과 질책, 예절 강요, 가정 내 불화 등 불안하고 자극적인 분위기, 어린이의 신경질이나 욕구불만 등을 들 수 있다.
- 병인적 식사부진의 원인으로는 신경장애, 열성질환, 빈혈, 잠재성질환, 결핵감염, 기생충 감염, 내분비선 이상, 구루병, 충치, 신장염 등의 급성 및 만성질환이나 충치가 있는 경우를 들 수 있다.
- 이외에도 운동 부족 또는 과로, 부적절한 습도나 기온 또는 자연환경 등이 원인이 되기도 한다.

식욕부진에 대한 대책

우선 식욕부진에 대한 원인을 파악하여 대책을 세워야 한다. 영아 후기부터 적절한 이유보충식의 공급을 통해 유아식의 섭취를 유도하는데, 1회의 식사는 먹든 먹지 않든 20~30분 정도로 끝내고, 간식은 적당한 양을 주어 식사 전에 적절한 공복감을 갖도록 한다. 끼니 때 거의 먹지 않았다고 해서 안타까운 마음에 음식을 수시로 먹이면 공복감이 일어나지 않아 소식이 개선되지 않는다. 또한 운동을 충분히 하도록 하며, 식욕부진에 대한 지나친 관심을 줄인다.

이외에도 식단을 다양하게 변화시키거나 식품재료의 선택, 조리 방법과 색채, 그릇에 담는 방법 등을 달리하여 식사환경에 변화를 주고, 때로는 집 밖에서 식사를 하거나 또래를 불러 같이 먹게 하는 등 식욕부진 해소를 위해 노력해야 한다. 환경을 개선하고 환기를 시키는 등 생활환경을 쾌적하게 바꾸는 것도 바람직하다. 병인성인 경우, 원인이 되는 질환을 치료하는 것이 우선이다.

(2) 편식

편식은 유아기 전반에 걸쳐 발생하는 중요한 영양문제로 간주된다. 편식이란 말은, 어떤 종류의 식품만을 좋아하고 다른 식품을 거부할 때 흔히 사용된다. 그러나 몇몇 식품을 좋아하고 싫어하더라도 이로 인해 영양소 섭취의 균형이 깨지거나 발육과 건강에 장애를 초래하지 않는다면 이를 문제 삼지 않아도 된다. 식생활에 활용되는 식품의 종류는 400~600종이나 되므로, 어떤 종류의 식품을 싫어하더라도 영양성분이 유사한 다른 식품을 섭취한다면 영양적으로 크게 문제되지 않기 때문이다. 유아기는 식품의 성분, 조직, 맛에 대한 개인적인 차이가 많으며, 식품에 대한 기호성이 얼마든지 쉽게 변할 수 있는 시기이다. 즉 조리법과 먹는 장소, 그리고 연령에 따른 생리기능의 변화 등에 의해서도 기호도가 달라진다.

편식의 원인은 미각이나 촉각상의 이유, 생리적·심리적 원인, 사회적·경제적 요인 및 가정의 식사환경 등으로 다양하다. 이 중에서 가정의 식사환경이 가장 큰 원인인데, 식사환경의 조성에는 부모의 영향이 가장 크기 때문이다. 유아의 편식은 아직 고정된 것이 아니며 유동적이므로 교정이 가능하다. 가벼운 편식이나 영양상 별 의미가 없는 종류의 편식은 유아의 심신발달이나 건강상태에 거의 영향을 미치지 않기 때문에 건강 및 발육장애가 없으면 굳이 교정할 필요는 없다. 그러나 극단적인 편식의 경우에는 건강 및 발육에 악영향을 미치며, 신체 발육 저하, 병에 대한 저항력 약화, 부정적인 심리작용, 즉 신경질적이고 겁이 많고, 고집이 강한 성향을 나타내므로 교정해야 한다. 또 한 가지 음식에 대한 집착(food jags)이 오랫동안 지속되거나, 그것이 단 음식·짠 음식·기름진 음식일 경우에는 고쳐야 한다.

편식의 원인

- **식사성 원인**: 이유보충식의 지연, 이유기 이후의 편중된 식사, 단맛이 과한 이유보충식으로 인한 심한 충치, 식품 자체의 냄새·맛·색·질감·형태 등에 대한 낯선 느낌, 유아식의 단조로움, 식재료의 제한, 일률적인 요리법 등이 있다.

- **생리적·심리적 원인**: 부모와 형제들의 편식, 친구의 식품기호, 식품에 관한 불쾌한 경험 또는 기억, 유아의 반항, 양친의 관심을 끌기 위한 무의식적인 편식 등이 있다.
- **사회적·경제적 원인**: 식품 선택이나 식품구매의 제한 등이 있다.

편식의 예방 및 교정
- 이유기 때부터 광범위한 식품을 사용하고 조리의 맛, 냄새, 질감 등에 익숙해지도록 다양한 식품을 선택하고 조리법을 달리한다.
- 부모, 가족 모두 편식하지 않도록 하며, 좋은 식품 또는 나쁜 식품에 대한 편견을 버린다.
- 다양한 조리법을 사용하며, 유아가 싫어하는 식품은 식품의 맛·냄새·형태 등이 되도록 드러나지 않도록 조리법에 변화를 주어 새로운 음식으로 만든다.
- 싫어하는 음식을 강요하지 말고, 이용횟수와 양을 서서히 늘려 익숙해지도록 한다.
- 즐거운 식사환경을 조성하며 주위 사람들, 특히 또래 친구가 맛있게 먹도록 한다.
- 식사시간 전에는 적당한 공복상태가 되도록 한다.

(3) 빈번한 식사

하루의 식사횟수가 4~6회일 경우 영양소 섭취와는 관련이 없으나 4회 미만인 경우에는 에너지, 칼슘, 비타민 C, 철의 섭취량이 평균보다 적고, 반면 6회를 초과하는 경우에는 평균보다 많다고 알려져 있다.

(4) 유아비만

유아 영양의 문제는 소식과 편식으로 인한 영양결핍문제와 과식으로 인한 영양과잉 또는 비만 문제로 양분되어 있다. 이 두 가지 영양문제는 상반되지만, 둘 다 균형 잡힌 식생활을 통해서 개선할 수 있다.

유아비만의 원인으로는 육류 섭취량의 증가, 지방 함량이 높은 패스트푸드의 섭취, 단순 당질 위주의 간식 등 식생활과 관련된 문제와 TV·비디오 시청, 컴퓨터 오락 등으로 인한 활동량의 감소 등이 지적되고 있다.

유아기에는 지방세포의 크기가 커질 뿐만 아니라 세포의 수도 증가하기 때문에 비만이 더욱 문제가 된다. 성인비만의 경우에는 지방세포의 크기가 커지는 세포비대형 비만이 대부분이므로 에너지 섭취량을 줄이면 체중을 줄일 수 있지만, 유아비만의 경우는 지방세포의 크기와 함께 세포의 수도 증가하는 세포증식형 비만이므로 체중 감량이 어렵다. 즉, 비대해진 세포가 작아질 수는 있어도 한 번 증가한 세포의 수가 감소되기는 어려워 소아비만이 성인비만보다 치료하기 힘든 특성이 있다. 따라서 유아비만 또한 치료보다는 예방에 중점을 두는 것이 바람직하다. 또한 성인비만으로 이행될 확률이 높으므로 유아기부터 비만 문제에 많은 관심을 가져야 한다.

세포비대형 비만(hypertropic obesity) 지방세포의 크기가 커져서 유발되는 비만

세포증식형 비만(hyperplastic obesity) 지방세포의 수가 증가하여 유발되는 비만

유아비만의 원인

유아비만의 원인은 크게 세 가지로 구분된다. 첫째, 유전적인 요인이다. 즉, 양친 또는 한쪽 부모가 비만이면 유아도 비만일 확률이 높다. 둘째, 식습관의 문제이다. 과식과 빨리 먹는 습관, 육류와 인스턴트 식품 또는 유아식을 많이 먹는 경우에 비만이 초래된다. 셋째, 생활습관에 의한 것으로 운동 부족을 예로 들 수 있다.

유아기의 비만은 성인기에 나타나는 고지혈증, 지방간, 고혈압, 당뇨병 등 만성질환의 위험요소로 작용한다. 또한 유치원 친구들의 놀림이나 운동장애로 인한 열등감 등으로 내성적이고 소극적인 성격이 되기 쉽다. 즉 신체적인 문제가 사회성발달이나 행동발달까지 영향을 줄 수 있다. 유아는 아직 음식의 섭취량을 포함한 식생활을 스스로 조절·관리할 능력이 없으므로, 유아비만에 관해서는 부모나 돌보는 사람의 책임이 크다고 할 수 있다.

비만 예방을 위한 식사

비만을 예방하기 위해서는 정해진 시간과 장소에서 가족 또는 친구와 함께 식사하도록 한다. 과식이나 폭식은 하지 않아야 하며, 아침은 거르지 말아야 한

다. 짜게 먹는 습관, 빨리 먹는 습관, 군것질을 자주 하는 습관은 버리도록 한다. 또 각종 녹황색 채소류, 과일류 및 해조류 등을 적극적으로 이용하여 고칼로리 식사가 되지 않도록 신경 써야 한다. 여기서 주의할 점은 비만을 지나치게 염려한 나머지 저에너지식을 제공하여 유아의 성장을 방해해서는 안 된다는 것이다. 한편 비만은 섭취 에너지와 소비 에너지의 불균형에서 비롯되는데 식사관리는 한쪽 측면, 즉 섭취 에너지만을 관리하는 것이므로 소비 에너지의 관리를 위해 적당한 활동과 운동량을 고려해야 한다.

(5) 체중 미달과 허약

체중 미달, 체중 증가의 부진 또는 성장부진은 급성이나 만성질환, 제한된 식사, 식욕부진, 식품 공급의 부족 등으로 인해 생긴다. 에너지 섭취가 부족하면 체중이 감소하는데, 체중 감소 이후에도 계속해서 에너지 섭취가 부족하면 키의 성장지연이 나타나거나 멈추게 된다. 키의 성장지연이 나타났다면 아연 결핍의 가능성도 배제할 수 없다. 특별한 병적인 이유 없이 체중이 미달되는 경우, 영양중재에 의해 따라잡기성장을 이룰 수 있다. 만약 에너지 섭취 부족이 원인이라면, 소량씩 자주 섭취하는 방법으로 에너지 섭취를 늘릴 수 있다. 이때 에너지는 물론 기타 영양소의 밀도가 높아야 한다.

체중 미달(under weight) 연령에 비해 저체중으로, 평균보다 훨씬 낮은 저체중

성장지연(stunting) 연령에 비해 키가 매우 작은 비정상적인 성장패턴

식이섬유 섭취 부족으로 인한 만성적 변비, 즉 좋지 않은 배변습관 때문에 식욕부진이 나타나면 섭취량이 감소되면서 성장부진이 초래될 수 있다. 이 경우에는 과일과 채소, 고식이섬유 시리얼, 그리고 전곡류의 주식 및 콩류를 적극 활용한다. 이렇게 하면 변비가 완화되고 식욕도 증가되어 결국 체중 증가를 꾀할 수 있다.

허약한 어린이의 식사관리는 적절한 에너지와 영양소를 제공하는 것을 목표로 하지만, 우선 식욕을 증가시키기 위한 계획이 필요하다. 유아기의 영양부족은 신체적·정서적·행동적, 그리고 인지적 발달에 중요한 영향을 미친다.

따라잡기성장

유아의 성장이 질병이나 영양부족으로 건강상태가 저해되어 체중 증가가 멈추거나 오히려 감소되었다가 이로부터 정상으로 회복될 때 유아들의 성장이 원래의 성장곡선상으로 회복되거나 오히려 상회하는 현상을 따라잡기성장 (catch-up growth)이라고 한다. 이것은 체중 증가율이 급속도로 가속화되는 성장기 어린이들의 생리적 특성이라 볼 수 있다. 따라잡기성장은 성장저해 정도, 성장저해가 일어난 시기, 심각성, 지속기간에 따라 다르다. 급성장 시기에 영양실조의 유아들이 바로 '따라잡기성장'을 나타내지 않으면 영구적인 성장지연을 보인다고 알려져 있다.

그러나 소아지방변증(celiac disease)이나 낭포성 섬유증(cystic fibrosis)과 같은 만성질환으로 영양실조였던 경우, 아이들뿐만 아니라 개발도상국에서 영양실조인 아이들이 후에 적절한 영양을 공급받아 완전한 '따라잡기성장'이 일 어났다는 연구보고도 있다.

성장지연(stunt: 나이에 비해 키가 작음)과 왜소증(waist: 키에 비해서 체중이 적게 나감)인 아이들의 경우 모두 체중 증가에서의 '따라잡기성장'의 속도가 정상보다 20배 더 빠를 수 있다. 일단 '따라잡기성장'으로 신장에 적절한 체중에 도달하면 체중 증가속도는 그 나이에 기대되는 보통 속도의 3배 정도가 된다. 키의 성장은 치료 시작 후 1~3개월에 최대치에 이르는 반면, 체중은 바로 증가하기 시작한다.

영양필요량, 특히 에너지와 단백질에 대한 영양필요량은 '따라잡기성장'의 속도와 단계에 따라 다양하다. 예를 들면, 매우 급격히 체중이 증가하는 시기와 제지방(fat-free) 근육조직이 체중 증가의 주요 요인일 때 더 많은 단백질과 에 너지가 요구된다. '따라잡기성장'기간 동안의 1일 에너지 섭취량은 체중(kg)당 150~250kcal이 권장되며, 이때 하루 약 20g의 체중 증가가 나타날 수 있다.

(6) 유아 빈혈

철 결핍성 빈혈(iron-deficiency anemia) 여러 가지 조혈인자 중 철의 섭취 부족이 주요 원 인이 되어 나타나는 빈혈

빈혈은 체내에 적혈구 수 또는 헤모글로빈 농도가 정상치보다 떨어져 있는 상 태를 말한다. 가장 흔한 것이 철 결핍성 빈혈이다. 철 결핍은 세계적으로 가장 흔한 영양결핍증으로, 여러 개발도상국가에서 매우 중요한 영양보건문제로 취 급된다. 우리나라도 예전에는 영양불량과 기생충 감염 등으로 유아의 철 결핍 성 빈혈이 심각한 영양문제로 제기되기도 했다. 최근에는 유아 빈혈문제가 점 차 줄고 있지만, 여전히 영양불균형으로 인한 유아 빈혈문제를 무시할 수 없다. 국내에서 수행된 많은 연구를 보면, 상당수의 유아가 발육이 왕성함에도 불구 하고, 여러 혈액 지표에서 높은 잠재성 빈혈률을 보이고 있다.

건강한 어린이는 출생 시에 충분한 철을 체내에 저장하고 있기 때문에 생후 4~6개월 이전에 철 결핍성 빈혈이 나타나는 일은 드물다. 그러나 체내 철 저 장량이 고갈되는 생후 6개월에서 3세 사이에는, 급속한 성장으로 인해 증가된

철의 필요량이 식사로부터 충족되지 않을 경우 철 결핍성 빈혈이 발생하기 쉽다. 철결핍성 빈혈의 기준은 헤모글로빈 농도 또는 헤마토크릿치가 5퍼센타일 미만일 때이다. 임상적으로는 1~2세 유아의 경우 헤모글로빈 농도가 11.0g/dl 미만, 헤마토크릿치가 32.9% 미만, 2~5세 유아의 경우 각각 11.1g/dl과 33% 미만을 철 결핍성 빈혈로 진단한다. 철 결핍이 있는 어린이는 빈혈과 관계없이 표준화된 정신발달검사에서 낮은 점수를 보이고 문제 해결에 필요한 집중력이 떨어지며, 인지발달검사에서 수행능력이 부진하다고 한다.

철 결핍성 빈혈을 예방하기 위해서는 ① 철을 풍부하게 함유한 식품, 즉 '철을 강화한 강화시리얼, 살코기, 쇠간, 달걀노른자, 굴, 대합 및 콩 등의 철 급원식품을 규칙적으로 제공해야 한다. ② 철의 이용성을 높이는 식품을 공급하도록 한다. 특히 육류에 들어 있는 헴철은 곡류나 채소류에 들어 있는 비헴철에 비해 흡수율이 높다. 그러나 비헴철의 경우에도 육류나 비타민 C와 함께 섭취하면 흡수율이 증가한다. ③ 유아들의 생우유의 섭취가 과다하지 않도록 한다. 우유 및 유제품은 유아식의 주요 영양 급원식품임에 틀림없다. 그러나 우유에는 철분이 거의 함유되어 있지 않아 생우유를 과다하게 섭취할 경우, 철을 많이 함유한 다른 음식을 적게 먹게 되어 결국 철 결핍성 빈혈이 초래될 수 있다. 일반 시판 우유는 유아식의 한 부분으로 제공되어야 하며 하루 2~3컵이 적당하다. 우유에 대한 과신과 잘못된 상식으로 이것을 1,000mL 이상 과량 섭취하면 철 결핍이 우려된다. 또 유아의 철 결핍을 우려하여 철 보충제를 과다하게 복용할 경우 건강을 해칠 뿐만 아니라 위험할 수도 있다.

강화시리얼(fortified cereal)
주로 무기질(철, 아연 등)과 비타민(비타민 B군, 엽산 등)이 첨가된 시리얼 제품

철의 상한섭취량

철 결핍성 빈혈로 진단되면 우선적으로 철이 충분히 저장될 때까지 철 보충제(Fe supplements)를 하루 체중(kg)당 3mg 복용하도록 처방한다. 유아의 경우 하루에 체중(kg)당 20mg 이상을 섭취할 때 변비, 메스꺼움, 구토 및 복통과 같은 위장장애를 비롯한 급성 철 중독 증상이 나타나며, 체중(kg)당 200~300mg을 섭취하면 치명적일 수 있다. 6세 이하의 유아들이 철을 과량 보충할 경우, 중독으로 인해 사망할 수도 있으므로 극히 조심해야 한다. 따라서 철 보충제에는 철을 과하게 섭취하는 것이 유아에게 위험하다는 내용의 경고문을 넣어야 한다. 1회당 30mg 이상의 철을 함유하고 있는 제품은 1회분씩 개별 포장되어야 한다. 한꺼번에 철을 많이 섭취하는 것을 예방하기 위해서이다. 우리나라 영양소섭취기준에서는 영아 및 소아의 철 상한섭취량을 하루 40mg으로 설정하였다.

(7) 충치

유치는 생후 6~7개월부터 나오기 시작하여 3세 정도면 거의 완성되어 총 20개의 치아가 형성된다. 유치를 건강하게 잘 관리하는 것은 건강한 영구치를 확보하는 방안이다. 따라서 유아의 치아관리 시에는 **충치**를 예방하는 것이 중요하다. 충치의 원인은 여러 가지이나 가장 중요한 것은 식사의 구성과 개인의 식습관(당의 섭취, 식품의 구강 내 잔류, 식사의 빈도)이다. 충치는 박테리아와 설탕 때문에 생긴다. 즉, 치아 표면에 설탕을 이용하는 여러 가지 박테리아들이 설탕을 이용하고 부산물로 젖산을 남기고, 이 젖산이 치아의 에나멜을 용해시켜 충치를 일으킨다. 충치를 유발하는 고위험 식품으로는 초콜릿, 아이스크림, 가당 육류, 가당 땅콩버터, 과일잼과 젤리, 파이, 쿠키, 케이크, 캔디, 꿀, 시럽 등 당을 많이 함유한 식품이나 음식이 있다. 특히 잠들기 전에 콜라나 사이다, 탄산음료, 캔디, 케이크, 쿠키같이 끈적거리고 당분이 많은 음식이나 음료 등을 먹는 것은 치아 건강을 위해 자제해야 한다.

실제로 3세 이전의 아이들의 경우, 잘못된 식습관 때문에 충치가 많이 발생한다. 또 문제가 되는 것은 적절한 시기에 이유를 하지 못하고 2세가 넘도록 젖병을 물고 있는 것이다. 즉, 젖이나 단 음료를 병에 넣어 잠자리나 낮 동안 자주 마시는 영유아는 **젖병 치아우식증**이 생기기 쉽다.

튼튼한 치아와 건강한 잇몸을 형성하는 데 필요한 영양소로는 칼슘, 인, 비타민 A, 비타민 B군, 비타민 C, 비타민 D, 그리고 양질의 단백질을 들 수 있다. 따라서 유아들의 간식으로 충치의 생성을 억제하는 식품을 선택하는 것이 중요하다. 탄수화물 식품이라도 치즈나 육·어·난류와 같은 고단백 식품과 함께 섭취할 때는 플라크의 pH가 떨어지지 않아 충치로부터 치아를 보호할 수 있다. 양치질은 유아기부터 시작해야 하고, 매일 구강위생에 신경 써야 한다.

(8) 식품 알레르기

식품 알레르기는 보통 영아 후기부터 유아기에 잘 나타난다. 알레르기 반응으로는 비염, 설사, 구토, 복통, 두드러기, 피부염 등 호흡기나 위장 증세, 그리고

충치(dental caries) 치아 표면에서 박테리아의 당대사에 의해 생성되는, 산이 주 원인이 되어 치아 표면이 부식된 상태

젖병 치아우식증(baby bottle tooth decay, BBTD) 영유아기에 단 음료나 유즙을 젖병에 넣어 오랫동안 입에 물고 있음으로써 발생하는 치아 부식

식품 알레르기(food allergy) 식품 중 어떤 성분이 어떤 항원이 되어 발생되는 알레르기 반응

피부 반응 등이 일반적이다. 어떤 경우 피로나 무기력 같은 반응이 나타나기도 한다.

유아기에서 식품 알레르기의 주요 원인으로는 아직도 발달 중인 소화기관과 면역체계가 식품에 들어 있는 특정 성분(알레르겐)을 처리하는 데 미숙하기 때문이다. 따라서 유아의 성장발달에 따라 자연히 여러 가지 식품 알레르기가 감소된다. 가족력이 있는 경우 식품 알레르기 발생률이 더 높다는 보고도 있으므로 부모들의 식품 알레르기 경력을 검토해보아야 한다. 대체로 다양한 식품보다는 한 가지 식품에 알레르기 반응을 나타내는 경우가 많다. 알레르기를 빈번하게 일으키는 식품으로는 달걀, 땅콩, 생선, 우유, 초콜릿, 육류 등이 있다.

영아용 조제유를 먹일 때 전혀 이상이 없던 아기가 이유보충식 또는 유아식으로 우유나 특정 식품을 섭취하면서 갑자기 설사나 구토, 재채기, 콧물, 두드러기 등의 증상을 나타낸다면 알레르기를 의심할 수 있다. 이것은 아기의 체내에서 여러 가지 이유로 우유단백질과 같은 식품 항원에 거부반응을 일으킨 것이다. 알레르기 반응이 일어나면 일단 원인 식품을 찾아내어 공급을 중단해야 한다. 식품 알레르기를 검사하는 가장 좋은 방법은 식품제거요법(elimination diet)으로 이는 의심 가는 식품을 한 가지씩 식사에서 2~3주 동안 제거하고 그 반응을 살피는 방법이다. 알레르기로 인해 여러 가지 식품을 제한하는 식사를 오래 계속해야 할 경우 영양이 부족하기 쉬우므로, 대체식품을 잘 활용하여 균형 잡힌 영양 공급이 되도록 각별한 관심을 기울여야 한다. 식품을 다양하게 먹이려는 부모의 욕심으로 인해 아기가 알레르기를 겪을 수 있기 때문이다. 따라서 영아기에서 설명한 바와 같이 단일 식품을 하루에 하나씩 소개하고 문제가 없다면 다시 2~3일 후에 공급하며, 유아기에도 처음 시도하는 음식은 조금씩 시도하고 점차 양을 늘려가는 요령이 필요하다. 그러나 한 번 알레르기 반응이 나타났다고 해서 해당 식품을 완전 중단할 것이 아니라, 짧게는 한 달에서 길게는 6개월 정도의 간격을 두고 다시 먹여보도록 한다. 아기가 성장하면서 장이 발달하고 면역기능이 어느 정도 완성되면서 알레르기 반응이 줄어들 수 있기 때문이다. 실제 연구결과에서도 유아기 초기에 식품 알레르기를 나타냈던 아이들 중 3/4 이상이 이후 해당 식품에 대한 알레르기를 보이지 않았다.

5. 유아기의 신체활동

유아들의 신체활동(운동)은 건강 증진뿐만 아니라 에너지 균형 유지, 근육발달 및 비만 예방에 매우 중요한 필수 요소이다. 따라서 하루에 몇 차례씩 유아들이 활발한 놀이를 하도록 권장한다.

유아들의 실외 및 실내활동은 반드시 돌보는 어른(adult caregiver)의 감독 하에 이루어져야 한다. 특히 미취학 아동에게는 뛰기, 수영, 공 던지고 잡기, 등이 적합한 운동으로 권장되는데, 이때도 반드시 성인의 감독이 필요하다.

(1) 실외활동

유아에게 권장되는 실외활동으로는 어린이공원이나 공공 어린이놀이터에서 놀이기구 이용하기, 정원에서 공놀이나 게임하기, 저녁 식사 후 가족과 함께 걷기, 산보나 술래잡기, 자유롭게 춤추기, 주말에 가족과 함께 자전거 타기 등 맑은 공기와 햇빛을 즐길 수 있는 종류의 활동이 있다.

(2) 실내활동

유아에게 바람직한 실내활동으로는 따라잡기 놀이, 장난감 가지고 놀기, 숨바꼭질, 공공장소에 있는 실내놀이터에서의 놀이활동, 실내에서 체조하기, 음악에 맞추어 춤추기 등을 들 수 있다.

TV 시청은 2세 미만의 유아에게는 권장되지 않으며, 2세 이상의 유아에게는 하루 2시간 이내로 제한하도록 한다. 이를 위해서는 가족들이 TV 시청, 컴퓨터나 비디오 게임, 스마트폰 사용 시간 등을 줄이고, 유아들과 함께 신체활동을 하는 시간을 늘리는 등 좋은 본보기가 되어야 한다.

6. 유아원 급식

오늘날 대부분의 미취학 유아들은 하루 중 상당한 시간을 어린이집, 유아원, 유치원 또는 여러 유아 특수 교육기관에서 보낸다. 이러한 상황은 어린이의 식생활관리의무 중 상당 부분을 가정과 가족에서 가정 외의 기관으로 이전시켰다. 유아들은 이들 기관에서 간식만을 제공받기도 하지만 하루 두 번의 식사와 두 번의 간식을 먹기도 한다. 우리나라의 경우 대부분의 유아가 영양소 필요량의 절반 이상을 이들 기관에서 제공받고 있다.

유아들의 단체급식은 국가나 자치단체의 관리·감독하에 규제받아야 한다. 우리나라 정부에서는 어린이집, 유치원, 지역아동센터 등 어린이교육기관에서 이루어지는 단체급식의 영양관리와 위생관리를 체계적으로 지원하기 위해 어린이급식관리지원센터를 설립하여 운영하고 있다.

(1) 유아원 급식의 목표

3~5세의 유아를 대상으로 하는 유아원의 단체급식을 위해서는 위생적인 급식시설과 영양기준이 필요하며, 타당한 급식목표가 설정되어야 한다. 유아원 급식의 목표는 ① 식생활과 최적의 영양효과-균형식과 간식, ② 올바른 식습관과 식사기호 형성, ③ 바람직한 식사태도의 형성에 있다. 어린이 영양 프로그램

어린이급식관리지원센터

어린이급식관리지원센터는 '어린이 식생활 안정관리 특별법(2008)'에 의거하여 전국의 어린이집, 유치원, 지역아동센터 등 어린이에게 단체급식을 제공하는 집단급식소를 대상으로 체계적인 영양관리 및 위생관리를 지원할 목적으로 설치되었다.

식품의약품안전처를 주관 부처로 하고, 중앙 어린이급식관리지원센터와 각 시, 도(시, 군, 구) 지자체의 어린이급식관리지원센터(대학 및 공공 관련기관을 위탁, 협력기관으로 정함)를 중심으로 업무가 이루어진다. 2011년 12개 센터를 시작으로 2017년까지 500개소를 설치·운영할 계획이다. 각 센터는 센터장, 영양관리 전문가 및 위생관리 전문가로 구성되며 영양관리 전문가(영양사)는 주로 집단급식소의 ① 식단 작성, ② 식재료 구매에 대한 정보 제공, ③ 집단급식 종사자에 대한 영양지도 및 관리 업무를 담당하게 된다.

(Child Nutrition Programs)은 어린이들의 성장발달과정에 적절한 음식을 제공하도록 하기 위해 최적의 영양을 함유하고 위생적이며 안전하게 조리된 음식을 제공하여야 한다.

유아들은 친구들과 어울려 먹는 단체급식환경을 좋아한다. 따라서 유아원은 식사시간에 다양한 학습활동에 초점을 두어 영양교육을 할 수 있는 좋은 환경이 될 수 있다. 새로운 식품을 경험하고, 간단한 음식 만들기에 참여하는 것, 또는 채소나 과일을 가꾸는 것은 긍정적인 식태도와 식행동을 발달·강화시키는 활동이 될 수 있다.

(2) 유아원의 식생활 지도

식생활은 단순히 성장발달을 도모하고 건강을 유지·증진시키기 위한 영양 충족의 의미만을 가진 것은 아니다. 맛있는 것을 먹음으로써 기호성을 충족시키며 이외에 가족 간의 화목, 친구들과의 교제, 성격 형성 등에서 중요한 매체로서의 역할도 한다. 유아기는 장차 식생활의 기초가 형성되는 시기인 만큼 가정과 유아원에서의 올바른 식생활 지도가 매우 중요하다.

유아 후기는 식생활의 체험을 통해 서서히 음식에 대해 이해하기 시작하며 식습관과 식품기호가 형성되는 시기이므로 영양적으로 균형이 잘 잡힌 식사, 식사를 보완하는 영양 간식, 올바른 식습관과 감사의 태도 등에 대해 지도해야 할 것이다. 즉 어린이에게 식품의 종류와 명칭, 음식명, 음식과 몸의 관계, 음식과 건강, 음식을 아끼는 태도와 습관, 음식에 대한 배려와 감사 등의 식생활 전반에 대한 이해가 높아지도록 지도한다. 또한 식사 전후의 인사, 식사 중의 태도와 예절, 타인에 대한 배려와 나눔, 보건위생(손 씻기, 식후의 입 헹구기 및 양치질) 등의 올바른 식사행동이 몸에 배도록 해야 한다. 식사는 일상생활의 중요한 부분이므로 식사시간을 규칙적으로 지키고, 충분한 식사시간을 두고 천천히 잘 씹어 먹으며, 즐거운 대화를 하는 식습관을 갖도록 지도한다. 또한 음식을 남기지 않고 깨끗하게 먹어야 하며, 음식이 귀중하다는 점도 가르쳐야 한다.

유아들이 매일 일상생활 속에서 보고 배운다는 점을 생각할 때 부모나 형제자매, 가족들이 가장 좋은 본보기이며 교사라는 점을 중시해야 한다. 유아를 위한 교육시설이나 유아원에서 지도교사에 의한 올바른 식생활에 대한 지도는 효과적이고 중요하다. 많은 어린이가 유아원에서 단체로 식사함으로써 가정에서 시정하지 못했던 나쁜 식습관을 보다 쉽게 고칠 수도 있다. 올바른 식습관은 유아원 교사와 부모와의 긴밀한 상호협조에 의해서 보다 성공적으로 이루어질 수 있다.

식사는 한 끼니를 때우기 위한 것이 아니라 기본적이고 질 높은 삶을 살기 위해 중요하게 이루어져야 하는 즐거운 행위이다. 그러나 바쁜 현대인, 특히 직장생활을 하는 부모의 가장 큰 부담은 육아일 것이고, 그중에서도 식생활에 대한 부담이 가장 클 것이다. 식탁은 아이에게 다양한 교육을 시키는 교육의 장이라고 할 수 있다. 밥이나 간식을 먹기 위해 식탁 의자를 끌어다놓는 일, 숟가락을 챙기는 일, 음식을 먹고 입을 닦은 휴지를 휴지통에 버리는 일, 먹고 난 그릇을 개수대에 넣는 일 등 식사시간에 배울 수 있는 것은 아주 많다. 이러한 것들을 어린이가 스스로 할 수 있도록 도와주고 기다려주는 부모의 인내는 어린이가 식사예절을 스스로 실천하고 자신의 습관으로 만들어가는 데 커다란 역할을 한다.

(3) 유아의 요리활동과 영양교육

유아들은 부모와 함께하는 활동을 좋아한다. 유아 후기에는 어느 정도 근육이 발달되어 조리과정에 직접 참여할 수 있다. 그들은 조리과정에 참여함으로써 다양한 식품의 종류와 음식의 이름, 5가지 기초식품군의 내용, 새로운 음식을 만드는 경험, 음식에 대한 감각(향, 맛, 질감 등) 등을 발달시킬 수 있다.

요리활동에서는 어떤 음식을 조리할 것인지 계획하고, 재료를 선택하고 준비하며, 실제로 함께 조리하며, 또 만든 음식을 먹고 정리하기까지의 활동에 유아들이 직접 참여할 수 있도록 한다. 조리를 시작하기 전에는 준비 단계부터 마지막 정리 단계까지의 순서를 단계적으로 설명하는 것이 좋다. 이러한 설명을 통해 유아들이 논리적이고 질서정연한 사고를 할 수 있게 하고, 인내심을 갖고 기다려야 맛있는 음식이 나온다는 것도 알게 한다. 또 음식의 소중함과 부모님이 정성스럽게 만들어주신 음식에 대한 감사의 마음을 지니게 하는 계기도 된다. 이때 될 수 있으면 유아들이 요리과정에 많이 참여할 수 있는 만들기 쉬운 음식을 선정하는 것이 좋다. 또한 유아가 잘 먹지 않는 식재료를 유아가 좋아하는 음식에 섞어서 만들어 직접 먹어보게 하는 것도 좋은 방법으로, 채소샌드위치 등을 만드는 것이 좋은 예이다. 이러한 활동이 어렵다면 정성스레 음식을 준비하는 모습을 지켜보게 하는 것도 좋다. 손을 대도 괜찮은 음식재료는 만지게 하고 이름을 가르쳐주며 관심을 유도하는 것이 좋다.

유아기는 영양정보를 제공받고 식품에 대한 긍정적인 태도를 갖기에 좋은 시기이다. 이러한 학습은 가정에서 특별한 형식 없이 자연스럽게, 부모의 행동 모델을 통해 다양한 식품을 경험함으로써 일어날 수 있다. 유아들에게 영양개념과 정보를 가르치려는 시도는 발달 수준을 고려하여 이루어져야 한다. 영양소의 개념은 추상적이어서 유아들이 이해하기는 쉽지 않다.

CHAPTER 6
아동기 영양

아동기는 만 6세부터 11세까지로 초등학교 학령기 아동에 해당되며, 신체적·정신적 성장발달과 인격 형성에 중요하다. 영유아기나 청소년기와 달리 완만한 신체적 성장을 이루는 시기이나, 인지적·정서적·사회적 발달은 왕성하다. 아동기에는 가족, 선생님, 친구 등 주변 사람들을 건강한 식생활의 역할모델로 삼아 식생활을 확립하게 된다.

이 시기의 영양불량이나 과다로 인한 영양 불균형은 신체적 성장·발육뿐 아니라 정서적 및 지적 발달에도 크게 영향을 미친다. 아동기의 식생활 문제는 단순당의 함량이 높은 음료, 고지방 식품, 인스턴트 식품의 과잉 섭취와 채소류의 섭취 부족을 들 수 있다. 이로 인해 에너지의 과잉 섭취와 미량영양소의 부족이 초래되며 소아비만, 빈혈 등의 질환이 나타날 수 있다. 이 시기의 영양은 양질의 단백질, 칼슘, 철, 비타민 등을 충분히 함유하는 균형식이어야 하며, 적당한 운동과 휴식의 조화로 활발한 신체활동과 학습활동이 뒷받침되어야 할 것이다.

학습목표

아동의 생리적·대사적 특성을 이해하고, 신체 및 지능발달에 필요한 에너지와 영양소 공급 및 올바른 식생활관리에 대한 지식을 습득한다. 아울러 아동기의 식생활 관련 문제를 파악하고 해결할 수 있는 능력을 기른다.

1. 아동의 성장발달

아동의 성장발달은 신체의 성장과 생리적 발달로 나누어 설명할 수 있다. 아동기의 전반기는 유아기와 마찬가지로 완만한 성장이 이루어지나 후반기에는 성장에서 남녀의 구분에 확연한 차이가 나게 된다.

(1) 신체성장

신체성장에 관해서는 신장과 체중뿐만 아니라 각 기관과 조직의 성장을 살펴보아야 한다. 이 시기는 특히 림프기관이 생애 중 가장 급격하게 성장하는 때이다.

신장과 체중

아동기의 전반기에는 유아기와 비슷하게 지속적이고 완만한 성장을 보이는 반면에 후반기에는 빠른 성장속도를 보이며 남녀의 구분이 점차 뚜렷해진다. 우

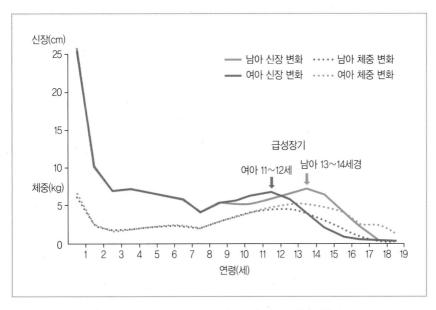

그림 6-1 **아동과 청소년의 성별 신장과 체중의 연간 발육량**
자료: 질병관리본부·대한소아과학회(2007). 한국 소아 청소년 신체 발육표준치.

급성장기(growth spurt) 사춘기 즈음의 키가 빨리 자라는 시기로, 자신의 사춘기 이전의 평균 성장속도보다 연 2cm 이상이 더 자람

리나라 아동의 신장 발육에서 여아는 11~12세에, 남아는 13~14세에 급성장기를 맞이한다. 체중 증가량은 여아는 10~11세에, 남아는 12~14세에 가장 많다. 즉, 여아의 성장속도가 남아에 비해 2~3년 일찍 성장의 정점에 이른다(그림 6-1). 남아와 여아의 평균 연간 신장증가율은 4~6cm 정도이며 체중증가율은 3~5kg 정도이다. 이 시기에도 성장발달 양상이나 성장곡선은 여전히 큰 개인차를 보인다.

기관과 조직

아동기의 신체 발육은 비교적 완만하다. 그러나 뇌, 심장, 신장, 간, 폐, 위 등의 각 기관이나 조직이 크기뿐만 아니라 기능 면에서도 크게 성숙해진다. 각 기관과 조직은 각각 다른 패턴으로 성장발달을 나타낸다. 스캐몬(Scammon)의 성장 패턴(그림 6-2)을 보면, 두뇌의 성장은 10세 정도에 성인과 비슷해지지만 심장, 신장, 폐 등 신체 전체의 크기와 밀접한 관련이 있는 기관들은 일반적인

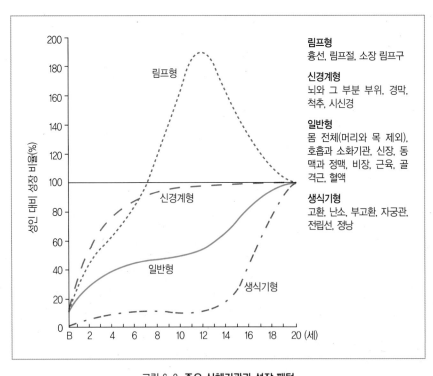

그림 6-2 주요 신체기관과 성장 패턴
자료: Pipes PL & Trahms CM(1993). Nutrition in Infancy and Childhood(5th ed). p.3.

성장 패턴을 따른다. 한편 생식기관은 사춘기 이후 급격히 성장한다. 흉선, 편도선, 비장 등과 같은 림프조직의 경우, 아동기에 성인의 두 배 정도의 성장이 나타나나 그 후 점차 감소한다.

사춘기(puberty) 신체적으로 생식이 가능한 청소년기

(2) 생리발달

이 시기에는 신체적 성장을 뒷받침할 수 있도록 원활한 생리발달이 이루어진다. 이를 소화기계와 골격계, 내분비계로 나누어 설명하면 다음과 같다.

소화기계

아동기에는 성장발달에 따라 증가하는 영양소의 필요량을 충족하기 위해 소화·흡수기능이 발달한다. 10세가 되면 위의 용량이 1L 정도까지 커지며, 소장도 출생 시의 두 배 정도로 길어진다. 췌장에서 분비되는 소화액과 간에서의 대사능력도 성인과 거의 비슷해진다. 6~7세에는 영구치가 나기 시작하여 10대 후반까지 치아의 석회화가 계속된다.

골격계

키의 성장이 완료될 때까지 뼈의 길이와 너비가 성장하는 과정을 골격 형성이라고 하는데, 특히 아동기에는 장골이 성장하면서 다리가 길어진다. 아동기에는 팔다리와 골격의 발달이 더욱 현저하여 신체 전체에 대한 머리 부분의 비율이 상대적으로 줄어든다.

골질량(bone mass)은 뼈의 무기질 함량(bone mineral content, BMC)을 나타낸다. 이는 뼈의 생성과 용해의 균형에 의해 결정되며, 여러 가지 생리적·유전적 및 영양적 요인에 영향을 받는다. 아동기도 성장기이므로 뼈 생성량이 뼈 용해량에 비해 훨씬 많아 골질량이 증가한다. 뼈의 주요 성분인 칼슘 함량이 골질량에 비례하여 증가한다(그림 6-3).

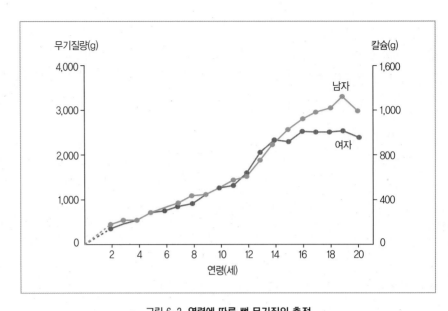

그림 6-3 연령에 따른 뼈 무기질의 축적
자료: FAO/WHO expert consultation on human vitamin and mineral requirements(2001).

내분비계

내분비계의 발달도 성장 정도에 따라 변하는데, 아동기는 영유아기와 마찬가지로 성장호르몬의 분비량이 많은 시기이다. 성장호르몬은 모든 조직과 기관에서 단백질 합성을 촉진하며, 세포를 증식시킨다. 특히 뼈 조직의 성장을 촉진시킨다. 또한 갑상샘호르몬과 인슐린도 에너지 및 영양소대사를 촉진하고, 동화작용을 왕성하게 함으로써 성장발달을 증진시킨다. 남성호르몬인 테스토스테론과 여성호르몬인 에스트로겐 및 프로게스테론의 분비량은 아동기에는 적지만, 사춘기 이후 급격히 증가한다.

아동기 후반의 여아 중 상당수가 초경(menarche)을 경험하며 2차 성징을 나타낸다. 성 성숙과 영양상태는 밀접한 관련이 있다. 초경은 결정적 체중이나 체지방(약 17~22%)에 도달해야 일어나므로 조기초경(성조숙증)을 예방하려면 관리가 필요하다.

2차 성징(secondary sexual characteristics) 사춘기에 성 성숙과 함께 나타나는 남성과 여성의 신체적 변화

결정적 체중(critical body weight) 사춘기 변화를 유도하는 데 필요한 최소한의 체중으로 한국인을 대상으로 한 연구(정은아 외 2인, 2005)에서 41kg으로 보고된 바 있음

성조숙증

성조숙증이란 여아에서는 8세 미만, 남아에서는 9세 미만에 사춘기 현상이 발생하는 경우이다. 즉 여아에게서 만 8세 이전에 유방발달이, 남아에게서 만 9세 이전에 고환이 커지면 성조숙증이다. 성조숙증 발생에는 병적 원인에 의한 성호르몬 분비 이상, 가족력, 비만과 영양과잉, 환경호르몬 노출 등 다양한 요인이 관여한다.

국내 발생 현황

건강보험심사평가원이 성조숙증에 대한 심사결정자료를 분석한 결과, 진료인원이 2006년 6,400명에서 2015년에는 7만 5,945명으로 늘어나 여아가 91.7%, 남아가 8.3%였다. 여아의 대부분은 특별히 기질적 원인이 없는 특발성이었다.

성조숙증의 원인 및 문제점

요즘 아이들에게 흔히 나타나는 특발성 진성 성조숙증은 병적 원인에 의한 것이라기보다는 또래보다 사춘기 징후가 1~2년 일찍 나타나는 '조기 성숙'이라고 판단된다. 조기 성숙의 원인은 생활습관, 환경오염, 식습관 등과 관련이 깊다. 또한 TV나 인터넷 등을 통한 과도한 시청각적 성적 자극이 성호르몬의 과도한 분비를 야기할 수 있다. 성호르몬 분비에 영향을 미치는 요인에는 영양과다로 인한 비만 외에도 스트레스, 환경 변화 등이 복합적으로 작용한다. 이른 사춘기는 남들보다 키가 빨리 크게 하나 성장판이 빨리 닫히게 하므로 성인이 되었을 때 키가 작아지고, 빠른 유방발달 등의 이유로 심리적 문제를 발생시킬 수 있다.

성조숙증의 예방

성조숙증을 예방하려면 평소 균형 잡힌 영양 섭취와 규칙적인 운동, 충분한 수면 등 건강한 생활습관을 통해 정상적인 성장과 체중을 유지해야 한다. 비만 아동 모두가 그런 건 아니지만 지방세포에서 사춘기 유발물질인 성호르몬의 분비를 유도해 사춘기가 약간 빨라지는 경우도 있다. 때문에 비만 아동은 특히 체중관리에 각별한 주의가 필요하다. 또한 가능하면 일회용품 사용을 줄이고 환경호르몬 노출을 피하는 것이 좋다. 성인용 화장품 중 일부는 여성호르몬이 함유되어 있으므로 아이가 함부로 바르지 않도록 하는 것이 좋다.

성조숙증의 치료

만약 뇌, 고환, 난소 혹은 부신 등에 종양이 있어 성조숙증이 나타난 경우라면 우선 원인을 제거해야 한다. 만약 어른이 되었을 때 키가 작을 것으로 예상되거나 어린이에게 심리적·사회적 문제가 있으면 사춘기의 진행을 억제하는 약물치료를 한다.

2. 아동의 영양소섭취기준

아동의 영양소섭취기준은 성장 잠재력의 충분한 발현과 신체 크기 및 조성,

활동 정도에 따라 정해진다. 한국인 영양소섭취기준에서는 아동기를 남녀별로 6~8세와 9~11세로 구분하여 영양소 필요량을 설정하였다.

(1) 에너지

휴식대사량(resting metabolism)
휴식 시 생명을 유지하는 데 필요한 최소한의 에너지로, 기초대사량과 큰 차이가 없어 혼용하여 사용하기도 함

아동 개개인의 에너지 필요량은 기초/휴식대사량, 성장속도, 활동 등에 의해 결정된다. 휴식대사량은 대사적으로 활발한 조직의 양과 조성, 연령과 성별에 따라서 다르지만, 10세 이전까지는 성별의 차이가 비교적 적다.

아동기에서 성장에 필요한 평균 에너지는 조직 1g당 5kcal 정도로 평가된다. 에너지 필요량은 연령이나 성, 신체 크기가 같은 아동이라도 신체활동량에 따라 크게 다르며, 신체활동 이외에도 에너지 섭취량에 대한 단백질 섭취량의 비율, 그리고 에너지를 이용하는 개인의 효율성에 따라서도 다르다. 전체 에너지 소비에 대한 신체활동으로 소비되는 에너지량은 아동의 활동 양상에 따라 매우 다르게 나타난다.

이와 같은 이유로 아동의 필요 에너지량은 동일한 연령이라도 개인차가 크다. 아동의 활동 내용은 개인에 따라 그 종류와 강도가 매우 다양하다. 대부분의 시간을 앉아서 책을 보거나 TV를 시청하면서 보내는 아동이 있는가 하면, 잠시도 쉬지 않고 뛰고 달리고 운동하는 아동도 있다. 4~5학년 아동을 대상으로 에너지 소모량을 조사한 한 연구결과를 보면, 전체 에너지 중 신체활동에 의해 소모되는 에너지의 비율이 남아의 경우 31%, 여아의 경우 25% 정도였다. 또 학령기 아동(6~12세, 남아)의 전반적인 1일 소비 에너지의 구성을 보면 대략 기초대사에 50%, 신체 성장에 12%, 신체활동에 25%, 식사성 발열

표 6-1 **우리나라 아동의 1일 에너지 및 단백질 영양소섭취기준**

성별	연령(세)	체중(kg)	신장(cm)	에너지 필요추정량(kcal)	단백질 권장섭취량(g)
남	6~8	25.6	124.6	1,700	35
	9~11	37.1	141.7	2,000	50
여	6~8	25.0	123.5	1,500	35
	9~11	36.6	142.1	1,800	45

자료: 한국영양학회·보건복지부(2020). 한국인 영양소섭취기준.

효과에 5%, 배설되는 에너지가 8%였다. 우리나라 아동의 1일 에너지 필요추정량은 표 6-1에 제시하였다.

(2) 단백질

아동기에는 새로운 근육과 뼈가 계속 성장하므로, 이 시기의 성장은 실질적인 체단백질의 증가를 의미한다. 즉, 성장하는 동안에 신체의 단백질 함량은 1세 때 14.6%, 4세에는 18~19%까지 증가하여 성인 수준에 도달한다. 단백질은 근육과 결합조직 등 신체조직을 구성하고 효소, 호르몬, 운반체 또는 항체로서 중요한 기능을 수행한다. 따라서 단백질은 새로운 조직의 합성과 기존 조직의 유지는 물론 정상적인 생리기능의 조절을 위해 충분히 공급되어야 한다. 성장을 위한 단백질 요구량은 조직 1kg당 1~4g으로 추정된다. 따라서 식사를 통해 일상적으로 섭취하는 전체 에너지 섭취량의 13~15% 정도를 단백질로 섭취하는 것이 적절하다.

우리나라 아동의 단백질 권장섭취량은 표 6-1에 제시한 바와 같이, 남녀 구분 없이 체중 1kg당 하루 1g을 기준으로 설정하여 아동 각각 6~8세에는 남녀 모두 35g, 9~11세에는 남아 50g, 여아 45g으로 설정하였다.

아동의 단백질의 체내 이용성은 성장속도, 에너지 섭취량, 섭취한 단백질의 질, 그리고 비타민과 무기질의 적정 섭취 여부 등에 영향을 받는다.

단백질의 질은 여러 가지 방법으로 평가할 수 있으나, 일반적으로 필수아미노산의 조성과 양에 의해 결정된다. 일상식품에 함유되어 있는 단백질의 종류는 다양하며, 함유되어 있는 아미노산의 종류와 양도 모두 다르다. 대체로 동물성 단백질이 식물성 단백질보다 질적으로 우수하다고 평가되지만, 두 가지를 잘 배합하면 단백질의 질을 더욱 높일 수 있다. 총 단백질 중 필수아미노산의 함량은 아동기는 36%가 적정한데 성인기의 19%에 비해 높다. 표 6-2는 한국인 영양소섭취기준(2020)에 설정된 아미노산의 섭취기준을 보여준다. 평균필요량을 보면 1일 체중 1kg당 약 200mg으로 성인에 비해 1.2배 정도 많다.

표 6-2 **성장기 필수아미노산 섭취기준 설정 요약**

성별	연령 (세)	필수아미노산(g/일)					
		메티오닌+시스테인		류신		이소류신	
		EAR[1]	RNI[2]	EAR	RNI	EAR	RNI
남	6~8	0.5	0.6	1.1	1.3	0.5	0.6
	9~11	0.7	0.8	1.5	1.9	0.7	0.8
여	6~8	0.5	0.6	1.0	1.3	0.5	0.6
	9~11	0.6	0.7	1.5	1.8	0.6	0.7
성별	연령 (세)	발린		라이신		페닐알라닌 + 티로신	
		EAR	RNI	EAR	RNI	EAR	RNI
남	6~8	0.6	0.7	1.0	1.2	0.9	1.0
	9~11	0.9	1.1	1.4	1.8	1.3	1.6
여	6~8	0.6	0.7	0.9	1.3	0.8	1.0
	9~11	0.9	1.1	1.3	1.6	1.2	1.5
성별	연령 (세)	트레오닌		트립토판		히스티딘	
		EAR	RNI	EAR	RNI	EAR	RNI
남	6~8	0.5	0.6	0.1	0.2	0.3	0.4
	9~11	0.7	0.9	0.2	0.2	0.5	0.6
여	6~8	0.5	0.6	0.1	0.2	0.3	0.4
	9~11	0.6	0.9	0.2	0.2	0.4	0.5

1) 평균필요량 2) 권장섭취량
자료: 보건복지부(2020). 한국인영양소섭취기준.

(3) 지질과 탄수화물

아동기 전반의 체구성은 유아기의 체구성과 거의 비슷하다. 즉, 유아기에 들어서면서 14~18%로 감소한 체지방률이 아동 전반기까지 유지된다. 아동기 후반에 들어서면 사춘기의 급성장을 준비하기 위해 체지방률이 점차 증가하여 지방조직의 만회가 일어난다. 이때 성별에 따른 체지방량의 차이는 점차 뚜렷해져 남아는 여아에 비해 더 많은 제지방량(fat free mass)을 갖는 반면, 여아는 체지방량의 비율이 높다.

지방은 단위 중량당 에너지 효율이 높을 뿐만 아니라 필수지방산의 공급원인

지방조직의 만회(adiposity rebound) 유아기에 낮아졌던 체지방량이 아동기에 증가하는 정상적인 성장현상

동시에 지용성 비타민의 흡수를 위해 필수적인 영양소이다. 아동기에는 에너지 섭취량이 높은 데 비해 한 번에 섭취하는 식사량은 비교적 적기 때문에 충분한 에너지를 공급하기 위해서는 적정량의 지방 섭취가 필요하다. 우리나라 아동의 지질 및 탄수화물의 2020 한국인 영양섭취기준은 다음과 같다(표 6-3).

두 영양소의 에너지 적정섭취비율은 탄수화물이 55~65%, 지질은 15~30%이며, 포화지방산은 8% 미만, 트랜스지방산은 1% 미만으로 설정하였다. 그러나 포화지방이나 콜레스테롤을 많이 함유하고 있는 동물성 지방의 섭취는 어느 정도 제한하는 것이 바람직하다.

표 6-3 우리나라 아동의 1일 지방산, 탄수화물 및 식이섬유 영양섭취기준

성별	연령 (세)	지방산 충분섭취량			탄수화물		식이섬유(g)
		리놀레산(g)	알파-리놀렌산(g)	EPA+DHA(mg)	평균필요량 (g)	권장섭취량 (g)	
남	6~8	9.0	1.1	200	100	130	25
	9~11	9.5	1.3	220	100	130	25
여	6~8	7.0	0.8	200	100	130	20
	9~11	9.0	1.1	150	100	130	25

(4) 무기질

무기질은 아동의 정상적인 성장과 발달에 반드시 필요하다. 무기질의 섭취가 부족한 경우에는 성장속도가 느려지고, 골격의 석회화와 철의 저장이 불충분하여 골격성장저해나 철 결핍성 빈혈 등이 유발될 수 있다.

칼슘은 아동기 동안 이루어지는 골격 생성과 발달, 유치의 영구치로의 전환 등을 고려할 때 특히 중요한 무기질이다. 칼슘의 섭취가 부족하면 뼈 조직의 구성과 성장이 위축되어 경련(tetany), 구루병(rickets), 골연화증 또는 골다공증과 같은 결핍증이 나타날 수 있다. 노년기의 골다공증을 예방하기 위해서는 성장기 동안 칼슘을 충분히 섭취하여 최대골질량을 확보하는 것이 중요하다. 우리나라 아동의 칼슘 권장섭취량은 성장이 계속되고 뼈의 석회화가 많이 일어나는 것을 고려하여 남녀 구분 없이 6~8세는 1일 700mg으로, 9~11세는

최대골질량(peak bone mass)
성장기 동안 골질량이 점차 증가해 성인기에 얻어지는 최대치

표 6-4 우리나라 아동의 1일 주요 무기질 영양소섭취기준(권장섭취량 및 충분섭취량)

성별	연령 (세)	칼슘 (mg)	인 (mg)	마그네슘 (mg)	철 (mg)	아연 (mg)	구리 (μg)	불소* (mg)	망간* (mg)	요오드 (μg)	셀레늄 (μg)
남	6~8	700	600	160	9	5	470	1.3	2.5	100	35
	9~11	800	1,200	230	11	8	600	1.9	3.0	110	45
여	6~8	700	550	150	9	5	400	1.3	2.5	100	35
	9~11	800	1,200	210	10	8	550	1.8	3.0	110	45

* 충분섭취량
자료: 한국영양학회·보건복지부(2020). 한국인 영양소섭취기준.

800mg으로 성인의 수준과 거의 동일하게 설정되었다(표 6-4).

아동의 철 요구량은 성장속도, 철 저장량, 성장에 따른 혈액량의 증가 등으로 인해 높은 편이다. 우리나라 아동의 철 권장섭취량은 6~8세는 남녀 모두 9mg이고, 9~11세는 남아 11mg, 여아 10mg으로 설정되었다.

아연은 정상적인 단백질 합성과 성장에 필수적이다. 성장기에 아연이 충분히 공급되지 않으면 신체에 저장된 아연이 고갈되어 혈장의 아연 농도가 낮아진다. 우리나라 아동의 하루 아연 권장섭취량은 남녀 구분 없이 6~8세는 5mg, 9~11세는 11mg으로 설정되어 있다.

최근 항산화 영양소의 중요성의 증가되고 있다. 무기질 중 유일하게 항산화 작용을 하는 셀레늄의 권장섭취량은 남녀 공통으로 6~8세에는 35μg, 9~11세에는 45μg으로 설정되었다(표 6-4).

(5) 비타민

무기질과 마찬가지로 비타민 역시 아동의 정상적인 성장과 발육에 대단히 중요한 영양소이다. 우리나라 아동의 연령별 비타민 영양소섭취기준은 다음과 같다(표 6-5).

비타민 A의 권장섭취량은 각각 6~8세에서 남아는 450μg, 여아는 400μg RAE/일이며, 9~11세에서 남아는 600, 여자는 550μg RAE/일로 설정되어 있다. 일광 조사량이 부족한 환경에 놓인 아동들은 비타민 D의 섭취량이 부족한데, 아동기의 정상적인 골격 성장을 위해서는 충분한 비타민 D가 필요하다.

표 6-5 우리나라 아동의 1일 주요 비타민 영양소섭취기준(권장섭취량 및 충분섭취량)
표 6-5 우리나라 아동의 1일 주요 비타민 영양소섭취기준(권장섭취량 및 충분섭취량) (단위/일)

성별	연령(세)	비타민 A (μg RAE)	비타민D* (μg)	비타민 E* (mg α-TE)	비타민 K* (μg)	비타민 C (mg)	티아민 (mg)	리보플라빈 (mg)	니아신 (mg NE)	비타민B6 (mg)	엽산 (μg DFE)	비타민 B12 (μg)	판토텐산* (mg)	비오틴* (μg)
남	6~8	450	5	7	45	50	0.7	0.9	9	0.9	220	1.3	3	15
	9~11	600	5	9	55	70	0.9	1.2	11	1.1	300	1.7	4	20
여	6~8	400	5	7	40	50	0.7	0.8	9	0.9	220	1.3	3	15
	9~11	550	5	9	55	70	0.9	1.0	12	1.1	300	1.7	4	20

* 충분섭취량

자료: 한국영양학회·보건복지부(2020). 한국인 영양소섭취기준.

비타민 C의 권장섭취량은 남녀 구분 없이 6~8세는 50mg, 9~11세는 70mg으로 설정되어 있다. 일반적으로 과일과 채소를 적게 섭취하는 아동들은 비타민 A와 C의 섭취량이 부족하기 쉽다. 또 우유의 섭취량이 제한된 식사를 하는 아동들은 비타민 B_2가 부족하기 쉽다.

3. 아동의 식생활관리

아동의 하루 영양필요량을 충족시키기 위해서는 어린이를 위한 식생활지침(부록 참조)과 1일 식사구성안에 맞추어 균형 잡힌 식사를 공급하여야 한다. 이 시기에는 일상생활에 학교생활이 포함되므로 비교적 규칙적인 식생활이 가능하다. 따라서 아침, 점심, 저녁의 세끼 식사가 확립된 만큼 매 끼니의 내용을 충실하게 구성해야 할 것이다. 아동의 1일 영양필요량은 신체 크기와 비교할 때 성인보다 많기 때문에 세끼 식사량은 매우 중요하며, 한끼라도 거르면 권장섭취량을 충족하기 어렵다. 특히 아침식사는 학습활동에 영향을 미치므로 거르지 않도록 한다. 또한 세끼에서 채우지 못한 영양소를 간식을 통해서 채울 수 있도록 식단을 계획한다(표 6-6, 6-7).

표 6-6 6~11세 남아의 권장식단(1,900kcal, A타입)

(회 분량)

메뉴	분량	아침 쌀밥 호박된장국 달걀찜 감자피망볶음 김구이	점심 잡곡밥 어묵국 두부구이 깻잎간장조림 오이생채	저녁 현미밥 미역국 데리야키치킨 숙주나물 시금치나물 배추김치	간식 우유 과자 바나나요구르트
곡류	3회	쌀밥 170g(0.8) 감자 140g(0.3)	잡곡밥 170g(0.8)	현미밥 170g(0.8)	과자 20g(0.3)
고기·생선· 달걀·콩류	3.5회	달걀 60g(1)	어묵 30g(1) 두부 40g(0.5)	닭고기 60g(1)	
채소류	7회	애호박 35g(0.5) 당근, 양파 14g(0.2) 피망 35g(0.5) 김 2g(1)	무 35g(0.5) 깻잎 21g(0.3) 오이 70g(1)	미역 15g(0.5) 숙주 35g(0.5) 시금치 70g(1) 배추김치 40g(1)	
과일류	1회				바나나 100g(1)
우유·유제품류	2회				우유 200mL(1) 요구르트(액상) 150mL(1)

자료: 한국영양학회(2020). 한국인 영양소섭취기준.

표 6-7 6~11세 여아의 권장식단(1,700kcal, A타입)

(회 분량)

메뉴	분량	아침 참치샌드위치 감자브로콜리샐러드 오이피클 우유	점심 김치볶음밥 달걀프라이 콩나물국 시금치나물	저녁 흑미밥 사골국 두부양념조림 미역줄기볶음 총각김치	간식 포도 호상요구르트
곡류	2.5회	식빵 70g(0.6) 감자 70g(0.15)	쌀밥 170g(0.8)	흑미밥 170g(0.8) 국수(말린 것) 15g(0.15)	
고기·생선· 달걀·콩류	3회	참치통조림 60g(1)	달걀 60g(1)	쇠고기 18g(0.3) 두부 56g(0.7)	
채소류	6회	브로콜리 35g(0.5) 오이 35g(0.5)	배추김치 40g(1) 콩나물 35g(0.5) 시금치 63g(0.9)	대파 7g(0.1) 양파 35g(0.5) 미역줄기 30g(1) 총각김치 40g(1)	
과일류	1회				포도 100g(1)
우유·유제품류	2회	우유 200g(1)			요구르트(호상) 100g(1)

자료: 한국영양학회(2020). 한국인 영양소섭취기준.

(1) 식사 구성 및 식단

- 에너지 필요량은 세끼 식사를 통해 공급하되, 어려울 경우에는 간식을 포함하여 적당히 배분한다. 1회 섭취량은 개인의 소화능력에 맞추어 조정한다.
- 한 끼를 구성하는 식단에는 식사구성안의 각 식품군이 포함되도록 한다. 즉 고기, 생선, 달걀, 콩 등 질 좋은 단백질 식품과 칼슘 공급을 위한 하루 두 컵 이상의 우유 및 유제품, 비타민과 미네랄을 공급해주는 녹황색 채소와 과일을 중심으로 다양한 식사 구성이 필요하다.
- 지방, 포화지방, 콜레스테롤, 나트륨을 어느 정도 제한하여 식사의 질을 높이도록 한다. 지방과 콜레스테롤 섭취량은 적당해야 하지만, 고지방 식품이나 튀긴 음식은 어느 정도 제한한다.
- 영양밀도가 낮은 탄산음료, 사탕, 튀김과자 등은 후식이나 간식으로도 포함시키지 않도록 하며, 이외에도 단 음식, 짠 음식 또는 자극성이 강한 음식은 제한한다. 총 당류 섭취량을 총 에너지 섭취량의 10~20%로 제한하고 특히 식품의 조리나 가공 시 첨가하는 당은 총 에너지의 10% 이내로 허용하도록 한다.
- 식이섬유, 비타민 및 무기질이 풍부한 채소, 과일, 해조류 등을 충분히 섭취한다.

(2) 식행동발달

아동기는 올바른 식행동이나 식습관을 갖도록 지도하기에 가장 적합한 시기다. 아동기에는 유아기와 달리 스스로 식품을 선택하게 되고, 식품에 대한 기호도가 확립되기 때문이다. 표 6-8은 피아제의 심리발달이론과 관련지어 아동의 식행동발달의 내용을 제시한 것이다.

학령기 아동들은 식생활에 관한 기본 지식이나 기초적인 영양지식을 교육을 통해 이해할 수 있게 된다. 대부분의 아동은 학교에서 많은 시간을 보내기 때문에 선생님이나 친구들의 충고를 잘 받아들이게 된다. 학교급식을 통한 영양교육의 효과 또한 식행동발달에 미치는 영향이 크다고 평가된다. 그러나 이 시기에도 부모의 식습관이나 식생활에 대한 태도, 식행동 또는 영양지식이 아동

표 6-8 피아제의 인지발달이론과 식행동 관련성

발달기간	인지적 특성	식행동 특성
7~11세	• 동시에 여러 상황에 집중할 수 있다. • 원인-효과 이론이 더 합리적이고 체계화된다. • 분류, 재분류, 일반화하는 능력이 나타난다. • 자기중심성이 감소하면서 다른 사람의 의견을 받아들인다.	• 영양이 풍부한 식품이 성장과 건강에 이롭다는 것을 깨닫기 시작하지만 그 기전에 대한 이해는 부족하다. • 식사시간이 사회적인 중요성을 갖는다. • 식품 선택의 기회와 영향인자들이 많아진다(예: 친구들의 영향이 증가한다).
11세~	• 가설적이고 추상적인 생각이 넓어진다. • 과학적이고 이론적인 과정에 대한 이해가 깊다.	• 식품기능에서 영양소의 개념을 생리적·화학적 수준에서 이해할 수 있다. • 식품 선택에서 갈등을 느낀다(예: 식품의 영양가에 대한 지식과 비영양적인 식품기호 사이의 갈등).

자료: Mahan LK and Escott-Stump S(2000), Krause's Food, Nutrition, & Diet Therapy(10th ed). p.244.

에게 상당한 영향을 미치는 것임에는 틀림없다. 부모들은 영양교육이나 역할모델을 통해 음식의 중요성뿐만 아니라 매끼 식사의 중요성을 인식시키고, 올바른 식습관을 형성하고 식사예절을 갖추도록 세심한 관심을 기울여 지도해야 한다.

(3) 식행동에 영향을 미치는 요소

아동기의 식행동에 영향을 미치는 요소로는 대중매체, 또래 친구, 부모의 식습관, 질환, 신체상 등이 있다.

대중매체

근래 대중매체를 통한 가공식품의 광고효과는 상상을 초월한다. 아동은 좋아하는 스포츠 선수나 연예인과 같은, 그들이 우상처럼 생각하는 다양한 계층의 인물들과의 직·간접적인 접촉을 중요하게 여긴다. 초등학교 어린이의 경우, TV나 잡지 광고에 매우 민감하며 이를 대개 무비판적으로 수용한다. 따라서 이들 매체에 등장하는 식품광고는 내용의 진위와 관계없이 어린이의 식품 선택에 큰 영향을 미친다. 여러 연구결과를 종합한 결과, 대부분의 어린이는 식품에 대한 TV 광고를 보면서 사 먹고 싶은 충동을 느낀다고 한다. 우리나라에서는 '어린이 식생활안전관리 특별법'으로 어린이들이 TV를 많이 시청하는 오후 5~9시

사이에는 고에너지·저영양 식품의 광고를 금지하
고 있다(그림 6-4).

또래 친구

아동들은 하루 대부분의 시간을 학교에서 보내
지만 그 외에도 특별활동, 취미활동, 스포츠, 또
는 레크리에이션 프로그램에 참가한다. 그들은
친구나 연예인의 식품기호에 따라 특정 식품을
거절하거나 유행하는 식품을 요구하기도 한다.
이러한 현상의 긍정적인 측면은 새로운 음식을
시도해보게 된다는 것과 좋은 식습관을 가지고
있는 친구를 역할모델로 삼을 수 있다는 점이다.
반대로 좋지 않은 영향을 끼치는 경우도 있지만,
아동기에는 또래 집단이나 그들이 좋아하는 인기인들의 영향이 크다는 점을
인식하고 이에 적절히 대처해야 한다.

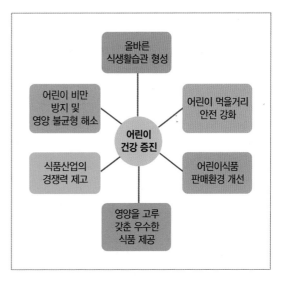

그림 6-4 **어린이 식생활안전관리 특별법의 중점 관리사항**

부모의 식습관

가족의 식습관과 식사 패턴은 아동의 식품 선택에 가장 큰 영향을 미친다. 특
히, 식사를 준비하는 부모의 식품기호는 아동의 식품 선택에 직접적으로 영향
을 준다. 일반적으로 아동들은 반복적으로 제공되어 익숙해진 식품에 대한 수
용도가 높다. 즉, 부모가 지방 함량이 높은 육류 중심의 식단을 선호해서 과일
과 채소가 적은 식사를 주로 제공한다면, 아동은 육류 중심의 식사에 익숙해
진다. 여러 연구에 의하면 아동기 초기에 형성된 식습관은 적어도 청소년기까
지 지속된다고 한다. 따라서 건강에 좋지 않은 영향을 미칠 수 있는 식습관 형
성을 막기 위해서는 부모가 먼저 정확한 영양정보를 알고 올바른 식습관의 모
델이 되어야 한다.

질환

급성이건 만성이건 질환을 가진 아동은 보통 식욕이 감퇴하며 식품 섭취가 제

한된다. 바이러스나 박테리아로 인한 급성 질병은 단기간에 치료되지만 이때 어린이는 수분, 단백질, 또는 다른 영양소를 많이 필요로 하게 된다. 한편 천식, 선천성 심장질환, 간질환 등과 같은 만성질환을 가진 어린이는 일반적으로 최적의 성장에 필요한 영양소를 확보하기 어려우며 식사요법이 필요한 경우가 많다. 특별한 식사를 필요로 하는 질환(당뇨, 페닐케톤뇨증) 등의 경우는 허용되는 식품의 종류에 상당한 제한을 받는다. 이 경우 대부분의 아동은 식행동이나 처방된 식사에 반항하게 된다. 특히, 사춘기에 접어들 때는 더욱 저항적인 태도를 보인다.

신체상

신체상(body image)이란 자신의 몸에 대한 '머릿속에 떠오르는 모습'을 말한다. 바꿔 설명하면, 자신의 몸을 어떻게 생각하고 느끼는지에 관한 것이다. 아동은 자신의 체형을 비만한 쪽으로 과장되게 지각하는 비율이 높았으나, 성인이나 청소년에게 나타난 체형과 체중에 대한 왜곡현상만큼 심하지는 않았다. 한편 여아는 남아보다 자신의 체형을 실제보다 확대 해석하는 경향이 있었다.

(4) 아동기의 식생활문제

아동기의 식생활문제로는 아침 결식, 군것질과 매식, 영양방임 등이 있다.

아침 결식

저녁 식사 이후 밤 동안에는 장시간 공복상태가 되므로 체내에 저장되었던 글리코젠이 고갈된다. 그러므로 아침 식사를 통해 글리코젠 저장량을 재충족시키고 활동에 필요한 에너지를 공급해야 한다. 우리나라의 2014년도 국민건강영양조사 결과를 보면 아동(6~11세)의 아침 결식률이 약 11.5%나 되는 것으로 나타났다.

아침을 거르는 아동은 아침을 먹는 아이들보다 에너지와 기타 영양소를 적게 섭취한다. 아침을 결식하는 아동을 대상으로 수행한 많은 연구결과에서 아침 결식이 주의집중력 저하, 학습능력 저하, 학교에서의 체육활동이나 놀이활동에 대한 흥미 저하를 초래한다는 점이 나타났다.

우리나라 아동의 아침 결식의 주요 원인은 ① 식욕이 없고 반찬이 맛없음, ② 시간이 없음, ③ 늦잠을 잠 등이었다. 아침 식사는 대체로 식품의 종류나 음식, 조리법 등이 제한되어 있으므로 아동이 싫증을 내기 쉽다. 따라서 어린이들이 좋아할 만한 간편하면서도 다양한 종류의 아침 식사 메뉴를 개발할 필요가 있다.

군것질과 매식

아동기에도 유아기와 마찬가지로 아침, 점심, 저녁의 세끼의 식사만으로는 필요한 에너지와 영양소를 충분히 공급하기 어렵다. 그러므로 가벼운 식사로서의 간식이 필요하다. 또 간식은 친구들과의 교류나 모임에서 긴장 완화나 기분 전환, 화목한 정서 형성 등의 사회적 역할도 한다.

그러나 우리나라 아동들이 군것질로 섭취하는 대부분의 음식물은 떡볶이, 어묵이나 소시지, 튀김류 등이며 이것을 먹기 위해 아동이 학교나 학원가에 있는 비위생적인 간이 길거리 음식점을 이용하는 경우가 많다. 이러한 간식 섭취는 무계획적이고 충동적이어서 불규칙적이고 비위생적이며 영양불균형을 초래하는 등 여러 가지 영양문제를 일으킬 수 있다. 간식은 ① 정해진 시간에, ② 과식하지 않으며, ③ 자주 먹지 않으며, ④ 농축된 당질과 지방 식품은 피하며, ⑤ 위생적이어야 한다. 특히 아동은 부모보다 친구나 교사의 충고를 더 잘 받아들이므로 학교생활에서의 식생활교육이 매우 중요하다.

영양방임

현대사회의 가족 구조는 과거와 달리 핵가족이면서 부모 모두 직업을 가진 경우가 많으며, 결손가정 또한 날로 증가하는 추세다. 상당수의 아동이 바쁜 부모의 무관심 속에 혼자 식사를 해결하는 경우가 많아 어린이의 영양방임이 심각한 식생활 문제로 거론되고 있다. 영양방임에서 가장 문제가 되는 것은 불규칙한 식생활이다. 영양방임상태의 아동은 집에서 혼자 아무 때나 식사를 하며 편이식품, 인스턴트 가공식품, 냉동식품 등에 의존하게 된다. 이처럼 불규칙한 식생활은 사회적·심리적 발달에 좋지 않은 영향을 미칠 수 있으며, 식사내용면에서도 지질, 단순당, 소금 또는 식품첨가물을 많이 섭취하기 쉽다.

영양방임(nutritional neglect)
부모나 어린이를 돌보는 사람이 아동의 영양상태 파악이나 식생활을 소홀히 하고 방치하는 것

편이식품(convenient food)
조리과정이 거의 필요하지 않은 음식

이러한 영양방임은 자라나는 어린이들에게 만성질환의 이환율 증가와 성장 저해 등을 초래할 뿐만 아니라 학습장애, 주의력 결핍과 과잉행동, 비행과 폭력 등과 여러 가지 보건·사회문제도 유발한다. 따라서 어린이의 영양방임이 아동 기뿐만 아니라 평생 건강에 영향을 미칠 수 있다는 사실을 인식해야 한다.

4. 아동의 영양소 섭취현황 및 영양 관련 문제

아동기에는 학교에서 규칙적인 생활을 하고 단체급식을 하므로 다른 생애주기 보다 식생활 패턴을 예측하기 쉽다. 그러나 부모의 간섭 없이 아동 스스로 음 식을 구입할 수 있고, 다양한 식사환경에 노출되어 이에 따른 식생활문제나 영 양문제가 야기될 수 있다. 아동의 식생활문제로는 아침 결식, 과식, 편식, 매식, 과도한 군것질, 불규칙적인 식사 등이 있다. 아울러 영양 관련 문제로는 성장장 애, 과체중과 비만, 철 결핍성 빈혈, 주의력결핍 과잉행동증 등이 있다. 아동기 의 잘못된 식사 패턴이 성인기에 심장혈관질환등의 만성퇴행성질환을 유발할 수 있다는 점이 확인되고 있다. 아동을 대상으로 한 건강과 식생활에 관한 교 육이 절실히 필요한 때이다.

(1) 영양소 섭취현황

2014년 국민건강영양조사 결과, 우리나라 아동은 칼슘을 제외하고, 에너지와 모든 영양소의 경우 영양소섭취기준을 달성한 것으로 평가되었다(그림 6-5). 아동의 칼슘섭취량은 영양소섭취기준의 권장섭취량 대비 남아는 73.3%, 여아 는 60%였고, 평균필요량 미만을 섭취한 어린이가 73.4%에 달했다. 에너지의 섭 취는 부족한 경우보다 과잉인 경우가 더 많았다. 에너지 섭취량이 필요추정량 의 125% 이상을 섭취한 분율은 31%였고, 에너지 섭취량이 필요추정량의 125% 이상이면서 지방 섭취량이 에너지적정비율을 초과한 분율도 10.1%로 나타났 다. 반면에 에너지 섭취량이 필요추정량의 75% 미만이면서 칼슘, 철, 비타민 A, 리보플라빈, 비타민 C의 섭취량이 평균필요량 미만인 분율은 2.2%였다.

(2) 영양 관련 문제

아동기의 영양 관련 문제로는 과체중과 소아비만, 철 결핍성 빈혈, 영양불량과 성장장애, 충치, 주의력결핍 과잉행동증, 만성질환 위험요소 등이 있다.

과체중과 소아비만
과체중과 비만상태의 아동 인구가 우리나라를 비롯하여 선진국을 중심으로 날로 증가하고 있다. 유전, 환경, 그리고 생활양식 모두가 소아비만 발생에 중요한 역할을 한다. 비만인 부모는 아동에게 과체중이 될 수 있는 유전적 성향을 물려줄 뿐만 아니라 그들의 좋지 않은 식습관과 운동습관을 자녀가 따르게 하기 쉽다. 따라서 유전적으로 비만 소인을 가진 어린이들도 올바른 영양과 운동습관의 실천으로 비만이 되지 않도록 유의해야 한다.

2014 국민건강영양조사 결과에 드러난 우리나라 초등학교 아동의 비만 이환율을 살펴보면 남아의 9.8%가 과체중이었으며 5.6%가 비만으로 나타났다. 여아의 경우 과체중이 11.5%, 비만은 6.2%였다. 지난 20여 년 동안 에너지 섭취가 크게 증가하지 않았지만, 운동량은 크게 감소하였으므로, 식사량의 증가보다는 운동 부족이 비만율 증가의 주요 원인으로 생각된다. 즉, TV와 컴퓨터 이

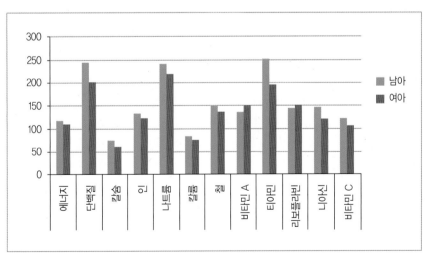

그림 6-5 아동의 영양소섭취기준에 대한 섭취비율
자료: 보건복지부(2016). 2014 국민건강영양조사.

용으로 스크린타임이 증가하였고 과외 공부 등으로 놀이시간이 줄었으며, 환경의 안전성문제로 어린이들이 밖에서 자유롭게 놀지 못하게 되었기 때문이다.

성장하는 어린이들의 비만 정도를 결정하기는 쉽지 않다. 왜냐하면 사춘기 이전의 아동들은 성장발달과정에서 생리적인 이유로 체중이 많이 나가거나 체지방량이 많을 수 있지만 이러한 상태가 영구적이지는 않기 때문이다. 아동을 위한 과체중과 비만 판정기준은 현재까지 적절하게 개발된 것이 없다. 현재 우리나라의 국민건강영양조사에서는 '2007년 소아·청소년 성장도표'의 연령별 체질량지수를 기준으로 백분위수 85 이상 95 미만이면서 체질량지수 $25kg/m^2$ 미만인 경우 과체중으로, 백분위수 95 이상 또는 체질량지수 $25kg/m^2$ 이상인 경우 비만으로 분류하고 있다.

비만아를 관리하고 치료하기 위해서는 우선 의사, 교사, 양호교사, 영양교사 및 보호자의 협력이 필요하다. 또 비만의 원인과 정도, 비만에 따른 체력 및 대사이상을 정확히 판정하여 각 어린이에게 적합한 구체적인 관리계획과 치료방침을 세워야 한다. 소아비만의 치료방침은 열등감을 없애주는 심리지도, 규칙적인 전신운동, 탄수화물과 지방 섭취량을 조정한 에너지 제한식사를 기본으로 한다. 즉, 소아비만의 예방과 치료를 위해서는 ① 행동수정요법, ② 운동요법, ③ 식사요법 등을 기본으로 해야 한다.

한편 과체중이거나 비만인 아동들을 치료하는 데 있어 역효과의 우려가 있는 다음의 사항은 피해야 한다. 즉, 특정 식품을 적게 먹게 하거나, 자주 먹는 식품 중 하나를 많이 먹지 못하게 하거나, 외부의 기대를 충족하지 못했다고 야단치거나, 내부의 식욕과 포만감을 무시하는 것은 좋지 않다. 이는 오히려 박탈감과 고립감을 느끼게 하고, 무질서한 식습관(폭식, 거식)의 위험을 증가시킬 수 있다. 또 점차 자긍심을 잃게 하여 비만상태가 지속될 우려가 있다.

철 결핍성 빈혈

빈혈이란 철 결핍이 좀 더 진행되어 저장철이 고갈되고 임상적인 증상을 나타내는 상태를 말한다. 그러므로 빈혈이 나타날 즈음이면 철이 요구하는 생리적인 기능이 이미 손상된 상태이다. 어린이에게 철이 결핍되면 지적 발달이 저해될 수 있으며, 학습동기가 감소되고 학습의욕이 떨어진다. 또 면역능력도 저하되어 자주 앓게 된다. 따라서 아동의 철 영양상태에 특별히 관심을 가져야 한다. 빈혈을 예방하고 치료하기 위해서는 철뿐만 아니라 조혈영양소인 단백질, 비타민 B_{12}, 엽산, 비타민 C 등도 충분히 섭취하게 해야 한다.

영양불량과 성장장애

저체중이나 성장지연은 주로 에너지, 단백질, 비타민, 요오드 결핍 등으로 인해 발생한다. 영양불량은 성장지연뿐만 아니라 감염과 질병에 대한 저항력 감소, 학습능력의 저하 및 행동장애를 일으키기 쉽다. 사회적·경제적 상태가 아동들에게 적절한 영양을 공급하는 결정적 요인이므로 빈곤층의 아동은 영양불량에 걸릴 확률이 높다.

우리나라에서도 저소득층과 특정한 소수의 아동이 영양불량으로 인해 여전히 고통받고 있으나, 근래에 와서 단백질-에너지 영양불량(protein-energy malnutrition, PEM)으로 인한 영양결핍 증상은 거의 찾아볼 수 없게 되었다. 그러나 칼슘, 철, 비타민 A 등 특정 영양소 섭취량이 1일 권장섭취량의 75%에 미치지 못하는 어린이의 수가 절반 이상을 차지하고 있다.

충치

치아는 섭취한 음식을 소화시키는 첫 관문으로, 치아의 건강상태는 성장기뿐만 아니라 전 생애 동안 개인의 영양상태에 큰 영향을 미친다. 아동기는 유치가 빠지고 영구치가 나기 시작하는 시기이므로, 이 시기의 치아관리는 매우 중요하다. 충치는 식생활과 관련된 질환 중에서 가장 흔한 증상이다. 일단 치아가 부식되면 식사의 성분 및 산 생성 박테리아(streptococcus mutans), 타액이 영향을 끼친다.

충치 발생의 원인이 되는 식사 요소로는 식품의 점성과 같은 물리적 요소와 식품의 성분, 즉 설탕, 포도당, 맥아당 등의 당질 등이 있으며 섭취량보다는 섭취 빈도가 충치 발생에 더 큰 영향을 준다. 충치 발생을 예방하기 위해서는 ① 구강 내 세균 번식 억제, ② 단순당의 섭취 제한, ③ 치아의 청결과 유지관리, ④ 충분한 영양 섭취(단백질, 칼슘, 마그네슘, 불소 등)가 중요하다.

주의력결핍 과잉행동증

주의력결핍 과잉행동증(attention deficit hyperactivity disorder, ADHD)은 보통 과잉행동증(hyperactivity)으로 불린다. 이 증상의 진단은 과도한 운동성, 충동성, 집중력 부족, 끈기 부족, 좌절을 견디지 못함 등의 특성에 기초하여 임상적으로 한다. 보통 유아기부터 시작되며, 유치원이나 초등학교에 입학하여 규칙적인 생활을 하면서 증세가 두드러지는 경향이 있다. 학령기 아동의 5% 정도가 과잉행동증의 양상을 보인다.

주의력결핍 과잉행동증의 원인으로는 유전, 식사, 환경 등의 요인이 복합적으로 작용하는 것 같으나 아직까지 그 원인이 자세히 밝혀지지 않았다. 일부 식사요인, 즉 식품첨가물, 인공색소나 향미료, 감미료나 정제당, 카페인 등의 과다 섭취가 과잉행동증의 원인이 될 수 있다.

영양실조, 배고픔, 아침 결식, 불규칙한 식생활 등도 아동의 집중력 저하나 학습능력장애와 같은 행동 변화를 일으키게 할 수 있다. 따라서 주의력결핍 과잉행동증을 예방하거나 완화시키기 위해서는 설탕과 가공식품의 섭취를 제한하고 다양한 자연식품으로 조리된, 영양적으로 균형 잡힌 식사를 제공해야 한다.

만성질환 위험요소

만성질환 또는 성인병으로 알려져 있는 심장질환, 암, 골다공증 등의 발병은 아동기에 그 뿌리를 두고 있다. 그러므로 이들 만성질환의 예방과 발병의 지연을

파인골드 식사

1970년대 초반에 소아 알레르기 전문의사 파인골드(Feingold)는 많은 어린이들이 식품에 함유된 살리실산염, 인공색소 그리고 향미성분 때문에 과잉행동을 보였다고 보고하였다. 또 과잉행동증의 유아들을 조사한 한 연구에서는 전체 식사를 파인골드 식사(Feingold diet; 살리실산염·인공색소·향미성분 및 식품보존제 제거식)로 대체하고 추가로 어린이들에게 좋지 않은 특정 식품을 제거하였을 때 행동 개선에 긍정적인 효과를 보였다고 하였다. 그러나 한편으로는 이들 성분의 제한식사가 어린이의 행동을 변화시키거나 또는 과잉행동증을 개선하는 뚜렷한 효과를 보이지 않았다고 하여 논란의 여지를 남겼다.

위해서는 어린 시기부터 위험인자를 감소시키는 것이 중요하다. 심혈관계질환과 관련 있는 동맥경화증, 고지혈증, 고혈압, 비만 등의 증상은 유전적 소인이 있는 경우에 아동기부터 시작된다고 알려져 있다. 이들 증상의 발생과 관련된 아동기의 식습관은 성인기까지 계속되는 경향을 보인다.

아동기의 높은 혈압은 성인기에 고혈압으로 나타나기 쉽다. 혈압의 상승은 과도한 체지방, 운동량의 감소 또는 나트륨의 과다 섭취와 관련되므로 아동의 식생활과 생활양식에서 이들 요인을 피해야 하며, 가족력이 있는 경우 더욱 중요하게 다루어야 한다. 성인과 마찬가지로 활동적인 생활양식과 건강체중 유지, 적정 수준의 나트륨 섭취와 곡류, 과일 및 채소가 풍부한 식사가 정상 혈압 유지를 위해 권장된다.

만성질환, 특히 암을 예방하기 위해서는 어린 시절에 좋은 식습관을 들여야 한다. 아동의 식사는 과량의 체지방 축적 없이 최적의 성장과 발달을 이루도록 적절한 에너지를 제공해야 하며 과일과 채소, 전곡류와 그 제품, 저지방 유제품, 콩류, 지방이 적은 살코기, 생선, 가금류의 섭취가 강조되어야 한다. 이러한 식사는 총 지방은 과다하지 않고 식이섬유와 베타카로텐 및 다른 건강기능성 성분(phytochemicals)을 많이 함유하고, 또한 영양밀도가 높으므로 바람직하다.

5. 아동기의 신체활동

아동의 신체활동은 에너지 균형 유지, 근육 발달, 비만 예방 등 건강 증진에 중요한 필수 요소이다. 2014 생활시간조사 결과(통계청)에 의하면, 우리나라 초등학생이 스포츠 레포츠활동에 할애한 시간이 2009년에는 19분, 2014년에는 22분으로 나타났다. 이에 비해 컴퓨터, 모바일 게임, 개인 취미활동을 포함하는 기타 여가활동은 2009년에는 1시간 14분, 2014년에는 1시간 45분으로 31분 증가하였다. 스크린타임은 늘어나는 반면 신체활동은 크게 늘어나지 않은 것이다. 건강 증진을 위해서는 60분 이상의 신체활동이 필요하며, 일상생활에서 신체활동량을 늘리는 방법은 다음과 같다(그림 6-6).

	늘 해야 할 것 가능하면 자주 움직이기
	좀 더 해야 할 것 심장을 좀 더 뛰게 하기
	충분히 해야 할 것 스트레칭과 근육 만들기
	피해야 할 것 앉아서 놀기

그림 6-6 일상생활에서 신체활동량을 늘리는 방법

6. 학교급식

학교급식이란 학교에서 학생들에게 공급하는 식사로, 영양적으로 균형 잡힌 식사를 제공하여 체위와 체력을 향상시키고 영양교육 프로그램을 통해 올바른 식생활 습관을 형성함으로써 평생 건강의 기반을 제공하려는 목적을 갖는다.

(1) 학교급식의 목표

우리나라의 학교급식은 1953년에 전쟁 재해아동 구호를 위해 국제아동기금(UNICEF), 미국 원조물자발송협회(CARE), 미국 국제개발처(US AID) 등 외국

기관의 원조로 시작되었다. 외국의 원조가 종료되고 1973년부터는 정부 시책으로 국고 지원 또는 개인 부담하에 빵급식, 우유급식, 농어촌 학교 자체급식, 도시학교 시범급식 등 다양한 형태의 학교급식이 이루어져왔다.

1981년에 제정된 '학교급식법'은 "학교급식의 질을 향상시키고 학생의 건전한 심신의 발달과 국민 식생활 개선에 기여함을 목적"으로 하였다. 초등학교 급식은 1998년부터, 고등학교 급식은 1998~1999년에 전면 실시되었고, 중학교 급식은 2002년까지 급식시설을 확대하여 2003년부터는 전국의 모든 초·중·고등학교에서 학교급식을 실시하게 되었다. 2014년 기준, 1만 1,000여 개의 각급 학교에서 급식을 실행하고 있으며, 전체의 약 99.7%에 해당하는 632만 명 정도의 학생이 학교급식을 제공받고 있다(표 6-9).

(2) 식사계획 및 식단

학교급식을 위한 식사계획 및 식단 구성에는 영양교사의 역할이 가장 크다. 영양교사는 식사를 계획하는 데 있어 우선적으로 우수하고 안전한 식품 선택, 합리적인 영양관리, 학생들의 식생활 기호, 철저한 위생 안전관리 등을 고려해야 한다. 우리나라의 학교급식은 '학교급식법'의 학교급식 영양관리기준(표 6-10)에 따라 식단 작성 시 다음과 같은 사항을 고려하고 있다.

- 전통 식문화의 계승·발전을 고려할 것
- 곡류 및 전분류, 채소류 및 과일류, 어육류 및 콩류, 우유 및 유제품 등 다

표 6-9 **급식학교 및 학생 수 현황**

구분	학교 수(교)			학생 수(천 명)			운영 형태(교)	
	전체	급식	%	전체	급식	%	직영(%)	위탁(%)
초등학교	5,940	5,940	100	2,745	2,744	99.9	5,939(99.9)	1(0.1)
중학교	3,185	3,185	100	1,726	1,725	99.9	3,161(99.2)	24(0.8)
고등학교	2,327	2,327	100	1,838	1,825	99.3	2,120(91.1)	207(8.9)
특수학교	167	167	100	25	24	98.2	165(98.8)	2(1.2)
합계	11,619	11,619	100	6,334	6,318	99.7	11,385(98.0)	234(2.0)

자료: 교육부(2014). 학교급식 실시현황.

표 6-10 초등학교 학교급식 영양관리기준

구분	학년	에너지 (kcal)	단백질 (g)	비타민 A (RAE)		티아민 (mg)		리보플라빈 (mg)		비타민 C (mg)		칼슘 (mg)		철 (mg)	
				평균 필요량	권장 섭취량	평균 필요량	권장 섭취량	평균 필요량	권장 섭취량	평균 필요량	권장 섭취량	평균 필요량	권장 섭취량	평균 필요량	권장 섭취량
남아	1~3학년	534	8.4	97	134	0.20	0.24	0.24	0.30	13.4	20.0	184	234	2.4	3.0
	4~6학년	634	11.7	127	184	0.27	0.30	0.30	0.37	18.4	23.4	184	267	3.0	4.0
여아	1~3학년	500	8.4	90	134	0.17	0.20	0.20	0.24	13.4	20.0	184	234	2.4	3.0
	4~6학년	567	11.7	117	167	0.24	0.27	0.27	0.30	18.4	23.4	184	267	3.0	4.0

비고: RAE는 레티놀 당량임
1. 학교급식의 영양관리기준은 한끼의 기준량을 제시한 것으로 학생 집단의 성장 및 건강상태, 활동 정도, 지역적 상황 등을 고려하여 탄력적으로 적용할 수 있다.
2. 영양관리기준은 계절별로 연속 5일씩 1인당 평균영양 공급량을 평가하되, 준수범위는 다음과 같다.
  가. 에너지는 학교급식의 영양관리기준 에너지의 ±10%로 하되, 탄수화물 : 단백질 : 지방의 에너지 비율이 각각 55~70% : 7~20% : 15~30%가 되도록 한다.
  나. 단백질은 학교급식 영양관리기준의 단백질량 이상으로 공급하되, 총공급에너지 중 단백질 에너지가 차지하는 비율이 20%를 넘지 않도록 한다.
  다. 비타민 A, 티아민, 리보플라빈, 비타민 C, 칼슘, 철은 학교급식 영양관리기준의 권장섭취량 이상으로 공급하는 것을 원칙으로 하되, 최소 평균필요량 이상이어야 한다.
자료: 학교급식법.

양한 종류의 식품을 사용할 것

- 염분·유지류·단순당류 또는 식품첨가물 등을 과다하게 사용하지 않을 것
- 가급적 자연식품과 계절식품을 사용할 것
- 다양한 조리 방법을 활용할 것

한편 학교급식 소위원회 구성을 법정화하여 학교 구성원(교직원, 학부모, 학생 대표 등)의 의견 수렴이 이루어지고 있으며, 학교 홈페이지에 쌍방향 의사소통이 가능한 급식게시판 운영, 학교급식의 질 향상을 위해 학생, 학부모, 교직원 의견 반영 등 학교급식 관련 민원 해소와 급식 만족도 제고를 위해 노력해 왔다. 그럼에도 불구하고 급식으로 제공된 음식, 특히 채소류의 섭취 증진 및 잔반 감소를 위한 다양한 연구가 필요하다.

식품의 안전관리는 학교급식의 성패를 좌우하는 중요한 사안이다. 학교급식에서 식중독이 발생하면 많은 학생이 집단으로 피해를 입게 되며, 단체급식에 대한 신뢰가 크게 손상된다. 정부에서는 2000년부터 HACCP 개념의 '학교급식 위생관리시스템'을 도입하였으며, 2013년 11월에 학교급식법령의 개정으로 알레

르기 유발식품 표시제 도입, 급식 시설세부기준 및 학교급식 위생·안전관리기준 강화로 안전관리에 역점을 두고 있다. 현재 〈학교급식 위생관리 지침서〉(제4차 개정, 2016년 1월)에 의해 관리가 이루어지고 있다.

우리나라 학교급식의 식단 내용을 평가한 연구결과들은 학교급식의 식사 균형도와 영양소 함량이 도시락에 비해 월등히 높으며, 식품의 종류가 다양하며, 학교급식에서 제공되는 우유 한 컵이 아동의 부족한 칼슘을 보충하는 데 크게 기여하고 있다고 평가하였다. 또한 저지방식, 저염식 등의 식사요법과 특별한 영양교육을 필요로 하는 아동들도 학교급식 프로그램에 참여할 수 있도록 해야 할 것이다.

(3) 영양교육

학령기 아동을 대상으로 우리나라 식문화에 맞는 실질적이고 구체적인 영양교육이 필요하다. 현재 시행 중인 영양교육 프로그램으로는 안전한 식품 선택 및 영양, 식생활교육 강화, 영양상담(체험)실 설치 및 학교 홈페이지를 활용한 사이버영양상담실 운영, 비만·당뇨·고혈압 등 식사 조절 필요 학생 및 교직원 대상 상담이 있다. 또 학교 홈페이지 및 가정통신문 등을 이용한 식생활교육 관련 정보를 제공하는 등 학교는 물론 가정, 지역사회, 나아가 국민의 식생활 개선을 선도한다면 학교급식의 목표 달성에 한 걸음 더 다가설 수 있을 것이다.

미국의 학교급식

미국의 학교 점심 프로그램(National School Lunch Program)은 1946년에 농무성(USDA) 주관으로 처음 시행되었다. 이 프로그램은 학교에서 영양적인 식사를 제공함으로써 학령기 아동들의 건강을 개선할 목적으로 설립되었다. 2012년 기준 미국 공립학교의 95% 이상이 학교급식 프로그램에 참여하였고 약 3,160만 명의 학생이 연간 116억 달러 이상의 예산을 소모하였다. 1966년에는 아침식사 프로그램(School Breakfast Program)이 시작되었다. 주 정부의 법령에 따라 저소득층 아동에게는 할인된 가격으로, 결식 아동에게는 무상으로 급식을 제공하였다.

2010년에는 '건강하고 기아 없는 어린이를 위한 법령(Healthy Hunger-free Kids Act of 2010)'에 따라 식품기준인 스마트스낵(USDA Smart Snacks in School)이 제시되었다. 이 기준에 따르면 강한 몸과 스마트한 두뇌를 구축하기 위해 학교에서 더 많은 과일과 채소, 저지방 유제품, 전체 곡물, 살코기를 제공하도록 하고 있다. 어린이가 집에서 가져오는 간식 역시 이 기준에 부합해야 하며, 교내 행사에서 제공되는 음식도 이 기준을 따라야 한다.

- 에너지: 메인 음식(Entree item) ≤ 350kcal, 간식이나 사이드 메뉴 ≤ 200kcal
- 나트륨: 메인 음식 ≤ 480mg, 간식이나 사이드 메뉴 ≤ 230mg(2016년 7월 1일부터는 200mg)
- 총 지방: ≤ 전체 에너지의 35%
- 포화지방: ≤ 전체 에너지의 10%
- 단순당류: ≤ 총당질 무게의 35%

음료의 경우 물, 탄산수는 크기 규정이 없으나 우유(저지방유, 무지방유 포함), 과일·채소주스의 경우 초등학교는 8oz 이하, 중 고등학교는 12oz 이하로 규정하고, 탄산음료(제로칼로리 음료 포함)는 초·중등학교에서 허용하지 않고 있다.

스마트스낵의 주요 내용

새 기준이 제시되기 전					새 기준이 제시된 후				
286kcal, 6개	249kcal, 2.2oz, pkg	242kcal, 1개	235kcal, 1개(1.6oz)	136kcal, 12ft.oz	170kcal, 1oz	161kcal, 스낵 백	118kcal, 1oz	95kcal, 1개(8oz)	68kcal, 4oz
초콜릿 샌드위치 쿠키	과일맛 캔디	도넛	초콜릿바	레귤러 콜라	땅콩	라이트 팝콘	저지방 토르티야칩	그레놀라바 (오트밀, 과일, 너트)	과일 100% 과일주스

CHAPTER 7

청소년기 영양

청소년기는 신체적·정신적·성적 발달이 왕성하게 일어나는 사춘기를 포함하는 시기로, 어느 생애주기보다 에너지를 비롯한 영양소 요구량이 높다. 그럼에도 불구하고, 불규칙한 생활과 과도한 학업 등으로 식사를 소홀히 하기 쉬운 때이다. 청소년기에 스스로 잘못된 식습관을 고치고, 건강한 식생활을 익히는 것은 성인기의 생활습관 질병을 예방하고 평생 건강을 지키는 데 결정적인 역할을 한다.

학습목표
청소년기의 성장발달 특성을 이해하고, 영양 특성과 영양문제를 파악하여 영양 관련 문제 해결에 활용하는 능력을 키운다.

1. 청소년의 성장발달

청소년기의 처음 2~3년간은 성장호르몬과 인슐린유사성장인자 및 성호르몬의 영향으로 성 성숙과 신체의 급격한 성장이 나타나며, 남녀의 성별에 따른 체형과 신체 조성의 특징이 자리 잡게 된다. 또 이 시기에는 청소년의 자기 주관이 확립되고 도덕적·윤리적 가치체계가 발달하게 된다.

(1) 사춘기와 호르몬 변화

청소년기 초기 2~3년 동안 성 성숙과 신체의 급격한 성장을 포함한 많은 변화들과 함께 정서적으로 불안정한 시기가 있는데, 이를 사춘기라고 한다. 사춘기의 이러한 변화는 성호르몬과 성장호르몬을 비롯한 몇몇 호르몬의 분비가 증가하면서 발생한다. 성호르몬은 성 성숙뿐만 아니라 신체의 급성장에도 관여하는데, 이는 성호르몬이 성장호르몬의 분비를 촉진하고 성장호르몬은 인슐린유사성장인자(IGF-1)의 생성을 자극하기 때문이다. 그러나 성호르몬이 지나치게 이른 시기에 많이 분비되면 세포분열이 급격히 진행되면서 골격의 성장판을 일찍 닫히게 만들어 최종 신장이 작아지는 결과를 초래하기도 한다. 그 밖에도 갑상샘호르몬과 인슐린 및 부신수질호르몬도 체내 대사과정을 항진시킴으로써 사춘기의 성장발달과 성숙을 돕는다.

(2) 사춘기의 성 성숙

사춘기는 생식인자방출호르몬의 자극으로 시작되며, 성호르몬에 의한 성 성숙이 일어난다. 테너 단계는 성적 발달 정도를 5단계로 평가하는 척도이다.

호르몬 활성과 성 성숙

사춘기의 성 성숙은 시상하부-뇌하수체-생식선축(hypothalamic-pituitary-gonadal axis, HPG축) 시스템이 작동하면서 시작된다. 즉, 사춘기가 되면 뇌의 시상하부에서 생식인자방출호르몬(gonadotropin-releasing hormone, GnRH)

> **인슐린유사성장인자(insulin-like growth factor)** 인슐린과 구조가 비슷한 폴리펩타이드로 인슐린과 유사한 작용을 하지만 인슐린 항체로 억제되지 않으며 연골세포의 증식이나 단백질생합성에서 성장을 매개하는 역할을 함

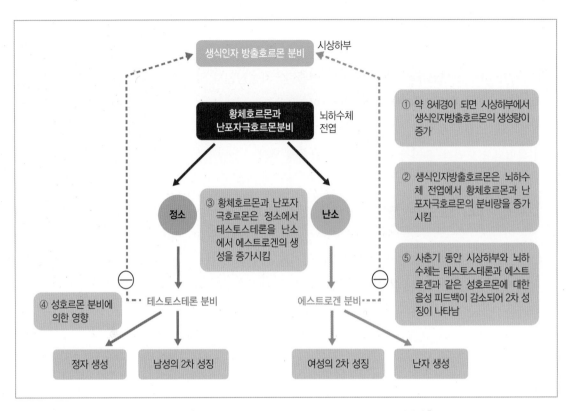

그림 7-1 사춘기 성 성숙과정에 관여하는 시상하부-뇌하수체-생식선축

이 분비되는데, 이 호르몬은 뇌하수체로 하여금 난포자극호르몬(follicle-stimulating hormone, FSH)과 황체호르몬(luteinizing hormone, LH)을 분비하도록 자극한다. 분비된 난포자극호르몬과 황체호르몬은 혈류를 타고 생식선(난소와 고환)으로 가서 생식세포(germ cell)의 성숙과 성호르몬의 합성을 자극하게 된다(그림 7-1).

남성호르몬으로 알려진 테스토스테론은 사춘기에 분비가 증가하여 남성의 2차 성징을 주도하고 성 충동에 영향을 준다. 한편 여성호르몬인 에스트로겐과 프로게스테론의 분비도 사춘기에 증가해 월경생리를 유지하며, 여성의 체형, 체조성 변화 및 유방의 발달을 촉진한다.

성 성숙도

성적 성숙은 표 7-1과 같이 일정한 순서로 이루어진다. 테너(Tanner)는 생활연

표 7-1 성 성숙 척도

분류		성기 발달	음모
남성	1단계	사춘기 전: 아동기에 비해 고환, 음낭, 음경에 변화 없음	사춘기 전: 음모 없음
	2단계	고환과 음낭의 확대 시작, 음낭의 피부색이 붉어지고 표면이 거칠어짐, 음경에는 변화 없음	음경 기저 부위에 약간 출현
	3단계	음경의 길이와 폭 증가, 음낭과 고환 확대	음모가 많아지고 구부러지며, 색깔이 검게 변함
	4단계	음경이 크고 분비선 발달됨, 음낭과 고환이 더 커짐, 음낭의 피부가 갈색으로 착색됨	성인과 비슷하나 대퇴부 안쪽
	5단계	음경, 음낭과 고환 모두 성인의 크기에 도달함	성인과 같음
분류		유방 발달	음모
여성	1단계	사춘기 전: 변화 없음	사춘기 전: 음모 없음
	2단계	유두의 돌출	대음순 부위에 소량의 음모 출현
	3단계	유방과 유륜이 커짐	음모가 많아지고 구부러지며, 색깔이 검게 변함
	4단계	유륜과 유두가 더 커지면서 둔덕이 생김	성인과 비슷하나 대퇴부 안쪽
	5단계	유방, 유두, 유륜 모두 성인과 같은 모양이 됨	성인과 같음

령에 상관없이 남성은 고환과 음경의 발달 정도와 음모의 출현에 따라서, 여성은 유방의 발달과 음모의 출현 정도에 따라서 성적 발달 정도를 각각 1단계에서부터 5단계로 나누고, 이를 기준으로 성 성숙도를 평가하였다.

테너 단계라고도 하는 이 성 성숙도 척도에 따르면, 남성의 경우, 음낭과 고환이 커지고 착색되는 변화가 먼저 나타나고(2단계), 그다음 음경이 길고 굵어지며(3단계), 고환과 음낭이 계속 확대되면서 분비선이 발달하고(4단계), 음경, 음낭과 고환 모두 성인의 크기에 도달하게 된다(5단계). 이러한 성 성숙은 12.7~17세에 이루어진다. 여성 청소년의 경우 사춘기의 첫 변화로 젖멍울이 생기고 유두가 돌출되고 약간의 음모가 출현하며(2단계), 그다음 유방과 유륜이 커지면서 음모가 많아지고 구부러지며(3~4단계), 이후 음방과 음모가 성인과 같아진다(5단계). 초경은 성 성숙도 4단계에 시작된다. 그러나 초경을 시작하는 시기는 개인차가 크며 영양상태에 따라서도 상당히 다르다. 사춘기의 신체 성장과 초경을 대비하여 보면 일반적으로 최대 신장 증가율이 나타난 후 6~12개월에 초경을 하게 된다(그림 7-2).

성 성숙도(Sexual maturity rating, SMR) 사춘기에 일어나는 성적 성숙 정도를 측정하는 척도

테너 단계(tanner stage) 아동기, 사춘기의 성장발달 정도를 가늠하는 척도. 성기와 유방 및 음모의 발달 정도를 1~5단계로 분류함

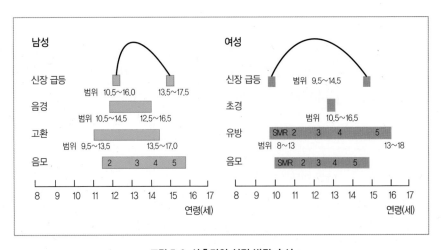

그림 7-2 **사춘기의 성적 발달 순서**
자료: Tanner JM(1962). Growth at Adolescence, p.328.

성 성숙에 영향을 미치는 요인

영양 영양은 동물의 성숙과정에 가장 큰 영향을 미치는 요인이다. 영양불량 아동의 신체 성장과 성 성숙이 지연된다는 사실은 이미 여러 연구에서 확인된 바 있다. 영양이 청소년기의 성숙과정에 주요한 영향을 미치는 이유는 영양상태가 호르몬 분비와 최저 체중 및 신체성분에 영향을 미치기 때문이다. 마라스무스 또는 쿼시오커 등 에너지-단백질 영양불량을 보이는 경우 혈장 성호르몬 수준이 연령이 같은 정상 청소년보다 현저히 낮은 점은 이를 뒷받침한다. 이러한 현상은 식욕감퇴 등의 이유로 체중을 심하게 상실한 성인에게서도 나타난다.

그 밖에도 초경이 한계 체중이나 체지방 함량에 달해야 개시된다는 점도 이러한 사실을 지지한다. 영양상태는 체중이나 체지방 증가에 결정적으로 영향을 끼치기 때문이다.

체격 일반적으로 남녀 모두 키가 크고 체격이 크면 키가 작고 체격이 작은 경우보다 성 성숙이 일찍 일어난다. 그러나 체중에 비하여 키가 크고 마른 경우 성 성숙이 늦게 일어나는 경향이 있다. 여성의 초경 개시는 신장, 체중, 골격발달 등 체격과 밀접하게 관련된 것으로 보인다. 성 성숙과정이 빨리 진행되는 여성 청소년은 같은 나이의 여성 청소년보다 키가 더 크고, 체중이 더 많이 나간다. 이들은 신장의 성장속도가 최고조에 달하는 시기가 빨리 오며 초경 개시 또한 이르다.

유전　성 성숙은 유전적 소인에 영향을 받는다. 이것을 뒷받침할 만한 근거 자료는 초경연령과 골 성숙에 대한 유전적 영향으로부터 찾을 수 있다. 한 가족 내 여성들의 초경연령 사이에는 높은 상관관계가 있으며, 모녀간 초경연령도 높은 상관관계를 보인다.

사회문화적 배경　세계 여러 나라 국민들의 성 성숙 시기는 150년 전보다 2년 이상 빨라졌으며, 10년마다 신장은 1cm씩 증가했고, 초경시기는 평균 0.2년씩 앞당겨졌다고 한다. 우리나라 여성의 초경연령은 2001년의 13.5세에서 2011년의 국민건강영양조사 결과 12.4세로 10년 사이에 1.1년이 앞당겨졌다. 이는 체지방량의 증가와 가장 큰 관련이 있는 것으로 보인다.

(3) 청소년기의 신체발달

아동에서부터 성인으로 탈바꿈하는 사춘기에 이루어지는 생물학적 변화에는 신장과 체중의 증가, 골질량의 축적, 신체 조성의 변화 및 성 성숙 등이 모두 포함된다. 사춘기에 일어나는 일련의 변화는 일정한 순서로 이루어지기는 하나 사춘기가 시작되는 시기나 사춘기가 진행되는 기간과 속도는 개인차가 크다. 따라서 실제 나이, 즉 **생활나이**가 같은 청소년이라도 이들의 신체 모습에 상당한 차이가 있을 수 있으며 영양 필요량도 크게 다를 수 있다.

생활나이(chronological age) 출생을 기점으로 한 달력상의 나이로 생리적 능력에 기초하여 판정하는 생물학적 연령과 대비됨

신장과 체중

청소년들은 신장과 체중이 급격하게 증가하는 급성장기를 겪는다. 영아기 이후 유아기와 아동기 동안에 주춤했던 신장과 체중의 성장속도는 사춘기를 맞으면서 다시 한 번 빨라진다. 사춘기 5~7년 동안 남성 청소년의 신장은 평균적으로 약 30cm, 여성 청소년은 약 20cm 정도 증가한다(표 7-2).

표 7-2 청소년의 연령별 신체발육 표준치

만나이	남성			여성		
	신장(cm)	체중(kg)	체질량지수(kg/m²)	신장(cm)	체중(kg)	체질량지수(kg/m²)
11세	144.7	40.2	19.1	145.8	39.1	18.5
12세	151.4	45.4	19.8	151.7	43.7	19.1
13세	158.6	50.9	20.3	155.9	47.7	19.7
14세	165.0	56.0	20.8	158.3	50.5	20.3
15세	169.2	60.1	21.2	159.5	52.6	20.8
16세	171.4	63.1	21.6	160.0	53.7	21.0
17세	172.6	65.0	21.9	160.2	54.1	21.1
18세	173.6	66.7	22.3	160.6	54.0	21.0

자료: 질병관리본부(2017). '17 소아·청소년 표준 성장도표.

　신장과 체중의 성장속도가 가장 빠른 신체의 급성장기(growth spurt)는 사춘기 직전에 일어나기 시작하는데, 우리나라의 경우 여성 청소년은 11~12세에 시작해서 3년 정도 진행되고, 남성 청소년은 그보다 약 2년 늦은 13~14세에 시작해서 완료되기까지 4~6년이 걸린다. 이러한 최대 신장 성장률이 나타나는 제2의 급성장기는 1985년에 비해 한두 해 빨라지고 있다. 이는 최대 신장 성장률이 일어나는 시기가 갈수록 앞당겨지고 있음을 알려준다.

골질량의 증가

사춘기에는 뼈의 길이 성장과 부피 성장이 빠르게 일어나므로 18세가 되면 골질량이 성인의 90%에 도달하게 된다. 남녀 간 골질량의 차이는 14세경에 나타나기 시작하며 16세 이후에 남성은 테스토스테론의 영향으로 여성에 비해 뼈가 더 굵어지며 총 골질량도 많아진다(그림 7-3A).

　유전, 호르몬 변화, 하중을 받는 운동량, 흡연, 음주, 칼슘, 단백질, 비타민 D, 철 섭취량 등은 골질량의 축적에 영향을 주는 요인이다. 따라서 이 시기의 식습관과 영양교육은 매우 중요하다. 이들 요인 중에서 특히 단백질과 칼슘의 섭취량은 최대 골질량의 크기에 큰 영향을 끼친다.

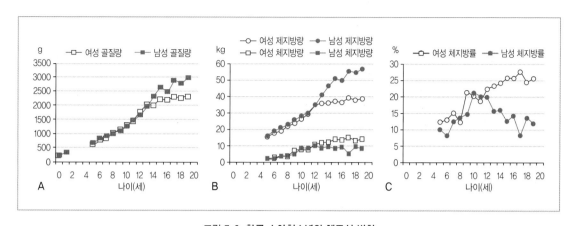

그림 7-3 한국 소아청소년의 체조성 변화
자료: 이영아·임중섭(2010). 한국인 소아청소년 신체 조성의 변화. 대한소아내분비학회지 15(1), pp.7-13.

체형과 체조성의 변화

앞서 설명한 대로 사춘기에는 신장과 체중, 골격의 무게가 크게 증가하고, 체형
과 신체 조성에도 큰 변화가 일어난다. 여성은 허리가 가늘어지고 가슴과 엉덩
이가 커지며, 남성은 어깨가 넓어지는 변화가 나타난다. 그러면서 여성은 더욱
여성다운, 남성은 더욱 남성다운 모습을 띠게 된다.

사춘기에 나타나는 체조성의 변화를 보면, 14세 이후 남녀의 차이가 나타나
기 시작하여 17세 이후 점점 더 뚜렷해진다(그림 7-3B). 즉, 사춘기 기간 중 남
성 청소년은 여성 청소년에 비해 근육량, 특히 상체 근육량이 더 많아진다. 반
면 체지방률을 보면 남성 청소년은 12세경에 20% 정도로 가장 높았다가 이후
감소하여 12% 정도로 저하되는 데 비해 여성 청소년의 경우에는 점차 증가하
여 17세경에 28%로 최고조에 달한다(그림 7-3C).

초경의 시작은 체지방 함량과 밀접한 관련이 있다고 알려져 있다. 초경이 시
작되려면 체지방 함량이 적어도 17%가 되어야 하며 배란을 하려면 25%의 체
지방 함량이 필요한 것으로 보인다. 이러한 이유로 경기 출전을 위하여 훈련하
는 사춘기 체조선수나 발레 무용수 중에는 체지방이 부족하여 초경 연령이 늦
어지는 경우가 있다.

(4) 청소년기의 심리발달

사춘기에는 신체적인 측면의 성장이 빠르게 이루어질 뿐만 아니라 자기 주관을 확립하고, 도덕적·윤리적 가치체계가 발달하며, 소속집단 속에서 책임감 있는 성인의 역할을 배워나가게 된다. 사춘기에는 구체적이고 실제적인 일뿐 아니라 추상적이고 가상적인 문제를 다룰 수 있는 능력도 발달하게 된다. 사춘기의 심리발달은 인식능력의 향상에 따라 초기 단계(11~14세), 중기 단계(15~17세) 및 후기 단계(18~21세)로 나누어볼 수 있다.

- **초기 단계**: 극적인 생물학적 변화를 겪게 되면서 빠르게 변화되는 신체상이나 성 문제에 대하여 혼돈을 일으킬 수 있다. 자신의 신체에 대하여 불안해하고 남의 눈에 비치는 자신의 모습에 신경을 쓰게 된다. 일상생활에서 가족보다는 또래 집단의 영향을 많이 받으며, 식습관 역시 마찬가지로 친구들의 영향을 많이 받는다.
- **중기 단계**: 가족, 특히 부모로부터 정서적·사회적으로 독립하려는 경향이 나타난다. 이 시기에는 자신이 매우 강하다고 생각하며 가끔 음주, 흡연, 약물을 시도하거나 공격적 행동을 하는 등 무모한 일을 저지르기도 한다.
- **후기 단계**: 신체적 발달이 완성되면서 자아정체성이 확립되고 도덕관념이나 신념이 확고해지는 시기이다. 이때는 초기 단계에 비해 신체상 문제로 고민에 빠지는 일이 줄어들고, 고도로 복잡한 사회적 상황도 잘 처리할 수 있게 되어 돌발적이거나 충동적인 행동을 덜 하게 된다. 추상적 사고능력이 발달하면서 자신의 관심 분야나 미래의 목표를 구체화하고 성취하기 위해 노력한다.

2. 청소년의 영양필요량

빠른 성장이 이루어지는 사춘기를 포함하는 청소년기에는 체조직의 증가로 인해 생애 어느 때보다 에너지와 영양소의 필요량이 높다. 따라서 충분한 에너지와 단백질을 비롯해 무기질과 비타민도 충분하게 섭취하여 신체 성장과 성 성숙이 잘 이루어질 수 있도록 해야 한다. 그런데 신체 성장의 정도와 시기에 있어 개인차가 큰 만큼 에너지와 각 영양소의 필요량이 개인마다 다를 것으로 추정된다. 그럼에도 불구하고, 현재 설정된 영양소섭취기준의 대부분은 청소년을 대상으로 해서 얻은 자료가 없어 성인의 자료에 청소년의 체위를 대입해서 산출한 것이다. 따라서 청소년기의 영양필요량 특성을 제대로 나타내지 못하고 있다. 앞으로 청소년기에 적용할 수 있는 자료를 얻기 위한 연구가 수행되어야 할 것이다.

(1) 에너지

청소년기의 에너지 필요량은 기초대사량과 활동대사량 및 신체 급성장에 요구되는 에너지 요구량에 의해 결정된다. 특히 사춘기 남성의 경우 근육의 발달로 제지방 신체질량(fat free mass, FFM)이 많으므로 기초대사량이 높으며, 신체활동이 활발해 활동대사량도 많고, 성장 대사량 또한 상당해서 사춘기 여성에 비해 에너지 필요량이 상당히 많다. 남녀 모두 이 시기에 에너지 섭취량이 충분하지 않으면 신체의 성장 및 발달이 제대로 이루어지지 않아 성인이 되었을 때 신체 크기가 작아질 수 있다.

표 7-3에 제시된 2020 한국인 영양소섭취기준에 설정된 청소년의 에너지 필요추정량은 성장에 소요되는 에너지를 25kcal/일로 보고, 저활동적 신체활동수준을 적용하여 산출한 값이다. 저활동적 신체활동 수준을 적용한 이유는 우리나라 청소년의 경우 하루 일과 대부분을 입시 준비와 관련된 공부에 할애하고 있기 때문이다. 15~18세 남성 청소년의 경우 하루 2,700kcal로 일생 중 에

표 7-3 **우리나라 청소년의 에너지와 단백질 권장섭취기준**

성별	연령(세)	체중(kg)	에너지 필요추정량(kcal/일)	단백질 권장섭취량(g)
남성	12~14	52.7	2,500	60
	15~18	64.5	2,700	65
여성	12~14	48.7	2,000	55
	15~18	53.8	2,000	55

너지필요추정량이 가장 높게 설정되었다. 여성 청소년의 경우 청소년기 전반에 걸쳐 하루 2,000kcal로 설정되었다. 만약 신체활동량이 더 높으면, 별도의 에너지필요추정량이 필요한데, 이는 다음의 공식에 적합한 신체활동지수를 대입해서 산출할 수 있다.

청소년(12~18세)

(남) 88.5 − 61.9 × 연령(세) = PA[26.7 × 체중(kg) + 903 × 신장(m)] + 25kcal/일

　　PA = 1.0(비활동적), 1.13(저활동적), 1.26(활동적), 1.42(매우 활동적)

(여) 135.3 − 30.8 × 연령(세) + PA[10.0 × 체중(kg) + 934 × 신장(m)] + 25kcal/일

　　PA = 1.0(비활동적), 1.16(저활동적), 1.31(활동적), 1.56(매우 활동적)

(2) 단백질

단백질은 골격의 성장과 새로운 조직의 합성을 위해 매우 중요하다. 특히 급격한 성장이 일어나는 시기에는 단백질 필요량이 10g/일씩 증가한다. 에너지와 마찬가지로 성장속도에 따라 단백질 필요량이 다르다. 청소년기에 단백질이 부족하게 되면 신체 성장과 성 성숙이 지연되거나 제지방 신체질량이 감소될 수 있다. 표 7-3에는 청소년기의 에너지와 단백질 권장섭취량을 제시하였다.

(3) 무기질

청소년기는 골격과 근육이 성장할 뿐더러 혈액량이 증가하는 시기이므로 무기질이 많이 필요하다. 청소년기의 무기질 권장섭취기준은 표 7-4와 같다.

칼슘

청소년기에는 체내에 칼슘이 급속도로 보유되는데 여성은 13세에, 남성은 14.5세에 그 보유속도가 최대치에 이른다. 청소년의 하루 평균 칼슘 보유량과 칼슘의 흡수율 및 손실량 등을 고려하여 12~14세의 칼슘 권장섭취량은 남녀 각

표 7-4 **우리나라 청소년의 1일 무기질의 영양소섭취기준(권장섭취량 또는 충분섭취량)**

연령(세)		칼슘 (mg)	인 (mg)	마그네슘 (mg)	철 (mg)	아연 (mg)	구리 (μg)	불소 (mg)*	망간 (mg)*	요오드 (μg)	셀레늄 (μg)	크롬 (μg)*
남	12~14	1,000	1,200	320	14	8	800	2.6	4.0	130	60	30
	15~18	900	1,200	410	14	10	900	3.2	4.0	130	65	35
여	12~14	900	1,200	290	16	8	650	2.4	3.5	130	60	20
	15~18	800	1,200	340	14	9	700	2.7	3.5	130	65	20

* 충분섭취량

자료: 보건복지부(2020). 한국인 영양소섭취기준.

각 1,000mg과 900mg으로, 15~18세의 칼슘 권장섭취량은 남녀 각각 900mg, 800mg으로 설정되었다. 한국인을 위한 식생활지침에서는 청소년들에게 칼슘의 좋은 급원인 우유나 유제품을 하루 2회 이상 섭취하도록 권장하고 있다. 그러나 12~18세 청소년의 우유 섭취량은 이에 미치지 못하고 있다. 2014 국민건강영양조사 결과, 칼슘 섭취가 평균필요량의 75% 미만인 청소년이 남녀 각각 78.5%와 84.9%였다. 따라서 청소년의 칼슘 섭취량을 늘리기 위한 방안을 강구해야 할 것이다.

철

청소년기에는 신장과 체중의 급격한 성장과 혈액량 증가에 따라 헤모글로빈과 마이오글로빈의 합성을 위해 철 필요량이 증가한다. 초경이 시작된 여성 청소년은 월경에 의한 철 손실 때문에 철 요구량이 더 많아진다. 우리나라 청소년의 철 권장섭취량은 12~14세의 경우 남녀 각각 14mg, 16mg으로, 15~18세의 경우는 남녀 모두 14mg으로 책정되었다. 이 시기에 철 섭취가 부족하면 피로감이 증가하고 집중력과 학습능력이 떨어질 수 있다.

아연

아연은 단백질 합성과 핵산대사에서 중요한 역할을 하므로 청소년기에 매우 중요한 영양소이다. 또한 청소년기에는 많은 양의 아연이 근육과 뼈에 저장된다. 따라서 청소년기에는 영아기나 임신기와 마찬가지로, 아연 결핍의 위험이 크다. 아연이 결핍된 청소년은 성장이 뚜렷하게 저하되고, 성적인 발달도 지연된다.

새로운 조직이 형성되는 데 필요한 아연은 20μg/g으로, 12~14세의 경우 하루 10g의 새로운 조직이 만들어진다고 할 때 성장에 필요한 아연만 하루 200μg이다. 우리나라에서는 이를 감안하여 12~14세 남녀 모두 8mg을, 15~19세에서는 남녀 각각 10mg, 9mg의 아연을 권장섭취량으로 설정하였다.

(4) 비타민

청소년기에는 급속한 성장을 위해 요구되는 비타민들이 충분하게 공급되어야 한다. 표 7-5는 우리나라 청소년의 비타민 영양소섭취기준을 나타낸 것이다.

표 7-5 우리나라 청소년의 1일 비타민의 영양소섭취기준(권장섭취량 또는 충분섭취량)

연령 및 성별 비타민	12~14세		15~18세	
	남	여	남	여
비타민 A(μg RE/일)	750	650	850	650
비타민 D(μg/일)*	10	10	10	10
비타민 E(mg α-TE/일)*	11	11	12	12
비타민 K(μg/일)*	70	65	80	65
비타민 C(mg/일)	90	90	100	100
티아민(mg/일)	1.1	1.1	1.3	1.1
리보플라빈(mg/일)	1.5	1.2	1.7	1.2
니아신(mg NE/일)	15	15	17	14
비타민 B_6(mg/일)	1.5	1.4	1.5	1.4
엽산(μg DFE/일)	360	360	400	400
비타민 B_{12}(μg/일)	2.3	2.3	2.4	2.4
판토텐산(mg/일)*	5	5	5	5
비오틴(μg/일)*	25	25	30	30

* 충분섭취량
자료: 보건복지부(2020). 한국인 영양소섭취기준.

지용성 비타민

비타민 A는 세포 분화와 증식에 중요한 역할을 하므로 정상적인 성장에 필수적이며 시력, 생식, 면역기능 등에도 반드시 필요하다. 우리나라에서는 비타민 A에 대한 권장섭취량을 12~14세 남녀 청소년은 각각 750μg RE, 650μg RE로, 15~18세 남녀 청소년은 각각 850μg RE, 600μg RE로 설정하였다. 그런데 청소년들의 비타민 A 섭취량은 이와 같은 권장량에 못 미치는 것으로 보고되고 있다.

칼슘과 인의 항상성 유지 및 골격의 석회질화에 관여하는 비타민 D는 골격이 빠르게 성장하는 청소년기에 그 요구량이 증가한다. 한국인 영양소섭취기준에는 청소년기의 비타민 D의 충분섭취량이 12~14세와 15~18세의 남녀 모두 10μg로 설정되어 있다. 그러나 우리나라 청소년들은 자외선에 노출되는 시간이 충분하지 않으며, 비타민 D 섭취량 역시 매우 부족한 것으로 지적되고 있다.

수용성 비타민

청소년기에는 에너지 필요량이 매우 높기 때문에 티아민, 리보플라빈 및 니아신의 필요량도 높다. 아미노산과 핵산의 합성에 필수적인 엽산과 비타민 B_{12}는 세포분열과 성장에 중요한 영양소이다. 따라서 청소년기에 이들 비타민을 섭취하는 것은 매우 중요하다. 그러나 우리나라 청소년의 대부분이 엽산을 충분하게 섭취하지 못하는 것으로 보고되고 있다. 또한 비타민 B_6는 단백질 섭취량이 증가할수록 요구량이 늘어나며, 급격한 세포 성장과 질소 대사에 작용하는 수많은 효소계의 기능에도 필요하다. 따라서 비타민 B_6는 혈장단백질, 결합조직 및 근육량이 급격하게 증대되는 청소년들에게 충분히 공급되어야 한다.

비타민 C는 콜라겐 합성에 관여하므로 청소년의 성장에 필요하다. 한편 흡연자의 경우 비타민 C 요구량이 비흡연자에 비해 높으므로 흡연하는 청소년은 비타민 C를 더 많이 섭취해야 한다.

3. 청소년의 식생활 및 영양 관련 문제

청소년기는 빠른 성장으로 인해 식욕이 왕성해지는 시기이며, 바쁜 학업으로 인해 아침 결식, 패스트푸드와 탄산음료의 잦은 이용, 음주 및 흡연, 약물 복용 등 바람직하지 못한 식행동을 나타내는 시기이기도 하다. 그뿐만 아니라 외모에 대한 지나친 관심으로 무분별한 다이어트를 하거나 식행동장애를 유발하기도 한다. 또한 과체중 청소년의 경우 성인기 만성질환인 고혈압과 고콜레스테롤혈증을 나타내기도 한다.

(1) 아침 결식

청소년의 바람직하지 못한 식습관 중 가장 문제가 되는 것은 결식이다. 특히 청소년기에 해당하는 우리나라 중고등학생들은 일반적으로 상당히 바쁜 일과를 보낸다. 학교 수업뿐만 아니라 방과 후 학원에서 이루어지는 과외 등으로 바쁜 학업 생활을 하면서 제대로 앉아서 식사를 하기란 어려운 실정이다. 2019년 국민건강영양조사에서는 12~18세 청소년의 아침 결식률은 39.5%로 나타났고, 2019년 청소년건강행태 온라인조사에서도 주 5일 이상 아침식사를 거르는 청소년이 35.7%로 확인되었다. 이러한 결과는 우리나라 중고생의 1/3이 아침 식사를 거른다는 사실을 알려준다.

아침 결식은 수업집중도와 학습효과를 떨어뜨리고, 점심 급식 이전에 열량이 높고 당분과 지방이 많은 간식을 먹게 하여 비타민과 무기질의 섭취량을 감소시키는 원인이 된다. 소비자보호원이 수행한 한 조사에서는 아침 결식 청소년은 탄산음료 섭취빈도가 높았다고 보고한 바 있다. 따라서 밥과 국, 반찬 등 우리나라의 전통 아침식사가 아니라도 식품구성안의 식품군이 모두 포함된 영양적으로 균형 잡힌 아침 식사를 꼭 챙겨 먹는 습관을 기르도록 해야 할 것이다.

(2) 무분별한 식습관과 패스트푸드의 잦은 이용

성장이 급속도로 일어나면서 식욕이 왕성해지는 청소년기에는 자칫 잘못하면 불규칙적이고 무분별한 식생활을 할 수도 있다. 특히 청소년들은 또래들과 어울리면서 집 밖에서 식사를 하는 경우가 잦아지는데 이때 흔히 패스트푸드를 이용하는 경향을 보인다. 2019 청소년건강행태 온라인조사에서 청소년의 25.5%는 주 3회 이상 패스트푸드를 섭취한다고 응답하였다. 잦은 패스트푸드의 섭취와 결식과 간식이 반복되는 식습관은 영양부족과 영양불균형의 원인이 될 수 있다.

이 시기에 즐겨 먹는 라면, 햄버거, 튀김류, 피자, 스낵류와 같은 음식물은 지방, 콜레스테롤, 포화지방산 또는 식염 함량이 높은 반면에 비타민, 무기질 또는 식이섬유 함량은 낮다. 또 이런 식품들과 함께 마시는 음료수는 대개 탄산음료라는 점에서 당분의 과도한 섭취도 문제가 된다. 청소년기의 무분별한 식습관은 중년 이후 동맥경화증, 심장질환, 당뇨병 등 각종 만성퇴행성질환 발생으로 이어질 수 있으므로, 청소년들이 바람직한 식습관을 형성할 수 있도록 학교와 지역사회의 관심과 지원이 필요하다.

(3) 무절제한 군것질

청소년들의 높은 영양요구량을 충족시키기 위해서는 식사 외 간식 섭취가 중요하다. 우리나라 청소년의 경우 전체 에너지의 1/4~1/3가량을 간식에서 섭취하는 실정이다. 그러나 청소년들이 흔히 이용하는 간식류는 당분이나 염분이 많거나 기름에 튀긴 군것질류 등 당분, 지방 및 나트륨 함량이 높은 제품이 많다. 따라서 가급적이면 과일이나 생채소를 간식으로 먹고, 굳이 스낵 제품을 먹어야 한다면 기름에 튀긴 것보다는 튀기지 않은 건빵, 마른 비스킷 등이 보다 바람직하다고 할 수 있다. 간식과 함께 마시는 음료로는 탄산음료보다는 냉수나 100% 과일주스 또는 우유를 마시는 것이 좋다.

2014년 식품의약품안전처 발표를 살펴보면, 최근 우리나라 사람들의 1일 총 당류 섭취량이 증가하고 있고, 그중에서도 특히 청소년들의 과다한 당분 섭취가 심각한 문제임을 알 수 있다. 청소년 당분 섭취의 67%는 가공식품으로부터 오는 것으로 조사되었다. 탄산음료는 청소년의 다소비 식품 중에서도 계절과 관계없이 높은 순위를 차지하고 있다. 탄산음료를 과다하게 섭취하는 청소년은 그렇지 않은 청소년에 비해 에너지 및 지방 섭취량이 높고, 과일과 채소류의 섭취량은 낮으며, 칼슘 섭취량이 또한 낮아 칼슘 권장섭취량에 크게 못 미치고 있다. 과도한 탄산음료는 설탕 함유량도 문제일 뿐더러 그 안에 많이 들어 있는 인산 때문에 뼈와 치아 건강에 유해할 수 있다.

(4) 지나친 다이어트

2019년도 청소년건강행태 온라인조사의 통계자료에 의하면, 우리나라 청소년 중 최근 30일 동안 체중 감소를 시도한 경험이 있다고 응답한 비율은 남성이 25.2%였고, 여성은 41.6%였다. 이들 중 부적절한 방법(단식, 의사 처방 없이 마음대로 살 빼는 약 복용, 설사약 또는 이뇨제 사용, 식사 후 구토, 한 가지 음식만 먹는 다이어트)으로 체중 감소를 시도한 적이 있는 학생의 비율은 남학생은 16.9%였고, 여학생은 26.3%로 보고되었다.

같은 조사에서 나타난 남녀 청소년의 비만율이 각각 14.2%와 4.4%인 점, 정상체중이면서 살이 찐 편이라고 인지한 경우의 비율이 남녀 각각 17.7%와 29.8%라는 점과, 체중 조절에 대한 높은 관심에도 불구하고 하루 60분 주 5일 이상 신체활동의 실천율이 남학생은 21.5%, 여학생은 7.3%로 낮은 점에 미루어 볼 때 잘못된 체형 인식과 무분별한 다이어트는 청소년기 성장과 건강을 위협하는 요인으로 지적될 수 있다. 특히 이러한 문제는 남학생보다 여학생에게서 더 심각한 것으로 보인다.

(5) 식행동장애

식행동장애(eating disorders)
식품 섭취 행동에 관련된 장애로 신체적·정신적·심리적 건강에 해를 끼칠 정도로 심각한 문제를 일으킬 수 있음

날씬해지려는 강박관념에 사로잡히면 신체상이 왜곡되고 거식증이나 폭식증 등 식행동장애가 나타나기도 한다. 식행동장애는 심리적 장애이기는 하나 영양문제를 많이 야기한다. 이러한 문제는 혼자서 해결하기보다는 전문가의 적극적인 치료가 필요한 경우가 많다.

거식증

거식증 환자는 굉장히 말랐는데도 불구하고 자신이 뚱뚱하고, 몸집이 크고, 아주 못생겼다고 생각한다. 거식증은 주로 여성 청소년에게서 나타나는데 이들은 체중이 늘어날까 두려워 먹기를 거부하다가 정도가 지나치면 사망에 이르기도 한다. 이들은 몸무게가 적정 체중보다 20~40%나 낮으며, 뼈에 가죽을 씌운 듯이 아주 마른 상태이다. 거식증 환자에게 나타나는 신체의 변화로는 피하지방의 상실과 이로 인한 체온 저하를 막기 위해 체표면에 솜털이 돋아나는 현상을 들 수 있다. 이외에도 갑상샘호르몬의 분비가 줄어들고, 기초대사율이 떨어지며, 심장이 천천히 뛰고, 쉽게 피로해지며, 계속 잠만 자려 드는 증상을 보인다. 또한 빈혈이 심해지고, 피부가 건조하고 거칠어지며 차갑게 느껴지고, 머리카락이 빠지며, 백혈구 수가 감소하여 감염의 위험이 증가하고, 변비가 생기며, 혈중 칼륨의 수준이 떨어지면서 심장박동에 이상이 생기고, 극심한 체중 감소로 월경 생리가 사라진다. 그 밖에도 뼈가 약해지고 치아가 빠지는 경우도 있다.

거식증(anorexia nervosa)
신경성식욕부진증을 일컫는 대표적인 섭식장애의 하나로 살을 빼려는 지속적인 행동. 살이 찌는 것에 대한 강한 두려움 등을 주요 특징으로 함

폭식증

10대 후반과 20대에 이르는 젊은 여성의 거의 20%나 될 정도로 많은 사람이 폭식증을 가지고 있다고 한다. 이들은 날씬해지려고 음식 섭취를 거부하다가 공복감을 이기지 못하고 엄청나게 많은 양의 음식을 한꺼번에 먹고는 죄의식에 사로잡혀 토하거나 하제 또는 이뇨제를 복용하기를 반복한다. 때로는 폭식을 한 후 체중이 늘어날까 우려하여 금식이나 과도한 운동을 하기도 한다. 이들은 항상 음식에 대한 생각에 잠겨 있으며 스트레스를 받으면 지나치게 음식에 집착한다. 이는 스트레스를 받을 때 음식을 거부하는 거식증과 매우 대조적이며 또한 자신의 행동이 비정상이라고 자각하는 점도 거식증과 구별된다(표 7-6).

폭식은 대부분 다른 사람들이 잠자는 밤이나 집에 혼자 있을 때 일어나며, 이때 먹는 식품은 주로 과자, 케이크, 빵, 아이스크림 등 당분과 전분이 많은 음식이다. 먹은 것을 토할 때 주로 손가락을 사용하므로 손가락 마디에 잇자국이 관찰되기도 한다. 폭식증이 장기화되면 손가락을 쓰지 않고도 단순히 배의 근육만을 수축시켜 토하거나 저절로 토하기도 한다.

폭식증(bulimia nervosa)
단시간에 일반인보다 훨씬 많은 양을 먹고 음식을 먹는 동안 섭취에 대한 통제력을 잃는 증상. 폭식 후 체중 증가를 막기 위해 음식물을 토해내거나 설사약과 이뇨제 복용 및 과도한 운동을 하는 식행동이 반복적으로 나타나는 상태

표 7-6 거식증과 폭식증의 비교

거식증	폭식증
• 극심한 체중 감소, 최소 체중 유지도 거부함 • 비만에 대한 극심한 공포 • 왜곡된 신체상 • 무월경 • 음식에 대한 생각에 몰두함 • 극심한 열량 제한 • 과도한 운동 • 자신의 질병을 부인함	• 체중이 오르락내리락 변함 • 비만보다는 식탐에 대한 걱정이 더 큼 • 체형과 체중에 관한 이야기에 예민함 • 월경불순 • 음식에 대한 생각에 몰두함 • 폭식 후 구토나 하제 복용, 격렬한 운동 • 음주나 약물 복용 등 기타 강박성 행동 • 고민, 고뇌, 적극적으로 도움을 구함

폭식증의 발생 빈도는 일주일에 2회 이상이며 수개월간 지속된다. 잦은 구토와 설사로 인해 수분과 전해질의 균형이 깨지면 심장 부정맥이나 신장장애가 나타나는 등 심각한 문제가 발생할 수 있다. 그 밖에 잦은 구토로 인해 식도염, 인후염 등이 발생하기도 한다.

마구먹기 장애

마구먹기 장애는 스트레스 상황에서 음식을 마구 먹음으로써 우울한 기분을 극복하려고 하는 섭식장애의 일종이다. 충동적인 폭식으로 대개 과체중이거나 비만인 경우가 많으며, 주로 반복적 다이어트 실패 경험이 있다. 폭식 후 죄책감은 있으나 인위적으로 장을 비우는 행동을 하지 않는다는 점에서 폭식증과 구분되며, 거식증이나 폭식증 보다 흔히 일어난다.

(6) 과체중 청소년의 건강 위험요소

과체중 청소년의 경우 고혈압과 고콜레스테롤혈증에 대한 위험도가 높다. 따라서 이를 예방하기 위해 청소년기부터 체중 조절 및 저지방·저콜레스테롤 식이요법 등의 특별한 관리가 필요하다.

고혈압

우리나라 10~19세 청소년의 고혈압 유병률은 남성 청소년은 1.2%, 여성 청소

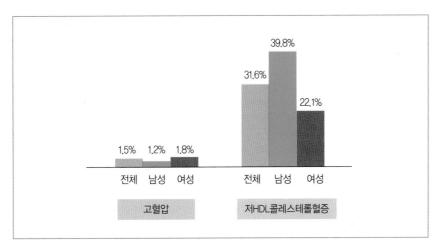

그림 7-4 청소년의 고혈압과 저HDL콜레스테롤혈증 유병률
자료: 국민건강영양조사(2005).

년은 1.8%로 나타났다(그림 7-4). 한편, 고혈압 전 단계(SBP 120~139mmHg and DBP 80~89mmHg) 유병률은 여성 청소년은 7.2%, 남성 청소년은 23.8%로 남성 청소년의 유병률이 더 높았다.

청소년기의 고혈압 위험요인으로는 가족력, 높은 식염 섭취량, 비만, 고지혈증, 운동 부족, 흡연, 음주 등이 있으며, 이러한 위험요인을 지니고 있는 청소년들은 수시로 혈압을 점검하고 식이요법과 운동, 금연, 금주 등의 적절한 치료를 받아야 한다. 특히 고혈압 전 단계상태의 청소년들은 고혈압으로 이환되지 않도록 더욱 주의해야 한다.

고콜레스테롤혈증

우리나라 청소년의 고콜레스테롤혈증과 고LDL콜레스테롤혈증 유병률은 남녀 모두 각각 0.7%로 그다지 높지 않았으나 저HDL콜레스테롤혈증 유병률은 남성 청소년은 39.8%, 여성 청소년은 22.1%로 높게 나타나 주의가 요망된다(그림 7-4). 저HDL콜레스테롤혈증에 수반하여 나타나는 고중성지방혈증의 유병률은 남성 청소년은 5.2%, 여성 청소년은 1.5%였다.

10대 청소년들도 성인들과 마찬가지로 고콜레스테롤혈증의 위험요인인 관상 심장병의 가족력을 비롯해 총 지방, 포화지방, 콜레스테롤의 과다 섭취, 고혈압,

운동 부족, 흡연 또는 음주의 문제를 가지고 있다. 어릴 때 혈관에 지방층이 많은 사람은 성인이 되어서 섬유성 플라크(plaque)로 발전될 가능성이 많다. 지방흔(fatty streak)이 생겼을 때 고콜레스테롤혈증 위험요인을 지닌 사람들이라도 청소년기는 물론 아동기부터 저지방·저콜레스테롤 식사요법을 따르면 고지혈증으로 인한 질병의 증세가 늦게 나타나거나 예방된다는 증거가 많이 있다. 따라서 이들 위험요인을 지닌 청소년들에 대한 특별한 관리가 필요하다.

음주

청소년기가 되면 음주나 흡연, 약물 등 이전에 해보지 않던 일에 관심이 쏠린다. 우리나라 13~19세 청소년의 음주율은 2019년도 청소년건강행태 온라인조사에 의하면, 남녀 각각 16.9%와 13.0%에 달하는 것으로 나타났다. 이들 청소년 음주자 중에서 최근 30일 동안 1회 평균 음주량이 과량인 위험음주율(남성은 소주 5잔 이상, 여성은 소주 3잔 이상)은 남성 청소년이 48.4%, 여성 청소년이 49.9%였다.

음주는 충동에 못 이겨 또는 친구의 끈질긴 권유로 한 번만 해보고 더 이상 하지 않겠다고 시작했다가 차츰 습관이 되어 일생 동안 계속되는 경우가 많아 미성년기의 음주에 대해 경각심을 가질 필요가 있다.

술은 열량만 공급한다. 술을 많이 마시다 보면 식사를 소홀히 하므로 열량 이외의 영양소 섭취량이 적어진다. 또 알코올은 소화기 점막을 손상시켜 섭취한 영양소의 소화와 흡수도 저해시킨다. 이러한 이유로 인해 과음 시에 부족하기 쉬운 영양소는 비타민 B군(티아민, 리보플라빈, 니아신, 엽산, 피리독신)과 칼슘, 아연, 망간 등을 들 수 있다. 이들 영양소는 청소년기의 성장을 위해 필요량이 증가하므로 청소년들의 과음은 영양부족의 문제로 이어질 수 있다.

과음을 계속하면 알코올이 뇌, 심장, 간, 소화기관 등의 기능에 악영향을 미친다. 뇌세포의 상실로 뇌와 신경기능에 이상이 올 수 있고, 심장박동에 문제가 생길 수 있으며, 혈압이 오를 수 있다. 간세포에 지방이 축적되고 간경변증으로 발전할 수 있으며, 소화기 내의 점막을 손상시켜 위염, 식도염 또는 궤양을 일으킨다. 최근에 한 연구팀은 판단력과 기획, 문제 해결능력에 중요한 역할을 하는 뇌의 전두엽 발달이 마무리되는 15~16세 이전의 청소년들이 술을 많이 마시면 기억능력과 사고능력이 떨어진다는 점을 밝혔다.

소량의 술은 기분을 가라앉히는 안정제 역할을 하나, 과다한 경우는 언어, 판단력, 자제력 등에 부정적인 영향을 미쳐 보통 때는 감히 생각지도 않던 말이나 행동을 하게 한다. 한 연구에 따르면, 중·고등학생 음주자 중 최근 1년 동안 음주 후 문제행동을 두 가지 이상 경험한 적이 있는 문제음주율이 남학생은 7.3%, 여학생은 4.7%로 나타났다. 이러한 결과는 일부 청소년의 과음과 잦은 음주가 영양과 건강에 악영향을 미칠 뿐만 아니라 사회적 문제까지 유발할 수 있다는 점을 시사한다.

흡연

아직 신체적 발육이 완성되지 않은 청소년기의 흡연은 성인의 흡연에 비해 훨씬 더 큰 해를 초래한다. 한 연구에 의하면 15세 이하부터 흡연을 시작한 흡연자의 경우 비흡연자에 비해 사망률이 18.7배나 높았다. 2019년도 청소년 건강행태 온라인조사 자료에 의하면, 우리나라 청소년의 흡연 경험률이 남성은 17.5%, 여성은 7.5%였고, 지난 한 달 동안 매일 흡연한다고 응답한 경우도 남녀 각각 4.8%와 1.4%였다. 청소년기의 흡연은 가장 서서히 발달하는 장기인 폐 건강에 특히 좋지 않은 영향을 미친다. 청소년 흡연자들은 기침과 가래 등의 호흡기 증상과 폐의 발육지연 및 운동수행능력 저하 증상을 보인다. 또한 청소년은 성인에 비해 니코틴 중독에 더 깊게 빠지기 쉽다. 흡연 시작연령이 낮을수록, 흡연기간이 길수록 폐암 발생률이 증가하는 것은 잘 알려진 사실이다.

청소년의 흡연 동기는 호기심이나 교우관계와 같은 심리적·사회적 요인과 관련된다는 것이 특징이며, 가족이나 친한 친구 중에 흡연자가 있을 때 흡연율이 높게 나타난다. 흡연 청소년은 음주율 및 위험음주율도 높으며, 비행문제와도 관련이 높다.

따라서 청소년의 흡연문제를 해결하기 위한 금연교육이 시행되고 있으며, 담배 판매 제한 등 각종 규제를 강화해서 최근 청소년의 흡연율이 감소하고 있는 추세이다. 그러나 아직도 편의점이나 담배 판매점에서 담배를 구입하는 데 아무런 제재도 받지 않았다는 청소년이 남녀 각각 69.9%와 66.4%였다. 미국에서는 담배에 있는 니코틴을 마약성분으로 규정하고, 담배 자동판매기 설치를 금

그림 7-5 청소년의 고카페인 음료 섭취에 관한 주의 홍보물

하는 등 담배의 판매, 광고 및 판촉을 규제하는 정책을 시행하고 있다.

약물 복용

한국 마약퇴치운동본부는 우리나라에서도 청소년들의 마약류 약물 남용으로 인해 발생하는 사회적·경제적 손실비용이 상당히 크다고 보고하였다. 2009년도 청소년 건강행태 온라인조사에 따르면, 우리나라 청소년의 약물(부탄가스, 본드, 각성제, 필로폰, 암페타민, 마약, 다량의 기침가래약, 신경안정제 등) 경험률은 남학생과 여학생 모두 0.5%였다. 약물 복용 청소년의 40%가 구속되었던 경험이 있다는 사실은 약물 남용이 매우 심각한 문제임을 알려준다.

최근 고등학생들 사이에 주의력결핍 과잉행동장애 치료용 약물로 개발된 '스터디 드러그(study drug)'라고 불리는 각성제가 정신 집중효과가 높은 것으로 알려지면서 급속히 번지고 있다. 이 약물은 코카인이나 모르핀과 같은 수준의 중독성이 있을 뿐만 아니라 각종 환각제나 마약처럼 영양상태에도 좋지 않은 영향을 미친다. 이러한 약물을 남용하면 식욕을 잃고, 규칙적인 식사습관 등 건강 유지에 필요한 생활습관이 무너지기 때문이다. 최근 청소년 계층에서 고카페인 함유 에너지드링크 섭취율이 증가하고 있는데, 이러한 드링크 역시 중독성이 있으며, 하루 두 캔 이상 섭취하면 체내의 칼슘 균형을 무너뜨리고 성장에 악영향을 미치는 것으로 보인다(그림 7-5).

4. 청소년의 식생활관리

성장곡선 기준 백분위 3 미만의 신장왜소 청소년 및 백분위 85~97의 과체중 청소년의 경우, 식사평가를 통해 식습관의 문제를 파악하고 영양상담 및 영양교육을 통해 식행동의 변화를 유도해야 한다. 또한 이들의 주도적인 참여를 유도하기 위해, 영양교육의 내용 구성과 목표 설정은 본인의 의지와 의사에 따라 이루어지도록 해야 한다.

(1) 영양상태 평가

청소년의 영양상태는 신장과 체중 및 체질량지수(BMI)를 연령별·성별 성장곡선에 대입하여 평가한다. 만약 연령 대비 신장 측정값이 백분위 3 미만이면 만성영양장애에 의한 '저성장'으로 판정한다. 한편, 해당 연령의 BMI 백분위 곡선의 백분위 5 미만인 경우는 저체중으로 판정한다. 저성장이나 저체중으로 판정된 청소년을 대상으로 대사장애나 만성질환이 있는지, 혹은 식행동장애가 있는지를 조사한다. 반면, BMI가 백분위 85~97이라면 과체중으로 판정하며, 백분위 97 이상인 경우는 비만으로 판정한다. 과체중이나 비만 청소년은 체중 조절을 위해 의사나 영양사 등 전문가에게 의뢰하여 체중감량 프로그램에 참여하도록 해야 한다.

청소년의 영양상태 평가에는 식사평가도 포함된다. 식사를 평가할 때는 식품섭취빈도법이나 24시간회상법, 식사일지, 식사기록표 등을 사용한다. 때로는 결식 여부나, 튀긴 음식 혹은 패스트푸드 등의 고지방식품 및 탄산음료를 포함한 단순당이 많이 들어 있는 식품의 섭취량과 섭취빈도 등을 조사하기도 한다. 이때 청소년들의 바람직하지 못한 식습관을 파악하기 위한 간단한 설문지를 개발하여 사용할 수 있다. 식사평가를 통해 식습관에 문제가 있는 것으로 확인되면 이러한 습관을 개선시킬 수 있는 구체적인 방안을 제시해야 한다. 고지혈증, 당뇨, 고혈압, 철 결핍, 비만, 식행동장애가 있는 청소년에게는 보다 전문적인 식사평가를 수행하며, 영양상담도 필요하므로 영양전문가에게 의뢰해야 한다. 청소년기의 영양 위험을 나타내는 주요 지표는 다음과 같다.

- 채소 하루 3회 미만, 과일 하루 2회 미만의 채소 및 과일류 섭취 부족
- 하루 2회 미만의 우유 및 유제품 섭취 부족
- 식욕부진
- 주 3회 이상의 잦은 패스트푸드 섭취
- 주 3회 이상의 잦은 결식
- 채식
- 경제적 이유로 인한 식품 섭취 부족
- 다이어트, 식행동장애, 왜곡된 신체상, 과거 6개월간 과도한 체중 변화
- BMI 백분위 3 미만 또는 백분위 97 이상
- 주 5회 미만의 운동 부족이나 과도한 운동
- 만성질환(당뇨, 고혈압, 고지혈증, 신부전증 등), 치료 약물 복용
- 철 결핍성 빈혈, 치아우식증
- 임신
- 영양제 및 식사보충제 오남용
- 흡연, 음주, 마약

(2) 영양교육

청소년을 대상으로 영양상담이나 영양교육을 실시하기 위해서는 청소년기에 일어나는 신체적·정신적·심리적 변화에 대한 지식과 이해, 그리고 이들을 잘 다룰 수 있는 기술이 요구된다. 10대 청소년은 요구와 관심이 뚜렷한 독립적인 개체로 접근할 필요가 있다. 따라서 영양교육을 시작하기 전에 대상 청소년의 건강·영양문제뿐만 아니라 이와 관련된 인구학적 요인, 사회적·심리적 요인들을 정확하게 판정하는 것이 중요하다. 영양교육이나 상담 내용에 관한 개요를 설명하고, 청소년으로 하여금 스스로 목표를 설정하도록 한다. 일단 목표가 설정되면 자신의 식습관 중 어떤 문제점이 있는지 선별해내고, 어떻게 개선할지, 추후 교육내용을 어떻게 구성할지 함께 고민하고 독려함으로써 영양교육이나 상담에 주도적으로 참여할 수 있도록 한다.

또한 청소년에게 영양교육이 자신의 의사결정에 의해 이루어지고, 자신의 건

강이나 영양문제가 본인의 의지와 결정에 따라 좌우된다는 점을 확고하게 인식시킨다. 그래야 교육효과가 지식과 이해의 단계를 넘어서서 행동 변화의 단계까지 이를 수 있으며, 변화된 식행동이 몸에 배어 식습관으로 발전하게 된다.

한차례의 교육에 너무 많은 목표를 설정하기보다는 한두 가지의 목표를 설정하고 목표 하나를 달성하는 데 필요한 행동 변화 전략을 서너 가지 정하여 실천에 옮기도록 유도하는 것이 효과적이다. 첫 영양교육 후 대상 청소년을 자주 접하면서 목표가 잘 달성되고 있는지 수시로 점검하며, 필요하다면 목표를 수정해나가면서 원하는 방향으로 이끄는 것이 중요하다.

5. 청소년기의 운동과 영양

청소년기에는 근육이 증가하고 신체기능이 최적의 상태를 달성하게 되어 운동능력이 향상된다. 최근 각종 운동경기에 참여하는 선수들의 연령이 낮아지면서 청소년기에 해당하는 선수들의 비율이 점차 높아지고 있다. 청소년기 운동선수들은 성장과 발달에 필요한 영양소 외에 운동을 위한 에너지와 기타 영양소가 추가로 요구된다. 따라서 성장기의 청소년 운동선수들의 영양관리에 대한 올바른 이해와 관심이 필요하다.

운동을 효율적으로 하기 위해서는 우선 건강상태가 양호해야 하며 운동에 소요되는 영양필요량이 적절히 공급되어야 한다. 최근 특정 운동경기를 위한 식사요법이나 운동력 향상을 위한 과학적인 정보들이 소개되고 있다. 운동선수에게는 운동의 특성에 맞추어 계산된 에너지와 기타 영양소가 포함된 식사를 제공해야 이들의 운동수행능력을 최고로 올릴 수 있다.

(1) 운동과 에너지대사

운동선수의 에너지 필요량은 이들의 성별이나 체격뿐 아니라 운동의 강도나 기간에 따라 매우 다르다. 일반적으로 여성보다는 남성이, 체격이 작은 사람보다는 큰 사람이, 운동강도가 세고 운동시간이 긴 경우에 에너지 필요량이 더 높다. 아직 성장이 덜 끝난 청소년기 운동선수에게는 성장을 위한 에너지와 더불어 하루 500~1,500kcal의 추가 에너지가 필요하다.

운동할 때 에너지를 공급하는 영양소는 지방과 탄수화물인데, 이들 에너지원의 사용비율은 운동경기의 종류에 따라 다르다. 운동강도가 약한 경우에는 상대적으로 지방이 많이 사용되는 반면에, 운동강도가 센 경우에는 탄수화물이 주요 에너지 공급원이 된다.

ATP와 포스포크레아티닌

유산소 운동이든 무산소 운동이든 근육이 운동하기 위해서는 ATP가 필요하다. 이는 근육의 수축과 이완에 ATP가 사용되기 때문이다. 그러나 짧은 시간에 폭발적인 힘을 발휘해야 하는 운동이나 장시간에 걸쳐 지속적인 힘을 발휘해야 하는 운동 간에 에너지 공급 방법은 달라야 한다. ATP의 공급속도와 공급량은 운동수행에 있어 매우 중요하다.

그러나 휴식 시 근육세포에 매우 소량 함유되어 있는 ATP는 운동 개시 후 2~4초 이내에 고갈된다. 따라서 운동하는 근육에서는 포스포크레아틴, 포도당, 지방, 단백질로부터 지속적으로 ATP를 만들어 사용해야 한다. 이 중에서 포스포크레아틴은 고에너지 화합물로서 근육세포에서 매우 빠른 속도로 분해되어 ATP를 생성할 수 있다. 그러나 이 역시 근육에서 충분히 합성되지 않아 운동 개시 후 1분 정도면 모두 고갈된다. 이후로는 포도당과 지방이 ATP 생성에 사용되며, 이들 두 영양소가 부족한 경우에는 단백질이 쓰인다.

포도당

포도당은 간과 근육에 글리코겐 형태로 저장되어 있는데, 간의 글리코겐은 혈당 공급을 위해서 사용되는 반면, 근육의 글리코겐은 운동 시에 분해되어 근육에서 에너지원으로 쓰인다. 그러나 일반인들의 경우, 근육의 글리코겐 저장량은 평균 350g(1,500kcal) 정도이다. 마라톤과 같이 2시간 이상 계속 달려야 하는 지구력이 필요한 운동선수는 경기 일주일 전부터 탄수화물부하 식사요법을 실시하는데 이는 근육의 글리코겐 저장량을 늘리기 위함이다.

포도당에서부터 ATP를 얻는 방법은 산소 공급에 따라 혐기적 해당과정과

탄수화물부하 식사요법
(carbohydrate loading)
중등 강도의 운동 후 고탄수화물 식사를 주어 근육의 글리코겐 저장량을 늘리는 식사요법

탄수화물부하 식사요법

우선 첫 3일 동안 격렬한 운동을 하여 근육의 글리코젠을 고갈시키면서 59% 탄수화물 식사를 한다. 그 후 사흘 동안에는 운동을 격렬하게 하면서 70% 탄수화물 식사를 한다. 마지막으로 경기 하루 전날에는 휴식을 취하면서 정상 식사를 한다. 이렇게 하면 근육에 저장되는 글리코젠의 양을 평상시보다 3~4배 늘릴 수 있다.

호기적 해당과정으로 구분된다. 산소 공급이 제한된 상태에서 일어나는 혐기적 해당은 포도당이 젖산으로 분해되면서 30초~2분 이내에 ATP를 공급하므로 순발력을 요하는 운동이나 순간 스퍼트가 필요한 근력운동에서 매우 중요한 에너지 공급시스템이라고 할 수 있다. 이때 발생한 젖산은 간으로 가서 포도당으로 재합성되어 근육에 다시 공급된다. 반면, 산소가 충분한 상태의 호기적 해당과정에서는 포도당이 이산화탄소와 물로 분해되는 완전 산화가 일어나

시합 전후의 식사나 간식

다음 표는 훈련 또는 시합 전 적절한 양의 탄수화물 섭취의 예를 제시한 것이다. 시합 4시간 전에는 고지방, 고단백질 또는 고식이섬유 식사는 위 머무름 시간이 길어 운동 시 불편감이 있을 수 있으므로 가급적 피하는 것이 좋으며, 50~60g의 탄수화물이 함유된 식사를 하는 것이 좋다. 시합 2~4시간 전과 30~60분 전에는 각각 30~40g과 15~20g의 간식을 보충하도록 한다. 시합 후에는 400~600kcal 정도의 고탄수화물 식품과 카페인이 없는 음료수로 혈당과 글리코젠 및 수분을 보충하는 것이 권장된다.

운동 전 식사 또는 간식

식사 또는 간식	시간	이용 가능한 식품 또는 음료
15~20g의 탄수화물 함유 간식 (지방으로부터 열량 5% 미만)	시합 전 30~60분	시리얼바 1개, 물 1컵, 주스 1/2컵
30~40g의 탄수화물 함유 가벼운 식사 (지방으로부터 열량 5~15%)	시합 전 2~4시간	터키샌드위치 1개, 포도 1/2컵, 물 1컵, 레모네이드 1컵
50~60g의 탄수화물 함유 식사 (지방으로부터 열량 15~25%)	시합 전 4~5시간	로스트치킨 60g, 으깬 감자, 저지방 우유 1컵, 바나나 1개, 오렌지 1개

자료: Nutrition through the lifecycle.

며, 혐기적 해당과정보다 훨씬 많은 ATP를 공급한다. 호기적 해당과정에 의한 포도당 공급은 운동 후 2분에서 3시간 이상까지도 지속될 수 있으므로 지구력을 요하는 유산소 운동에서 중요하다. 일반적으로 혐기적 해당과정과 호기적 해당과정에서 얻는 에너지는 각각 5%와 95% 정도이다.

지방

지방은 운동을 시작한 지 약 20분 이후부터 분해되며 낮은 강도의 운동을 장시간 할 때 주요한 에너지원으로 사용된다. 운동 시 지방조직의 중성지방은 지방산과 글리세롤로 분해되고, 분해된 성분이 혈액을 통해 근육으로 공급되며, 근육세포에서 산소 공급하에 이산화탄소와 물로 완전 산화되면서 ATP를 공급한다. 따라서 체지방 혹은 체중 감량을 위한 운동을 할 때는 지방이 연소될 수 있도록 저강도의 운동을 지속적이고 규칙적으로 하는 것이 고강도의 운동을 짧게 하는 것보다 더 효율적이다.

단백질

단백질은 운동하는 근육을 위한 에너지원으로 이용되기는 하지만, 포도당이나 지방에 비하면 매우 적은 양이다. 근육의 글리코젠이 고갈된 이후 근육 내 단백질이 분해되는데 주로 루신, 아이소루신, 발린과 같은 측쇄아미노산(branched chain amino acid)이 ATP 생성에 쓰인다. 따라서 훈련 중인 운동선수에게는 격렬한 운동으로 인한 근육 분해를 막기 위해 보통 사람보다 좀 더 많은 양의 단백질이 필요하다. 그렇지만 단백질을 과잉 섭취하거나 단백질 보충제를 섭취하는 것은 별 도움이 되지 않는다. 특히, 측쇄 아미노산 제제를 별도로 복용하면 체내 아미노산 불균형이 야기될 수 있으므로 삼가는 것이 좋다.

비타민과 무기질

운동선수들은 일반적으로 경기수행능력을 향상시키기 위해서 비타민과 무기질 제제를 복용한다. 운동으로 에너지 소비량이 증가할 때는 물론 티아민, 리보플라빈, 니아신, 판토텐산 등의 비타민 B군과 철이나 마그네슘과 같은 무기질의 필요량이 증가한다. 만약 균형 잡힌 식사를 통해 운동에 필요한 에너지를 충분히 섭취한다면 비타민이나 무기질 제제를 따로 복용할 필요가 없다. 미량영양소가 결핍되면 경기 수행능력이 감퇴되기는 하나 과잉으로 보충한다고 해서 경기 수행능력이 증가하지는 않는다.

- **철**: 운동선수에게는 근육에서의 산소 이용능력이 매우 중요하다. 적혈구 헤모글로빈에 있는 철은 조직으로 산소를 운반하며, 근육 내 마이오글로빈의 철은 근육에 산소를 공급하는 역할을 수행한다. 지구력을 요하는 운동선수에게는 흔히 운동성 빈혈이 나타나는데 그 이유는 격렬한 운동으로 인해 장출혈이 일어나거나 적혈구가 파괴될 수 있기 때문이다. 성장기나 가임기의 운동선수, 체중 조절을 위해 식사 제한을 하는 운동선수, 또는 채식만 하는 운동선수에게서는 철 결핍성 빈혈이 더 자주 발생한다. 여성 운동선수의 경우, 철 결핍상태인 사람의 비율이 50%까지 달하기도 하는데, 이들에게 철을 보충시키면 경기 수행능력이 향상된다. 하지만 철 영양상태가 양호한 선수에게서는 철 보충 급여의 효과가 나타나지 않는다.

- **칼슘**: 청소년 운동선수들은 골절의 위험이 높아 적절한 수준의 칼슘 섭취가 매우 중요하다. 식사로부터 적절한 수준의 칼슘을 섭취하지 못하는 경우 보충제 복용에 대한 전문가와의 상담이 요구된다.

운동성 빈혈(sports anemia)
물리적인 스트레스가 심한 격렬한 운동 시 발생하는 장출혈과 적혈구 파괴로 인하여 생기는 빈혈

수분 및 전해질

운동선수에게 물은 아주 중요한 영양소이다. 운동 중에는 근육 조직에서 에너지대사가 활발하게 이루어지므로 다량의 열이 발생하는데 이로 인한 체온 상승을 막기 위해 많은 땀이 분비된다. 땀은 기화될 때 체표면에서 열을 빼앗아가므로 체온 상승을 억제한다. 땀 1L가 발한될 때 대략 600kcal의 열이 상실된다.

운동 중에 땀을 너무 많이 흘리면 탈수상태에 빠질 수도 있다. 체중의 2~3% 정도만 탈수가 일어나도 근육의 수축 강도가 감소해 운동을 할 수 없게 된다. 이때 혈액의 부피가 감소하고, 심장의 박동수가 증가하며 혈압이 상승한다. 또 체온조절능력이 상실되면 체온이 정상 이상으로 높아지고(hyperthermia), 근육에 경련이 생기며, 열사병으로 쓰러지거나 사망할 수도 있다. 대개 갈증은 탈수상태가 어느 정도 지속되고 난 후 느끼는 경우가 많으므로, 갈증이 생기

기 전에 미리 물을 충분히 마시는 것이 좋다. 운동량이 많을 때는 20분 간격으로 물 250mL씩을 마셔 수시로 수분을 보충해야 한다.

운동 중에 흘리는 땀에는 수분과 소량의 전해질이 들어 있다. 운동을 3~4시간 정도 계속하는 경우에는 전해질 보충 없이 수분만 보충해도 된다. 그러나 땀의 분비량이 4~6kg 이상으로 과다한 경우에는 수분과 함께 전해질, 특히, 나트륨을 보충해야 한다. 만약 이러한 상황에 수분만 보충한다면 현기증, 무력감, 근육강직, 정신혼란, 발작 등의 증세를 수반하는 저나트륨혈증(hyponatremia)이 나타날 수 있다. 그러나 전해질을 보충해야 할 정도로 발한이 심한 경우는 흔하지 않다.

(2) 여성 청소년과 운동

청소년기의 여성 운동선수, 특히 체조와 피겨스케이팅, 달리기 등 격렬한 운동과 동시에 에너지 제한 식사를 하는 종목의 선수들은 무월경과 이로 인한 골밀도 감소 위험이 높다. 또 심한 훈련은 적혈구의 용혈이나 위장관 출혈, 땀을 통한 철분 손실 증가 등으로 인해 철 결핍이 나타나기 쉽다. 우리나라 여성 청소년 운동선수를 대상으로 수행된 한 연구에서도 칼슘, 철과 등 미량영양소의 섭취가 부족한 것으로 나타났다.

(3) 경기력 증진 보조제

경기력 증진 보조제(ergogenic aids) 운동에너지 생성을 증가시키거나 에너지 효율을 증대시켜 효과적으로 운동을 수행할 수 있도록 하는 식이보충제로, 체중 감량 및 근육 증대, 피로 회복 등의 목적으로도 이용

도핑테스트(doping test) 운동 경기에서 운동능력을 증진시키기 위하여 심장흥분제나 근육증강제 등의 금지 약물 복용 및 주사 처치 여부를 검사하는 것으로 선수들의 소변 샘플을 크로마토그래피법 등으로 분석함. 현재는 흥분제(코카인, 암페타민 등), 진통제(헤로인, 모르핀 등), 진정제, 이뇨제, 스테로이드 약품 등이 금지 약품으로 지정되어 있음

운동선수들은 비타민이나 무기질 이외에도 각종 건강보조식품이나 영양제를 복용한다. 아래와 같이 경기력을 증진시킬 목적으로 복용하는 제품을 경기력 증진 보조제라고 한다. 그러나 이들 보조제가 나타내는 심각한 여러 부작용 때문에 스테로이드제제를 포함한 여러 약물의 복용을 금지하고 있다. 이는 선수들을 보호하고 시합의 공정성을 유지하는 의미가 있으며, 이를 확실하게 규제하기 위해 시합 전후로 도핑테스트를 한다. 많은 청소년 운동선수들이 시합 시즌을 피해 금지 약물들을 쓰기도 한다. 청소년 선수들은 과업지향적인 성향이 강하고 주변 상황의 영향을 쉽게 받으므로 약물 복용에 더욱 허용적인 태

도를 보이는 경향이 있다.

스테로이드 호르몬

상당수의 운동선수가 동화작용을 촉진하는 스테로이드 호르몬(anabolic steroids)을 사용하는 것으로 알려져 있다. 남성호르몬인 테스토스테론은 근육을 증가시키고 경기력을 향상시킬 목적으로 또는 항염증이나 진통효과가 있어 부상을 빨리 치료할 목적으로 사용된다. 남녀 운동선수, 심지어 청소년 운동선수들 조차도 테스토스테론을 사용하는 경우가 있다. 그러나 스테로이드는 혈청 콜레스테롤 상승, 심근경색, 뇌졸중, 간 종양, 전립선장애 등의 심각한 부작용을 일으킬 수 있으며, 여성 운동선수에게서는 무월경을 야기하기도 한다.

성장호르몬

유전자 재조합기술로 제조되는 인체성장호르몬은 스테로이드호르몬과 유사하게 체지방을 줄이고 근육을 증가시키는 작용이 있다고 알려져 있어 운동선수들이 많이 이용한다. 그러나 최근 연구에 의하면 성장호르몬에는 운동선수는 물론 일반 사람에게도 근육량이나 근육강도를 증가시키는 효과가 없는 것으로 확인되었다. 호르몬 분비가 급격하게 변화되는 사춘기 운동선수들이 성장호르몬을 복용하면 오히려 성장판을 일찍 닫힐 수도 있다. 따라서 성장장애를 겪는 청소년 운동선수가 적합한 처방을 받아 사용하는 것 외에는 성장호르몬 제제를 사용하지 않아야 한다.

유전자 재조합기술(recombinant DNA technology) 한 생물의 DNA 일부를 분리하고, 그 자리에 원하는 기능을 가진 다른 생물의 DNA 조각을 연결하여 재조합함으로써 새로운 DNA를 만들어내는 기술

아미노산

최근 운동선수 사이에 아르기닌 또는 오르니틴과 같은 아미노산 보충제가, 성장호르몬 방출을 촉진해서 근육을 증가시키고 지방을 감소시킨다고 알려져 이들 제제를 복용하는 경우가 많다. 그러나 아직 그 효과가 분명하게 증명되지 않았으며 오히려 체내 아미노산의 균형을 해치는 부작용이 있다고 알려져 있다.

옥타코사놀

밀의 배아에서 추출된 알코올인 옥타코사놀 제제도 종종 경기수행능력을 증

진하는 것으로 주장된다.

카르니틴

카르니틴은 지방산의 베타 산화를 도와주는 아미노산의 유도체이다. 운동 시 근육세포에서 지방산이 미토콘드리아로 수송되는 것을 촉진함으로써 경기력을 증진시키는 것으로 해석된다.

카페인

카페인은 운동 시 지방조직에서 지방의 분해를 촉진해, 혈장 유리지방산 농도를 증가시킨다. 그러므로 근육은 지방산을 공급받아 산화를 증가시킬 수 있다. 이로 인해 근육에 저장되어 있는 글리코젠을 절약하므로 경기력을 증강시키는 것으로 생각된다. 또 카페인은 중추신경계를 활성화시켜 운동을 더 잘하게 하며, 피로감을 덜 느끼게 한다. 그러나 신경쇠약, 불면증, 떨림, 이뇨 등의 부작용을 나타낼 수 있다. 고농축 카페인 제제는 한때 금지 약품으로 분류되었으나, 2004년 이후에 금지 약품 대상에서 제외되었다.

크레아틴

고기나 생선의 근육에 함유되어 있는 크레아틴은 근육이 고강도로 수축할 때 필요한 성분이다. 크레아틴 제제는 스프린트 운동선수들이 많이 사용하는데 그 효과에 대해서는 과학적으로 입증된 바가 없다. 부작용으로는 복부 통증, 오심, 설사, 두통, 탈수 또는 신장기능 저하 등이 관찰되었다.

중탄산나트륨

중탄산나트륨은 체내에 존재하는 알칼리염으로 2004년 이후에 금지약품 대상에서 제외되었다. 중탄산나트륨을 운동 1~3시간 전에 0.2~0.3g/kg 정도 복용할 경우 고강도 무산소 운동 시에 축적되는 젖산에 대한 완충작용의 효과를 얻을 수 있다. 이로 인해 근육세포의 산성화와 피로감을 억제함으로써 운동 수행능력이 향상되는 것으로 보인다. 그러나 삼투성 설사나 경련, 복통 등의 부작용이 나타나기도 한다.

화분과 로열젤리

로열젤리는 꿀벌의 타액, 식물성 음료(plants nectar)와 화분(꽃가루)으로 이루어진 것이다. 이들 제품은 운동선수나 일반인의 운동력 향상에 어떠한 이점도 없으며, 오히려 화분에 민감한 사람들에게 알레르기 반응을 일으킬 수도 있다. 그럼에도 일벌이 생산하는 로열젤리는 여왕벌이 먹는 물질이라고 하며, 경기 수행능력을 증진하는 것으로 선전되고 있다.

청소년의 음료 섭취

최근 당분 섭취량이 전 연령층에서 점차 증가하고 있으나 그중에서도 12~18세 청소년의 1일 평균 당분 섭취량이 80g으로 가장 높다. 이는 당분을 에너지 섭취량의 10% 이내로 제한하라는 WHO 섭취 권고기준을 초과하는 수준이다. 청소년의 당분 섭취의 25.9%는 음료류에서 섭취하고 있고, 특히 탄산음료가 상당 부분을 차지하고 있다. 청소년기에 탄산음료 섭취량이 높을수록 골절률이 높다고 알려져 있다. 시중에 판매되는 음료를 한두 개만 섭취해도 1일 당류 섭취량을 초과할 수 있다. 청소년의 음료 섭취 유무에 따른 영양섭취상태와 식사의 질을 분석한 연구결과를 보면 탄산음료를 섭취하는 청소년의 경우 유제품 섭취량이 낮았고 칼슘, 철, 티아민, 리보플라빈, 니아신 및 비타민 C의 섭취량이 평균필요량에 미달되었다.

탄산음료는 당뿐만 아니라 카페인 등 성장기 청소년에게 부적절한 성분을 많이 함유하고 있으며, 청소년의 카페인 섭취량의 30~50%가 탄산음료를 통한 것이었다. 시험기간 많은 청소년들이 커피나 고카페인 에너지음료를 이용하고 있으며, 한 연구에서 대전지역 청소년 200명 중 13.2%가 하루 2회 이상 카페인 음료를 마신다고 응답하였다. 청소년이 하루에 커피 음료와 에너지 음료를 한 캔씩만 마셔도 하루 최대 섭취권고량을 넘는 카페인을 섭취하게 된다. 청소년은 카페인에 민감한데, 한 설문조사에 따르면 청소년들이 호소한 카페인 부작용으로 응답자의 60.5%는 아침에 일어나는 것이 힘들다고 하였고, 46.3%는 늘 피로하다고 답했으며, 불면 18.9%, 어지러움 17.3%, 불안·걱정·긴장 12.2%, 이외에 숙면 불가, 심장 두근거림, 구토 등을 호소하였다. 식품의약품안전처는 청소년을 대상으로 고카페인 음료의 무분별한 섭취에 따른 위해에 관한 교육과 홍보를 펼치고 있다.

맥주 또한 청소년의 다소비식품 가운데 하나이다. 식품의약품안전처는 지난해 6~11월 전국 19세 이하 3,590명을 대상으로 여름·가을철 식품 섭취량을 조사한 결과 맥주가 13~19세 청소년의 가을철 다소비식품 30위에 올랐다고 밝혔다. 최근 청소년건강행태 온라인조사에 따르면 우리나라 청소년의 음주율은 남성은 16.9%, 여성은 13.0%였고, 10~19세 청소년의 알코올성 간질환자 수가 5만 명이 넘었다. 이른 음주 경험은 알코올 의존증에 더 취약하고 성인기에 각종 질환의 위험이 높은 것으로 알려져 있다. 또 청소년기 음주는 성장호르몬 분비 억제로 발육부진을 야기하고, 특히 뇌 신경세포에 치명적이어서 뇌기능에 문제를 일으키며, 청소년의 범죄와 자살 등 사회적 문제를 초래하기도 한다. 따라서 청소년에게 술을 권하는 문화를 개선하고, 청소년에게 술을 팔지 않는 사회적 분위기를 조성하거나 친구들의 권유를 거절할 수 있는 올바른 금주 교육이 강조되고 있다.

천연물 소재와 한약재

삼백초, 오가피 또는 향부자는 근육 글리코젠을 절약하는 효과가 있으며, 에너지대사와 관련된 근육 내 효소의 활성을 증가시키는 것으로 보인다. 한 연구에서는 운동 훈련을 받은 흰쥐의 지구력과 운동 수행능력을 향상시키는 효과가 확인된 바 있다. 다른 동물실험에서는 영지버섯과 홍삼 역시 피로 회복에 긍정적인 영향을 미치는 것으로 보고된 바 있다. 인삼 역시 에너지가 많이 발생하는 식물로 알려져 있으나, 인삼 추출물을 상습적으로 복용할 경우 신경질이나 우울증 또는 정신착란과 같은 부작용이 발생한다. 기타 감기 증상이나 부종, 체중 조절에 주로 사용되는 마황이나 담에 걸렸을 때 처방하는 반하, 허약체질 개선에 사용되는 자하거는 도핑테스트에서 양성반응을 보이는 것으로 알려져 있다.

PART 3

방어영양

노화는 성장과 달리 정해진 속도로 진행되지 않는다. 성인기의 어느 시점부터 노화가 시작되는 것으로 보이나, 개시 시기와 진행 속도는 여러 가지 인자의 영향을 받으므로 개인마다 다르다. 노화는 생리기능의 퇴화를 수반하므로 만성퇴행성질병을 발생시킨다. 이들 질환은 다시 노화를 촉진한다.

영양상태는 노화에 영향을 끼치는 중요한 요인 중 하나이다. 에너지 섭취량을 제한한 식사가 노화를 억제하고 수명을 연장하는 효과를 낸다는 것이 동물실험에서 나타나기도 하였다. 노화와 만성퇴행성질병은 식생활 요인 외에 음주, 흡연, 운동 등 건강 관련 생활습관 인자의 영향을 크게 받는다.

성인기와 노년기의 영양은 노화를 지연하고 만성퇴행성질병의 발생을 예방하는 데 초점을 맞추어야 한다. 이러한 계획을 방어영양 패러다임이라 하는데, 이 패러다임의 핵심적인 내용은 식물성 식품을 위주로 하는 식사이며, 이외에도 규칙적인 운동 수행과 이상적인 체중 유지가 강조된다. 식물성 식품 위주의 식사는 에너지와 동물성 지질 및 단순 당질의 과다 섭취를 피하게 하고, 식이섬유와 식물성 화학물질(phytochemicals)의 섭취를 확보하며, 지방산의 균형을 유지하게 해준다. 이러한 영양적 지원은, 성인 및 노인기에서 산화스트레스에 대항하는 힘과 만성질병에 대한 저항력을 갖게 한다.

미국의 보건복지부와 암 연구소에서는 식생활 등 건강 관련 생활인자를 바람직한 방향으로 수정하면 생활습관 질병으로 인한 사망률을 50% 정도 감소시킬 수 있으며, 채소류와 과일류를 하루에 5단위 이상씩 섭취하기를 권고하고 있다(WCRF/AICR 2007). 성인기 이후 방어영양을 계속 실천하면 노년기에 이러한 효과가 더욱 크게 나타날 것으로 예측된다. 무병장수는 개인은 물론이거니와 국가 차원에서도 생산성 유지 또는 의료비 지출 절감과 관련하여 대단히 유익한 일이다.

CHAPTER 8
성인기 영양

성인기란 사춘기가 끝난 시점부터 노년기에 접어들기 전까지의 기간을 일컫는다. 즉, 성장이 완료된 이후 노화가 적극적으로 진행되기 이전의 기간이다. 대체로 20~64세를 이르므로 거의 45년에 달하며 생애주기에서 가장 긴 기간이다. 이러한 이유로 성인기를 전기(장년기, 20대와 30대)와 후기(중년기, 40대와 50대)로 구분하기도 한다.

성인기에 들어서면 성장은 거의 멈추지만 성숙과정은 계속 진행된다. 따라서 성인기의 특성은 성숙과 유지라고 할 수 있다. 성인기의 영양필요량은 유지에 요구되는 양만 필요하므로 성장기인 청소년기보다 적다.

이 기간에 어떻게 하면 건강한 체중을 유지하고 신체적·정신적 건강과 안녕을 유지할 수 있을까? 풍요로운 환경에서 과식할 기회가 많으며 신체활동이 적은 현대인의 생활은 비만을 야기하고 만성퇴행성질병의 발생을 높이고 있다. 그러므로 에너지와 단백질을 적정하게 섭취해야 하고 미량영양소는 충분하게 공급해야 한다. 방어영양(defensive nutrition)은 식물성 식품을 위주로 한 균형 있는 식사를 통해 성인기의 신체기능을 최대로 발휘하고 최적의 건강상태를 유지하고자 고안된 식생활 양식 중 하나이다. 또 운동, 음주, 흡연 등과 관련하여 바람직한 생활습관을 실천해야 한다.

학습목표

성인기에 일어나는 생리적 변화와 생명현상 유지에 요구되는 영양필요량, 영양과 만성퇴행성질병과의 관련성, 방어영양의 내용 및 생활습관이 건강에 미치는 영향에 대해 이해하고 이를 성인의 영양관리에 활용할 수 있는 능력을 기른다.

1. 성인기의 특성

신체적으로 성장이 완료된 성인기의 특성을 신체적, 생리적 및 사회적·심리적 면에서 몇 가지로 정리할 수 있다. 첫째, 최고의 체력을 갖는다. 둘째, 성장기 또는 노년기에 비해 생리적 변화가 거의 없다. 셋째, 가정과 사회에서 중추적인 역할을 하며 과중한 책무로 인한 스트레스가 많다.

(1) 신체적 특성

대부분의 신체기관은 18세경에 생리적 성숙상태에 도달한다. 그러나 근·골격계는 20대 초반에 완성되며, 20대 중반에 최대 신장에 달하고, 골질량은 30대 초반까지 증가하는 것으로 보인다. 즉, 20대 후반이나 30대 초반에 신체의 크기와 체력 및 성숙도가 정점에 달하며, 이후에는 세포의 교체와 보수를 통해 동적 평형을 이루어야 최고의 상태가 유지된다.

우리나라 남성은 25~29세에 최고 신장에 도달하고 이후에는 신장의 변화 없이 체중이 증가한다. 이러한 결과 40~44세에 가장 높은 체중과 BMI가 나타나며 이후 서서히 감소한다. 여성은 남성보다 이르게 15~19세에 최고 신장에 도달하고 체중은 남성보다 10년 늦은 50~54세에 최고 체중을 나타낸다. 따라서 여성의 BMI는 50~54세에 최고치를 나타내는데 45세 이후부터는 계속 남성보다 높은 값을 유지한다.

체중의 증가와 함께 체조성의 변화도 일어난다. 체중이 증가함에도 불구하고 근육은 줄어들고 지방은 늘어난다. 근육은 10년마다 2~3%씩 감소하고, 지방의 증가량은 에너지평형의 정도에 따라 다르다. 이러한 체조성의 변화는 질병으로도 이어질 수 있는데, 비만과 관련이 많은 질병인 제2형 당뇨, 고지혈증, 심·순환기계 질환, 고혈압, 담낭질환, 체중 과부하로 인한 골·관절염 및 몇 가지 암의 발생률을 높인다.

(2) 생리적 특성

성인기에는 생리적 변화가 거의 없지만 신체 구성성분의 동적 평형이 깨지면 30대 초반에 정점을 이루던 체력과 효율성이 점차 감소한다. 생리적 변화의 시기와 정도는 개인마다 다른데 특정 질병이 없는 경우, 영양상태와 신체적 활동 상태의 영향을 받는다. 양호한 영양상태를 유지하고 적절한 운동이나 노동으로 신체활동을 하는 것은 근력을 유지하는 데 큰 도움이 된다. 성인 후기는 성인 전기보다 근력이 약 10% 정도 줄어들며 심박출량을 비롯해 호흡능력, 신장 기능, 소화기능, 기초대사량 등도 각각 10~40% 정도 손실된다. 신장기능의 감퇴는 수분 및 전해질 균형을 유지하는 데 어려움을 초래할 수 있고, 타액 분비 감소나 치아 손실 등 소화기계의 변화는 식품 섭취를 제한하는 요인으로 작용할 수 있다.

여성은 성인기에 임신 또는 수유를 경험하게 된다. 임신과 수유는 일생 중 가장 독특한 생리현상이며, 이때 영양필요량에 큰 변화가 생긴다. 한편 대부분의 여성은 50대경에 폐경기 증상을 겪을 수 있다.

남성도 40대 또는 50대에 이르면 테스토스테론 분비가 감소되기 시작한다. 이때 저체중은 정자 감소와 관련이 있으며 영양불량은 성욕 감퇴와 관련된다. 과다한 알코올 음용은 정자에 손상을 끼칠 수 있다.

(3) 사회적 · 심리적 특성

성인기는 인간이 가정과 사회에서 중추적인 역할을 하는 시기로 자신이 태어난 가정으로부터 독립해 새로운 가정을 이루며, 자녀를 낳아 길러 세대를 잇고 직장에서의 책무를 통해 사회적 책임을 수행하게 된다. 성인기의 가족 형태는 자녀가 있는 부부가족, 자녀가 없는 부부가족, 자녀가 있는 편모 또는 편부가족, 독신 등 다양하며 부모 모두가 일하는 경우와 한쪽 부모만 일하는 경우로 다시 나눌 수 있다. 이렇게 다양한 가족 형태는 식품 구매, 음식의 조리, 외식의 빈도 등에 영향을 끼친다. 주부를 비롯해 가족원들이 가사에 할애할 시간이 부족하면 가공식품이나 조리된 음식에 대한 의존도가 커지고 외식의 빈도가 높아진다. 이런 상황들은 식품 선택에 제한 요소로 작용하며 에너지와 지방의 과다 섭취를 유발해 체중을 증가시키는 원인으로 작용하기도 한다.

한편 성인으로서 느끼는 책임감은 정신적으로는 물론이고 신체적으로도 많은 스트레스를 받게 하는데, 영양상태가 양호해야 스트레스를 잘 견디며 신체의 항상성을 제대로 유지할 수 있다.

2. 성인의 영양필요량

성인기에는 성장이 더 이상 일어나지 않으므로 에너지나 단백질 및 기타 영양소의 필요량이 신체의 유지에 소요되는 양과 같다. 따라서 성인기의 영양필요량은 청소년기에 비해 대체로 적거나 같다. 성인기는 상당히 길며 성인 중반기에는 생리기능과 체조성이 점차 변하므로 성인기의 영양필요량은 연령층에 따라 약간씩 다르다. 한국인 영양소섭취기준에서 성인기를 세 연령층으로 구분한 것은 바로 이러한 이유 때문이다. 성인기의 영양필요량은 성별에 따라서도 많이 다르다. 이는 남성과 여성 간에 신체 크기나 체중 및 체조성이 크게 다르기 때문이다. 여성은 남성에 비해 신장이 작고 체중이 낮으며 근육이 적으므로 에너지와 단백질의 필요량이 남성보다 20~25% 정도 적다.

이러한 이유로 한국인의 성인기 영양소섭취기준은 남녀 각각 19~29세, 30~49세 및 50~64세의 세 연령층으로 구분하여 설정되었다. 각 연령층의 기준 신장은 각 인구집단의 중앙값으로 하였으나, 기준 체중은 남성은 BMI 22.5를 기준으로 하였고, 여성은 21.5를 기준으로 하여 신장 대비 산출한 값으로 정하였다.

그러므로 에너지대사에 조효소나 보조인자로 작용하는 비타민 B_1과 B_2 및 니아신, 그리고 근육에 주로 함유된 아연은 남성이 높다. 그러나 다른 미량영양소의 권장섭취량은 같다. 이는 에너지 권장량이 2,000kcal 미만인 경우 대부분 미량영양소의 필요량은 동일하다고 보기 때문이다. 반면에 철은 19~29세와 30~49세 연령층의 경우 월경혈로 인한 철 손실을 고려해 오히려 여성이 높다. 여기서는 성인기에 특별히 관심을 가져야 할 에너지, 단백질, 식이섬유, 비타민 E, 엽산, 칼슘, 마그네슘 및 철에 관한 영양소섭취기준에 대해 설명하고자 한다.

(1) 에너지

성인의 에너지 필요추정량은 총 에너지 소비량과 같다. 성인기에는 성장을 위한 에너지는 필요하지 않으며 휴식대사와 활동대사, 식사성 발열효과(thermic effect of feeding, TEF)에 에너지를 소모한다. 정신활동에 쓰이는 에너지는 미량이므로 무시할 수 있는 수준이다. 그러므로 에너지 소비량은 개개인의 연령과 체중 및 신체활동 수준에 따라 달라진다.

2015년에 개정된 한국인 영양소섭취기준에서 성인의 에너지 필요추정량은 남녀 각각 연령과 체중, 신장 및 신체활동 수준을 고려하여 아래의 식을 이용해 산출했다.

성인 남성: 662−9.53 × 연령(세) + PA{15.91 × 체중(kg) + 539.6 × 신장(cm)}
PA = 1.0(비활동적), 1.11(저활동적), 1.25(활동적), 1.48(매우 활동적)

성인 여성: 354−6.91 × 연령(세) + PA{9.36 × 체중(kg) + 726.0 × 신장(cm)}
PA = 1.0(비활동적), 1.12(저활동적), 1.27(활동적), 1.45(매우 활동적)

신체활동계수는 남녀 모두 저활동적 수준을 적용했다. 성인기 세 연령층의 기준 신장과 체중으로 산출한 에너지 필요추정량은 다음과 같다(표 8-1).

연령이 높을수록 에너지 필요추정량이 줄어든 것은 신장과 체중이 낮다는

표 8-1 **성별·연령별 성인의 신장과 체중 및 에너지 필요추정량**

성별	연령(세)	신장(cm)	체중(kg)	필요추정량(kcal)
남성	19~29	174.6	68.9	2,600
	30~49	173.2	67.8	2,500
	50~64	168.9	64.5	2,200
여성	19~29	161.4	55.9	2,000
	30~49	158.9	54.7	1,900
	50~64	156.6	52.5	1,700

점이 영향을 끼쳤다. 성인기 중반 이후에는 에너지 필요추정량이 하루 12~
13kcal씩 줄어드는데, 이 중 5kcal는 기초대사량 감소에서 발생하고 나머지는
활동대사량 감소에서 기인한다. 대사가 활발한 근육이 점차 적어지고 신체활
동 또한 줄어들기 때문이다. 한편 여성은 남성보다 단위체중당 휴식대사량이
10% 정도 적으며 체중 또한 14% 정도 적게 나가고, 활동대사량도 적어 에너지
필요추정량도 남성보다 400~500kcal 정도 적다.

(2) 단백질

성인기의 단백질 평균필요량은 체내의 질소가 배설되는 양과 식사를 통한 질
소 섭취량이 균형을 이루는 최소의 수준이다. 성인기에는 새로운 조직이 합성
되지 않으므로 기존 조직을 유지하기 위한 아미노산과 효소와 호르몬, 항체,
운반체 등 기능성 단백질의 합성을 위한 아미노산이 요구된다. 최근 미국과 캐
나다에서 잘 조절된 질소균형실험 자료를 메타분석(meta-analysis)한 결과, 단
백질 평균필요량의 중앙값은 0.66g/kg/일이었다. 한국인 영양소섭취기준에서
도 이 값을 가지고 성별·연령별 기준 체중에 맞추어 결과를 산출하였다.

단백질의 권장섭취량은 평균필요량에 개인 변이계수 12.5%를 적용해
0.825g/kg/일로 하였고 이 역시 성별·연령별 기준 체중에 맞추어 계산하였다
(표 8-2).

가령에 따른 단백질 평균필요량의 변화는 거의 없는 것으로 보았다. 오히려
나이가 들면서 근육이 감소하는 현상을 최대한 억제하기 위해 단백질 영양상

표 8-2 **성별·연령별 성인의 단백질 권장섭취량**

성별	연령(세)	권장섭취량(g)
남성	19~29	65
	30~49	65
	50~64	60
여성	19~29	55
	30~49	50
	50~64	50

태를 양호하게 유지해야 한다는 주장이 있다. 이와 같은 이유로 남성와 여성 모두 19~29세층보다 30~49세층과 50~64세층의 평균필요량과 권장섭취량을 약간 낮게 선정하였다.

(3) 식이섬유

식이섬유는 대장기능의 개선, 혈장 콜레스테롤 농도의 저하, 혈당 반응의 개선 등 생리적 기능을 발휘한다. 이러한 효과로 인해 식이섬유는 당뇨와 관상동맥 심장질환의 위험을 낮추며 특정 암 발생 확률도 감소시키는 것으로 보인다. 또한 식사의 에너지 밀도를 낮추고 만복감을 갖게 하여 비만 조절에도 도움이 될 수 있다. 그러나 식이섬유가 나타내는 이러한 효과들이 직접 실험적으로 증명되지는 않았다. 이는 곡류, 과일류 또는 채소류 등에 식이섬유와 더불어 존재하는 식물성 화학물질(phytochemicals)과 함께 나타내는 복합적인 결과일 수도 있다.

식이섬유는 흡수되지 않으므로 혈액이나 조직에는 식이섬유의 영양상태를 반영하는 지표물질이 없다. 결핍 시 다른 필수영양소처럼 생리적 또는 임상적 증상도 유발되지 않는다. 그러나 식이섬유 섭취가 불충분할 때 위협받을 수 있는 잠재적인 건강상의 이점, 즉 고혈압이나 고지혈증 및 관상동맥 심장병의 예방, 위장관의 건강 유지, 대장암의 예방, 유방암으로부터의 보호, 당뇨의 완화, 체중관리 등의 위험성을 감소시키는 것으로 보인다. 그러나 관상동맥 심장질환의 예방 외에는 정확하게 밝혀진 것은 없다.

이렇듯 식이섬유는 평균필요량을 추정하기 위한 근거가 불충분하므로, 대신 충분섭취량을 설정하였다(표 8-3). 여기서는 연령에 따른 차이를 두지 않고

표 8-3 **성별·연령별 성인의 식이섬유 충분섭취량**

성별	연령(세)	충분섭취량(g)	성별	연령(세)	충분섭취량(g)
남성	19~29	30	여성	19~29	20
	30~49	30		30~49	20
	50~64	30		50~64	20

남성은 25g/일, 여성은 20g/일로 정하였다.

(4) 비타민 E

비타민 E는 항산화 작용을 통해 세포막의 불포화지방산들이 과산화상태로 진전되는 것을 막아주어 적혈구의 용혈이나 근육 및 신경세포의 손상을 억제한다. 또한 T-림프구의 기능을 유지하므로 면역력 증강 및 항암효과도 나타낸다. 그러므로 신체기능을 최고의 상태로 유지하고 노화를 지연하고자 하는 성인기에는 비타민 E 영양이 중요하다.

동물의 비타민 E의 결핍증은 생식불능, 근위축, 신경질환, 빈혈, 간 괴사 등 다양하다. 그러나 사람에게는 특수한 경우 말초신경 손상을 초래하는 것 외에 별다른 결핍증이 나타나지 않는다. 비타민 E 영양상태를 판정하는 데 유용한 특징적인 지표도 없다. 이에 한국인 영양소섭취기준에서는 미국·캐나다에서 평균필요량 설정에 사용한 근거인 과산화수소에 의해 나타나는 용혈현상을 예방하는 데 충분한 혈액 α-토코페롤 농도를 유지하는 데 필요한 α-토코페롤 섭취량이 하루 12mg이라는 점을 차용하였다. 성별에 따라 비타민 E 필요량에 차이가 있다는 근거는 부족하므로 남녀 및 전 연령층 모두의 필요량을 12mg으로 설정했다(표 8-4).

한편, 자연에 존재하는 비타민 E의 경우 과다 섭취로 인한 유해 영향의 증거는 없으나 보충제를 통한 과다 섭취 시 비타민 K의 길항효과로 인해 출혈 증

표 8-4 성별·연령별 성인의 비타민 E의 충분섭취량 및 상한섭취량

성별	연령(세)	충분섭취량(mg α-TE)	상한섭취량(mg α-TE)
남성	19~29	12	540
	30~49	12	540
	50~64	12	540
여성	19~29	12	540
	30~49	12	540
	50~64	12	540

가, 프로트롬빈 시간 증가, 혈소판 응집과 흡착 억제, 혈액 응고 억제 등 유해한 영향이 나타난다. 이에 인체를 대상으로 하여 실험된 용량-반응 연구에서 540mg a-TE이 최대 무독성량이라고 확인된 자료를 이용하였다. 이에 불확실계수 1.0을 적용해 540mg α-TE을 성인 남녀와 모든 연령층의 상한섭취량으로 정했다.

(5) 엽산

성인기에 엽산 영양상태를 양호하게 유지하는 것은 중요하다. 체내 엽산이 부족하면 혈장 호모시스테인 농도가 상승하는데, 이는 심혈관질환의 위험요인으로 알려져 있다. 또한 일부 암의 전 단계 세포들이 엽산 보충에 의해 암세포로 진행되지 않고 정상세포로 전환되었다는 증거가 있다. 그러나 역시 자궁암, 폐암, 대장암, 식도암 등에 대한 항암효과는 아직은 결론 내리기 힘들다.

엽산 보충제에 쓰이는 형태는 폴산(folic acid)이다. 이는 단독 섭취 시 100% 흡수되며 다른 음식과 함께 섭취하면 85% 정도의 흡수율을 보인다. 폴산은 식품에 들어 있는 엽산(folate)보다 이용률이 1.7배 높다. 이러한 이유로 엽산의 영양소섭취기준의 단위를 식사엽산당량(dietary folate equivalents, DFE)으로 표시한다.

한 가지 지표만으로는 성인의 엽산 평균필요량을 설정하는 충분한 근거를 얻을 수 없기 때문에 적혈구 엽산과 혈장 호모시스테인 및 혈장 엽산의 농도를 함께 고려한다. 이러한 지표를 다룬 몇몇 연구결과에서는 성인 집단의 평균필요량이 320mg DFE라고 추정하였다. 권장섭취량은 여기에 개인 변이 20%를 더해 400mg DFE로 정하였다. 성별이나 연령층에 따른 평균필요량이나 권장섭취량에는 뚜렷한 변화가 없어 남녀와 세 연령층 모두 차이를 두지 않았다(표 8-5).

엽산의 과잉 섭취가 해로운 영향을 초래한다는 증거는 없다. 그러나 엽산 결핍과 비타민 B_{12} 결핍이 모두 빈혈을 나타내기 때문에, 엽산을 보충했을 때 비타민 B_{12}의 결핍상태를 감추어 이로 인해 신경계 손상의 치료 적기를 놓치고 증상을 악화시킬 수 있다는 간접 독성 가능성이 문제가 될 수 있다. 따라서 상한섭취량이 존재하며, 1mg/일로 설정하였다.

표 8-5 성별·연령별 성인의 엽산 권장섭취량

성별	연령(세)	권장섭취량(µg DFE)
남성	19~29	400
	30~49	400
	50~64	400
여성	19~29	400
	30~49	400
	50~64	400

엽산의 필요량에 영향을 주는 요인으로는 알코올과 몇몇 약물이 있다. 알코올은 엽산의 흡수를 방해하고 배설량을 증가시켜 엽산 결핍을 악화시킨다. 엽산의 흡수나 이용을 방해하는 대표적 약물로는 아스피린 등 비스테로이드계의 항소염제와 항암제, 항관절염제가 있다. 따라서 이러한 약물을 장기간 복용하는 경우나 알코올을 과량 섭취하는 사람은 엽산을 충분히 섭취해야 한다.

(6) 칼슘

골격의 성장은 10대에 최대 속도로 이루어지고 성인기에 들어선 이후에는 그 속도가 현저히 느려지나 성장은 20대 중반까지 계속된다. 한편 골밀도는 골격의 성장이 멈춘 후로도 꾸준히 늘어나 30대 초반까지 증가하는 것으로 보인다. 그러므로 35세경까지 골격 형성과 골밀도 축적에 칼슘을 비롯한 무기질이 다소 소요될 것으로 생각된다. 그러나 이에 대한 구체적인 자료가 없어 칼슘을 비롯한 다량 무기질의 경우, 성인기에는 유지에 필요한 양만 고려한다.

칼슘의 영양상태를 잘 반영해주는 생화학적 지표는 없다. 혈중 칼슘 농도는 철저하게 조절되므로 좋은 지표가 아니다. 이러한 이유로 국가마다 칼슘의 필요량 추정에 균형연구결과나 요인가산법, 골밀도, 골무기질 함량 및 골절률 자료 등 다양한 지표를 사용하고 있다. 우리나라는 성인을 대상으로 통제된 환경에서 수행된 여러 대사실험 연구결과를 통합·분석해 2008년에 나온 자료, 즉 체중당 칼슘필요량은 9.39mg이며 남녀 성별에 따른 차이가 없다는 기준을 적용하였다. 이 기준에 표준체중을 고려해 필요추정량을 산출했고, 변이계수

표 8-6 **성별·연령별 성인의 칼슘 권장섭취량**

성별	연령(세)	권장섭취량(mg)
남성	19~29	800
	30~49	800
	50~64	750
여성	19~29	700
	30~49	700
	50~64	800

10%를 적용해 권장섭취량을 설정했다. 이때 성인 남녀의 칼슘 흡수율을 30%로 간주했는데, 폐경기에는 흡수율이 감소한다는 점을 고려해 50~64세 여성의 경우에는 25%를 적용하였다. 이러한 이유로 50~60세층의 평균필요량과 권장섭취량 모두 다른 연령층보다 높게 설정되었다. 이 시기에 골다공증과 골절발생 위험이 높다는 점을 고려할 때, 칼슘 섭취의 중요성이 적절하게 강조된 결과라고 할 수 있다.

칼슘은 세포에서 일어나는 거의 모든 대사에 주된 역할을 수행하므로 칼슘 대사장애는 다양한 부작용을 초래한다. 칼슘이 체내에 과잉으로 존재하면 신석증, 우유-알칼리증후군, 알칼리혈증, 연조직의 석회화 등이 나타날 수 있다고 하여 상한섭취량을 19~49세 여성은 2,500mg으로, 50~64세 여성은 2,000mg으로 설정했다.

고칼슘 섭취는 소변의 칼슘 배출량을 증가시키나, 권장섭취량 수준의 저칼슘 섭취 시에는 일어나지 않는다. 단백질을 하루에 95g 이상 섭취하면 소변으로 배설되는 칼슘의 양이 증가된다고 하지만 이는 아직 논란의 여지가 있는 주장이다. 카페인 섭취에 따른 영향은 폐경기 여성에게만 한정적으로 나타나는 것으로 보인다. 칼슘 섭취량이 800mg 미만으로 적은데 커피를 하루 두세 잔 마시는 여성의 경우에는 척추에서 골 손실이 일어난다고 한다. 그러나 카페인이 골밀도에 미치는 부정적인 영향은 칼슘을 추가로 섭취하면 상쇄된다. 특히 폐경기 여성을 비롯한 성인은 우유나 유제품 섭취를 늘리고 칼슘 강화 오렌지주스를 선택하거나 칼슘 함량이 높은 뼈째 먹는 생선이나 채소류 섭취를 늘려야 할 것이다.

(7) 철

성인 남성의 철 함량은 체중당 약 50mg이나 여성은 적혈구량과 저장 철이 적어 철 함량이 체중(kg)당 40mg 정도이다. 신체 내의 철은 매우 잘 보존되며 사춘기에 왕성하던 적혈구의 생성 속도가 느려지므로 성인기에 들어서면 철의 필요량이 낮아진다.

월경 등의 출혈이나 실혈이 없고 임신하지 않은 경우에는 하루에 손실되는 철이 체중당 14mg 정도로 매우 적다. 그러므로 우리나라의 19~29세 중 체중이 65.8kg인 남성의 1일 생리적 철 손실량은 0.92mg가 된다. 이에 철 흡수율을 12%로 보아 한국인 영양소섭취기준에서는 철의 평균필요량을 7.7mg으로 설정했다. 여기에 개인 변이계수 1.3을 적용해 권장섭취량은 10mg으로 정했다. 연령의 증가에 따른 철 필요량의 변화는 크지 않은 것으로 보아 체중의 차이를 고려해 30~49세층과 50~64세층의 평균필요량과 권장섭취량을 조정하였다.

여성은 남성과 달리, 폐경 전까지 생리혈로 인한 철 손실이 계속되고 임신이나 수유로 인해 철 영양에 대한 스트레스가 생길 수 있어 성인기에도 철 필요량이 크게 감소되지 않는다. 폐경 후에는 물론 현저하게 낮아진다. 따라서 19~49세 여성의 경우, 체중당 생리적 손실량에 월경으로 인한 철 손실량인 0.5mg/일을 부가하고, 역시 철 흡수율 12%를 고려해 평균필요량을 10.8mg으로 정하였다. 권장섭취량은 남성과 같이 개인 변이계수 적용을 위해 1.3을 곱해 14mg으로 설정했다. 30~49세층의 평균필요량은 다소 적게 정했으나 권장섭취량은 동일하게 14mg으로 설정했다. 50~64세 연령층은 폐경 이후 생리혈

표 8-7 **성별·연령별 성인의 철 권장섭취량**

성별	연령(세)	권장섭취량(mg)
남성	19~29	10
	30~49	10
	50~64	10
여성	19~29	14
	30~49	14
	50~64	8

로 인한 철 손실이 일어나지 않으므로 체중당 생리적 손실량을 고려하고 흡수율 10%를 적용해 평균필요량은 6.1mg으로 권장섭취량은 8mg으로 설정했다.

3. 방어영양

성인기 이후에 시작되는 노화는 성장과 달리 정해진 순서대로 진행되지 않는다. 성장과 성숙이 정점을 이룬 후 노화가 진행되나, 노화의 개시시기와 진행 속도는 여러 인자의 영향을 받아 개인마다 다르다. 성인기의 영양상태는 노화에 영향을 끼치는 중요한 인자 중 하나이다. 따라서 성인기에는 양호한 영양상태를 유지하여 노화의 시기와 속도를 늦추고 만성퇴행성질환의 발생을 예방하는 데 초점을 맞춘 식생활을 영위해야 할 것이다. 이러한 계획을 방어영양 패러다임이라 하는데, 이것의 핵심적인 내용은 식물성 식품을 위주로 하는 식사이며 이외에 규칙적인 운동 수행과 이상적인 체중 유지가 강조된다. 식물성 식품 위주의 식사는 소화기와 간 등 여러 기관이 만성질병에 대한 저항력을 갖출 수 있도록 영양적 지원을 한다. 곡채식 문화권인 우리나라에서 전통적으로 개발된 상차림은 방어영양의 의미를 포함하고 있다고 여겨진다.

방어영양 패러다임(defensive nutrition paradigm) 만성질환에 대한 저항력을 높이기 위한 영양계획이며 식물성 식품 위주의 식생활, 바람직한 생활습관 및 건강체중 유지가 핵심 내용

(1) 식물성 식품 위주의 식사

식물성 식품들은 필수적인 영양성분 이외에 식물성 화학물질이라고 불리는 많은 종류의 비영양성분을 함유한다. 이들 식물성 화학물질들은 식물체 내에서 생물학적 활성을 나타낸다. 즉, 자신을 미생물의 침입으로부터 보호하는 방어계로 작용하고, 산화적 손상을 방지하며 색이나 향 또는 풍미를 갖게 한다. 예를 들면 플라보노이드(flavonoids), 카로테노이드(carotenoids), 안토사이아닌(anthocyanins) 등 2,000종 이상의 식물성 색소물질은 모두 식물성 화학물질이다.

(2) 식물성 화학물질의 효능

식물성 화학물질의 효과는 만성질환, 특히 암이나 심장질환의 예방과 치료에 초점을 맞추어 중점적으로 연구되고 있다. 암을 예방하는 효과는 식물성 화학물질들이 암 발생을 감소시키는 차단인자 또는 억제인자로서 작용하기 때문에 나타나는 것으로 보인다. 차단인자의 작용은 ① 발암물질을 해독하는 효소계의 활성을 유도하거나, ② 반응성 발암물질을 잡아 가두거나, ③ 암 증진 과정에 요구되는 세포 내 반응을 차단하는 것이다. 억제인자의 작용은 세포 수준에서 발암물질을 붙잡아 암 유발인자에 노출된 세포에서 암화과정이 일어나지 않도록 하는 것이다.

한편 심장질환에 대한 예방효과는 식물성 화학물질들이 ① LDL-콜레스테롤의 산화를 막고, ② 콜레스테롤의 합성과 흡수를 저해하며, ③ 혈압 강하와, ④ 혈액응고 억제 등에 작용하기 때문에 나타나는 것으로 보인다.

식물성 화학물질은 물리적·화학적 성질은 물론 방어작용 기전도 유사하기 때문에 집합체로 간주되나 실제 아주 다양한 성분이 존재한다. 주요한 종류로 터핀(terpenes), 폴리페놀(polyphenols), 티올(thiols), 리그난(lignans) 등이 있다(표 8-8). 이들은 강력한 항산화기능과 대사조절 작용을 통해 만성퇴행성질환의 발생을 억제하는 효과를 발휘한다. 따라서 이들 식물성 화학물질은 성인기 동안 질병을 예방하고 최적의 건강상태를 유지하고자 하는 방어영

표 8-8 **주요 식물성 화학물질과 급원식품**

종류			급원식품
터핀 (terpenes)	카로테노이드(carotenoids)	라이코펜(lycopene) 등	토마토, 파슬리, 오렌지, 자몽, 시금치 등
	리모노이드(limonoids)		자몽, 오렌지 등
폴리페놀 (polyphenols)	플라보노이드(flavonoids)	쿼세틴(quercetin) 등	양파, 차, 케일, 브로콜리, 포도, 사과, 곡류 등
	아이소플라본(isoflavones)	제니스타인(genistein) 등	대두 및 두류
티올 (thiols)	글루코시놀레이트(glucosinolate)	인돌(indole) 등	브로콜리, 콜리플라워, 브루셀스프라우트 등
	알킬 시스테인 설폭사이드 (alkyl cysteine sulfoxides)	황화알릴(allyl sulfides) 등	케일, 양배추, 마늘, 파, 부추, 양파 등
리그난 (lignans)	마타이레시놀(matairesinols)		아마인, 해바라기 씨, 밀 배아, 귀리, 메밀, 오트밀, 보리 등

양 패러다임의 핵심이라고 할 수 있다.

(3) 방어영양의 실제

방어영양의 목적을 달성하기 위해서, 즉 성인기에 최고의 신체기능을 유지하고 성인병 발생을 예방하기 위해서는 다음과 같은 점을 고려한 식생활을 영위해야 한다.

- 비만이 발생하지 않도록 적정한 수준의 에너지를 섭취한다.
- 비타민과 무기질 영양상태가 양호하도록 미량영양소의 밀도가 높은 식사를 한다.
- 소화관의 통합력과 체내 무독화계의 활성을 유지하기 위해 식물성 화학물질을 풍부하게 함유한 식사를 섭취한다.

이러한 식생활의 구체적인 예를 대사증후군 개선에 초점을 맞추어 식사지침과 식사구성안을 통해 살펴보면 다음과 같다.

식사지침

우리나라에서도 점차 비만 인구가 증가하고 있다. 2014년 국민건강영양조사 결과에 의하면 19세 이상 성인의 비만(BMI ≥ 25.0) 비율이 31.0%였다. 성인기에 발생하는 비만은 대체로 에너지 섭취량이 소비량보다 많아 나타나는 단순 비만이며 나이가 들수록 복부비만이 증가한다.

인슐린 저항성의 증가로 나타나는 포도당 내성의 손상과 이로 인한 고인슐린혈증, 고지혈증, 고혈압 등의 대사교란현상은 비만, 특히 복부비만으로부터 초래된다. 따라서 중년층을 위한 방어영양 식사는 비만을 예방하고 인슐린 저항성을 개선하도록 다음과 같은 사항에 초점을 맞추어야 한다.

- 과잉 에너지를 섭취하지 않아야 한다.
- 세포에 포도당을 일정한 속도로 공급해야 한다.

표 8-9 **혈당지수에 영향을 끼치는 인자**

영향인자	내용
식이섬유의 종류	수용성 식이섬유를 함유하는 식품은 GI가 낮다.
음식의 형태	떡은 밥보다 GI가 높다.
단순당의 종류	과당은 설탕이나 포도당보다 GI가 낮다.
함께 섭취한 단백질과 지방 함량	단백질이나 지방을 함께 섭취하면 GI가 낮아진다.
전분의 구조	아밀로스 함량이 높으면 GI가 낮다.

● 인슐린 요구도를 높이지 않아야 한다.

어떤 식품이 어떤 속도로 혈액에 포도당을 제공하며 인슐린 분비를 얼마나 요구하는지를 측정하는 유용한 도구가 있는데, 이를 혈당지수(glycemic index, GI)라고 한다. 혈당지수는 식빵을 기준으로 하여 각기 다른 식품에 함유된 동량의 탄수화물이 혈당치에 미치는 영향의 정도를 나타낸다. 어떤 식품은 혈당지수를 빠르게 상승시키는가 하면 어떤 식품은 비교적 일정한 수준을 유지시킨다. 혈당지수에 영향을 미치는 주요한 인자들은 표 8-9와 같다.

그러므로 방어영양 식사계획에서는 저혈당지수의 특성을 나타내는 고식이섬유 식품, 예를 들면 현미나 보리 같은 전곡류, 두류, 채소류 또는 과일류가 탄수화물 공급원으로 선호된다. 그러나 혈당을 잘 조절하고 인슐린 분비가 과다하게 유도되지 않도록 단백질과 지방을 적절하게 조합해야 한다.

식사구성안

위와 같은 관점에서 볼 때, 방어영양 식사계획은 미량영양소의 밀도가 높으며 식물성 화학물질을 풍부하게 함유하는 식사를 기초로 해야 할 것이다. 이러한 식사는 기본적으로 식품구성탑에 제시된 권장 사항에 따라 다음과 같은 내용으로 구성할 수 있다(그림 8-1).

● 5~9단위의 과일류 또는 채소류(녹황색 채소류, 구근류 및 두꺼운 껍질을 가진 호박류)
● 6~11단위의 쌀, 잡곡, 국수, 빵, 시리얼 등(가능한 한 도정하지 않은 전곡류)

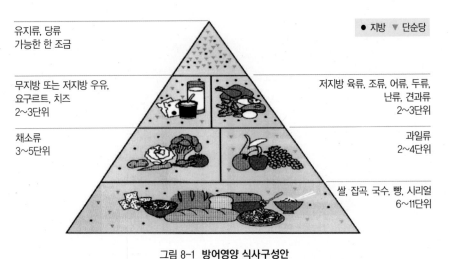

그림 8-1 방어영양 식사구성안
자료: Corbin et al(2001). Fundamental Concepts of Fitness and Wellness, p.245.

- 3단위의 무지방 또는 저지방 우유, 요구르트, 무지방 또는 저지방 치즈 또는는 기타 칼슘이 풍부한 식품(진한 녹색 채소류, 칼슘 강화 두유 등)
- 2~3단위의 두류, 견과류, 어류, 조류, 난류, 저지방 육류 등

곡류, 과일류 그리고 채소류가 식사계획의 중심이 되었다면 만성질환과 암 예방에 중요한 첫걸음을 내딛었다고 할 수 있다. 이 밖에도 ① 필수지방산인 *ω*-6와 *ω*-3 지방산을 균형 있게 섭취하는 것, ② 포화지방산이나 트랜스지방산 및 콜레스테롤 함량이 높은 식품을 피하는 것, ③ 정제된 당질 섭취를 제한하는 것도 방어영양 식사계획의 중요한 요소이다.

ω-6와 *ω*-3 지방산 균형

인체는 *ω*-6와 *ω*-3 지방산을 서로 전환시키지 못하며 이들 지방산은 대사과정에서 서로 경쟁하므로 두 가지를 균형 있게 섭취하는 것이 중요하다. 우리나라에서는 4 : 1에서 10 : 1의 비율을 권장하고 있다. 이 비율을 확보하기 위해서는 *ω*-3 지방산 섭취를 증가시킬 필요가 있다고 알려져 있었다. 그러나 최근에는 *ω*-3 지방산은 최소 요구량만 충족하면 되고, *ω*-6 지방산은 지방의 에너지 적정비율 내에서 많이 섭취할 것을 권장한다. 리놀렌산의 좋은 급원은 아마

씨(linseed)유와 들기름, 카놀라(canola)유, 콩기름 및 호두 등의 견과류이다. 리놀렌산은 심·순환기계질환에 특별한 예방효과를 나타낸다. 한편 연어나 고등어, 정어리 같은 어류는 ω−3 지방산인 EPA와 DHA를 많이 함유하는데, 이들 지방산은 염증성 프로스타글란딘의 생성을 저해하므로 관절염이나 루프스 및 기타 염증상태를 보이는 자가면역성질환에 대해 유익한 효과를 얻을 수 있다.

비타민 · 무기질 보충제

균형 잡힌 식사는 성인기에 필요한 비타민과 무기질을 우리 몸에 충분히 공급한다. 2008년 국민건강영양조사 결과를 통해 우리나라 성인의 미량영양소 섭취실태를 살펴본 결과, 남성은 칼슘과 비타민 B_2가 부족하였고 여성은 이 두 영양소 이외에 철과 비타민 A도 부족하였다. 이러한 결과는, 한국인들이 채소와 과일 섭취량은 충분하나 비타민 B_2와 칼슘을 공급하는 식품, 그리고 여성의 경우에는 철 급원식품의 섭취량이 부족하다는 점을 알려준다.

따라서 방어영양 식사구성안에서 제시한 2~3단위의 콩제품, 견과류, 어류, 조류, 난류 또는 저지방 육류 및 3단위의 무지방 또는 저지방 우유, 요구르트, 치즈 또는 기타 칼슘이 풍부한 식품을 반드시 선택하고, 곡류나 과일·채소류에서 비타민 B_2나 비타민 A 함량이 높은 식품을 중점적으로 선택하는 것이 중요하다(표 8–10).

그러나 식생활이 불량한 경우에는 부족한 미량영양소를 확보하기 위해 비타민·무기질 보충제를 복용할 수 있다. 우리나라 성인의 경우 40% 정도가 비타

표 8-10 **성인들의 섭취가 부족한 미량영양소의 급원식품**

영양소		주요 급원식품
비타민 B_2	동물성 식품	쇠간, 닭간, 우유, 요구르트, 치즈, 고등어, 돼지고기, 달걀
	식물성 식품	시리얼, 바나나, 시금치, 감자, 당근, 아스파라거스, 브로콜리, 토마토, 복숭아
칼슘	동물성 식품	무지방 또는 저지방 우유, 요구르트, 치즈, 새우, 멸치, 뱅어포, 정어리, 고등어, 동태
	식물성 식품	두부, 메밀, 검정깨, 우유식빵. 크래커, 시리얼, 칼슘 강화 오렌지주스, 튀각, 호두, 시래기, 케일, 돌나물, 토란대, 브로콜리, 고춧잎, 근대
철	동물성 식품	쇠간, 닭간, 쇠고기, 양고기, 맛조개, 굴, 참치
	식물성 식품	쑥, 호박, 무청, 근대, 미나리, 시금치, 시리얼, 검정콩, 보리, 두부, 당밀

민·무기질 보충제를 섭취하고 있다. 보충제를 통해 식품을 통한 섭취 부족을 보완하는 것은 바람직하나 무분별한 과다 섭취는 오히려 영양불균형을 초래할 수 있다.

4. 성인의 식생활 및 영양 관련 문제

20세기 후반에 들어 선진국을 중심으로 이룩된 식품의 생산, 가공, 저장 및 유통의 혁신적인 발달은 식생활을 풍요롭게 만들었다. 또한 의료기술의 발달은 감염성질환의 발생을 극적으로 저하시켰다. 이러한 효과는 인간 수명의 연장으로 나타나고 있다. 그러나 근래에는 부족한 식사와 마찬가지로 과다한 식사도 건강에 좋지 않은 영향을 끼친다는 점에 주목하고 있다. 에너지, 지방, 설탕 또는 소금의 과다 섭취가 만성퇴행성질환의 발생률을 증가시킨다고 밝혀진 것이다. 따라서 앞으로는 영양의 역할을 확대하여 영양결핍성 질병뿐만 아니라 만성퇴행성질환을 예방하는 도구로 적극 활용해야 할 것이다.

만성퇴행성질환은 오랜 기간 서서히 진행되며 환경인자, 특히 식생활인자의 영향을 크게 받는다. 이들 질환을 생활습관질병이라고 부르는 것은 이러한 이유 때문이다. 여러 가지 만성퇴행성질환은 각기 다른 질환으로 보이나 최근에는 인슐린 저항성이라는 공통 병인을 갖는 일군의 증후군으로 이해된다. 인슐린 저항성은 체지방의 증가로 인해 나타나므로, 성인기에 이러한 위험요인을 피하는 식생활을 실천하면 이들 질환의 예방효과를 얻을 수 있을 것이다.

(1) 대사증후군

만성퇴행성질환이라 불리는 비만, 당뇨, 고혈압, 동맥경화증, 심장질환, 뇌졸중 등을 공통 변인을 갖는 하나의 질환군으로 이해하려는 시도가 있다. 이들 질환이 한 사람에게 중복 발생하는 경우가 많은 점은 공통 변인이 작용한다는 점을 뒷받침한다. 예를 들면, 당뇨 환자의 과반수는 고혈압, 고지혈증 또는 복부비만을 동반하며 고혈압 환자의 1/3 정도는 당뇨를 가지고 있다. 초기

표 8-11 대사증후군의 진단기준

구분		NCEP**	IDF***
허리둘레(cm)*	남성	102	94
	여성	88	80
중성지방(mg/dL)		150	> 150
HDL-콜레스테롤(mg/dL)	남성	< 40	< 40
	여성	< 50	< 50
혈압(mmHg)		130/85	130/85
공복혈당(mg/dL)		110	100

* 복부비만의 기준이 서양 기준이어서 우리나라에서는 흔히 남성 90cm, 여성 80cm로 기준을 낮추어 사용한다.
** NCEP: National Cholesterol Education Program
*** IDF: Internal Diabetes Federation

에는 이와 같은 질환군의 원인을 몰라 이들을 X-증후군이라고 하였으나 최근에는 인슐린 저항성 증후군(insulin resistant syndrome) 또는 대사증후군(metabolic syndrome)이라고 부르고 있다.

표 8-11에 제시된 다섯 가지 인자 중에 세 가지 이상이 만족될 경우, 대사증후군으로 진단할 수 있다.

대사증후군의 병리

대사증후군은 그림 8-2와 같이 말초조직세포의 인슐린 저항성 증가가 핵심요소이다. 인슐린 저항성이 올라가면, 혈당을 처리하는 능력이 떨어지고 췌장은 이를 보상하기 위해 인슐린 분비량을 늘려 고인슐린혈증이 나타난다. 그러나 인슐린의 저항성이 증가되어 있어 당대사는 개선되지 않는다. 오히려 과잉으로 존재하는 인슐린이 혈압을 올리고 혈중 지질 농도를 증가시키는 등 대사를 교란시켜 결과적으로 동맥경화증을 야기한다. 대사증후군은 비만으로 유발된 인슐린 저항성 증가와 깊은 연관이 있다. 이외에 만성 염증상태와 관련된다는 설도 있다.

대사증후군의 원인

대사증후군의 발생은 유전적 소인의 영향을 받으나 환경적 변인으로 운동 부

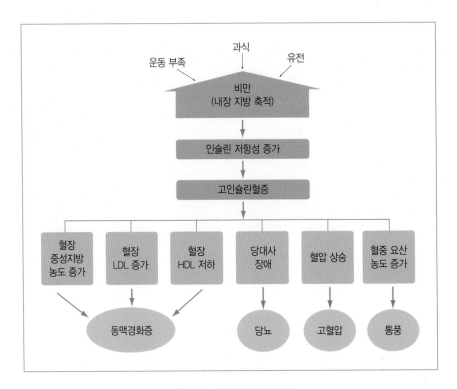

그림 8-2 대사증후군의 병리

족과 비만, 특히 복부비만, 그리고 노화의 영향도 받는다. 식생활과 관련된 원인으로는 비만을 유발하는 과식, 즉 고에너지의 간식이나 청량음료의 과다 섭취 또는 장쇄 불포화지방산의 섭취 부족 및 복합비타민, 마그네슘 또는 셀레늄 결핍 등이 거론되고 있다.

복부비만은 내장의 지방조직세포에서 생리활성물질(adipocytokines)의 분비를 변화시킨다. 복부비만이 되면 플라스미노겐 활성물질 저해제(plasminogen activator inhibiter-1, PAI-1)의 분비량은 많아지고 아디포넥틴(adiponectin) 분비량은 적어진다. 전자는 혈관의 평활근세포를 섬유화시키고 혈전 형성을 촉진해 혈관질환을 유발하는 효과를 나타낸다. 후자는 혈관 평활근세포의 증식을 억제하는데 이렇게 하면 생리활성물질의 분비량이 감소하므로 결과적으로 혈관질환의 진행이 촉진된다.

장쇄 불포화지방산은 ① 염증상태를 개선하며, ② 콜레스테롤 합성효소의 활성을 저해하고, ③ 렙틴(leptin)의 분비를 유도해 식욕을 억제하며, ④ 혈관의 이완작용을 하는 프로스타글란딘의 생성을 촉진한다. 그러므로 장쇄 불포화 지방산의 섭취 부족은 대사증후군의 원인이 될 수 있다.

(2) 비만

골격근의 함량을 유지하고 체지방이 증가하지 않도록 체중을 관리하는 것은 성인기의 중요한 영양적 관심사이다. 그러나 실제로는 나이가 들면서 골격근 이 점차 줄어들고 이로 인한 대사율 저하와 함께 신체활동의 감소로 인해 에 너지소비량이 저하된다. 골격근 함량이 적은 여성은 남성에 비해 에너지소비량 의 감소 정도가 더 크다. 이러한 이유로 성인기에 에너지 평형을 이루기가 쉽지 않다. 성인기에는 일반적으로 섭취하는 에너지에 비해 소비하는 에너지가 적어 잉여 에너지가 지방으로 저장되고 이에 따라 지방조직이 증가하면서 체중이 늘 어난다. 약 500g의 지방조직은 3,500kcal을 함유하므로 매일 500kcal를 더 섭 취하면 일주일에 체중이 500g 증가하게 된다.

우리나라를 포함하여 전 세계적으로 비만유병률이 증가하고 있다. 비만은 신장과 체중으로 표현되는 체질량지수와 체지방의 분포를 평가하는 허리둘레, 허리-엉덩이의 둘레비로 평가할 수 있다. 최근 2014년 국민건강영양조사에 의 하면 우리나라 19세 이상 성인의 비만율은 남성이 37.7%였고, 여성은 25.3%였

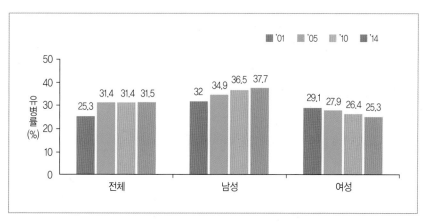

그림 8-3 우리나라 성인의 비만 유병률 변화(BMI ≥ 25, 만 19세 이상)
자료: 보건복지가족부·질병관리본부(2015). 2014년 국민건강영양조사.

표 8-12 **우리나라 성인의 비만 유병률 변화(BMI ≥ 25, 만 19세 이상)** (단위: %)

연령(세)	남성	여성
19~29	32.0	15.0
30~39	43.9	18.6
40~49	39.6	22.3
50~59	41.5	29.3
60~69	36.9	36.6
70이상	24	37.3

자료: 보건복지가족부 · 질병관리본부(2015). 2014년 국민건강영양조사.

으며, 특히 남성 비만율이 크게 증가하고 있다(그림 8-3). 연령별로 살펴보면 남성은 40대와 50대에 높았고, 여성은 50대부터 증가해 70대에 가장 높았다 (표 8-12).

(3) 고혈압

혈압에 영향을 끼치는 인자로는 유전적 소인 이외에 여러 가지 식생활인자와 생활습관인자가 있다. 식생활인자로는 에너지와 나트륨, 칼륨, 칼슘 등 몇몇 무기질 섭취가 있고 생활습관인자로는 음주, 운동, 스트레스 등이 있다.

세계적으로 극히 일부 지역을 제외하고는 연령이 증가하면서 혈압이 상승하는 추세가 나타난다. 이때 앞서 언급한 여러 가지 고혈압인자가 작용하겠지만 이 중에서도 평생에 걸쳐 생리적 필요량 이상으로 나트륨을 과다 섭취하는 것이 주요한 이유라고 생각된다. 한국인의 평균 소금 섭취량은 12.5g(나트륨, 4,900mg)으로 높은 수준이며, 우리나라에서도 역시 나이가 들면서 고혈압 발생률이 높아지고 있다.

2014년 국민건강영양조사에 의하면 우리나라 30세 이상 성인의 고혈압 유병률은 남성이 29.8%였고 여성은 21.0%였다. 연령별로는 남녀 모두 70세가 55.8%와 68.7%로 가장 높았다(그림 8-4).

소금 외에 장류와 김치류도 한국인의 주요 나트륨 급원이다. 국이나 찌개 등의 국물음식도 나트륨을 상당량 공급한다. 그러므로 고혈압을 예방하기 위해

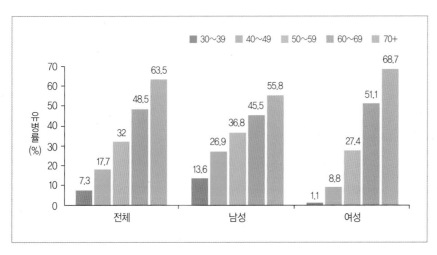

그림 8-4 우리나라 성인의 연령별 고혈압 유병률
(SBP ≥140mmHg 이상이거나 DBP ≥ 90mmHg 또는 혈압강하제 복용자, 만 30세 이상)
자료: 보건복지가족부·질병관리본부(2015). 2014년 국민건강영양조사.

서는 이들 음식의 섭취를 가능한 한 제한하고 싱겁게 먹으려는 노력이 필요하다. 칼륨은 혈압을 낮추는 효과가 있으므로 채소류와 과일류의 섭취를 늘려 나트륨과 칼륨의 비율을 적정한 수준인 0.2~1.8 정도로 맞추는 것도 좋은 방법이다. 이외에도 칼슘이 고혈압 발생을 예방한다는 증거가 있으므로 칼슘을 충분히 섭취하고, 혈압을 상승시키는 과다한 음주와 흡연을 피하고, 스트레스를 잘 관리하는 생활을 영위해야 할 것이다.

(4) 이상지혈증

이상지혈증은 지단백의 합성이 증가하거나 또는 분해가 감소되어 혈중 콜레스테롤이나 중성지방이 과다하게 증가하거나 감소한 상태를 말한다. 특히 LDL-콜레스테롤이나 중성지방이 상승하였거나 HDL-콜레스테롤 농도가 감소한 경우 동맥경화증과 관상동맥 심장질환의 위험도를 높이므로 문제가 된다. 과다한 지질이 혈관 내피세포에 손상을 입힐 수 있고, 동맥벽에 침착되어 죽상종을 형성하기 때문이다.

2014년에 수행된 국민건강영양조사 결과에 의하면 우리나라 30세 이상 성인의 고콜레스테롤혈증 유병률은 남성이 13.9%였고 여성은 15.0%였다. 연령별로

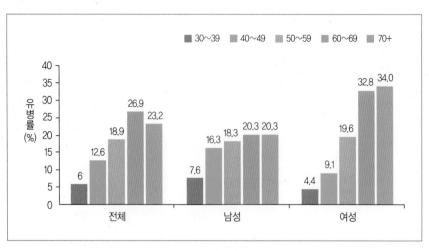

그림 8-5 우리나라 성인의 연령별 고콜레스테롤혈증 유병률
(공복 콜레스테롤 ≥ 240mm/dL이거나 콜레스테롤강하제 복용자, 만 30세 이상)
자료: 보건복지가족부·질병관리본부(2015). 2014년 국민건강영양조사.

는 남성은 60대가 20.3%로 가장 높았고 70대 이상에서는 감소했다. 여성은 연령이 올라가며 꾸준히 증가하여 70대가 34.0%로 가장 높았다(그림 8-5).

혈장 지질 농도는 공급과 소비의 균형에 의해 항상성이 유지된다. 식사를 통해 공급되는 생리적 범주 내의 지질은 항상성 유지 기전에 의해 처리되나 장기간에 걸쳐 과다하게 공급되면 지질대사에 이상이 생길 수 있다. 우리나라 성인의 혈장 지질 농도가 점차 증가하는 현상 역시 외인성 공급이 많아져서 혈액 내 풀(pool)이 늘어나서가 아닌가 생각된다.

그러므로 고지혈증을 예방하기 위해서는 콜레스테롤을 비롯해 지방을 과다하게 섭취하지 않도록 하고, 총 지방과 에너지 섭취도 제한하고, 식이섬유 섭취를 통해 콜레스테롤 풀을 감소시키려고 노력해야 한다.

(5) 당뇨

45세 이상의 연령은 인슐린비의존형 당뇨병의 위험인자 중 하나다. 대사증후군 관련 내용에서 설명한 것처럼 복부비만으로 인한 지방조직세포의 인슐린 저항성 증가가 내당능장애를 불러오기 때문이다. 인슐린의 작용력이 약해져 포도

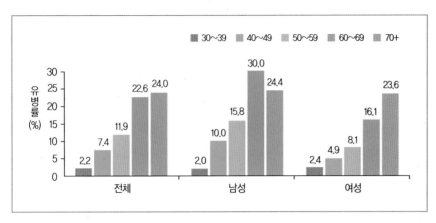

그림 8-6 우리나라 성인의 연령별 당뇨병 유병률
(공복 혈당 ≥ 126mg/dL이거나 의사 진단을 받았거나 혈당강하제 복용 또는
인슐린 주사를 투여받고 있는 자, 만 30세 이상)
자료: 보건복지가족부·질병관리본부(2015). 2014년 국민건강영양조사.

당이 세포 내로 들어가지 못하고 혈액 중에 쌓이며 소변을 통해 체외로 배설되는 것이다.

2014년 국민건강영양조사 결과에 의하면 우리나라 30세 이상 성인의 당뇨병 유병률이 10.2%였으며, 남성은 12.6%였고 여성은 7.9%였다. 연령별로 살펴보면 남성은 60대까지 30.0%로 증가하다가 70대 이상에서 감소하는 추세였다. 반면 여성은 연령이 증가할수록 높아져 70대 이상에서 23.6%로 가장 높았다(그림 8-6).

당뇨병은 여러 가지 급성 또는 만성 합병증을 가져오므로 정상 혈당 유지를 최우선 목표로 식생활을 관리하는 것이 중요하다. 당뇨성 신경병증, 신증, 망막증 및 고혈압이나 고지혈증 모두 혈당을 정상 농도로 유지함으로써 예방하거나 발생시기를 늦출 수 있다.

식생활관리에 있어서는 표준체중을 유지하는 데 필요한 에너지를 3대 에너지 영양소의 배분이 적정하도록 섭취하는 것이 가장 중요하다. 이외에도 포화지방 섭취를 줄이고 불포화지방 섭취는 늘리며 콜레스테롤과 단순당질이나 소금의 섭취를 제한하고 식이섬유를 충분히 공급해야 한다. 또한 단백질 영양불량과 아연이나 크롬 또는 철의 부족이 췌장의 베타-세포의 기능을 저하시키는 것으로 알려져 있으므로 이들 영양소를 충분히 섭취하도록 한다.

(6) 암

암은 앞서 설명한 고혈압과 고지혈증에 따른 심장·순환기계질환과 함께 성인기의 건강을 위협하는 중요한 질환이다. 암 발생에서 유전인자의 영향은 5% 미만인 것으로 보인다. 이는 환경인자의 영향력이 크다는 것을 의미한다. 미국 국립암협회에 따르면 음식이 35%로 가장 높은 관련이 있었으며, 다음으로는 흡연이 30%, 만성 감염이 10%, 기타 요인으로 음주와 방사선이 각각 3%를 차지하였다. 또 여러 부위의 암 중에서 위암을 비롯해 대장암, 간암, 췌장암, 폐암, 유방암, 난소암, 방광암 및 전립샘암이 식생활인자와 높은 상관성이 있는 것으로 밝혀졌다.

인종 간 암 발생 양상에 차이가 나는 것도 환경적 영향, 특히 식생활의 차이로 이해된다. 2014년 한국인의 암 발생빈도를 보면 위암, 갑상샘암, 대장암, 폐암 및 간암 발생률이 높은데 남성은 여전히 대장암, 전립샘암과 갑상샘암이, 여성은 갑상샘암과 유방암의 발생빈도가 증가하는 추세이다(그림 8-7). 이는 식생활의 서구화와 상당한 연관이 있을 것으로 추측된다.

암 예방은 바람직한 생활양식의 실천을 통해 이룰 수 있다. 한국인에게 주로 호발되는 암의 원인(표 8-13)인 짠 음식, 탄 음식, 질산염 및 고지방 섭취를 피

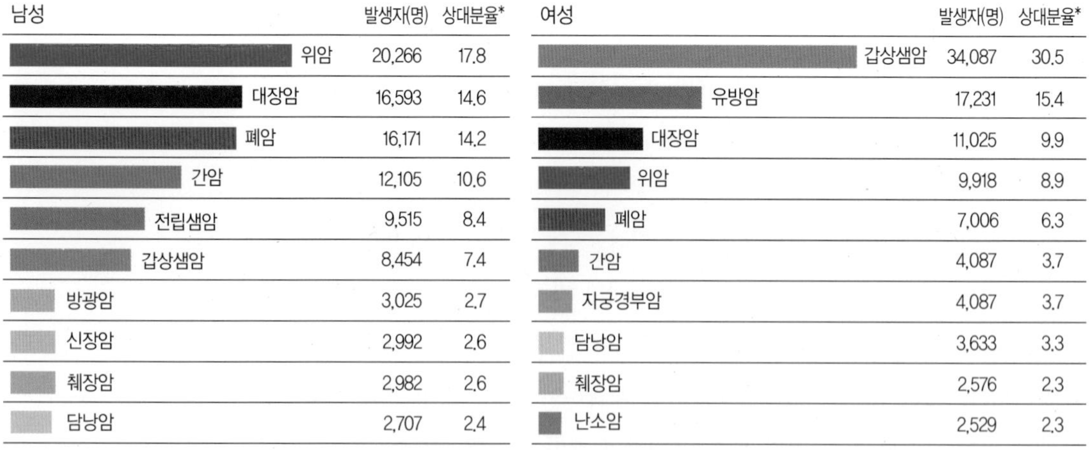

남성	발생자(명)	상대분율*	여성	발생자(명)	상대분율*
위암	20,266	17.8	갑상샘암	34,087	30.5
대장암	16,593	14.6	유방암	17,231	15.4
폐암	16,171	14.2	대장암	11,025	9.9
간암	12,105	10.6	위암	9,918	8.9
전립샘암	9,515	8.4	폐암	7,006	6.3
갑상샘암	8,454	7.4	간암	4,087	3.7
방광암	3,025	2.7	자궁경부암	4,087	3.7
신장암	2,992	2.6	담낭암	3,633	3.3
췌장암	2,982	2.6	췌장암	2,576	2.3
담낭암	2,707	2.4	난소암	2,529	2.3

그림 8-7 성별에 따른 한국인의 암 발생빈도

자료: 보건복지부(2015). 암등록 통계: 1999~2013년 24개 암종/성/연령(5세)별 암 발생자 수 및 발생률.

표 8-13 국내 주요 호발 암의 원인

주요 호발 암	원인
위암	식생활(염장식품-짠 음식, 탄 음식, 질산염 등), 헬리코박터 파이로리균
폐암	흡연, 직업력(비소, 석면 등), 대기오염
간암	간염 바이러스(B형, C형), 간경변증, 아플라톡신
대장암	유전적 요인, 고지방식, 식이섬유 섭취 부족
유방암	유전적 요인, 고지방식, 여성 호르몬 과다 분비, 비만
자궁경부암	인유두종바이러스, 부적절한 성관계

하고 전곡, 채소 및 과일을 통해 식이섬유를 충분히 섭취하는 식생활을 영위하고 금연한다면 암을 예방할 수 있을 것이다. 이러한 생활양식은 앞서 설명한 방어영양의 핵심 내용이다.

5. 중년 여성의 건강문제

폐경으로 인한 호르몬 변화는 골다공증이나 심혈관계질환 등에 위험인자로 작용하므로 중년 여성은 중년 이후의 건강문제에 특별한 관심을 가져야 한다. 여성의 일생에서 폐경 이후의 기간이 1/3 정도를 차지하므로 폐경으로 인한 생리변화는 여성의 건강에 중요한 의미를 갖는다.

대부분의 여성은 50세 전후에 폐경을 맞아 난자의 배출기능이 종료된다. 난포가 퇴화되므로 난포에서 생성하는 에스트로겐 분비가 감소되어 혈장 에스트로겐 농도가 60% 정도로 떨어진다. 이로 인해 신체적·정신적 변화가 초래되는데 이를 갱년기증후군 또는 폐경증후군이라고 한다. 해당 증후군은 안면홍조가 특징적 증상이며, 이외에도 피부가 거칠어지고 탄력이 없어지며, 비뇨생식기 점막이 건조해지고, 방광의 조절기능 약화로 요실금 등이 나타난다. 혈장 에스트로겐 농도의 저하는 골격의 상태와 혈장 지질 양상에도 영향을 끼친다. 골격의 전변속도가 느려져 골질량이 감소하고 혈중 LDL 농도는 올라가고 HDL 수준은 내려간다(그림 8-8).

또 나이가 들면서 유방암 발생률이 점차 높아진다. 이때 가족력이 있거나 호

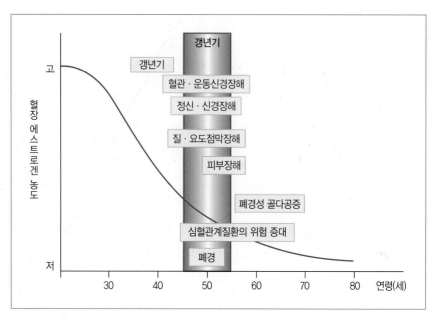

그림 8-8 혈장 에스트로겐 농도와 폐경증후군

르몬 대체요법을 받는 경우에 위험도가 더 높은 것으로 보인다. 따라서 중년 여성은 골다공증, 심혈관계질환 또는 유방암 예방에 특별한 관심을 가져야 한다.

(1) 골다공증

골다공증은 골조직의 함량이 감소한 상태를 말한다(그림 8-9). 골격의 외형은 유지되지만 골밀도가 낮아 등뼈와 엉덩이뼈 등의 골절 위험이 높아지는 것이다. 골격도 대사가 끊임없이 일어나는 조직이다. 성인기에도 어느 시점에서나 약 10%의 뼈가 재형성되는 과정을 겪게 된다. 따라서 파골세포에 의한 골 흡수작용과 조골세포에 골 형성작용이 균형을 이루어야 골밀도가 유지된다.

인간은 성인 초기인 30세경에 최대 골질량을 이룬 후 10년마다 약 3%씩 골 손실을 경험한다. 이와 같은 노화로 인한 골 손실은 남녀 모두에게서 나타나는데, 여성은 폐경 이후의 노화성 골 손실과는 달리 빠른 속도로 골 손실이 야기된다(그림 8-10). 이는 에스트로겐 분비가 감소되면서 파골세포가 부갑상샘호르몬(PTH)에 민감해져 골 흡수작용이 촉진되기 때문이다. 따라서 폐경 이후 8

~10년 동안은 매년 5%씩 골질량이 손실
될 수 있다.

골다공증은 회복이 어려우므로 예방이
중요하다. 골다공증을 예방하는 주요 방법
은 두 가지 관점에서 이야기할 수 있다. 하
나는 30세경까지 최대 골질량을 확보하는
것이고, 다른 하나는 이후의 골 손실을 최
소화하는 것이다. 전자를 위해서는 골질량
이 증대되는 특정 시기에 칼슘을 비롯해
골격 형성에 요구되는 영양소를 적극적으
로 공급해야 할 것이다. 후자를 위해서는
성인기에도 계속 골격을 형성하는 데 필

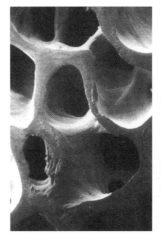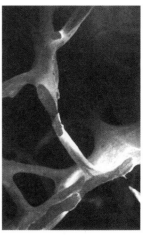

그림 8-9 **정상 골격(왼쪽)과 골다공증 골격(오른쪽)**
자료: Sizer F & Whitney E(2003). Nutrition Concepts and Controversies
(9th edition).

요한 영양소를 충분히 섭취하고, 체중부하운동 등 신체활동으로 뼈를 자극해
야 할 것이다. 최근에는 갱년기증후군의 증세 완화나 골다공증을 예방을 위한
호르몬 대체요법을 권장하지 않으므로 아이소플라본 등 식물성 에스트로겐
(phyto-estrogens)을 함유하는 대두와 대두제품을 적극 섭취하는 것도 좋은
방법이다.

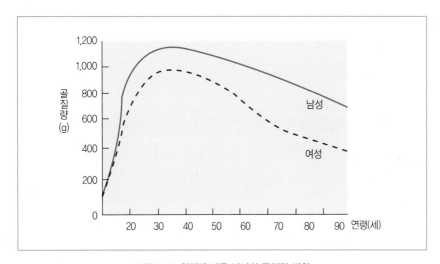

그림 8-10 **연령에 따른 남녀의 골질량 변화**
자료: Kretchmer N, Zimmermannm(1997). Developmental Nutrition, p. 626.

칼슘은 연령층을 막론하고 섭취가 부족한 영양소이다. 칼슘의 섭취실태는 앞서 우리나라 성인의 영양소섭취실태나 비타민·무기질 보충제 항목에서 언급한 바와 같다. 2008년 국민건강영양조사 결과에 의하면 성인 여성의 칼슘 섭취는 권장량의 58.2%로 영양소섭취기준을 충족하지 못한 경우가 77.8%에 달하였다. 최근 우리나라에서 성인 여성의 골밀도를 조사한 결과에 따르면 22.4%가 골다공증으로 판명되었다.

골다공증이 발생한 이후에 칼슘 보충이 나타내는 효과는 아직 확실하지 않다. 폐경기 여성에게 하루 1g의 칼슘 보충제를 공급한 실험에서는 골 손실을 억제하는 효과가 확인되었으나, 폐경기 이후의 급격한 골 손실은 칼슘 섭취를 증가시키는 것만으로는 막지 못한다는 연구결과가 있다. 그러나 충분한 칼슘 섭취는 노화에 의한 골 손실 지연에 있어 중요해 보인다.

불충분한 칼슘 섭취 외에 골다공증 위험을 증가시키는 몇 가지 식생활요인이 더 있다. 바로 비타민 D 결핍과 음주 및 커피 음용이다. 비타민 D의 결핍으로 인해 소화관으로부터 칼슘 흡수나 신장으로부터 칼슘 재흡수가 감소되면 혈중 칼슘 농도가 저하된다. 그러면 PTH 분비량이 많아져 뼈로부터 용출되는 칼슘이 많아진다. 과다한 알코올 섭취는 골다공증의 위험인자이다. 알코올은 조골세포의 기능을 손상시키고 장내 칼슘 흡수를 방해하므로 골 형성을 감소시키게 된다. 과다한 카페인 섭취는 골 손실을 가속화시키는데 그 영향은 칼슘 섭취량에 따라 다른 것으로 보인다. 하루 450mg(커피 3~5잔) 정도의 카페인 섭취는 칼슘 섭취량이 충분한 경우 뚜렷한 영향을 나타내지 않는다.

표 8-14 **골다공증의 위험요인**

변경 불가능 요인	변경 가능 요인
아시아인 또는 백인	불충분한 칼슘 섭취
여성	비타민 D 영양불량
가족력	과다한 음주
흰 피부	카페인 과다 섭취
연약한 골격	흡연
질병이나 약물로 인한 골 손실 경험	비만
조기 폐경 또는 폐경 전 난소 제거	좌식생활 및 운동 부족

기타 골다공증의 위험요인으로는 아시아인 또는 백인, 여성, 가족력, 흰 피부, 연약한 골격, 질병 또는 약물로 인한 골 손실 경험, 이른 폐경이나 난소 적출, 좌식생활, 흡연, 비만 등이 있다(표 8-14).

(2) 심혈관계질환

심혈관계질환은 주로 남성의 질병으로 인식되고 있다. 남성은 사춘기 이후 안드로젠의 혈중 농도가 증가하면서 HDL-콜레스테롤 수준이 내려가기 때문이다. 반면 여성은 에스트로젠이 혈장 HDL-콜레스테롤 수준을 높이고 LDL-콜레스테롤 농도는 낮추어 항동맥경화효과를 누린다. 혈장 지질 양상의 변화와 동맥경화증과의 관련성은 앞서 고지혈증 부분에서 설명하였다.

구강피임제로 투여되는 외인성호르몬의 효과는 안드로젠이나 에스트로젠의 상대적 역가에 따라 다르다. 일반적으로 최근에 사용되는 저용량 구강피임제의 경우 LDL-콜레스테롤을 높이고 HDL-콜레스테롤을 낮추는 경향이 있으나 뇌졸중이나 관상동맥 심장질환의 위험을 높이지는 않는 것으로 보인다.

폐경 이후의 중년 여성은 에스트로젠 분비가 감소하여 혈중 LDL-콜레스테롤

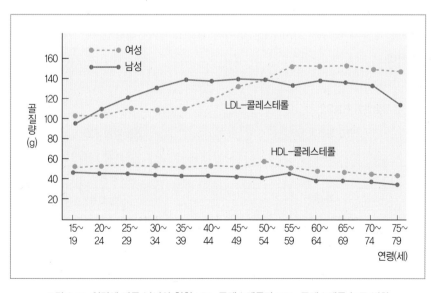

그림 8-11 **연령에 따른 남녀의 혈청 LDL-콜레스테롤과 HDL-콜레스테롤 농도 변화**

농도가 현저히 올라가고 HDL-콜레스테롤 농도는 약간 내려간다(그림 8-11). 또한 폐경은 체지방 분포에 영향을 끼쳐 복부 주변에 내장 지방의 축적을 촉진한다. 이러한 변화들은 폐경 이후 여성에서 당뇨병을 비롯해 관상동맥 심장질환이나 심장마비 발생률이 증가하는 이유를 설명해준다.

(3) 유방암

유방암은 여성의 부위별 암 발생 순위에서 높은 순위를 차지하고 있다. 유방암의 위험요인은 고령, 백인, 30세 이후 첫 출산, 비만, 가족력, 이른 초경, 늦은 폐경, 과다한 음주 등이다(표 8-15). 이 중 비만은 특히 폐경 후 여성에게 중요한 위험인자로 작용한다. 이외에 식생활인자로서 고지방 섭취와 비타민 A 섭취 부족 등이 위험인자로 지적되고 있으나 정말로 이들이 위험인자로 작용하는지는 아직 확실하지 않다.

한편 식이섬유는 유방암의 위험을 줄여주는 것으로 보인다. 캐나다 여성을 대상으로 한 대규모 역학조사 결과, 고식이섬유 식사를 섭취한 사람은 저식이섬유 식사를 한 사람보다 유방암 발병률이 30% 정도 낮았다. 식이섬유가 곡류, 채소류 또는 과일류를 통해 섭취된다는 점을 생각할 때 이러한 결과가 식이섬유 자체의 작용인지, 식물성 화학물질의 효과인지, 아니면 고식이섬유 식사가 저지방 식사의 특성을 가져 지방 섭취의 감소로 인한 영향인지는 아직 분명하지 않다.

표 8-15 **유방암의 위험요인**

변경 불가능 요인	변경 가능 요인
고령	비만
백인	과다한 음주
가족력	고지방 섭취
30세 이후 첫 출산	식이섬유 섭취 부족
이른 초경/늦은 폐경	비타민 A 섭취 부족

6. 생활습관과 건강

미국의 보건복지부는 '2000년 건강목표'에서 식생활과 같은 생활습관인자를 바람직한 내용으로 조정하면 만성질환의 50%를 줄일 수 있다고 말했다(US DHHS, 1990). 또한 과일류와 채소류를 매일 5단위 이상 더 섭취하면 암 발생률을 20% 이상 낮출 수 있을 것으로 전망하기도 했다(WCRF/AICR 2007). 성인기의 바람직한 식생활은 이후 노년기에서의 질병 발생을 예방하는 데 기여할 수 있으므로 매우 중요하다.

(1) 음주

알코올성 음료는 인류의 문화와 함께 애용되어왔다. 맥주, 포도주, 증류주 등 알코올 음료는 기호식품으로 분류된다. 이는 알코올이 전뇌에 작용해 행복감과 편안함을 느끼게 하고 일시적으로 피로나 스트레스를 완화시켜주기 때문이다.

그러나 알코올은 구강, 식도 또는 위 등 직접 접촉하는 조직에 해를 끼칠 수 있고 주요 대사 부위인 간 조직에 독성을 나타낼 수 있다. 혈중 알코올 농도가 과다하게 상승하면 반사·언어·근육 등의 조절력이 저하되고 감각기능이 떨어지며 의식불명상태에 빠지기도 한다. 알코올이 영양상태에 부정적인 영향을 끼

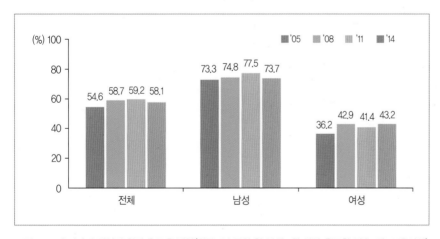

그림 8-12 우리나라 성인의 월간 음주율 변화(최근 1년 동안 한 달에 1회 이상 음주할 경우, 만 19세 이상)
자료: 보건복지가족부·질병관리본부(2015). 2014년 국민건강영양조사.

친다는 점이 밝혀지기 시작한 것은 1700년대부터이다. 알코올이 건강에 미치는 영향에 관해서는 아직도 논쟁 중이며 특히 심·순환기계질환에 미치는 영향에 관해서도 상반된 이론이 존재한다. 그러나 과량의 알코올 섭취가 위험인자로 작용하는 것은 틀림없다.

월간 음주율은 2005년에 54.6%였다가 꾸준히 증가하여 2011년에는 59.2%, 2014년에는 58.1%였다(그림 8–12).

알코올의 흡수, 대사 및 생리작용

알코올은 분자량이 적고 용해도가 높아 위, 소장, 결장 등 소화관 점막에 빠르게 확산·흡수되어 체내 모든 조직에 분포된다. 그러나 알코올의 대사는 독성물질 해독계를 갖추고 있는 간세포에서 주로 이루어진다.

알코올의 산화는 간세포에 있는 다음 세 종류의 효소에 의해 일어난다. 세포질에 있는 알코올 탈수소효소(alcohol dehydrogenase), 소포체에 있는 에탄올 산화효소계(microsomal ethanol oxidizing system, MEOS), 과산화소체의 카탈레이스(peroxisomal catalase)가 바로 그것이다. 이들 세 효소계에 의해 알코올은 아세트알데하이드를 거쳐 아세테이트가 되어 간을 떠나게 되고 기타 여러 조직에서 아세틸–CoA로 전변된다. 아세틸–CoA는 간과 지방조직에서는 일부 지방산과 중성지방 합성에 쓰이기도 하나 대부분의 조직에서

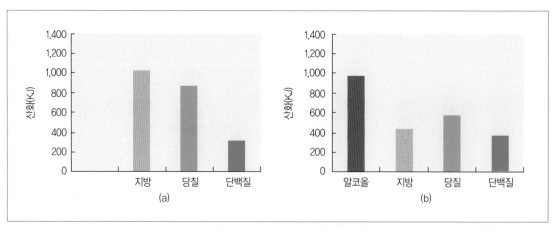

그림 8-13 **2,000kcal 식사에서 당질 50%를 알코올로 대체했을 때 에너지 기질 산화에 미치는 영향**
자료: Poppitt SD(1999). Absorption, Metabolism, and Physiological Effects. p.38.

TCA(tricarboxylic acid) 회로를 통해 산화된다. 알코올의 산화는 지방과 당질의 산화를 억제하며 빠르게 일어난다(그림 8-13). 따라서 과량의 알코올 섭취는 결과적으로 지방 축적을 야기하게 된다.

알코올 중독증의 위험

과량의 알코올을 장기간 섭취하는 경우 만성 알코올 중독증이 나타난다. 또한 단백질과 미량영양소 결핍증을 보이게 되고 저혈당증이나 당내성 손상 또는 고지혈증이 나타난다. 지방간이나 알코올성 간염 등 간질환을 비롯해 췌장염, 고혈압, 뇌졸중, 소화기계 암 등 각종 질병의 발생률도 높아진다. 간 손상의 원인은 알코올과 아세트알데하이드의 직접적인 독성 탓도 있으나 그보다는 단백질을 비롯한 영양결핍이 더 큰 영향을 끼치는 것으로 생각된다.

알코올은 체내에서 1g당 7kcal 정도의 에너지를 발생시키지만 대부분의 알코올 음료는 영양소를 함유하고 있지 않으므로 '텅 빈 에너지(empty calorie)'로 불린다. 알코올로 많은 에너지를 섭취하면 식사의 영양밀도가 떨어져 단백질을 비롯한 비타민 B_1, 엽산, 니아신, 비타민 B_6, 아연 등 미량영양소가 결핍될 수 있다.

음주와 임신

알코올은 태반에 빠르게 확산되어 태아의 혈액으로 들어간다. 따라서 임신 중의 과다한 알코올 섭취는 자궁 내 성장저해, 신경발달 이상, 안면 기형, 선천성 심장질환 등의 기형을 유발할 수 있다. 이를 태아알코올증후군(Fetal alcohol syndrome, FAS)이라고 하며 이 증후군을 가진 태아는 성장하면서도 신체적으로는 물론이고 정신적으로도 큰 장애를 나타낸다. 태아알코올증후군은 음주량이 일주일에 1.5~8잔인 경우 10% 정도의 확률로 발생하며 일주일에 8잔 이상을 음용하면 발생확률이 30~40%로 올라간다. 따라서 임신 중인 여성은 술을 마시지 않는 것이 바람직하다.

(2) 흡연

담배의 주요 성분인 니코틴은 신경을 진정시키며 심장기능을 촉진해 피로를 덜

어주기도 하나, 이러한 일시적 효과가 나타난 후에는 오히려 피로감을 가중시켜 고혈압이나 당뇨병 및 심·혈관질환 등의 위험을 높인다. 폐암을 비롯해 담배 연기와 직접 접촉하는 부위인 상부기관지암, 식도암 또는 위암의 발생률도 높아진다. 흡연을 하는 사람의 음주율은 비흡연자보다 10배 정도 높으며 건강 관련 생활습관이 불량한 편이다. 이러한 상황이 복합적으로 작용하여 흡연자의 만성퇴행성질병 발생률을 높이는 것으로 보인다.

흡연은 예방 가능한 위험인자이다. 최근에는 금연 운동이 우리나라를 비롯한 선진국에서 진행되어 흡연 인구가 점차 감소하는 추세이다. 우리나라는 성인의 흡연율이 조금씩 감소하고 있으나 일부 계층, 특히 젊은 여성의 흡연율이 증가하고 있다. 2014년 국민건강영양조사에 따르면 만 19세 이상 성인의 흡연율은 24.2%였으며, 남성의 흡연율은 43.1%로 1998년부터 감소하는 추세였고, 여성의 흡연율은 5.7%였다.

한편 흡연의 위해가 알려지고 금연 운동이 널리 시행되면서 금연 시도율이 증가하고 있다. 흡연을 하는 남녀의 50% 이상이 금연을 시도하고 있으며, 특히 20대의 금연 시도율이 남녀 모두에게서 가장 높다. 경구피임약을 복용하는 여성은 흡연 시 관상동맥 심장질환의 위험도가 현저하게 높아지므로 특히 주의해야 한다.

흡연과 영양 섭취

흡연자의 식품이나 영양 섭취상태는 비흡연자와 다른 것으로 보인다. 동일한 사람의 흡연 전후 식생활 변화를 규명한 연구는 거의 없으나, 흡연이 냄새나 맛 또는 식욕과 관련된 생리적 반응을 변화시켜 직·간접적으로 식품 선택에 영향을 끼치는 것으로 여겨진다. 그러나 에너지 섭취량은 차이가 없다고 알려져 있다. 일반적으로 흡연자는 건강을 위한 식생활지침을 잘 따르지 않는 경향이 있다. 미국이나 유럽 또는 일본 등지에서 조사된 역학연구 결과를 보면 흡연자는 포화지방과 설탕 및 알코올 섭취량이 많았고 단백질과 식이섬유, 불포화지방 그리고 항산화 영양소의 섭취는 적다는 점이 일치한다(표 8-16).

흡연자들은 지방 함량이 높은 음식이나 튀긴 음식, 훈제 육류, 또는 단 음식을 선호하며 상대적으로 과일·채소류나 전곡류를 기피하여 이러한 결과가 초래된다. 다위험요인중재연구(MRFIT)는 흡연과 식품·영양 섭취 및 체중과의 관련성을

표 8-16 흡연자와 비흡연자의 영양 섭취상태 차이

흡연자가 많이 섭취하는 성분	흡연자가 적게 섭취하는 성분
• 포화지방산 • 설탕 • 알코올	• 단백질 • 식이섬유 • 불포화지방산 • 항산화 영양소(비타민 C 등)

밝히기 위해 장기간 수행되었다. 연구결과, 금연하면 총 지방과 포화지방 섭취량이 줄고 식이섬유와 베타카로텐 및 비타민 E 섭취량이 느는 것으로 밝혀졌다.

흡연과 체중

흡연자의 체중은 비흡연자보다 적게 나가는데, 과거에 흡연했던 사람의 경우에는 체중이 비슷하거나 좀 더 나가는 경향이 있다. 그러나 앞서 언급한 바와 같이 흡연자의 에너지 섭취량이 비흡연자보다 적다는 증거도 없으며, 신체활동량이 많다는 자료도 없다. 오히려 흡연자는 신체활동이 활발하지 않은 편이다. 일반적으로 금연한 사람들이 금연으로 인한 체중 증가를 호소하지만, 금연 후 에너지 섭취량에 상당한 변화가 생기지도 않는다. 이러한 내용은 흡연이 에너지대사를 항진시켜 에너지 소비량을 증가시킨다는 점을 시사한다.

금연 직후에는 식사량이 늘고 체중이 증가하는 현상이 일시적으로 나타나기도 한다. 특히 여성에게 더욱 뚜렷하게 나타난다. 이는 니코틴 제거에 따른 증상으로, 담배에 대한 욕구를 음식으로 대체하려는 현상으로 이해할 수 있다. 그러나 대개 금연 후 1년이 지나면 식사량이 정상으로 돌아온다.

한편 흡연자의 허리-엉덩이둘레 비(WHR)는 체중이 덜 나가는 데도 불구하고 비흡연자보다 높다는 조사 결과가 있다. 이 같은 현상은 체지방 분포에 영향을 끼치는 호르몬 분비가 흡연으로 인해 변하는 것이라고 추측된다.

흡연과 지질대사 및 심혈관계질환

흡연은 지질대사와 혈액응고 또는 염증반응에 변화를 가져온다. 앞서 설명한 것처럼, 흡연자는 자유기 부담이 높고 상대적으로 항산화 영양소 수준은 낮은 상태이므로 혈장 지질 양상이 동맥경화를 촉진하는 방향으로 변한다. 즉

LDL-콜레스테롤이 산화되기 쉬우며, 총 콜레스테롤과 중성지방 및 LDL-콜레스테롤 농도가 높고, HDL-콜레스테롤과 아포 지단백 A-I(apo A-I) 농도는 낮아 동맥경화 유발성이 높아진다.

이와 관련된 한 기전으로 니코틴이 아드레날린 방출을 자극하는 점을 들 수 있다. 아드레날린은 유리지방산 농도를 올리는데, 유리지방산은 간에서 VLDL 방출을 촉진하므로 결과적으로 중성지방과 콜레스테롤 분비를 늘리는 셈이다. 흡연자에게서 나타나는 혈중 피브리노겐 농도의 상승도 관상동맥 심장질환에 독립적인 위험인자이다. 또한 흡연자의 혈청 알부민 농도는 비흡연자나 과거 흡연자보다 낮은데, 이것은 심·순환기계질환이나 암으로 인한 사망률 증가와 관련된다. 저알부민혈증은 염증성 반응의 한 지표이다. 흡연자에게서 백혈구 농도가 높은 점도 염증반응과 관련이 있다. 흡연자는 수축기 혈압과 확장기 혈압이 모두 높다.

금연하면 혈중 지질 양상이 비흡연자와 같아진다. 피브리노겐 농도도 상당히 감소되나 비흡연자의 수준으로 저하되기까지는 5년 이상이 걸린다. 금연 후 혈압은 올라가는 경향이 있는데, 이는 금연으로 인한 체중 증가와 관련이 있는 것으로 보인다. 이와 관련해서는 금연 1년 후, 또는 그 이상의 장기간에 걸친 추적 연구가 필요하다.

여성과 흡연

흡연 여성은 흡연 남성에 비해, 음주와 마찬가지로 흡연에 따르는 위해를 더 크게 받는 것으로 보인다. 이는 폐의 크기가 작기 때문으로 생각된다. 여성은 흡연 시 앞에서 언급한 폐암을 비롯한 각종 암과 만성폐질환 이외에 조기 폐경이 유발될 수 있고, 불임증이 나타날 수 있으며 피부 노화가 촉진될 수 있다. 덴마크의 한 연구결과에서는 여성의 호흡기질환, 동맥경화증, 심장질환, 만성기관지염 등의 위험이 남성보다 1.5~2.0배 높은 것으로 밝혀졌다.

특히 여성이 임신 중에 흡연을 하면 태아의 사지결손을 비롯해 유산, 자궁 외 임신, 저체중아 출산 등의 위험이 높아진다. 니코틴이 전신의 혈관을 수축시키므로 태아에게 수송되는 산소나 영양소의 공급이 감소되기 때문이다. 또한 일산화탄소는 조직으로의 산소 운반을 저해한다. 또한 수유여성의 흡연은 모유생산력을 감퇴시키며 영아에게 호흡기질환을 유발할 수 있고 영아의 지능과 신체발육을 저하시킬 수 있다.

(3) 운동

앞서 대사증후군 부분에서 설명한 것처럼 관상동맥 심장질환, 고혈압, 뇌졸중 등은 비만과 관련이 많다. 이들 질환을 운동감퇴성질병(hypokinetic diseases)이라고 하는데 신체활동 부족은 비만을 불러올 뿐만 아니라 심근과 혈관을 약화시킨다.

심혈관계의 지구력은 심근과 혈관의 강화로 얻을 수 있다. 규칙적인 운동을 하면 심근도 다른 골격근처럼 강해지며 혈관의 탄력성이 향상된다. 심혈관계의 지구력 증대는 작업 수행능력을 향상시키며 스스로 건강한 느낌을 갖게 하고 심혈관계질환으로 인한 사망률을 낮춘다. 따라서 매일매일 일상생활에서 걷기, 계단 오르기, 청소하기, 정원 가꾸기 등 적정한 신체활동 및 규칙적인 운동을 하는 것이 바람직하다.

한국인을 위한 신체활동지침

생활체육으로는 호기성의 중등 강도의 운동을 규칙적으로 하는 것이 바람직하다. 중등 강도는 휴식 시의 에너지 소비량을 1대사당량(metabolic equi-valent, MET)이라고 볼 때 4.7~7.0METs의 활동을 말한다. 신체활동 피라미드의 제2단계에 해당하는 에어로빅 댄스, 조깅, 자전거 타기나 테니스, 농구 등이 이에 속한다. 그러나 이보다 약한 운동인 배드민턴, 수영, 체조, 걷기, 하이킹 등으로도 충분히 운동의 이득을 얻을 수 있다. 걷기는 가장 대중적인 운동으로 어떤 상황에서도 할 수 있으며 걷는 속도의 조절을 통해 운동강도를 조절할 수도 있다. 중년 이후에는 오히려 활동강도가 낮은 운동을 규칙적으로 수행하는 것이 바람직하다.

〈한국인을 위한 신체활동 지침서〉는 성인의 유산소 신체활동 강도별 자각강도에 따라 중강도와 고강도의 신체활동 예시를 제시했다(표 8-17). 이 지침서는 중강도의 유산소 신체활동을 주 2시간 30분 이상, 고강도의 신체활동을 주

표 8-17 성인의 유산소 신체활동 강도별 자각강도와 활동 예시

구분 \ 자각강도	1	2	3	4	5	6	7	8	9	10
중강도 신체활동					심장박동이 조금 빨라지거나 호흡이 약간 가쁜 상태					
고강도 신체활동							심장박동이 많이 빨라지거나 호흡이 많이 가쁜 상태			
활동 예시	휴식, 취침			걷기	빨리 걷기, 자전거 타기, 배드민턴 연습, 청소(진공청소기)	등산(내리막), 수영 연습	등산(오르막), 배드민턴 시합, 조깅/줄넘기, 인라인스케이트	수영 시합, 축구 시합, 무거운 물건 나르기		

자료: 보건복지부(2014). 한국인을 위한 신체활동 지침서.

1시간 13분 이상 수행할 것을 권장한다.

운동의 총체적 효과

운동은 신체를 단련할 뿐만 아니라 혈압이나 혈당 및 혈중 지질 양상을 정상으로 유지시키고 또한 정서적으로도 안정감을 느끼게 한다. 그러므로 운동은

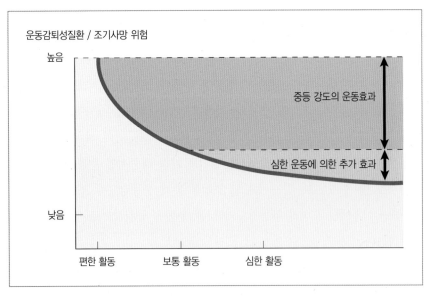

그림 8-14 운동에 의한 운동감퇴성 질병과 조기사망 위험 감소 비교
자료: Cobin et al(2001). Fundamental Concepts of Fitness and Wellness, p.97.

신체적(physical fitness), 대사적(metabolic fitness), 정서적(emotional fitness) 측면에서 총체적인 효과를 발휘하며 생활의 질을 높여준다. 운동이 심장질환을 비롯해 동맥경화증, 고혈압, 뇌졸중, 말초혈관질환, 암, 제2형 당뇨병, 골다공증 및 기타 비만이나 운동감소증과 관련된 건강문제의 위험을 감소시켜주는 것은 이러한 이유에서이다. 운동에서 오는 이러한 이득을 최대로 얻으려면 일생 동안 규칙적으로 운동해야 한다. 이러한 의미에서 생활체육활동(life-style physical activity)이란 용어를 사용한다.

그림 8-14는 질병 발생이나 조기사망 위험이 중등 강도의 신체활동에 의해 감소된다는 사실을 보여준다. 여러 대규모 연구결과를 종합해 도출한 결과, 심한 운동으로 이득을 좀 더 얻을 수 있지만 그 이득이 운동강도에 비례해서 증가하지는 않는다는 점과, 약간의 운동이라도 아예 하지 않는 것보다는 낫다는 점을 알 수 있다.

운동과 혈중 지질 양상

호기적인 운동을 규칙적으로 수행하면 지방산의 전변속도가 빨라지며 이들의 수송이나 저장에도 바람직한 영향을 끼쳐 동맥경화증의 발생 위험성이 감소한다. 그림 8-15는 비만한 사람에게 중등 강도의 운동을 저지방, 저콜레스테롤

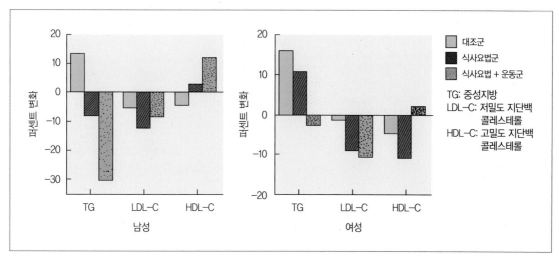

그림 8-15 1년간의 중등 강도 운동과 식사 조절이 비만인의 혈장 지질 농도에 미치는 영향
자료: Hardman AE(1999). Public Health Nutr 2(3A), pp.369-376.

및 저에너지 식사요법과 함께 1년간 수행하도록 했을 때 혈중 지질 양상에 끼친 결과를 나타낸 것이다. 결과를 살펴보면 남녀 모두에게서 중성지방 농도의 감소와 HDL-콜레스테롤 수준의 증가가 뚜렷하게 나타났다. LDL-콜레스테롤 수준의 감소는 식사요법만 수행한 경우와 다르지 않았다.

CHAPTER 9
노년기 영양

인간은 모두 젊음을 유지하고 싶은 욕망을 갖고 늙어간다. 젊음의 상징이 아름다움과 건강이라면 노화는 백발, 주름진 피부, 쇠약해진 몸과 회한을 떠오르게 한다. 나이가 들면 이러한 변화는 불가피한데, 식사나 생활습관으로 이러한 변화를 지연시키거나 막을 수는 없을까? 생리적인 노화시계를 멈출 수 있도록 안간힘을 쓸 때, 사람들은 영양을 우선적으로 생각하는 것이 아니라, 머리 염색이나 화장품 또는 성형수술을 먼저 고려하는 경향이 있다. 그런데 이러한 방법은 인간을 젊어 보이게 하는 임기응변일 뿐 젊은 수준의 활력을 유지하는 데 도움을 주지는 못한다. 반면, 건강한 식사와 생활습관은 노후의 건강과 활력을 보장하는 데 크게 기여할 수 있다. 우리는 장수마을을 관찰하면서 어떤 특정 음식이 수명을 연장하는 데 도움을 줄 수 있다는 희망을 갖게 되었다. 장수마을의 주민들은 과체중이나 비만, 고혈압, 심장병이나 골다공증의 이환율이 매우 낮았으며 생활 패턴이 유사하였다. 즉, 신체활동이 많고 대부분 채식 위주의 식사를 하고, 노인의 사회적·심리적 지지가 보장되었던 것이다. 이는 수명이 생활습관에 의해서 연장되지는 않지만, 평소 건강한 식사가 노인에게 흔히 나타나는 생리적 변화, 영양문제 또는 만성질환의 출현을 어느 정도 지연시킬 수 있음을 의미한다.

새로운 밀레니엄 시대에는 공중보건의 측면에서 노화과정을 지연시키는 것이 중요한 목표일 수 있다. 우리나라의 경우 2010년에는 65세 이상 노인의 인구가 11.0%였으나, 2050년에는 37.4%로, 2060년에는 40.1%로 급증할 것으로 추산되고 있다. 이와 같은 고령사회로 진입하게 되면 질병이환율이 상승하여 막대한 의료비 지출이 예상된다. 반면, 인간의 평균 수명은 점점 더 길어지고 있다. 최근 한 연구에서는 '노년기'의 시작 나이를 재정의할 필요가 있다고 주장하였다(Sanderson, 2015). 노년기를 단순히 65세 이상으로 정의하지 말고, 대신 '삶이 15년 혹은 그 이하로 남아 있을 때'의 나이를 노인으로 정의하자고 말이다. 이러한 나이에 대한 인식은 고령사회로 진입하게 될수록 더욱 변화할 것이며, 건강한 장수가 개인적으로나 국가적으로 대단히 중요해질 것이다.

학습목표
노화에 따른 생리적 변화, 영양소 필요량, 영양과 관련된 질병을 이해하고 노년기의 영양관리에 활용한다.

1. 노화와 영양

노화가 진행되면 세포 수가 감소하고 기능이 감퇴하여, 신체 여러 기관의 정상적인 기능을 수행할 수 있는 능력이 점차 저하된다. 모든 신체기관의 기능이 떨어지면서 식욕이나 소화 흡수 정도가 감소하고 영양필요량이나 영양상태에도 영향을 미치게 되나, 개인차가 큰 것이 특징이다.

(1) 노화 이론

생물학적으로 노화는 어떤 특정 연령에서 시작되는 것이 아니라 전 생애 동안 지속되는 일련의 과정이다. 한 유기체가 늙는다는 것은 세포 수가 감소할 뿐만 아니라 남아 있는 세포들의 기능도 저하된다는 것을 의미한다. 조직이나 신체기관이 세포를 잃게 되면 유기체는 체내 항상성을 유지하기 위한 생리적 기능의 수행능력이 떨어지고, 질병이 초래되며, 영양불량의 위험성이 커진다. 모든 생명체에게 나타나는 노화과정을 아직 충분히 이해할 수는 없다. 그러나 우리가 건강한 상태를 유지하면서 얼마나 살 수 있는가는 타고난 유전요인 외에 변화가 가능한 환경 및 생활방식에 의해 달라질 수 있다.

인간의 경우 어느 때부터를 늙은 시기, 즉 노인기라고 할 수 있을까? 연령은 노화의 가장 좋은 지표는 아니다. 같은 70세 노인이라도 어떤 이는 자전거를 탈 수 있고 독립적이며 활동적이지만 또 다른 경우는 그렇지 못할 수도 있다. 따라서 나이보다는 신체기능을 건강의 척도로 삼을 수 있다. 이와 같이 노인의 범위는 대단히 넓고 다양하지만, 일반적으로 65세 이상을 노인 인구로 본다. 한국인 영양소섭취기준에서는 노년기의 영양소 필요량을 65~74세와 75세 이상으로 구분하여 제시하고 있다.

지금까지 제기된 주요 노화 이론은 크게 유전자에 의해 생명체의 노화와 수명이 예정되어 있다는 예정설과, 여러 가지 해로운 인자들에 의한 생체물질의 손상이 축적돼 노화에 이른다는 손상설로 나누어진다. 노화로 인한 세포 사멸의 실제적인 원인은 이 두 가지 견해를 종합한 것으로 보인다. 즉, 세포 사멸이 진행되는 속도와 일정 단계에서의 노화 정도는 유전, 환경, 그리고 생활방식의 복합적인 작용에 영향을 받는다는 것이다.

예정설

이미 유전적으로 세포분열, 즉 재생의 한계가 결정되어 있다는 이론으로 다음과 같이 나누어볼 수 있다.

세포분열 횟수 제한설　모든 세포가 생성부터 소멸까지, 정해진 횟수의 세포분열만 할 수 있다는 학설이다. 인간의 세포가 세포분열을 통해 새로 생성된 후 분열한다는 실험 결과를 바탕으로, 인간의 잠재수명이 110~120세 정도라고 추산할 수 있다. 하지만 모든 세포가 동일한 횟수로 세포분열을 하는 것이 아니므로, 이 이론을 인간에게 그대로 적용하기에는 무리가 있다. 또한 인간은 세포분열이 끝나서 사망하기보다는 만성질환으로 사망하는 경우가 더 많다.

텔로미어(telomere) 세포 안 염색체 말단을 보호하기 위해 붙어 있는 DNA 조각

텔로미어설　텔로미어는 세포가 분열할 때마다 그 길이가 조금씩 짧아지기 때문에, 노화 타이머라고도 불린다. 세포분열이 계속되면 텔로미어도 점차 짧아지고, 마침내 텔로미어가 없어지면, 세포는 더 이상 분열할 수 없게 된다. 최근에는 텔로미어가 짧아지는 것을 방지하여, 세포분열을 지속시킬 수 있는 방법에 대한 연구에 관심이 집중되고 있다.

손상설

물건을 오래 사용하면 닳아 없어지고 성능이 떨어지게 된다. 마찬가지로 세포 또한 생명 유지를 위한 대사과정 및 분열과정을 지속하면 세포 손상이 증가하고, 이로 인해 기능 저하가 유발된다는 이론으로 노쇠현상이라고도 한다.

산화스트레스(oxidative stress) 체내에 유리라디칼(free radicals)이 과다하거나 항산화성분의 수준이 낮아 유발되는 산화적 자극

산화스트레스설　대사과정 중에는 다른 화합물과의 반응성이 매우 큰 활성산소가 생성될 수 있다. 이들 활성산소들은 세포막의 지질과 반응하여 세포막을 허물어뜨릴 수 있으며, DNA와 단백질에 손상을 입히고, 면역 시스템과 관련된 세포들을 직접적으로 손상시킬 수 있다. 따라서 활성산소와 축적된 과산화물들이 인체 내 산화스트레스를 유발하여 노화가 일어난다는 이론이다. 흡연, 오

존, UV, 또는 환경오염물질들은 산화스트레스를 증가시키는 요인이 된다. 인체는 카탈레이스, 글루타싸이온퍼록시데이스 등의 항산화효소를 생성할 수 있고, 식품 중에서도 여러 종류의 항산화물질을 섭취할 수 있다.

대사속도설 산화스트레스설과 유사한 이론으로, 모든 대사과정이 빠르게 진행되면 노화도 촉진된다는 이론이다. 대사속도가 높고, 에너지 소모가 크면 체내 모든 조직의 교체가 크게 증가한다. 이론적으로 빠른 대사속도는 수명을 단축시키고, 느린 속도의 대사과정은 생명을 연장하는 것이라고 할 수 있는데, 이에 대해서는 관련 연구가 좀 더 필요하다.

(2) 수명

인간이 살 수 있는 최대 연령인 수명(life span)은 100세에서 120세 정도이나, 일반적으로 인간이 이때까지 사는 경우는 매우 드물다. 한편 기대수명은 유전, 생활방식 또는 환경요인의 영향을 받기 때문에 인구집단에 따라 다르다. 우리나라에서 2015년에 태어난 아기의 기대수명은 80.04세로 예측된다. 전 세계적으로는 모나코가 89.52세로 기대수명이 가장 높고, 일본은 84.74세로 그다음으로 높다.

> **기대수명(life expectancy)**
> 특정 연도에 태어난 신생아가 향후 몇 년을 살 수 있는지를 인구 집단별로 예측하는 수치

우리나라의 노령 인구는 급속도로 증가하고 있다. 통계청이 2015년에 발표한 '장래인구 추계 결과'에 의하면, 우리나라의 2010년 65세 이상 노령 인구는 545만 명으로, 전체 인구의 11%를 차지한다(그림 9-1).

2010년도에 비해 2030년에는 24.3%로 2.3배, 2060년에는 40.1%로 무려 3배 이상 증가할 것으로 예측되고 있다. 인구 피라미드는 2010년을 기준으로 20대 이하가 전체 인구의 37.3%, 30~50대는 47.2%, 60대 이상이 15.5%로 중간 연령층이 많은 종형 구조이나, 점차 아랫부분이 좁아지고 윗부분(특히 고령)이 넓어지면서 2060년에는 역삼각형의 항아리 구조가 될 것으로 예상된다(그림 9-2).

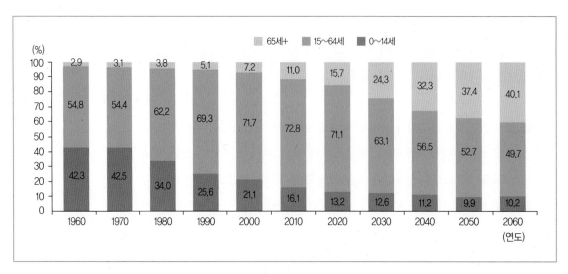

그림 9-1 우리나라 연령계층별 인구 구성비
자료: 통계청(2015).

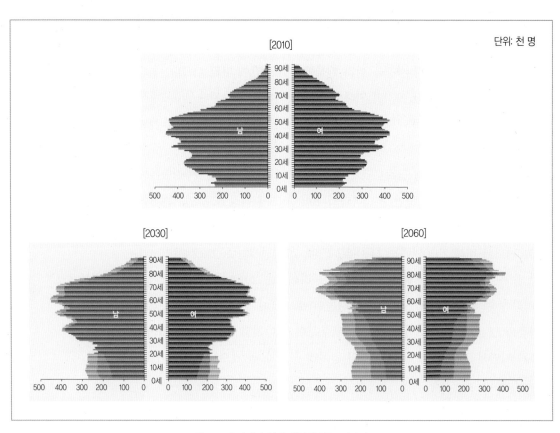

그림 9-2 우리나라 성별 연령별 인구 피라미드
자료: 통계청(2015).

2. 노년기의 특성

노년기에는 다양한 생리적 변화가 일어나며, 이는 영양소대사 및 체내 영양상태에 영향을 줄 수 있다. 생리적 변화 이외에도 사회적·경제적 여건의 변화 및 의약품 복용도 영양상태 변화를 유발할 수 있다.

(1) 생리적 변화

정상적인 노화과정은 신체 구성성분의 변화를 수반하며, 이로 인해 다양한 생리적 기능에서 변화가 일어난다(그림 9-3). 이러한 생리기능의 변화는 개인에 따라, 그리고 기관에 따라 다른 양상을 나타낸다(그림 9-4).

감각기능

60세에 접어들면서 미각과 후각기능은 점차적으로 감소된다. 이러한 감각기능의 퇴화는 식욕 저하를 야기하므로 영양상태를 좋지 않게 만들 수 있다. 미각의 감소는 혀의 미뢰 수 감소로 나타나며, 이로 인해 짠맛이나 단맛의 예민도가 떨어지는 것으로 보인다. 또한 후각의 예민도가 떨어지면 음식의 냄새를 즐길 수 없으므로 음식이 맛있게 느껴지지 않아 섭취량이 감소한다. 나이가 들면 시각기능도 크게 떨어져 식품을 구입하거나 식사를 준비하기가 점차 어려워진다. 노화로 인한 산화적 손상은 시각세포 수를 감소시키며 시력 감퇴를 초래한다. 백내장(cataracts)도 시력 감퇴의 원인 중 하나로, 우리나라의 60세 이상 노인 중 40%가 시각장애를 수반하는 백내장을 앓고 있다.

소화기능

노화는 위 장관과 기타 소화 흡수에 도움을 주는 부속기관에 변화를 초래한다. 노인은 타액 분비 감소로 음식을 삼키기가 어렵고, 음식 맛을 제대로 느끼지 못한다. 보건복지부에서 발간한 2014년도 노인실태조사에 따르면, 노인 인구의 약 50% 이상이 씹기에 불편함을 느끼고 씹기 보조기(의치)를 사용하는 것으로 나타났다. 따라서 노인들은 치아 손실로 인해 식품 선택이 제한되어 영

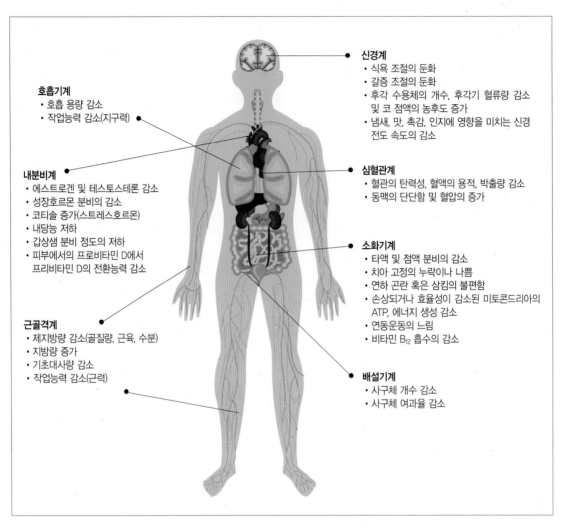

호흡기계
• 호흡 용량 감소
• 작업능력 감소(지구력)

내분비계
• 에스트로겐 및 테스토스테론 감소
• 성장호르몬 분비의 감소
• 코티솔 증가(스트레스호르몬)
• 내당능 저하
• 갑상샘 분비 정도의 저하
• 피부에서의 프로비타민 D에서
  프리비타민 D의 전환능력 감소

근골격계
• 제지방량 감소(골질량, 근육, 수분)
• 지방량 증가
• 기초대사량 감소
• 작업능력 감소(근력)

신경계
• 식욕 조절의 둔화
• 갈증 조절의 둔화
• 후각 수용체의 개수, 후각기 혈류량 감소
  및 코 점액의 농후도 증가
• 냄새, 맛, 촉감, 인지에 영향을 미치는 신경
  전도 속도의 감소

심혈관계
• 혈관의 탄력성, 혈액의 용적, 박출량 감소
• 동맥의 단단함 및 혈압의 증가

소화기계
• 타액 및 점액 분비의 감소
• 치아 고정의 누락이나 나쁨
• 연하 곤란 혹은 삼킴의 불편함
• 손상되거나 효율성이 감소된 미토콘드리아의
  ATP, 에너지 생성 감소
• 연동운동의 느림
• 비타민 B_{12} 흡수의 감소

배설기계
• 사구체 개수 감소
• 사구체 여과율 감소

그림 9-3 **노화로 인한 인체기관의 생리적 기능 변화**

양불량이 쉽게 초래될 수 있다. 노화는 위 내 음식물 이동시간을 지연시키고 위액 분비를 감소시킨다. 따라서 노인은 배고픔을 느끼지 못해 음식 섭취량이 줄며, 위액 분비 감소로 인해 일부 영양소의 흡수율이 저하된다. 노인은 위액 분비의 감소를 가져오는 위축성 위염의 유병률이 높다. 따라서 식품 내 비타민 B_{12}를 분리해주는 효소가 적절하게 작용하지 않아 비타민 B_{12} 흡수가 극히 저조해진다. 노화는 췌장이나 소장의 소화효소 분비를 저하시키나, 소화 흡수기능은 양호하게 유지되기도 한다. 결장의 기능적 변화, 즉 운동성이나 탄력성 감

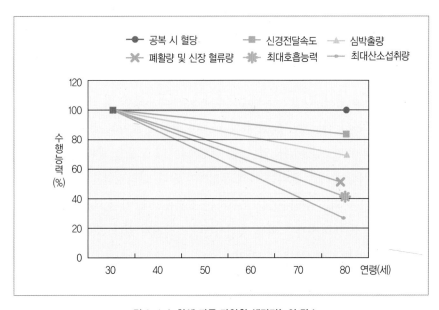

그림 9-4 노화에 따른 다양한 생리기능의 감소
자료: Shock NW(1972). Nutrition in old age.
Symposia Swedish Nutrition Foundation X, Stockholm-Sweden.

소, 복부, 골반근육의 위축 등으로 변비가 초래되기도 하는데, 실제로 노인 중 20~30%가 변비로 고생하며 다수가 변비에 대한 치료를 받고 있다. 식이섬유와 물의 섭취량이 부족하고 활동량이 적으면 변비가 악화되기 쉽다.

내분비기능

일부 호르몬의 분비 저하는 노화과정에서 중요한 역할을 하는 것으로 알려져 있다. 노화로 인한 호르몬 변화는 혈당, 체내 수분대사 및 체온의 조절기능에 영향을 주며, 체구성의 변화를 초래한다. 노인 인구에서 혈당 상승이 자주 나타나는데 이는 췌장의 인슐린 분비 감소와 조직의 인슐린 예민도 감소로 인한 것이며, 이로 인한 인슐린 작용의 변화는 불량한 식사, 비활동성, 복부지방의 축적 및 근육량 감소와 관련된다. 따라서 노인층에서는 당뇨가 유발되기 쉽다. 노화로 인한 또 다른 호르몬의 변화로 갑상샘호르몬의 분비 저하를 들 수 있는데 인슐린 예민성과 갑상샘기능의 변화는 일반적으로 이들 호르몬을 투여함으로써 회복될 수 있다. 이외에도 멜라토닌, 에스트로겐, 성장호르몬,

DHEA(dehydroepiandrosterone) 및 테스토스테론의 분비 저하가 나타난다.

노인에게 성장호르몬을 주사하면 근육량, 피부 두께, 골밀도가 상승하고 지방량은 감소할 수 있으나 당뇨증세의 악화, 수분 축적 또는 관절통의 부작용이 나타나기도 한다. DHEA는 테스토스테론, 에스트로겐 및 프로게스테론과 같은 성호르몬의 전구체인데, 골격 및 근육의 강도를 높이고 면역기능을 향상시키며, 당뇨·비만·심장질환·암 등을 예방하는 데 도움을 준다고 알려져 있다. 그러나 사람에 대한 효과는 아직 분명하지 않다. 멜라토닌은 송과선(pineal gland)에서 분비되는 수면주기를 조절하는 호르몬인데, 이 호르몬의 분비 감소는 신체 리듬을 변화시켜 노화를 촉진시킨다고 알려져 있다. 또한 일종의 항산화제로 면역기능을 향상시킬 수도 있다.

노인 여성은 폐경(menopause)으로 인한 호르몬 변화로 여성 생식호르몬인 에스트로겐과 프로게스테론의 분비주기가 지연되다 결국 중단되고, 그로 인해 배란과 생리가 멈추게 된다. 그뿐만 아니라 에스트로겐 분비가 감소되면 기분과 정서 변화, 피부의 탄력성 감소, 체지방의 증가와 근육량 저하 등이 수반된다. 이와 같은 호르몬의 변화는 노인 여성의 질병 발생이나 영양상태에도 상당한 영향을 미친다. 한 예로 에스트로겐 분비 감소는 유방암의 위험도를 저하시킨다고 알려져 있다. 하지만 심장순환계 질환의 위험도를 높이기도 하고, 골절률 증가나 칼슘 흡수 저하를 초래함으로써 골다공증 유발률을 증가시킨다. 또한 폐경은 정신장애의 발생빈도를 높이기도 한다. 폐경으로 인한 장애들은 호르몬 대체요법으로 어느 정도 예방·치료할 수 있지만, 유방암의 위험도를 증가시킬 수 있다는 부정적인 측면도 있다. 남성에게서는 여성의 폐경과 같은 변화가 뚜렷하게 나타나지는 않으나 나이가 들면서 테스토스테론이 점차적으로 감소되고 이로 인해 근육량이 감소되고 근력이 약화된다.

면역기능

노화가 진행되면 면역기능이 저하된다. 이는 체내 방어계가 약해지면서 항체 생산량이 줄고 면역세포 등이 외부 물질에 약하게 반응하며 백혈구가 박테리아에 효율적으로 대처하지 못하게 되기 때문이다. 이러한 변화는 노인들의 감염성질환, 암, 자가면역성 질병의 유발률을 증가시킨다. 면역기능 저하에 가장 큰 영향을 주는 것은 개인의 영양상태이다. 면역기능 저하는 영양 결핍상태에서 더욱 촉진될 수 있고, 이로 인한 감염 및 만성질환은 영양상태를 악화시킬 수 있다. 면역반응의 정도 또한 세포분열능력과 면역물질의 합성능력에 따라 결정되므로, 세포분열과 면역물질의 대사에 관여하는 영양소는 면역반응에도 영향을 끼칠 수 있다. 항산화 영양소들은 자유기 손상을 예방함으로써 면역기능을 향상시킨다. 베타카로텐이나 아연, 비타민 B_6 및 비타민 E 등을 보충하면 건강상태와 상관없이 노인의 면역력이 개선되고 감염률이 저하되는 효과가 나타난다. 그러나 과량의 미량영양소 보충은 면역기능 저하를 초래할 수 있으므로 영양소 보충 시 세심한 주의가 필요하다. 영양과 면역기능의 관련성에 대한 캐나다의 한 연구를 보면, 100명의 건강한 노인을 두 군으로 나눈 뒤, 한 군은 영양권장량의 0.5~2배의 미량영양소를 함유하는 복합 비타민 및 무기질 보충제를, 또 다른 군은 위약(placebo)을 각각 1년간 먹도록 했다. 그 결과 보충제를 먹은 군이 위약을 먹은 군보다 면역기능이 더 나았고 질병 발생률도 적었다.

그러나 미량영양소 보충제가 모든 노인에게 좋은 것인지, 보충제는 영양결핍증을 가진 사람에게만 좋은 것인지, 영양권장량 이상의 보충제를 섭취하는 것은 바람직한지에 대한 충분한 연구가 필요하다. 현재까지 알려진 바에 의하면 아연, 단백질, 비타민 B_6, 비타민 E 및 비타민 C 등이 충분히 함유된 건강하고 균형 있는 식사를 통해 연령이 증가함에 따라 나타나는 면역기능 저하를 지연시키는 것이 무엇보다 중요하다.

(2) 사회적 · 경제적 변화

생리적인 변화와 의학적인 변화 이외에도 노화가 진행되면서 다양한 사회적·경제적 변화가 나타난다. 이러한 요인들은 모두 서로 관련되어 있으며 식생활이나 영양상태에 영향을 준다.

식생활은 가족 및 친지, 친구와 더불어 하는 사회적 활동이다. 그런데 사람은 나이가 들면서 사회적 역할 및 활동이 점차적으로 줄어들고, 배우자나 친지 및 친구의 사망 등을 겪음으로써 우울하고 외로워진다. 또한 독거노인이 증가함에 따라 식사가 불량해질 수 있다. 많은 노인이 아연, 비타민 B_1, 비타민 C 및 비타민 D, 단백질 등의 영양소를 적게 먹는다. 현재 우리 사회 구조가 노인복지에 크게 부응하지 못하여 노인을 위한 시설이나 기관 및 사회복지활동이 부족한 실정이다. 더욱이 노인기에는 수입이 줄어들면서 다른 가족에게 경제적 도움을 받게 된다. 부유층 노인은 비교적 적정한 함량의 단백질과 무기질 식품 섭취로 필요한 영양소를 충족시킬 수 있지만, 대부분 노인의 영양상태는 그리 좋은 편이 못 된다.

우리나라 노인의 식사나 영양 섭취상태와 사회적·경제적 요인에 관한 연구는 아직 미흡한 실정이므로, 점차 증가되는 노인 인구에 대한 다각적인 기초 연구가 요구된다. 이러한 연구를 토대로 노인영양을 향상시키기 위한 방안을 수립할 수 있을 것이다.

(3) 약물 복용

노인들은 만성질환을 적어도 한 가지 이상 복합적으로 가진 경우가 많다. 이들 질환을 치료하기 위해 복용하는 약물들은 대개 식욕을 저하시키고, 위장장애 또는 영양소의 흡수 및 대사를 방해하기도 한다. 또한 약물은 식욕 변화, 미각 변화, 변비, 설사, 메스꺼움, 졸음, 허약 등의 부작용을 가져오거나 영양상태에 좋지 못한 영향을 주고 영양불량을 초래하기도 한다. 물론 질병의 치료에는 약물 복용이 필요하지만, 적절한 종류를 적절한 양으로 복용하는 것이 무엇보다도 중요하다. 특히 노인들은 아스피린, 제산제, 변비 치료제, 이뇨제, 항응고제, 항경련제, 심장병약 및 진통제 등을 흔히 복용하는데, 이러한 약들은 다음과 같이 영양상태에 영향을 주거나 영양상태가 약의 효과에 영향을 미치기도 한다.

복용하는 약이 영양상태에 미치는 효과
일부 약물은 식욕과 영양소의 소화·흡수·대사 및 배설에 영향을 끼치므로, 장기간에 걸쳐 특정 약물을 복용하는 것은 노인의 영양상태에 현저한 영향을 미칠 수 있다(표 9–1). 약물이 메스꺼움과 구토를 일으키면 식욕은 감퇴한다.

또 약물은 소화효소의 분비를 방해하거나 pH를 변화시키고, 음식물의 통과시간을 변화시켜 소화를 방해한다. 점막세포에서는 약물이 영양소와 결합 부위를 놓고 경쟁하므로 영양소의 흡수가 감소한다. 또 약은 비타민이 활성형의 형태로 전환되는 것을 방해하여 그 비타민의 생리적 기능을 잃게 하거나, 몇몇 약물은 영양소와 불용성의 화합물을 형성하여 영양소가 대사되지 못하고 그대로 배설되게 한다. 영양소 중에서는 비타민과 무기질이 약물에 가장 큰 영향을 받는다.

어떤 약들은 직접적으로 위 장관에 영향을 준다. 고혈압 치료제, 항우울증제, 진통제 등은 구강 건조를 유발하여 음식의 맛을 느끼지 못하게 하고 씹거나 삼키는 데 지장을 준다. 아스피린은 위를 자극하여 소량의 출혈을 유도해 철 손실을 일으켜 빈혈의 원인이 되기도 한다. 또한 일부 약들은 영양소의 흡수를 저해하는데, 대부분의 항생제는 비타민 B군과 칼슘, 마그네슘, 철 등의 이용률을 감소시키고, 혈중 지질 수치를 조절해주는 고지혈증 약제는 지용성 비타민의 흡수를 방해한다. 알루미늄이나 마그네슘이 함유된 제산제는 위에서 인과 결합하여 불용성 염을 형성하므로 제산제의 장기 복용은 골다공증

표 9-1 약물이 영양소의 이용에 미치는 영향

약물의 종류	이용률이 감소되는 영양소
항생제(Penicillins)	비타민 B_1, B_2, B_3, B_6, B_{12}, K, 칼슘 마그네슘, 철
경구 당뇨약(Metformin)	비타민 B_{12}
코티코스테로이드(Cortisone)	엽산
신경정신계 약물(Tricyclic 항우울제)	코엔자임 Q10, 비타민 B_2
소염진통제(Salicylates)	철, 엽산, 칼륨, 나트륨, 비타민 C
심혈관계 약물(앤지오텐신 전환 효소저해제)	아연
항경련제(Barbiturates)	칼슘, 엽산, 비타민D, K
제산제	비타민 B_{12}, 엽산, 철분
이뇨제	아연, 마그네슘, 비타민 B_6, 칼슘, 구리
대변완화제	칼슘, 비타민 A, B_2, B_{12}, D, E, K
고지혈증 약제(Lipid binding resins)	비타민 A, D, E, K

자료: Modified from Gunturu, Srinivas Guptha, and Thiruvinvamalai S. Dharmarajan. "Drug-nutrient interactions." Geriatric gastroenterology. Springer New York, 2012. 89-98.

발생을 촉진한다. 변비 치료제들은 칼슘이나 칼륨의 배설을 증가시키거나 지용성 비타민의 흡수를 억제한다. 한편 약물의 대사가 영양상태에 관여하기도 하는데 일부 의약품은 영양소 배설에 영향을 주고, 이뇨제는 수분 손실을 유도하기도 한다.

영양상태와 약물의 체내 이용성

식품에 함유된 일부 성분들이 체내에서 약물의 흡수나 대사를 촉진하기도 하고, 저해하기도 하며, 약물로 인해 위벽이 손상되는 것을 막기도 한다. 또한 음식물은 약물의 장내 이동속도에 영향을 주기도 한다. 진통제의 일종인 다르본(darvon)은 음식과 함께 복용할 때 흡수가 더 잘된다. 아스피린은 음식과 함께 먹어야 위장장애가 덜하다. 어떤 약은 물과 함께 먹을 때 가장 효과가 좋다. 항생제인 테트라사이클린은 우유와 함께 먹지 말아야 하는데, 이는 우유 속의 칼슘과 결합하면 흡수가 잘 안 되기 때문이다. 또한 영양상태가 약물대사에 영향을 주기도 하는데 이는 영양상태가 나쁠 때 약에 대한 신체의 해독반응이 감소되는 탓이다. 천식치료제인 테오필린(theophylline)은 영양불량인 경우 매우 느리게 대사되어 혈액 내 이 약물의 농도가 상승되고, 결국 식욕 저하, 메스꺼움, 구토 등 부작용이 나타난다.

일부 특정 영양소들은 약물대사에 영향을 주기도 하는데, 고단백 식사는 약물대사를 증진시키는 경향이 있고, 비타민 K는 와파린과 같은 항응고제의 효과를 보다 강화시켜 오히려 출혈을 유도하기도 한다. 따라서 항응고제를 복용할 때 생선을 섭취하는 것은 안전하지만, 생선유 보충이 권장되지는 않는다. 또한 복용하는 약물 간의 상호작용도 고려해야 한다. 어떤 약들은 서로의 약효를 상승시키지만, 반대로 약물의 효과를 감소시키기도 한다.

3. 노인의 영양필요량

노년기는 매우 넓은 연령 범위를 포함하므로 영양필요량을 결정하기 어렵다. 또한 영양상태에 영향을 주는 질병의 이환율이 높고 경제적 제한, 사회적 고립,

정신적 소외감 같은 사회적·경제적 상황이 식욕이나 식생활에 부정적인 영향을 끼친다. 점점 증가하는 고령 인구와 함께 이들의 사회적·경제적 생활여건이 독거노인, 저소득층 노인, 고소득층 노인 등으로 다양해지고 있어 노인의 영양관리도 이에 맞추어 다변화될 필요가 있다.

노화의 진행과정에서 영양은 어떤 역할을 할까? 영양상태가 양호하면, 영양불량을 예방할 수 있으며 만성퇴행성질환의 출현을 지연시킬 수 있다. 반면 영양불량은 신체적·정서적 기능을 감퇴시킬 수 있고 일부 질환의 발병을 촉진

표 9-2 **노인의 영양소섭취기준**

영양소	남		여	
	65~74세	75세 이상	65~74세	75세 이상
신장(cm)	166.2	163.1	152.9	146.7
체중(kg)	62.4	60.1	50	46.1
에너지(kcal)**	2,000	1,900	1,600	1,500
단백질(g)*	60	60	50	50
비타민 A(μgRE)*	700	700	600	600
비타민 D(μg)***	15	15	15	15
비타민 E(mg-TE)***	12	12	12	12
비타민 K(μg)***	75	75	65	65
비타민 C(mg)*	100	100	100	100
비타민 B_1(mg)*	1.1	1.1	1.0	0.8
비타민 B_2(mg)*	1.4	1.3	1.1	1.0
니아신(mgNE)*	14	13	13	12
비타민 B_6(mg)*	1.5	1.5	1.4	1.4
엽산(μgDEF)*	400	400	400	400
비타민 B_{12}*	2.4	2.4	2.4	2.4
칼슘(mg)*	700	700	800	800
인(mg)*	700	700	700	700
철(mg)*	9	9	8	7
아연(mg)*	9	9	7	7

* 권장섭취량, ** 필요추정량, *** 충분섭취량
자료: 한국영양학회(2020), 한국인 영양소섭취기준.

할 수 있다. 그러므로 영양불량의 위험요소인 사회적·경제적 요인들을 극복하고 바람직한 생활양식을 유지해야 노년기 동안 양호한 영양상태를 유지할 수 있다.

노인에게 흔히 나타나는 심·혈관계질환, 고혈압, 당뇨, 암, 골다공증 등은 모두 영양과 관련된 질병인데, 규칙적으로 운동하고 평생 동안 건강한 식생활을 영위하면 이러한 질병의 증상이 나타나는 시기를 지연시킬 수 있다.

현재 사용되고 있는 한국인 영양소섭취기준(표 9-2)은 건강한 노인 인구집단의 영양필요량에 기초하여 설정된 것이다.

(1) 에너지

노년기의 에너지 필요량은 성인기에 비해 감소한다. 일반적으로 나이가 많아지면서 근육량이 줄어들고 이로 인해 기초대사율이 감소하고, 신체활동량도 줄어들기 때문이다. 신체활동의 감소는 1차적으로 에너지 소모량 감소를 가져올 뿐만 아니라 2차적으로 근육량과 기초대사율의 감소에 영향을 준다. 60세 이상이 되면 일반적으로 노인의 식사 섭취량이 줄어들고, 그로 인해 에너지 섭취량도 감소하여 영양불량이 초래되기 쉽다. 우리나라 노인의 에너지 섭취기준은 성별에 따라 차이가 있다. 남성 노인(65~74세, 75세 이상)은 2,000kcal/일, 여성 노인(65세~74세, 75세 이상)은 1,600kcal/일이다.

(2) 단백질

노화로 인해 단백질 필요량은 감소되지 않는 것으로 보인다. 노인의 경우 단백질 이용효율은 감소하나 체중당 근육의 비율이 감소하여 체중당 단백질 필요량은 젊은 성인과 동일하다고 볼 수 있다. 단백질 섭취 부족은 근육량 감소, 면역기능 저하, 상처 회복의 지연 등을 유발할 수 있으므로 에너지 섭취 중 단백질의 비율이 더 많아야 한다. 더불어 적당한 운동은 노인의 질소평형 유지를 돕는다. 일부 연구에서는 노인의 단백질 필요량이 증가한다고 하는데 최근 호주/뉴질랜드 영양소섭취기준 초안에서는 성인의 +25%를 제안하기도 한다. 그러나 이를 뒷받침할 실험적 근거가 희박하고 우리나라 노인에 대한 연구도 부족하여 미국, 캐나다, 일본, 유럽연합과 마찬가지로 성인과 동일한 섭취량으로 하였다. 노인의 경우 체중 1kg당 0.825g/일의 단백질을 섭취하면 질소평형을 유지할 수 있다. 우리나라 노인의 단백질 권장섭취량은 남성 노인의 경우 55g/일이고, 여성 노인의 경우 45g/일이다.

(3) 수분

수분은 우리 몸에서 일어나는 생화학적 반응의 용매이면서 혈액량을 유지하는 필수 성분이며, 체내에서 영양소를 공급하거나 노폐물을 배설하는 운반 매체로써도 중요하다. 나이가 많아지면서 체내수분함량은 점차 감소하고(체중의 45~50%), 갈증반응 또한 둔화되기 때문에 노년기에는 수분 섭취가 줄어들기 쉽고, 신장에서의 수분 보유효율이 감소해 수분손실량이 증가하기 쉽다. 특히 당뇨나 설사, 구토를 수반하는 질병을 갖고 있는 환자들은 수분손실이 더 심하게 일어난다.

수분 섭취량이 감소하는 우울증 환자나 이뇨제를 복용하는 경우에는 탈수가 될 위험이 높다. 탈수는 혼미, 무기력을 초래하고 약물대사를 변경시킬 수 있다. 따라서 노인을 위한 수분 섭취기준에서는 충분섭취량으로 남성 노인의 경우 2,100mL/일, 여성 노인의 경우 1,800mL/일을 제시한다.

(4) 비타민 B군

비타민 B군 중에서 노년기에 가장 문제가 되는 것이 바로 비타민 B_{12}이다. 노화가 진행되면서 혈액의 비타민 B_{12} 농도가 감소하고 그 대사산물의 농도가 상승하기 때문이다. 식사량의 감소와 흡수율의 감소도 노인의 비타민 B_{12} 결핍의 흔한 원인이다. 특히 노인 중 30%가량은 위축성 위염을 갖고 있기 때문에 염증과 위산과 펩신 분비 감소로 인한 내인적 요소의 저하가 비타민 B_{12}의 흡수불량을 악화시키기도 한다. 장기간의 비타민 B_{12} 결핍은 신경질환, 즉 정신기능과 인격장애, 신체운동기능 상실 등을 유도한다. 결핍을 예방하려면 비타민 B_{12}가 강화된 아침식사용 시리얼이나 콩제품 등의 섭취량을 늘리거나 보충제를 섭취해야 한다. 강화된 식품이나 보충제에 함유된 비타민 B$_{12}$는 단백질과 결합되어 있지 않으므로 위산 분비량이 적은 경우에도 흡수가 잘된다.

엽산의 흡수나 체내 이용률은 노년기에 변화가 없으나 위염이나 심한 음주는 비타민 B$_{12}$와 마찬가지로 흡수장애를 초래하여 엽산 결핍 또는 악성 빈혈이 나타나기도 한다. 노인의 엽산 결핍은 비타민 B$_{12}$ 결핍증의 2차적인 증상일 수 있으므로 반드시 엽산 보충으로 치료해야 한다.

(5) 비타민 D와 칼슘

비타민 D는 칼슘 흡수를 촉진하는 작용을 하므로 비타민 D 결핍은 골다공증을 초래할 수 있다. 노인들은 유제품 섭취량이 적은 관계로 비타민 D 섭취량이 저조하고 칼슘 섭취도 부족하기 쉽다. 노화는 피부에서의 비타민 D 전구체 합성률이나 신장에서의 활성형 비타민 D로의 전환율을 저하시킨다.

노인의 경우에는 노화로 인한 퇴행성질환을 가지기 쉬워 햇볕 노출이 제한되고, 피부에서의 비타민 D$_3$의 합성능력이 감소되며 활성형 비타민 D[1.25(OH)$_2$D$_3$]의 수준이 연령 증가와 함께 감소된다. 특히 골다공증과 골절률의 증가가 노인 인구 증가와 함께 심각한 사회문제로 부각되고 있으므로, 노년기에는 성인기에 비해 충분섭취량이 증가할 필요가 있다. 임상연구에 의하면, 노인들에게 매일 10~20mg의 비타민 D를 18개월간 제공하자 척추와 엉덩이뼈의 골절률이 30~40%나 감소하였다.

노인의 경우 칼슘대사에 관한 내용이 많이 알려져 있지는 않지만, 남성과 여성 모두 연령이 증가함에 따라 칼슘 흡수량이 매년 감소하는 것으로 알려졌다.

(6) 철분

노인의 경우 젊은 성인에 비해 철의 필요량이 감소한다고는 하나, 우리나라 노인들의 경우 철의 섭취가 부족하다는 보고가 있고, 노년기의 소화 흡수기능의 감소 등을 감안하여 노년기의 철분 권장섭취량이 표 9-2와 같이 설정되었다.

식욕 감소로 인한 식사에서의 섭취 부족 외에도 궤양, 충수염 등과 같은 질환으로 인한 만성적인 출혈로 혈액 손실량 증가와 위산 분비 감소 및 아스피린, 항응고제와 같은 약물 복용으로 인한 흡수 저하가 일어나기 때문에 노인마다 철분 영양상태가 매우 다르다고 할 수 있다.

(7) 아연

노년기의 아연 결핍은 흔한 일이다. 아연이 결핍되면, 식욕과 미각 감소가 유발되어 식품섭취량이 저하되고 아연 영양상태가 더 악화된다. 복용하고 있는 이뇨제, 제산제, 철분보충제와 같은 약제들이 체내에서 아연의 흡수를 방해할 수 있는 것이다. 또한 감염, 수술, 췌장질환, 알코올 중독증을 경험하면 체내 아연 요구량이 증가하게 된다. 아연의 권장섭취량은 남성 노인의 경우 9mg/일, 여성 노인의 경우 7mg/일로 설정되어 있다.

(8) 항산화 영양소

산화적인 손상에 의해 노화가 진행될 수 있다는 가설이 제시되면서 항산화 영양소의 섭취 증가가 노화를 지연시킬 수 있을 것이라는 견해가 주목받고 있다. 실제로 비타민 C와 비타민 E, 베타카로텐과 같은 항산화 영양소의 적절한 섭취는 질병이환율을 감소시키며, 면역기능을 향상시켜 감염성질환으로부터 신체를 보호하는 데 기여한다. 실제로 항산화제의 보충 섭취가 여러 가지 만성퇴행성질환의 유발률을 감소시켰다는 많은 역학 조사결과가 보고되었다. 보충제를 통한 베타카로텐 섭취는 심혈관질환의 예방과 치료에 효과가 있었고, 하루 100IU 이상의 비타민 E 섭취는 심장병 위험률을 감소시켰다. 항산화제가 풍부하게 함유된 식사도 암 유발 감소와 관련이 있었다. 또한 비타민 C와 비타민 E 및 베타카로텐의 영양상태는 건강한 노인의 백내장 위험도와도 상관이 있었다. 영양보충제 형태로 항산화 영양소를 섭취하는 것은 항산화 영양소가 풍부한 식품을 섭취하는 것보다는 이러한 효과가 적은 편이다. 아마도 식품으로부터 이들 영양소를 공급받을 때는 식품 중의 식물성 화학물질(phytochemi-cals)을 동시에 섭취함으로써 항산화효과가 더 커지고, 또 다른 기전이 만성질환의 예방을 도와주기 때문이라고 생각된다.

(9) 영양보충제

노인을 대상으로 한 건강보조식품이나 영양보충제 시장이 점차 커지고 있다. 노인의 경우 영양제 과량 복용이 독성을 유발하기 쉬우므로 권장량 수준으로 섭취하는 것이 좋다. 한 영양제가 어떤 사람에게는 도움이 되지만 다른 사람에게는 그렇지 않을 수도 있다. 예를 들어, 코엔자임(coenzyme) Q10과 같은 합성된 영양제는 면역기능을 향상시켜 노화를 억제하는 효과가 있지만, 혈액순환이 원활하지 못한 사람이 복용하면 오히려 위험할 수 있다.

레시틴은 주로 콜레스테롤 저하와 치매 치료에 사용되지만 그 효과가 입증되지는 않았다. 산화적인 손상을 막아주는 SOD(superoxide dismutase)도 노화예방과 치매 예방에 유익하다고 알려져 있지만, 체조직 내 과량의 SOD는 소화관 내에서 분해되므로 SOD의 복용은 큰 효과가 없는 것으로 보인다.

미량영양소는 요구량 충족을 위해 반드시 영양보충제로 섭취해야 하는 것은 아니지만, 칼슘이나 비타민 B_{12}, 일부 항산화 영양소 등을 균형 있게 적절히 보충하는 것이 노인에게 유익할 수 있다.

4. 노인의 식생활관리

노년기의 식생활관리 중 가장 우선적인 것은 영양필요량의 충족이다. 이를 위해 어떤 노인에게는 영양소의 필요량이나 식품조리 등에 대한 영양교육이 필요하고, 또 다른 노인에게는 식품 구입이나 식사 준비를 돕는 것이 더 유익할 수도 있다. 노인의 식생활 역시 다양한 식품으로 구성된 균형 잡힌 식사가 중요하다. 노인에게는 미량영양소 필요량을 만족시킬 만한 영양밀도가 높은 식사를 제공해야 한다.

(1) 적절한 식품의 선택

노인들은 일반적으로 과일, 채소 및 유제품 및 육류의 섭취량이 적다. 그들은 쇼핑도 어렵고 음식을 씹고 삼키기도 힘들며 외롭게 혼자 식사하는 경우가 많아 식사량이 줄어든다. 쇼핑을 자주 하지 못하므로, 건조된 식품이나 병조림 또는 통조림이나 냉동된 과일, 채소를 구입하는 것도 필요하다. 신선한 채소와 과일은 쉽게 상하므로 적은 양을 구입해서 눈에 띄는 곳에 보관하는 것이 좋다. 만약 씹고 삼키는 일이 어렵다면 수분 함량이 높은 촉촉한 음식을 마련하거나 국물이나 찌개와 함께 음식을 먹는 것이 좋다. 또한 유제품의 섭취를 늘려야 하므로 요거트, 호상요거트, 치즈 또는 우유가 함유된 식품을 선택하도록 안내해야 한다.

(2) 식사 양식

노인들은 식욕이 저하되어 있고 식사량이 적으므로 세끼 정규 식사를 유지하면서 후식을 활용하거나, 소량씩 자주 식사하거나, 간식을 활용하는 것이 좋다. 따라서 식욕을 촉진하고 손쉽게 먹을 수 있는 과일, 요거트, 치즈, 우유와 시리얼 등을 준비하는 것이 좋다. 기억력이 좋지 않은 노인을 위해 식사시간을 알려주는 타이머를 사용할 수도 있다.

노인들은 앞서 설명한 대로 영양필요량을 충족할 만한 식생활을 영위하기에 어려운 요인을 갖고 있다. 따라서 영양밀도가 높은 식사가 요구된다. 음식은 식욕을 돋우는 것, 쉽게 조리할 수 있는 것, 섭취하기 용이한 것을 준비해야 한다.

(3) 저렴한 식품 구매

노년기에는 영양가가 높으면서 가격이 저렴한 식품을 구매하는 것이 경제적으로 도움이 된다. 예를 들면, 단백질 1g당 식품가격은 쇠고기보다 달걀, 콩제품, 닭고기, 생선 등이 상대적으로 싸다. 또한 계절에 따라 신선하게 다량으로 공급

노인의 영양 섭취실태

국민건강영양조사를 비롯하여 노인의 영양실태를 조사한 여러 가지 연구결과에 따르면 우리나라 노인들의 영양소 섭취상태가 불량하여 영양위험 집단으로 지적되고 있다. 이러한 경향은 우리나라에만 국한된 것이 아니며 전 세계적으로 노인의 영양불량이 인식되고 있다. WHO 자료에 의하면 전 세계 노인의 절반 이상이 여러 가지 영양소 섭취가 부족하거나 불균형해서 영양상태가 불량하며 식이 및 영양과 관련된 퇴행성질환, 즉 심·혈관계질환, 뇌혈관계질환, 당뇨병, 골다공증 및 암 등에 이환되어 있는 것으로 보고되고 있다.

2014년 국민건강영양조사 결과에 의하면 65세 이상 노인의 경우, 에너지 섭취는 평균필요량의 93.3%였고 단백질은 권장량보다 초과 섭취하고 있는 것으로 나타났다. 그 밖에 인, 나트륨, 철, 비타민 A, 티아민을 제외한 모든 영양소의 섭취수준이 영양소섭취기준에 비해 낮았다. 특히 권장섭취량에 대한 칼슘의 섭취비율은 60% 미만으로 가장 낮았다. 칼슘 외에도 리보플라빈, 칼륨의 섭취 수준이 낮았다. 반면 나트륨 섭취량은 충분섭취량의 약 2.5배 이상이었다.

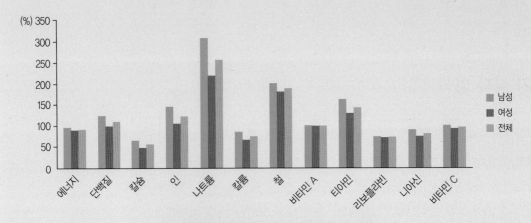

영양소별 영양 섭취기준에 대한 섭취비율(65세 이상)
자료: 보건복지가족부·질병관리본부(2015). 2014년 국민건강영양조사.

우리나라 65세 이상 노인의 영양 섭취 부족자*의 분율은 2001년부터 2014년까지 27.8%에서 8.4%로 꾸준히 감소하는 추세이며, 건강식생활 실천율**도 12.5%에서 23.8%로 꾸준히 높아지고 있다. 하지만, 영양소별로 살펴보면 인과 철, 티아민을 제외한 모든 영양소를 영양소섭취기준 미만으로 섭취하는 노인의 분율이 30%가 넘는다. 특히 칼슘의 경우에는 80.8%로 전반적인 섭취 부족이 우려된다. 노인의 영양상태를 판정하기 위한 임상조사 및 생화학적 검사 결과, 비타민 B 복합체, 비타민 C 등의 영양상태가 불량하며 빈혈이 흔한 것으로 나타나고 있다. 이처럼 영양소의 체내 보유량이 낮은 것은 소화·흡수능력의 장애에 의한 영향이라기보다는 식사 섭취량이 낮은 데서 기인하는 것으로 생각된다.

* 영양 섭취 부족자: 에너지 섭취 수준이 필요추정량(또는 영양권장량)의 75% 미만이면서 칼슘, 철, 비타민 A, 리보플라빈의 섭취량이 평균필요량(또는 영양권장량)의 75% 미만인 사람)
** 건강식생활 실천율: 지방, 나트륨, 과일/채소, 영양표시 4개 지표 중 2개 이상을 만족하는 분율
　– 지방: 지방급원 에너지섭취분율이 적정수준(6~18세 15~30%, 19세이상 15~25%) 내 해당
　– 나트륨: 1일 섭취량이 2,000mg 미만

되는 식품을 선택하는 것이 바람직할 것이다. 가능하면 가정에서 조리하여 먹는 것이 외식을 하는 것보다 위생적이고 매우 경제적이다. 무엇보다도 가족들이 쇼핑과 조리를 분담해야 할 것이다.

(4) 독거노인을 위한 식사

가족이나 동거인 없이 혼자 식사하는 노인들에게는 1회 분량으로 포장된 음식이 먹기 용이하고, 장기 보관에 따르는 영양가 손실이나 맛의 저하 등의 문제가 없어 좋다. 가정에서도 음식을 한꺼번에 조리한 후 1회 분량씩 용기에 담아 냉동보관하면 이러한 장점을 충분히 살릴 수 있고, 식사 준비가 보다 편리하므로 바람직하다.

(5) 노인의 영양상태 평가

국내외 여러 연구에서 상당수의 노인이 식이 섭취 부족, 빈곤, 신체적 고립, 제한된 거동, 치아 손실, 우울증, 질병, 약물 복용 또는 다른 많은 요인 때문에 영양상태가 한계 수준에 도달했다고 보고되어왔다. 따라서 노인의 영양상태를 평가할 때는 가령에 따른 생리적인 변화나 질병 등이 직간접적으로 영양요구량이나 영양상태에 영향을 미치는 요인들을 고려해야 한다.

(6) 급식보조 프로그램

급식서비스는 건강관리의 한 요소이다. 이는 단순히 한 끼를 제공하는 것이 아니라, 통합적이고 조정된 영양서비스의 한 부분으로 고령자의 생리적 건강 유지에 중요할 뿐만 아니라 사회적·문화적·심리적 삶의 질 향상에도 중요한 역할을 수행한다.

미국에서는 노인을 위한 영양 프로그램이 1970년부터 시작되어 운영되고 있으며, 이는 배달급식과 단체급식의 두 가지 프로그램으로 구성된다. 이 프로그램은 수입에 관계없이 60세 이상이면 누구나 참여할 수 있는데, 사회적·경제적으로 어려운 사람을 우선순위로 하고 있다.

단체급식 프로그램은 노인들의 영양적·사회적 요구에 부응하기 위해 만들어졌다. 미국에서는 1년에 1억 5,000명이 단체급식을 제공받는다. 단체급식 프로그램의 참가자들은 지역사회의 다른 노인들과 식사하기 위해 지역센터에 모이며, 여러 가지 사교적이고 유쾌한 행사도 함께한다. 음식의 영양과 질, 홀로 사는 사람을 위한 식사계획, 식사와 건강과의 관계 등에 대한 영양교육을 받기도 한다.

우리나라의 경우 노인을 위한 급식서비스는 크게 재가노인을 위한 급식서비스와 시설거주노인을 대상으로 하는 급식서비스로 구분된다. 재가노인을 위한 급식서비스 중 가장 대표적인 것은 회합급식과 가정배달급식서비스이다. 이 중 회합급식은 거동이 가능한 노인들을 대상으로 주로 지방자치단체와 국고 지원을 이용해 노인복지관, 사회복지관, 종교기관 등에서 제공하고 있다. 가정배달급식서비스는 노화와 질병, 경제적 어려움 등으로 인해 음식을 스스로 구매·조리하는 것이 불가능하고 거동이 불편한 노인을 대상으로 시행된다. 이 서비스는 거동이 불편한 재가노인들에게 도시락이나 밑반찬을 배달하여 영양 섭취를 도울 뿐만 아니라 음식을 배달하면서 노인의 건강상태 확인 및 영양교육, 사회적 접촉을 가능하게 하는 효과가 있다. 시설거주노인을 위한 급식서비스는 고령자들의 노화에 따른 신체 변화로 발생하는 요구를 충족시켜주는 시설, 즉 노인주거 및 노인의료복지시설, 재가노인복지시설 중 단기보호시설에 거주하는 노인들을 대상으로 제공된다.

(7) 신체운동

규칙적인 신체활동은 젊음을 유지하는 데 도움이 될 수 있다. 활동적인 노인들은 비활동적인 노인들보다 체중 유지가 잘되고, 보다 유연하며, 지구력이 있으며, 균형감각도 더 잘 유지한다. 노인기에는 근육량이 감소되므로 기초대사량이 줄어 비만이 되기 쉽다. 걷기, 달리기, 테니스같이 신체에 하중을 주는 운동은 체중 조절과 근육 유지 및 강화에 유리하다. 노년기의 운동은 특별히 정신적·정서적으로 생활에 만족감을 주며 건강하게 지낼 수 있는 삶의 활력소가 된다. 육체적인 활동은 노화와 관련된 근조직의 손실을 억제하고 근육기능을 향상시키며 혈압, 심박동 수, 호흡 수 등을 낮추어 심혈관 건강 유지에 도움을 준다.

운동을 시작하거나 신체활동을 증가시키는 일은 언제 시작해도 늦지 않다. 80세 이상의 노인과 만성질환으로 인해 운동을 제한해야 하는 사람들에게는 정원 가꾸기나 집안일 등 가벼운 활동이 좋다. 노인을 위한 근력강화훈련은 부담이 적고 반복적인 것이 좋으며, 낙상 예방을 위해 평형성 운동을 하는 것이 바람직하다.

보건복지부에서 2014년에 발표한 〈한국인을 위한 신체활동 지침서〉에서는 65세 이상 노인의 경우 걷기를 포함한 중강도 유산소 신체활동을 일주일에 2시간 30분 이상 또는 고강도 유산소 신체활동을 일주일에 1시간 15분 이상 수행할 것을 권장하고 있다. 또 적어도 10분 이상 신체활동을 지속하며 이를 여러 날에 나누어 하는 것이 도움이 된다고 말했다. 신체활동 또는 운동을 수행하는 노력 정도에 따라 겪는 심리적 또는 신체적인 부담을 자각강도라고 한다. 휴식할 때의 자각강도를 1, 수행할 수 있는 최대 능력을 또는 감당할 수 있는 가장 높은 강도를 10이라고 할 때, 중강도는 호흡이 약간 가쁜 상태로 5~6 사이의 자각강도이며, 고강도는 호흡이 많이 가쁜 상태로 7~8 사이의 자각강도에 해당한다. 걷기, 장보기, 자전거 타기, 댄스스포츠, 태극권 같은 활동

표 9-3 노인의 유산소 신체활동 강도별 자각강도와 활동 예시

구분 \ 자각강도	1	2	3	4	5	6	7	8	9	10
중강도 신체활동					심장박동이 조금 빨라지거나 호흡이 약간 가쁜 상태					
고강도 신체활동							심장박동이 많이 빨라지거나 호흡이 많이 가쁜 상태			
활동 예시	휴식, 취침			걷기	걷기, 장보기	자전거 타기, 진공청소기, 댄스스포츠, 수영, 태극권	등산(내리막)	등산(오르막), 조깅		

자료: 보건복지부(2014). 한국인을 위한 신체활동 지침서.

체질량지수와 노인건강

체질량지수를 뜻하는 BMI는 Body Mass Index의 약자로 몸무게(kg)에서 키의 제곱(m²)을 나눈 값이다. WHO에서는 성인을 기준으로 체질량지수가 18.5에서 24.9 사이일 때, 사망 위험률이 감소된다는 근거로 이를 정상체중으로 지정했다(한국은 18.5~22.9). 흔히 BMI가 높을수록 즉, 비만일수록 사망률이 높아질 것으로 예상된다. 하지만 역학조사 결과, BMI를 기준으로 나눈 저체중(BMI 18.5 미만)과 비만(BMI 30 이상)일 때 사망률이 높아지고, 과체중과 중등도 비만(BMI 23~29.9)에서 오히려 사망률이 낮은 U자형 곡선을 보였다. 이러한 경향은 50대부터 시작되어 노년기로 접어들수록 두드러진다. 적절한 근육량과 지방이 사망과 직결되는 치명적인 질환들로부터 보호하는 효과를 나타내기 때문이다.

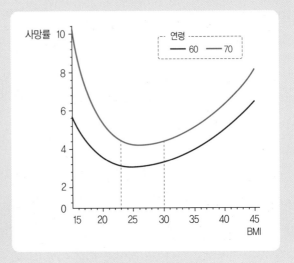

연령별 BMI와 사망률 간의 관계

BMI 18.5 미만의 저체중은 영양 섭취가 불량할 확률이 높아 면역력이 떨어지고, 결과적으로 각종 면역질환에 노출될 가능성이 높아진다. 이때 회복력이 더뎌지는데 이것이 사망위험률을 높이는 요인이 된다. 따라서 노년기에는 체중을 줄이기보다는 영양 섭취를 통해 적절한 BMI를 유지하는 것이 중요하다.

자료: modified from Int J Obes(Lond). 2010 Aug: 34(8): 1231–1238.

은 자각강도 5~6에 해당하며, 등산과 같은 활동은 7~8의 고강도에 해당한다(표 9–3).

5. 노년기 질병과 영양문제

영양은 나이가 들면서 불가피하게 나타나는 여러 가지 변화를 예방하는 데 있어 무엇보다 중요하다. 노화에 따른 변화와 함께 나타나는 백내장, 관절염, 골다공증, 뇌기능장애 등은 영양과 밀접한 관련이 있는데 이러한 증상은 적절한 섭식관리로 어느 정도 예방할 수 있는 것들이다.

(1) 퇴행성 안질환

노인황반변성

노인황반변성(Age-related Macular Degeneration, AMD)은 망막 중앙에 위치하고 있는 황반(또는 그 특징적인 황색으로 인해 '황색반점'이라 부르는)이 빛에 의해 산화적으로 손상되어 망막의 기능이 손상된 질환이다. 황반은 망막의 중앙 및 후면부에 위치해 있으며, 중심 시각 및 고해상도 시력을 맡고 있는 광수용기의 농도가 여기서 가장 높다. 여기에는 루테인(lutein)과 제아잔틴(zeaxanthin)으로만 구성된 특징적인 황색 색소, 즉 황반색소가 들어 있다. 황반은 눈 가운데에서도 빛에 의해 가장 손상받기 쉬운 부위로 평생 빛에 노출되면서 서서히 손상되어 보통 50~60세경에 노인황반변성의 첫 징후가 나타난다.

노인황반변성 환자는 처음에 물체와 초점을 맞추지 못하다가, 점점 시력을 잃어 결국 주위 사람조차 알아보지 못할 만큼 시력을 상실한다. 따라서 황반의 건강 유지는 정상적인 시각기능을 유지하는 데 중요하다. 고도의 다중불포화지방산이 들어 있는 혈관조직인 황반은 특히 산화스트레스에 의해 손상되기 쉽다. 황반에 산화 대사산물이 존재하는 것은 루테인이 또한 황산화물의 역할을 함으로써 황반세포를 보호할 수 있음을 말해준다. 식이성 루테인이 노인황반변성을 보호하는 효과를 제시하는 연구결과들이 보고되고 있는데, 이는 루테인 함유식품이 황반에 들어 있는 루테인의 양에 영향을 줄 수 있음을 시사한다.

백내장

백내장(cataracts)은 노화가 진행되면서 눈의 수정체가 혼탁해지고 두꺼워지는 증세로 시력장애를 초래한다. 대부분의 백내장은 일반적으로 노년기에 나타난다. 우리나라 60대 이상 노인 중 40%가량이 백내장을 앓고 있다. 이것이 주로 노인에게서 발병하는 이유는 일생 동안 햇빛에 노출된 수정체 단백질의 보호 기능의 저하 때문이라고 할 수 있다. 노화에 의해 항산화효소의 기능과 항산화 영양소의 농도는 감소하며, 단백질분해효소의 활성 역시 저하되어 수정체 단백질의 비가역적인 손상이 초래되기 때문이다.

영양상태가 좋은 경우에도 심한 자외선 노출, 산화적인 손상, 상처, 바이러스 감염, 독성물질 또는 유전적 요인에 의해 백내장이 초래될 수도 있다. 산화적인 스트레스도 백내장 유발에 상당한 영향을 준다. 비타민 C, E와 베타카로텐 등의 항산화 영양소는 백내장을 일으키는 원인인 산화스트레스에 대한 보호기능을 하므로 백내장 발달을 막는 데 중요한 역할을 할 것으로 여겨진다. 수많은 역학연구를 통해서도 비타민 C, E와 베타카로텐이 풍부한 음식을 많이 먹거나, 비타민 제제를 복용할 때 백내장 위험률이 상당히 감소하는 것으로 나타났다.

(2) 관절염

우리나라 노인의 장기 활동장애의 주요 원인질환인 관절염은 대개 관절이 통증과 함께 부어오르는 골관절염의 형태이다. 신체를 움직이는 동안 뼈 말단은 연골이나 윤활작용을 하는 점액에 의해 보호받는 것이 정상이다. 그러나 나이가 들어가면서 이러한 보호작용이 약화되거나, 뼈가 어긋나거나, 관절에 염증이 생기면 거동 시 통증을 느끼게 된다. 시중에는 과학적으로 입증되지 않은 식사요법이나 식품, 또는 보충제 사용 등 잘못된 영양정보가 퍼져 있으므로 특별한 주의가 필요하다. 체중이 과다한 관절염 환자는 무엇보다 체중 감소가 중요하다. 체중이 과다하게 나가면 관절이 거동 시 체중을 견디는 데 부담을 갖게 되어 운동량이 감소되는 악순환이 계속될 수 있다. 조깅이나 기타 걷기 운동을 적당히 하면 관절염 악화를 막을 수 있어 건강 유지에 도움이 된다.

류머티스성 관절염은 섭식과 밀접한 관계가 있다. 이 질환은 면역체계가 비정상적으로 뼈 외부층을 공격하는 데서 비롯된다. 면역기능은 영양상태에 영향받기 쉽다. 영양불량 또는 빈약한 식사는 류머티스성 관절염을 악화시킬 수 있다. 개인에 따라 특정 식품이 비정상적인 면역체계활동을 증가시키는 경우도 있다. 한 예로, 우유나 유제품이 이 질병을 악화시키기도 한다.

류머티스성 관절염과 관련된 영양소로 최근 ω-3 지방산인 에이코사펜타노익산(eicosapentaenoic acid, EPA)이 주목받고 있다. 즉, 육류나 유제품에 다량 함유된 포화지방을 줄이고 생선 기름의 주성분인 다가불포화지방산을 많이 섭취하면 관절 통증의 원인이 되는 염증을 감소시키는 데 도움이 된다는 것이다. EPA는 염증 유발과 관련된 프로스타글란딘의 작용을 억제하는 것으로 알려져 있다.

지방의 과산화물이 관절 부위의 세포막에서 생성되면 염증을 약화시키고 이 부위의 팽창을 유발한다. 그러나 지방의 과산화반응을 억제하는 데 기여하는 비타민 E가 류머티스 관절염 개선에는 큰 효과를 나타내지 않는 것으로 보인다.

(3) 골다공증

골다공증(osteoporosis)은 노화와 함께 초래되는 가장 흔한 질병 중 하나로, 특히 폐경 후 여성에게 자주 나타난다. 에스트로겐 분비가 감소하면 생리가 중단되며, 폐경 후 6~8년 동안 골 손실이 매우 빠르게 진행된다. 그 이후의 골 손실 속도는 같은 연령층의 남성과 유사하지만 뼈의 무기질 감소는 계속 진행된다.

골다공증은 골절 양상에 따라 두 가지로 분류된다. TypeⅠ의 골다공증은 주로 골 소주(trabecular bone)에서 골 손실이 빠르게 나타난다. 골의 손실속도가 매우 빠르기 때문에 갑자기 골절이 되기도 한다. 이때 척추가 체중을 견디는 데 부담을 느껴 쉽게 휘어지거나 주위 신경을 압박하면서 통증을 유발하게 된다. 뼈의 견고성이 약화되므로 손목 골절이 잦아지고, 턱의 골 소주가 줄면서 치아 손실이 나타난다. 여성이 남성보다 TypeⅠ 골다공증에 훨씬 민감한데, 폐경 이후 최소 7년간 호르몬 치료를 받으면 골다공증을 예방할 수 있다. Type Ⅱ의 골다공증은 뼈의 외피와 골 소주 모두에서 칼슘 이탈이 서서히 진행되며 발생한다. 나이가 많아지면 척추가 굽으면서 자세가 위축되고 키가 줄어든다. 뼈의 외각과 내부 모두 약화되므로 엉덩이뼈 골절도 자주 초래된다. 이 형태의 골다공증도 남성보다 여성에게서 많이 나타난다.

유전적인 소인이나 호르몬 분비 외에도 적절한 영양과 신체활동은 성장기 동안의 골밀도를 최대화하는 데 도움을 주는 반면, 음주와 흡연은 노년기의 골 손실을 더욱 가속화한다. 예를 들어, 흡연자는 비흡연자보다 가벼운 손상으로도 골절되는 경우가 많다. 여성 쌍둥이를 대상으로 한 연구에서도 성인기에 하루 한 갑 정도의 담배를 피웠던 여성은 흡연하지 않았던 다른 자매보다 폐경 후 골밀도가 5~10% 정도 더 감소되어 있었다. 아직 흡연이 골밀도 저하에 미치는 기전은 확실하지 않지만, 흡연자의 경우 체중 감소가 뚜렷하고 조기 폐경의 경향이 있기 때문에 비흡연자보다 골 손실이 빠르다고 볼 수 있다.

우유나 유제품 등 칼슘 급원식품의 섭취가 부족한 사람은 칼슘을 보충해야 한다. 폐경기에 하루 1g 정도의 칼슘을 보충하면, 골 손실을 완전히 막을 수는 없겠지만 골 손실속도를 감소시킬 수는 있다. 칼슘 보충은 가벼운 운동과 에스트로겐 대체요법 등과 마찬가지로 골다공증 예방의 한 방안이다. 만약 에스트로겐 요법을 실시한다면, 권장량 이상의 칼슘을 보충할 필요는 없다.

(4) 뇌기능의 노화

모든 신체기관과 마찬가지로 뇌는 선천적인 요인과 환경적인 요인 모두에 반응하면서 그 기능이 증진되거나 퇴화된다. 뇌는 노화과정에서 단계별 특성에 따라 변화를 겪는다. 즉 뇌조직으로의 혈류량이 감소하며, 뇌의 실질세포인 뉴런의 수가 감소한다. 뇌피질 부위의 신경세포가 감소하면 청각과 언어 구사에 장애가 생기며 뇌피질 중 다른 쪽 부위의 뉴런이 소실되면 기억력과 인지능력에 장애가 나타난다. 소뇌 부위의 뉴런이 감소하면 신체의 균형감각이 어긋나는데 이와 같이 뇌 조직의 여러 부위별 뉴런 감소는 다양한 기능장애를 초래한다.

중등 정도의 영양결핍이 장기간 지속되면 기억력과 인지능력이 감소된다(표 9-4). 예를 들면, 특정 신경전달물질을 합성하는 뉴런의 기능은 부분적으로 식품으로부터 얻는 전구체의 이용 정도에 의존하게 된다. 신경전달물질인 세로토닌의 전구체는 트립토판이다. 합성과정이 적절하게 진행되려면 신경전달물질의 합성반응에 필요한 조효소인 비타민이나 무기질이 충분해야 한다. 비타민 B_1, 비타민 B_6, 비타민 B_{12}, 엽산 또는 비타민 C의 심한 결핍이 기억력 감퇴 등 정신기능장애를 초래할 수 있는 것은 바로 이러한 이유에서이다. 철분이나 아연과 같은 무기질도 정상적인 뇌기능의 유지에 요구된다. 장기간의 영양결핍이 노화과정에 수반되는 인지능력의 감퇴에 영향을 주므로, 양호한 식사를 통해

표 9-4 뇌기능장애와 영양결핍

뇌기능	결핍 영양소
기억력 감퇴	비타민 B_{12}, 비타민 C
문제 해결능력의 감소	비타민 B_2, 엽산, 비타민 B_{12}, 비타민 C
건망증	비타민 B_1, 니아신, 아연
인지기능장애	엽산, 비타민 B_6, 비타민 B_{12}, 철분
뇌조직 퇴화	비타민 B_6

어느 정도 인지능력의 감소를 예방하거나 감소속도를 지연시킬 수 있다. 다른 영양성질환에서와 같이 노화과정을 겪는 뇌조직도 영양인자의 조절로 노화로 비롯되는 여러 가지 상태를 어느 정도 예방할 수 있다. 영양상태를 양호하게 유지하는 것과 함께 삶의 질을 향상시키는 것도 중요하다. 스트레스 극복이나 적절한 신체운동, 취미활동 등은 우아한 노년기를 맞이하는 데 꼭 필요한 요소이다.

(5) 노인성 치매

치매(dementia)는 라틴어의 '제정신이 아닌(out of mind) 상태'에서 유래된 단어로, 뇌의 질환으로 인해 지적능력을 상실하는 것을 말한다. 즉 치매란 기억력, 사고력, 이해력, 계산능력, 학습능력, 언어 및 판단력 등을 포함하는 뇌기능의 다발성장애이다. 일반적으로 치매의 약 50%는 알츠하이머형 치매이며, 20~30%는 혈관성 치매·알코올성 치매·파킨슨병 치매, 15~20%는 알츠하이머형 치매와 혈관성 치매를 둘 다 앓고 있는 것으로 알려져 있다.

우리나라는 60세 이후부터 치매의 발생빈도가 증가하는데 65~74세에는 10%, 75~84세에는 19%, 85세 이상에서는 47%로 나타난다. 치매의 원인은 다양하며 위험인자는 나이, 두뇌 손상 및 유전 등이다. 특히 식사요인과 알코올에 의한 발병이 전체 치매 발병 원인의 1/3 정도에 해당한다. 치매는 다음과 같이 여러 가지 형태로 나타난다.

알츠하이머성 치매

알츠하이머성 치매는 비정상적인 뇌손상으로부터 조용히 시작된다. 처음에는 종종 약속이나 이름을 잊는 것 같은 사소한 기억 상실이었다가 점차 무능력해지고, 익숙한 환경에서도 방향감각을 잃기 시작하며 성격이 변하기도 한다. 병이 진행됨에 따라 더욱 혼동이 일어나며 자신의 이름을 잊거나 가족들을 알아보지 못하고 누워서만 지내게 된다. 이 병의 원인과 치료법은 아직까지 명확히 규명되지 않았으며, 유전적 요인이 매우 크다고 알려져 있다. 미국의 경우 65세 이상 인구의 5%가량이, 80세 이상 인구의 20%가량이 알츠하이머성 치매를 앓고 있다. 여전히 유전요인 외에 치매의 원인을 찾고자 많은 연구가 진행되고 있다. 치매환자는 콜린과 아세틸 CoA로부터 신경전달물질인 아세틸콜린을 합성하는 효소의 농도가 극히 저하되어 있다. 그러나 오늘날 콜린 또는 콜린의 주성분인 레시틴을 보충했을 때 기억력이나 치매 증상을 호전하는 효과가 뚜렷하지 않다. 최근 치매환자의 뇌조직 내 알루미늄 농도가 정상 뇌조직의 농도보다 10~30배가량 높은 점이 확인되어 치매와 알루미늄의 관계에 많은 관심이 쏠리고 있다.

알츠하이머성 치매 환자의 특징적인 병리학적 변화는 산화적 손상 때문에 일어날 수 있다. 실제로 알츠하이머성 치매 환자에게 과산화 지질과 산화적으로 손상된 DNA 등이 증가되어 있음이 관찰되었다. 따라서 비타민 E 등의 황산화비타민이 이러한 산화적 손상을 억제할 수 있을 것으로 생각된다. 최근 다수의 연구를 통해 고용량의 비타민 E를 복용함으로써 알츠하이머질환으로 인한 기능 손실을 지연시킬 수 있음이 보고되었다.

치매를 예방할 수 있다고 알려진 영양소로는 높은 항산화 활성을 가진 과일·채소류의 섭취와 함께 비타민 B_6, 비타민 B_{12}, 비타민 E, 비타민 C, 엽산, 리포익산(a-lipoic acid), 코엔자임 Q10, 은행잎추출물, 그리고 $\omega-3$ 지방산이 있다. 여성에게는 에스트로겐, 남성에게는 테스토스테론 및 DHEA의 호르몬이 치매 예방 및 치료에 좋은 역할을 한다고 보고되고 있다.

적당한 체중을 유지하도록 음식을 섭취하는 일은 치매 환자에게 중요한 문제이다. 우울증과 망각증상은 식품 섭취를 제한하는 요인이 되며, 침착성을 잃은 흥분상태는 에너지 요구량을 증가시키기도 한다. 따라서 가능하면 명랑한 분위기에서 균형 잡힌 식사를 하고 간식을 먹을 수 있도록 준비하는 것이 좋으며 음식 섭취가 잘 이루어지도록 격려해야 한다. 정신 혼란을 최소화하기 위해서는 음식을 먹기 쉬운 형태로 조리하고, 식사시간에 텔레비전이나 전화 등의 식사 방해요인을 없애는 것이 좋다. 치매가 영양상태에 영향을 받지 않는다고는 하나, 영양상태가 좋지 않으면 여러 기전으로 인해 뇌기능에 부정적인 영향이 생길 수 있으므로 영양상태를 양호하게 유지하는 것이 중요하다. 치매 환자를 위한 식생활지침은 다음과 같다.

- 균형식으로 적정체중을 유지한다.
- 비타민과 무기질의 공급을 위하여 채소와 과일을 충분히 섭취한다.
- 변비를 예방하고 탈수를 막기 위해 수분의 섭취량과 섭취시간을 정해놓고 충분히 마신다.
- 비타민 E와 콜린, 무기질 등의 공급을 위해 콩, 견과류 등을 충분히 섭취한다.
- 단백질의 급원식품으로 육류 대신 불포화지방산이 많은 생선과 콩 및 콩제품을 이용한다.
- 음식의 간은 싱겁게 한다.
- 알코올의 섭취를 금한다.
- 담배를 피우지 않는다.

복합경색 치매

복합경색 치매(multi-infarct dementia)는 뇌혈관 사고, 뇌졸중 등으로 뇌의 일부분이 손상되어 발생하는 치매이다. 경미한 뇌졸중으로 인해 일어나기 때문에 많은 과학자들이 뇌졸중을 예방하는 데 도움이 되는 식생활(비만 방지, 나트륨 제한, 칼슘과 칼륨 섭취 증가, 알코올 섭취 제한)이 복합경색 치매를 예방한다고 여긴다.

알코올성 치매

알코올성 치매는 만성적인 알코올 남용으로 인해 뇌손상이 일어나는 것이다. 알코올성 치매 환자는 술에 취하지 않은 상태에서도 많이 취한 것처럼 기억력과 인지력이 손상되어 있는데, 이 같은 증상은 금주를 계속하면 천천히 개선될 수 있다.

니아신(펠라그라성 치매) 또는 비타민 B_1 결핍으로 인한 치매

흔히 발생하는 치매는 아니지만 아프리카와 남부아시아의 일부, 개발도상국에서 자주 발생한다. 니아신 부족으로 인한 펠라그라는 피부질환뿐만 아니라 치매 증세를 수반하는데, 이 같은 증세는 니아신을 섭취함으로써 개선될 수 있다.

비타민 B_{12}와 엽산 부족으로 인한 치매

노년기에는 위축성 위염이 발생할 확률이 높아, 비타민 B_{12}와 엽산 흡수량이 감소된다. 이로 인해 빈혈, 사지 무감각, 기억력 손실과 같은 증상을 수반하는 치매가 나타날 수 있다.

(6) 파킨슨병

파킨슨병은 50세 이후에 주로 생기는 병으로, 뇌세포에서 생성되어 근육에 운동명령을 내리는 도파민이라는 신경전달물질을 생산하는 두뇌의 신경세포가 상실될 때 야기된다. 도파민은 근육활동 조절에 필요한 중요한 물질로 충분량이 생성되지 않으면 근육경직과 몸의 떨림이 나타나거나 균형을 잡기 어렵고, 발을 질질 끄는 걸음걸이 등이 나타나는 운동장애가 생기게 된다.

파킨슨병 초기에는 팔다리가 떨리고 걸음이 느려지기 시작해서 차츰 허리와 무릎을 구부린 듯한 구부정한 자세가 된다. 근육은 굳어져 무표정해지며, 몸의 전체 동작이 둔해진다. 50세 이하에서는 거의 발병되지 않지만, 나이가 들면 발병률이 높아지고 75세에 발병률이 최고에 달한다. 1817년 영국의 제임스 파킨슨이 처음 이에 대한 논문을 발표하면서 이러한 병명이 붙었다. 우리나라의 환자 수는 6~7만 명 정도로 추정된다.

최근 국내의 카이스트 연구진이, 파킨슨병이 도파민 뇌신경세포와 근육세포 미토콘드리아의 기능이 저하될 때 유발됨을 규명한 바 있다.

(7) 뇌졸중

65세 이상 성인에게 나타나는 뇌졸중은 여성과 남성 모두에게서 비슷한 비율로 발병되지만, 여성에게 그 위험이 더 크게 나타난다. 이보다 낮은 연령에서는 발병률이 여성보다 남성에게서 더 높지만, 85세 정도의 나이에서는 여성의 발병률이 훨씬 높다. 뇌졸중으로 이어질 수 있는 요소로는 혈전이나 뇌색전으로 인한 막힌 동맥, 쉽게 엉키는 혈세포, 그리고 체내 혈액순환을 유지하지 못해 혈전을 생성하게 하는 약한 심장박동 등이 있다. 고혈압의 경우에도 혈압이 약한 혈관을 파괴시킬 수 있기 때문에 뇌졸중의 원인이 된다. 뇌졸중은 뇌와 신경세포를 사망으로 이끌어 뇌가 필요로 하는 산소와 다른 영양소를 공급하지 못하게 한다. 따라서 뇌졸중은 산소가 결핍된 세포에 의해, 통제할 수 있었던 신체 부분의 기능 상실로 이어진다.

영양 섭취는 뇌졸중 이후의 과정에 영향을 미칠 것으로 보이며, 빠른 진단이 신속한 치료로 이어져 회복 결과를 더 좋게 만든다. 죽은 뇌세포는 대체할 수 없지만, 뇌의 회색질에서 새로운 신경회로가 형성되어 성공적인 치료로 이어질 수 있다. 미국의 한 연구에 따르면 과일 및 채소(특히 십자화과 채소) 섭취의 증가가 뇌졸중의 위험을 낮추어, 효과적인 뇌졸중 예방법으로 여겨진다.

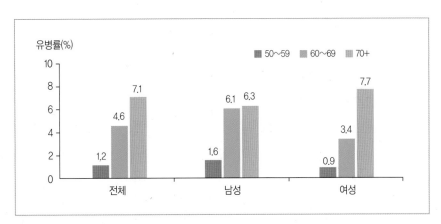

그림 9-5 우리나라 50세 이상 성인의 뇌졸중 유병률
(의사로부터 뇌졸중을 진단받은 적이 있는 분율, 2014)
자료: 보건복지가족부·질병관리본부(2015). 2014년 국민건강영양조사.

프루덴트 패턴(Prudent Pattern) 건강 식이패턴으로, 과일, 채소, 전곡류, 생선, 가금류를 풍부하게 섭취하는 식사, 몇몇 연구에서 여러 종류의 암의 위험성을 낮추는 것과 연관된다고 보고된 바 있음

DASH 다이어트 'Diet Approach to Stop Hypertension'의 약자로, 약물의 도움 없이 혈압을 낮추기 위해 고안된 식이패턴. 과일, 채소, 전곡류, 저지방 유제품을 풍부하게 포함하며 포화지방, 붉은 육류, 당분이 포함된 음료는 낮춘 식사로 여러 연구를 통해 혈압을 낮출 수 있다고 밝혀짐

프루덴트 패턴, DASH 다이어트, 지중해 식단들은 뇌졸중 발병의 감소와 관련이 있다고 보고되고 있다. 뇌졸중 예방을 위해서는 혈압을 평균으로 낮추고 건강한 생활습관을 갖추는 것이 중요하다.

(8) 근감소증

근감소증(sarcopenia)은 노화에 따라 동반되는 골격근의 양과 근력의 감소로 정의된다. 1989년 어원 로젠베르크(Irwin Rosenverg)가 그리스어로 '살'이라는 뜻의 'sarx'와 손실을 의미하는 'penia'를 합성하여 'sarcopenia'라는 단어를 도입하였다. EWGSOP(European Working Group on Sarcopenia in Older People)의 기준에 의하면 근육량이 감소되어 있고 근력이나 신체기능의 저하 중 한 가지가 추가로 있을 때를 근감소증으로 진단한다. 근감소증은 노인들에게서 발병률이 높으며, 육체적 무력감을 가져올 뿐만 아니라 노인의 사망 및 삶의 질 저하의 위험성을 높인다. 근감소증은 60~70대에서 5~13%, 80세 이상에서 11~50%의 유병률을 보인다. 2050년에는 세계적으로 60세 이상 인구가 20억 명까지 증가할 것으로 예상되므로, 약 2억 명의 인구가 근감소증으로 고통받을 것으로 추측된다.

근감소증의 발병과 진행의 원인은 아직 명확하지 않지만, 다양한 요인에 의한 것으로 여겨진다. 근감소증의 발병요인으로는 노화로 인한 체내 세포 수준의 변화, 염증의 증가, 호르몬의 변화, 신경퇴행성질환, 영양불량, 근육의 미사용 등이 있다. 이 중 세포 자살의 증가 및 미토콘드리아 기능장애와 같은 노화에 의한 원인이 가장 주요하다. 부적절한 식사와 영양불량도 노년기 근감소증의 원인으로 보인다.

(9) 구강 건강

우리나라 70세 이상 노인의 절반 정도가 저작 불편, 구강기능 제한, 치주질환 등의 구강 관련 질환을 가지고 있다. 이러한 구강 건강장애는 음식 섭취, 소화에 영향을 주기 때문에 영양상태에 좋지 않은 영향을 미칠 수 있으며, 다른 질

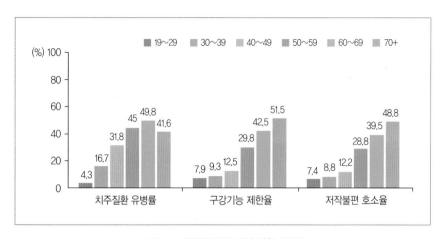

그림 9-6 연령별 구강 관련 질환 유병률
자료: 보건복지가족부·질병관리본부(2015). 2014년 국민건강영양조사.

환의 유병률을 높이는 것으로도 알려져 있다.

구강을 윤활하게 하고 소화를 시작시키는 침은 치아의 에나멜을 청결하게 유지하는 데 도움을 주는데, 연령이 높아지면서 타액의 점도도 더 높아지게 된다. 나아가 타액이 부족해지면, 영양소의 흡수율이 낮아진다. 특히 치은염과 치주염 환자는 온도에 더욱 민감해지고 치아의 재질이 더 거칠어져, 이로 인해 식사 시 고통을 느끼게 되므로 물을 자주 섭취하여 구강의 습기를 유지하는 것이 좋다. 음식을 씹을 때 느끼는 고통과 불편함은 과일, 채소 및 통밀을 적게 섭취하는 것으로 이어지게 된다.

구강질환을 예방하기 위해서는 구강 위생, 면역상태 증진, 그리고 적절한 영양 섭취가 중요하다. 한 연구에서는 적절한 EPA와 DHA 섭취가 성인에서 구강 건조증의 유병 감소와 연관된 것으로 나타났는데, $\omega-3$ 지방산이 만성 염증을 감소시키고 이에 따라 치주염의 증상을 감소시킨다고 하였다. 비타민 C와 아연의 결핍 또한 구강질환과 연관되어 있다. 치아 건강을 위해서는 칼슘, 비타민 D, 마그네슘의 잠재적 결핍을 바로 잡는 것이 중요하다. 특히 당뇨가 있을 때 적절한 혈당관리에 실패하면, 타액 속 포도당 농도가 증가하고 이로 인해 충치 및 치주질환이 악화될 수 있다.

(10) 사별

개인적으로 소중한 사람이 사망하면, 매우 큰 상실감을 느낄 수 있다. 특히 노년기에는 친한 친구나 사랑하는 가족을 잃는 일이 빈번하다. 가까운 사람들과 오랫동안 공유했던 관계를 상실한다는 것은 남은 사람, 특히 노인으로 하여금 일상생활에 대한 흥미를 잃게 만든다. 특히 식생활 관련 활동, 즉 식사 계획 및 준비, 장보기, 섭취와 관련된 활동에 대한 흥미를 잃게 하며 이에 따라 영양실조의 위험이 증가하게 된다. 이러한 증상은 배우자를 상실한 경우에 더 심각하다고 보고되는데, 배우자를 상실하더라도 주위 사람으로부터 지지를 받으며 식욕이 좋아 식사 시간을 즐길 수 있다면 특별한 건강 관련 문제 없이 슬픔을 극복하는 것으로 알려져 있다.

부록 1 2020 한국인 영양소섭취기준

• 에너지적정비율

성별	연령	에너지적정비율(%)				
		탄수화물	단백질	지질[1]		
				지방	포화지방산	트랜스지방산
영아	0-5(개월)	–	–	–		–
	6-11	–	–	–		–
유아	1-2(세)	55-65	7-20	20-35	–	–
	3-5	55-65	7-20	15-30	8 미만	1 미만
남자	6-8(세)	55-65	7-20	15-30	8 미만	1 미만
	9-11	55-65	7-20	15-30	8 미만	1 미만
	12-14	55-65	7-20	15-30	8 미만	1 미만
	15-18	55-65	7-20	15-30	8 미만	1 미만
	19-29	55-65	7-20	15-30	7 미만	1 미만
	30-49	55-65	7-20	15-30	7 미만	1 미만
	50-64	55-65	7-20	15-30	7 미만	1 미만
	65-74	55-65	7-20	15-30	7 미만	1 미만
	75 이상	55-65	7-20	15-30	7 미만	1 미만
여자	6-8(세)	55-65	7-20	15-30	8 미만	1 미만
	9-11	55-65	7-20	15-30	8 미만	1 미만
	12-14	55-65	7-20	15-30	8 미만	1 미만
	15-18	55-65	7-20	15-30	8 미만	1 미만
	19-29	55-65	7-20	15-30	7 미만	1 미만
	30-49	55-65	7-20	15-30	7 미만	1 미만
	50-64	55-65	7-20	15-30	7 미만	1 미만
	65-74	55-65	7-20	15-30	7 미만	1 미만
	75 이상	55-65	7-20	15-30	7 미만	1 미만
임신부		55-65	7-20	15-30		
수유부		55-65	7-20	15-30		

[1] 콜레스테롤 : 19세 이상 300mg/일 미만 권고

당류

총당류 섭취량을 총 에너지섭취량의 10~20%로 제한하고, 특히 식품의 조리 및 가공 시 첨가되는 첨가당은 총 에너지섭취량의 10% 이내로 섭취하도록 한다. 첨가당의 주요 급원으로는 설탕, 액상과당, 물엿, 당밀, 꿀, 시럽, 농축과일주스 등이 있다.

• 에너지와 다량 영양소

보건복지부, 2020

성별	연령	에너지(kcal/일)				탄수화물(g/일)				식이섬유(g/일)			
		필요추정량	권장섭취량	충분섭취량	상한섭취량	평균필요량	권장섭취량	충분섭취량	상한섭취량	평균필요량	권장섭취량	충분섭취량	상한섭취량
영아	0–5(개월)	500						60					
	6–11	600						90					
유아	1–2(세)	900				100	130					15	
	3–5	1,400				100	130					20	
남자	6–8(세)	1,700				100	130					25	
	9–11	2,000				100	130					25	
	12–14	2,500				100	130					30	
	15–18	2,700				100	130					30	
	19–29	2,600				100	130					30	
	30–49	2,500				100	130					30	
	50–64	2,200				100	130					30	
	65–74	2,000				100	130					25	
	75 이상	1,900				100	130					25	
여자	6–8(세)	1,500				100	130					20	
	9–11	1,800				100	130					25	
	12–14	2,000				100	130					25	
	15–18	2,000				100	130					25	
	19–29	2,000				100	130					20	
	30–49	1,900				100	130					20	
	50–64	1,700				100	130					20	
	65–74	1,600				100	130					20	
	75 이상	1,500				100	130					20	
임신부[1]		+0 +340 +450				+35	+45					+5	
수유부		+340				+60	+80					+5	

성별	연령	지방(g/일)				리놀레산(g/일)				알파-리놀렌산(g/일)				EPA + DHA(mg/일)			
		평균필요량	권장섭취량	충분섭취량	상한섭취량	평균필요량	권장섭취량	충분섭취량	상한섭취량	평균필요량	권장섭취량	충분섭취량	상한섭취량	평균필요량	권장섭취량	충분섭취량	상한섭취량
영아	0–5(개월)			25				5.0				0.6				200[2]	
	6–11			25				7.0				0.8				300[2]	
유아	1–2(세)							4.5				0.6					
	3–5							7.0				0.9					
남자	6–8(세)							9.0				1.1				200	
	9–11							9.5				1.3				220	
	12–14							12.0				1.5				230	
	15–18							14.0				1.7				230	
	19–29							13.0				1.6				210	
	30–49							11.5				1.4				400	
	50–64							9.0				1.4				500	
	65–74							7.0				1.2				310	
	75 이상							5.0				0.9				280	
여자	6–8(세)							7.0				0.8				200	
	9–11							9.0				1.1				150	
	12–14							9.0				1.2				100	
	15–18							10.0				1.1				100	
	19–29							10.0				1.2				150	
	30–49							8.5				1.2				260	
	50–64							7.0				1.2				240	
	65–74							4.5				1.0				150	
	75 이상							3.0				0.4				140	
임신부								+0				+0				+0	
수유부								+0				+0				+0	

[1] 1,2,3 분기별 부가량
[2] DHA

성별	연령	단백질(g/일)				메티오닌(g/일)				류신(g/일)			
		평균필요량	권장섭취량	충분섭취량	상한섭취량	평균필요량	권장섭취량	충분섭취량	상한섭취량	평균필요량	권장섭취량	충분섭취량	상한섭취량
영아	0-5(개월)			10				0.4				1.0	
	6-11	12	15			0.3	0.4			0.6	0.8		
유아	1-2(세)	15	20			0.3	0.4			0.6	0.8		
	3-5	20	25			0.3	0.4			0.7	1.0		
남자	6-8(세)	30	35			0.5	0.6			1.1	1.3		
	9-11	40	50			0.7	0.8			1.5	1.9		
	12-14	50	60			1.0	1.2			2.2	2.7		
	15-18	55	65			1.2	1.4			2.6	3.2		
	19-29	50	65			1.0	1.4			2.4	3.1		
	30-49	50	65			1.1	1.3			2.4	3.1		
	50-64	50	60			1.1	1.3			2.3	2.8		
	65-74	50	60			1.0	1.3			2.2	2.8		
	75 이상	50	60			0.9	1.1			2.1	2.7		
여자	6-8(세)	30	35			0.5	0.6			1.0	1.3		
	9-11	40	45			0.6	0.7			1.5	1.8		
	12-14	45	55			0.8	1.0			1.9	2.4		
	15-18	45	55			0.8	1.1			2.0	2.4		
	19-29	45	55			0.8	1.0			2.0	2.5		
	30-49	40	50			0.8	1.0			1.9	2.4		
	50-64	40	50			0.8	1.1			1.9	2.3		
	65-74	40	50			0.7	0.9			1.8	2.2		
	75 이상	40	50			0.7	0.9			1.7	2.1		
임신부[1]		+12 +25	+15 +30			1.1	1.4			2.5	3.1		
수유부		+20	+25			1.1	1.5			2.8	3.5		

성별	연령	이소류신(g/일)				발린(g/일)				라이신(g/일)			
		평균필요량	권장섭취량	충분섭취량	상한섭취량	평균필요량	권장섭취량	충분섭취량	상한섭취량	평균필요량	권장섭취량	충분섭취량	상한섭취량
영아	0-5(개월)			0.6				0.6				0.7	
	6-11	0.3	0.4			0.3	0.5			0.6	0.8		
유아	1-2(세)	0.3	0.4			0.4	0.5			0.6	0.7		
	3-5	0.3	0.4			0.4	0.5			0.6	0.8		
남자	6-8(세)	0.5	0.6			0.6	0.7			1.0	1.2		
	9-11	0.7	0.8			0.9	1.1			1.4	1.8		
	12-14	1.0	1.2			1.2	1.6			2.1	2.5		
	15-18	1.2	1.4			1.5	1.8			2.3	2.9		
	19-29	1.0	1.4			1.4	1.7			2.5	3.1		
	30-49	1.1	1.4			1.4	1.7			2.4	3.1		
	50-64	1.1	1.3			1.3	1.6			2.3	2.9		
	65-74	1.0	1.3			1.3	1.6			2.2	2.9		
	75 이상	0.9	1.1			1.1	1.5			2.2	2.7		
여자	6-8(세)	0.5	0.6			0.6	0.7			0.9	1.3		
	9-11	0.6	0.7			0.9	1.1			1.3	1.6		
	12-14	0.8	1.0			1.2	1.4			1.8	2.2		
	15-18	0.8	1.1			1.2	1.4			1.8	2.2		
	19-29	0.8	1.1			1.1	1.3			2.1	2.6		
	30-49	0.8	1.0			1.0	1.4			2.0	2.5		
	50-64	0.8	1.1			1.1	1.3			1.9	2.4		
	65-74	0.7	0.9			0.9	1.3			1.8	2.3		
	75 이상	0.7	0.9			0.9	1.1			1.7	2.1		
임신부		1.1	1.4			1.4	1.7			2.3	2.9		
수유부		1.3	1.7			1.6	1.9			2.5	3.1		

1) 단백질: 임신부-2,3분기별 부가량 / 아미노산: 임신부, 수유부-부가량 아닌 절대필요량임.

성별	연령	페닐알라닌 + 티로신(g/일)				트레오닌(g/일)				트립토판(g/일)			
		평균필요량	권장섭취량	충분섭취량	상한섭취량	평균필요량	권장섭취량	충분섭취량	상한섭취량	평균필요량	권장섭취량	충분섭취량	상한섭취량
영아	0-5(개월)			0.9				0.5				0.2	
	6-11	0.5	0.7			0.3	0.4			0.1	0.1		
유아	1-2(세)	0.5	0.7			0.3	0.4			0.1	0.1		
	3-5	0.6	0.7			0.3	0.4			0.1	0.1		
남자	6-8(세)	0.9	1.0			0.5	0.6			0.1	0.2		
	9-11	1.3	1.6			0.7	0.9			0.2	0.2		
	12-14	1.8	2.3			1.0	1.3			0.3	0.3		
	15-18	2.1	2.6			1.2	1.5			0.3	0.4		
	19-29	2.8	3.6			1.1	1.5			0.3	0.3		
	30-49	2.9	3.5			1.2	1.5			0.3	0.3		
	50-64	2.7	3.4			1.1	1.4			0.3	0.3		
	65-74	2.5	3.3			1.1	1.3			0.2	0.3		
	75 이상	2.5	3.1			1.0	1.3			0.2	0.3		
여자	6-8(세)	0.8	1.0			0.5	0.6			0.1	0.2		
	9-11	1.2	1.5			0.6	0.9			0.2	0.2		
	12-14	1.6	1.9			0.9	1.2			0.2	0.3		
	15-18	1.6	2.0			0.9	1.2			0.2	0.3		
	19-29	2.3	2.9			0.9	1.1			0.2	0.3		
	30-49	2.3	2.8			0.9	1.2			0.2	0.3		
	50-64	2.2	2.7			0.8	1.1			0.2	0.3		
	65-74	2.1	2.6			0.8	1.0			0.2	0.2		
	75 이상	2.0	2.4			0.7	0.9			0.2	0.2		
임신부[1]		0.8	1.0			3.0	3.8			0.3	0.4		
수유부		0.8	1.1			3.7	4.7			0.4	0.5		

성별	연령	히스티딘(g/일)				수분(mL/일)					
		평균필요량	권장섭취량	충분섭취량	상한섭취량	음식	물	음료	충분섭취량 액체	충분섭취량 총수분	상한섭취량
영아	0-5(개월)			0.1					700	700	
	6-11	0.2	0.3			300			500	800	
유아	1-2(세)	0.2	0.3			300	362	0	700	1,000	
	3-5	0.2	0.3			400	491	0	1,100	1,500	
남자	6-8(세)	0.3	0.4			900	589	0	800	1,700	
	9-11	0.5	0.6			1,100	686	1.2	900	2,000	
	12-14	0.7	0.9			1,300	911	1.9	1,100	2,400	
	15-18	0.9	1.0			1,400	920	6.4	1,200	2,600	
	19-29	0.8	1.0			1,400	981	262	1,200	2,600	
	30-49	0.7	1.0			1,300	957	289	1,200	2,500	
	50-64	0.7	0.9			1,200	940	75	1,000	2,200	
	65-74	0.7	1.0			1,100	904	20	1,000	2,100	
	75 이상	0.7	0.8			1,000	662	12	1,100	2,100	
여자	6-8(세)	0.3	0.4			800	514	0	800	1,600	
	9-11	0.4	0.5			1,000	643	0	900	1,900	
	12-14	0.6	0.7			1,100	610	0	900	2,000	
	15-18	0.6	0.7			1,100	659	7.3	900	2,000	
	19-29	0.6	0.8			1,100	709	126	1,000	2,100	
	30-49	0.6	0.8			1,000	772	124	1,000	2,000	
	50-64	0.6	0.7			900	784	27	1,000	1,900	
	65-74	0.5	0.7			900	624	9	900	1,800	
	75 이상	0.5	0.7			800	552	5	1,000	1,800	
임신부		1.2	1.5							+200	
수유부		1.3	1.7						+500	+700	

[1] 아미노산: 임신부, 수유부-부가량 아닌 절대필요량임.

• 지용성비타민

성별	연령	비타민 A(µg RAE/일)				비타민 D(µg/일)			
		평균 필요량	권장 섭취량	충분 섭취량	상한 섭취량	평균 필요량	권장 섭취량	충분 섭취량	상한 섭취량
영아	0-5(개월)			350	600			5	25
	6-11			450	600			5	25
유아	1-2(세)	190	250		600			5	30
	3-5	230	300		750			5	35
남자	6-8(세)	310	450		1,100			5	40
	9-11	410	600		1,600			5	60
	12-14	530	750		2,300			10	100
	15-18	620	850		2,800			10	100
	19-29	570	800		3,000			10	100
	30-49	560	800		3,000			10	100
	50-64	530	750		3,000			10	100
	65-74	510	700		3,000			15	100
	75 이상	500	700		3,000			15	100
여자	6-8(세)	290	400		1,100			5	40
	9-11	390	550		1,600			5	60
	12-14	480	650		2,300			10	100
	15-18	450	650		2,800			10	100
	19-29	460	650		3,000			10	100
	30-49	450	650		3,000			10	100
	50-64	430	600		3,000			10	100
	65-74	410	600		3,000			15	100
	75 이상	410	600		3,000			15	100
임신부		+50	+70		3,000			+0	100
수유부		+350	+490		3,000			+0	100

성별	연령	비타민 E(mg α-TE/일)				비타민 K(µg/일)			
		평균 필요량	권장 섭취량	충분 섭취량	상한 섭취량	평균 필요량	권장 섭취량	충분 섭취량	상한 섭취량
영아	0-5(개월)			3				4	
	6-11			4				6	
유아	1-2(세)			5	100			25	
	3-5			6	150			30	
남자	6-8(세)			7	200			40	
	9-11			9	300			55	
	12-14			11	400			70	
	15-18			12	500			80	
	19-29			12	540			75	
	30-49			12	540			75	
	50-64			12	540			75	
	65-74			12	540			75	
	75 이상			12	540			75	
여자	6-8(세)			7	200			40	
	9-11			9	300			55	
	12-14			11	400			65	
	15-18			12	500			65	
	19-29			12	540			65	
	30-49			12	540			65	
	50-64			12	540			65	
	65-74			12	540			65	
	75 이상			12	540			65	
임신부				+0	540			+0	
수유부				+3	540			+0	

보건복지부, 2020

성별	연령	비타민 C(mg/일)				티아민(mg/일)			
		평균 필요량	권장 섭취량	충분 섭취량	상한 섭취량	평균 필요량	권장 섭취량	충분 섭취량	상한 섭취량
영아	0–5(개월) 6–11			40 55				0.2 0.3	
유아	1–2(세) 3–5	30 35	40 45		340 510	0.4 0.4	0.4 0.5		
남자	6–8(세) 9–11 12–14 15–18 19–29 30–49 50–64 65–74 75 이상	40 55 70 80 75 75 75 75 75	50 70 90 100 100 100 100 100 100		750 1,100 1,400 1,600 2,000 2,000 2,000 2,000 2,000	0.5 0.7 0.9 1.1 1.0 1.0 1.0 0.9 0.9	0.7 0.9 1.1 1.3 1.2 1.2 1.2 1.1 1.1		
여자	6–8(세) 9–11 12–14 15–18 19–29 30–49 50–64 65–74 75 이상	40 55 70 80 75 75 75 75 75	50 70 90 100 100 100 100 100 100		750 1,100 1,400 1,600 2,000 2,000 2,000 2,000 2,000	0.6 0.8 0.9 0.9 0.9 0.9 0.9 0.8 0.7	0.7 0.9 1.1 1.1 1.1 1.1 1.1 1.0 0.8		
임신부		+10	+10		2,000	+0.4	+0.4		
수유부		+35	+40		2,000	+0.3	+0.4		

성별	연령	리보플라빈(mg/일)				니아신(mg NE/일)[1]			상한섭취량
		평균 필요량	권장 섭취량	충분 섭취량	상한 섭취량	평균 필요량	권장 섭취량	충분 섭취량	니코틴산/니코틴아미드
영아	0–5(개월) 6–11			0.3 0.4				2 3	
유아	1–2(세) 3–5	0.4 0.5	0.5 0.6			4 5	6 7		10/180 10/250
남자	6–8(세) 9–11 12–14 15–18 19–29 30–49 50–64 65–74 75 이상	0.7 0.9 1.2 1.4 1.3 1.3 1.3 1.2 1.1	0.9 1.1 1.5 1.7 1.5 1.5 1.5 1.4 1.3			7 9 11 13 12 12 12 11 10	9 11 15 17 16 16 16 14 13		15/350 20/500 25/700 30/800 35/1000 35/1000 35/1000 35/1000 35/1000
여자	6–8(세) 9–11 12–14 15–18 19–29 30–49 50–64 65–74 75 이상	0.6 0.8 1.0 1.0 1.0 1.0 1.0 0.9 0.8	0.8 1.0 1.2 1.2 1.2 1.2 1.2 1.1 1.0			7 9 11 11 11 11 11 10 9	9 12 15 14 14 14 14 13 12		15/350 20/500 25/700 30/800 35/1000 35/1000 35/1000 35/1000 35/1000
임신부		+0.3	+0.4			+3	+4		35/1000
수유부		+0.4	+0.5			+2	+3		35/1000

[1] 1mg NE(니아신 당량)=1mg 니아신=60mg 트립토판

성별	연령	비타민 B6(mg/일)				엽산(μg DFE/일)[1]			
		평균 필요량	권장 섭취량	충분 섭취량	상한 섭취량	평균 필요량	권장 섭취량	충분 섭취량	상한 섭취량[2]
영아	0-5(개월)			0.1				65	
	6-11			0.3				90	
유아	1-2(세)	0.5	0.6		20	120	150		300
	3-5	0.6	0.7		30	150	180		400
남자	6-8(세)	0.7	0.9		45	180	220		500
	9-11	0.9	1.1		60	250	300		600
	12-14	1.3	1.5		80	300	360		800
	15-18	1.3	1.5		95	330	400		900
	19-29	1.3	1.5		100	320	400		1,000
	30-49	1.3	1.5		100	320	400		1,000
	50-64	1.3	1.5		100	320	400		1,000
	65-74	1.3	1.5		100	320	400		1,000
	75 이상	1.3	1.5		100	320	400		1,000
여자	6-8(세)	0.7	0.9		45	180	220		500
	9-11	0.9	1.1		60	250	300		600
	12-14	1.2	1.4		80	300	360		800
	15-18	1.2	1.4		95	330	400		900
	19-29	1.2	1.4		100	320	400		1,000
	30-49	1.2	1.4		100	320	400		1,000
	50-64	1.2	1.4		100	320	400		1,000
	65-74	1.2	1.4		100	320	400		1,000
	75 이상	1.2	1.4		100	320	400		1,000
임신부		+0.7	+0.8		100	+200	+220		1,000
수유부		+0.7	+0.8		100	+130	+150		1,000

성별	연령	비타민 B12(μg/일)				판토텐산(mg/일)				비오틴(μg/일)			
		평균 필요량	권장 섭취량	충분 섭취량	상한 섭취량	평균 필요량	권장 섭취량	충분 섭취량	상한 섭취량	평균 필요량	권장 섭취량	충분 섭취량	상한 섭취량
영아	0-5(개월)			0.3				1.7				5	
	6-11			0.5				1.9				7	
유아	1-2(세)	0.8	0.9					2				9	
	3-5	0.9	1.1					2				12	
남자	6-8(세)	1.1	1.3					3				15	
	9-11	1.5	1.7					4				20	
	12-14	1.9	2.3					5				25	
	15-18	2.0	2.4					5				30	
	19-29	2.0	2.4					5				30	
	30-49	2.0	2.4					5				30	
	50-64	2.0	2.4					5				30	
	65-74	2.0	2.4					5				30	
	75 이상	2.0	2.4					5				30	
여자	6-8(세)	1.1	1.3					3				15	
	9-11	1.5	1.7					4				20	
	12-14	1.9	2.3					5				25	
	15-18	2.0	2.4					5				30	
	19-29	2.0	2.4					5				30	
	30-49	2.0	2.4					5				30	
	50-64	2.0	2.4					5				30	
	65-74	2.0	2.4					5				30	
	75 이상	2.0	2.4					5				30	
임신부		+0.2	+0.2					+1.0				+0	
수유부		+0.3	+0.4					+2.0				+5	

[1] Dietary Folate Equivalents, 가임기 여성의 경우 400 μg/일의 엽산보충제 섭취를 권장함.
[2] 엽산의 상한섭취량은 보충제 또는 강화식품의 형태로 섭취한 μg/일에 해당됨.

• 다량무기질

성별	연령	칼슘(mg/일)				인(mg/일)				나트륨(mg/일)			
		평균필요량	권장섭취량	충분섭취량	상한섭취량	평균필요량	권장섭취량	충분섭취량	상한섭취량	평균필요량	권장섭취량	충분섭취량	만성질환위험감소섭취량
영아	0–5(개월)			250	1,000			100				110	
	6–11			300	1,500			300				370	
유아	1–2(세)	400	500		2,500	380	450		3,000			810	1,200
	3–5	500	600		2,500	480	550		3,000			1,000	1,600
남자	6–8(세)	600	700		2,500	500	600		3,000			1,200	1,900
	9–11	650	800		3,000	1,000	1,200		3,500			1,500	2,300
	12–14	800	1,000		3,000	1,000	1,200		3,500			1,500	2,300
	15–18	750	900		3,000	1,000	1,200		3,500			1,500	2,300
	19–29	650	800		2,500	580	700		3,500			1,500	2,300
	30–49	650	800		2,500	580	700		3,500			1,500	2,300
	50–64	600	750		2,000	580	700		3,500			1,500	2,300
	65–74	600	700		2,000	580	700		3,500			1,300	2,100
	75 이상	600	700		2,000	580	700		3,000			1,100	1,700
여자	6–8(세)	600	700		2,500	480	550		3,000			1,200	1,900
	9–11	650	800		3,000	1,000	1,200		3,500			1,500	2,300
	12–14	750	900		3,000	1,000	1,200		3,500			1,500	2,300
	15–18	700	800		3,000	1,000	1,200		3,500			1,500	2,300
	19–29	550	700		2,500	580	700		3,500			1,500	2,300
	30–49	550	700		2,500	580	700		3,500			1,500	2,300
	50–64	600	800		2,000	580	700		3,500			1,500	2,300
	65–74	600	800		2,000	580	700		3,500			1,300	2,100
	75 이상	600	800		2,000	580	700		3,000			1,100	1,700
	임신부	+0	+0		2,500	+0	+0		3,000			1,500	2,300
	수유부	+0	+0		2,500	+0	+0		3,500			1,500	2,300

성별	연령	염소(mg/일)				칼륨(mg/일)				마그네슘(mg/일)			
		평균필요량	권장섭취량	충분섭취량	상한섭취량	평균필요량	권장섭취량	충분섭취량	상한섭취량	평균필요량	권장섭취량	충분섭취량	상한섭취량[1]
영아	0–5(개월)			170				400				25	
	6–11			560				700				55	
유아	1–2(세)			1,200				1,900		60	70		60
	3–5			1,600				2,400		90	110		90
남자	6–8(세)			1,900				2,900		130	150		130
	9–11			2,300				3,400		190	220		190
	12–14			2,300				3,500		260	320		270
	15–18			2,300				3,500		340	410		350
	19–29			2,300				3,500		300	360		350
	30–49			2,300				3,500		310	370		350
	50–64			2,300				3,500		310	370		350
	65–74			2,100				3,500		310	370		350
	75 이상			1,700				3,500		310	370		350
여자	6–8(세)			1,900				2,900		130	150		130
	9–11			2,300				3,400		180	220		190
	12–14			2,300				3,500		240	290		270
	15–18			2,300				3,500		290	340		350
	19–29			2,300				3,500		230	280		350
	30–49			2,300				3,500		240	280		350
	50–64			2,300				3,500		240	280		350
	65–74			2,100				3,500		240	280		350
	75 이상			1,700				3,500		240	280		350
	임신부			2,300				+0		+30	+40		350
	수유부			2,300				+400		+0	+0		350

[1] 식품외 급원의 마그네슘에만 해당

보건복지부, 2020

성별	연령	철(mg/일)				아연(mg/일)				구리(μg/일)			
		평균 필요량	권장 섭취량	충분 섭취량	상한 섭취량	평균 필요량	권장 섭취량	충분 섭취량	상한 섭취량	평균 필요량	권장 섭취량	충분 섭취량	상한 섭취량
영아	0–5(개월)			0.3	40			2				240	
	6–11	4	6		40	2	3					330	
유아	1–2(세)	4.5	6		40	2	3		6	220	290		1,700
	3–5	5	7		40	3	4		9	270	350		2,600
남자	6–8(세)	7	9		40	5	5		13	360	470		3,700
	9–11	8	11		40	7	8		19	470	600		5,500
	12–14	11	14		40	7	8		27	600	800		7,500
	15–18	11	14		45	8	10		33	700	900		9,500
	19–29	8	10		45	9	10		35	650	850		10,000
	30–49	8	10		45	8	10		35	650	850		10,000
	50–64	8	10		45	8	10		35	650	850		10,000
	65–74	7	9		45	8	9		35	600	800		10,000
	75 이상	7	9		45	7	9		35	600	800		10,000
여자	6–8(세)	7	9		40	4	5		13	310	400		3,700
	9–11	8	10		40	7	8		19	420	550		5,500
	12–14	12	16		40	6	8		27	500	650		7,500
	15–18	11	14		45	7	9		33	550	700		9,500
	19–29	11	14		45	7	8		35	500	650		10,000
	30–49	11	14		45	7	8		35	500	650		10,000
	50–64	6	8		45	6	8		35	500	650		10,000
	65–74	6	8		45	6	7		35	460	600		10,000
	75 이상	5	7		45	6	7		35	460	600		10,000
임신부		+8	+10		45	+2.0	+2.5		35	+100	+130		10,000
수유부		+0	+0		45	+4.0	+5.0		35	+370	+480		10,000

성별	연령	불소(mg/일)				망간(mg/일)				요오드(μg/일)			
		평균 필요량	권장 섭취량	충분 섭취량	상한 섭취량	평균 필요량	권장 섭취량	충분 섭취량	상한 섭취량	평균 필요량	권장 섭취량	충분 섭취량	상한 섭취량
영아	0–5(개월)			0.01	0.6			0.01				130	250
	6–11			0.4	0.8			0.8				180	250
유아	1–2(세)			0.6	1.2			1.5	2.0	55	80		300
	3–5			0.9	1.8			2.0	3.0	65	90		300
남자	6–8(세)			1.3	2.6			2.5	4.0	75	100		500
	9–11			1.9	10.0			3.0	6.0	85	110		500
	12–14			2.6	10.0			4.0	8.0	90	130		1,900
	15–18			3.2	10.0			4.0	10.0	95	130		2,200
	19–29			3.4	10.0			4.0	11.0	95	150		2,400
	30–49			3.4	10.0			4.0	11.0	95	150		2,400
	50–64			3.2	10.0			4.0	11.0	95	150		2,400
	65–74			3.1	10.0			4.0	11.0	95	150		2,400
	75 이상			3.0	10.0			4.0	11.0	95	150		2,400
여자	6–8(세)			1.3	2.5			2.5	4.0	75	100		500
	9–11			1.8	10.0			3.0	6.0	80	110		500
	12–14			2.4	10.0			3.5	8.0	90	130		1,900
	15–18			2.7	10.0			3.5	10.0	95	130		2,200
	19–29			2.8	10.0			3.5	11.0	95	150		2,400
	30–49			2.7	10.0			3.5	11.0	95	150		2,400
	50–64			2.6	10.0			3.5	11.0	95	150		2,400
	65–74			2.5	10.0			3.5	11.0	95	150		2,400
	75 이상			2.3	10.0			3.5	11.0	95	150		2,400
임신부				+0	10.0			+0	11.0	+65	+90		
수유부				+0	10.0			+0	11.0	+130	+190		

보건복지부, 2020

성별	연령	셀레늄(μg/일)				몰리브덴(μg/일)				크롬(μg/일)			
		평균필요량	권장섭취량	충분섭취량	상한섭취량	평균필요량	권장섭취량	충분섭취량	상한섭취량	평균필요량	권장섭취량	충분섭취량	상한섭취량
영아	0–5(개월)			9	40							0.2	
	6–11			12	65							4.0	
유아	1–2(세)	19	23		70	8	10		100			10	
	3–5	22	25		100	10	12		150			10	
남자	6–8(세)	30	35		150	15	18		200			15	
	9–11	40	45		200	15	18		300			20	
	12–14	50	60		300	25	30		450			30	
	15–18	55	65		300	25	30		550			35	
	19–29	50	60		400	25	30		600			30	
	30–49	50	60		400	25	30		600			30	
	50–64	50	60		400	25	30		550			30	
	65–74	50	60		400	23	28		550			25	
	75 이상	50	60		400	23	28		550			25	
여자	6–8(세)	30	35		150	15	18		200			15	
	9–11	40	45		200	15	18		300			20	
	12–14	50	60		300	20	25		400			20	
	15–18	55	65		300	20	25		500			20	
	19–29	50	60		400	20	25		500			20	
	30–49	50	60		400	20	25		500			20	
	50–64	50	60		400	20	25		450			20	
	65–74	50	60		400	18	22		450			20	
	75 이상	50	60		400	18	22		450			20	
임신부		+3	+4		400	+0	+0		500			+5	
수유부		+9	+10		400	+3	+3		500			+20	

국민공통식생활지침

2016년 보건복지부, 농림축산식품부, 식품의약품안전처와 함께 국민의 건강과 균형 잡힌 식생활을 위한 가이드라인 '국민공통식생활지침'을 발표하였다. 지침의 내용은 다음과 같다.

1. 쌀·잡곡, 채소, 과일, 우유·유제품, 육류, 생선, 달걀, 콩류 등 다양한 식품을 섭취하자.
2. 아침밥을 꼭 먹자.
3. 과식을 피하고 활동량을 늘리자.
4. 덜 짜게, 덜 달게, 덜 기름지게 먹자.
5. 단 음료 대신 물을 충분히 마시자.
6. 술자리를 피하자.
7. 음식은 위생적으로, 필요한 만큼만 마련하자.
8. 우리 식재료를 활용한 식생활을 즐기자.
9. 가족과 함께 하는 식사 횟수를 늘리자.

임신·수유부를 위한 식생활지침

(보건복지부, 2010)

♣ 우유 제품을 매일 3회 이상 먹자
- 우유를 매일 3컵 이상 마십니다.
- 요구르트, 치즈, 뼈째 먹는 생선 등을 자주 먹습니다.

♣ 고기나 생선, 채소, 과일을 매일 먹자
- 다양한 채소와 과일을 매일 먹습니다.
- 생선, 살코기, 콩제품, 달걀 등 단백질 식품을 매일 1회 이상 먹습니다.

♣ 청결한 음식을 알맞은 양으로 먹자
- 끼니를 거르지 않고 식사를 규칙적으로 합니다.
- 음식을 만들 때는 식품을 위생적으로 다루고, 먹을 만큼만 준비합니다.
- 살코기, 생선 등은 충분히 익혀 먹습니다.
- 보관했던 음식은 충분히 가열한 후 먹습니다.
- 식품을 구매하거나 외식할 때 청결한 것을 선택합니다.

(계속)

♣ 짠 음식을 피하고, 싱겁게 먹자
- 음식을 만들거나 먹을 때는 소금, 간장, 된장 등의 양념을 보다 적게 사용합니다.
- 나트륨 섭취량을 줄이기 위해 국물은 싱겁게 만들어 적게 먹습니다.
- 김치는 싱겁게 만들어 먹습니다.

♣ 술은 절대로 마시지 말자
- 술은 절대로 마시지 않습니다.
- 커피, 콜라, 녹차, 홍차, 초콜릿 등 카페인 함유식품을 적게 먹습니다.
- 물을 충분히 마십니다.

♣ 활발한 신체활동을 유지하자
- 임신부는 적절한 체중증가를 위해 알맞게 먹고, 활발한 신체 활동을 규칙적으로 합니다.
- 산후 체중 조절을 위해 가벼운 운동으로 시작하여 점차 운동량을 늘려 갑니다.
- 모유수유는 산후 체중 조절에도 도움이 됩니다.

영유아를 위한 식생활지침

♣ 생후 6개월까지는 반드시 모유를 먹이자
- 초유는 꼭 먹이도록 합니다.
- 생후 2년까지 모유를 먹이면 더욱 좋습니다.
- 모유를 먹일 수 없는 경우에만 조제유를 먹입니다.
- 조제유는 정해진 양대로 물에 타서 먹입니다.
- 수유 시에는 아기를 안고 먹이며, 수유 후에는 꼭 트림을 시킵니다.
- 자는 동안에는 젖병을 물리지 않습니다.

♣ 이유 보충식은 성장단계에 맞추어 먹이자
- 이유 보충식은 생후 만 4개월 이후 6개월 사이에 시작합니다.
- 이유 보충식은 여러 식품을 섞지 말고, 한 가지씩 시작합니다.
- 이유 보충식은 신선한 재료를 사용하여 간을 하지 않고, 조리해서 먹입니다.
- 이유 보충식은 숟가락으로 떠먹입니다.
- 과일주스를 먹일 때는 컵에 담아 먹입니다.

♣ 유아의 성장과 식욕에 따라 알맞게 먹이자
- 일정한 장소에서 먹입니다.

(계속)

- 쫓아다니며 억지로 먹이지 않습니다.
- 한꺼번에 많이 먹이지 않습니다.

♣ 곡류, 과일, 채소, 생선, 고기, 유제품 등 다양한 식품을 먹이자
- 과일, 채소, 우유 및 유제품 등의 간식을 매일 2~3회 규칙적으로 먹입니다.
- 유아 음식은 싱겁고, 담백하게 조리합니다.
- 유아 음식은 씹을 수 있는 크기와 형태로 조리합니다.

어린이를 위한 식생활지침

♣ 음식은 다양하게 골고루
- 편식하지 않고 골고루 먹습니다.
- 끼니마다 다양한 채소 반찬을 먹습니다.
- 생선, 살코기, 콩제품, 달걀 등 단백질 식품을 매일 1회 이상 먹습니다.
- 우유를 매일 2컵 정도 마십니다.

♣ 많이 움직이고, 먹는 양은 알맞게
- 매일 1시간 이상 신체활동을 적극적으로 합니다.
- 나이에 맞는 키와 몸무게를 알아서, 표준체형을 유지합니다.
- TV 시청과 컴퓨터게임 등을 모두 합해서 하루에 2시간 이내로 제한합니다.
- 식사와 간식은 적당한 양을 규칙적으로 먹습니다.

♣ 식사는 제때에, 싱겁게
- 아침식사는 꼭 먹습니다.
- 음식은 천천히 꼭꼭 씹어 먹습니다.
- 짠 음식, 단 음식, 기름진 음식을 적게 먹습니다.

♣ 간식은 안전하고, 슬기롭게
- 간식으로 신선한 과일과 우유 등을 먹습니다.
- 과자나 탄산음료, 패스트푸드를 자주 먹지 않습니다.
- 불량식품을 구별할 줄 알고, 먹지 않으려고 노력합니다.
- 식품의 영양표시와 유통기한을 확인하고 선택합니다.

♣ 식사는 가족과 함께 예의바르게
- 가족과 함께 식사하도록 노력합니다.

(계속)

- 음식을 먹기 전에 반드시 손을 씻습니다.
- 음식은 바른 자세로 앉아서 감사한 마음으로 먹습니다.
- 음식은 먹을 만큼 담아서 먹고, 남기지 않습니다.

청소년을 위한 식생활지침

♣ 각 식품군을 매일, 골고루 먹자
- 밥과 다양한 채소, 생선, 육류를 포함하는 반찬을 골고루 매일 먹습니다.
- 간식으로 신선한 과일을 주로 먹습니다.
- 우유를 매일 2컵 이상 마십니다.

♣ 짠 음식과 기름진 음식을 적게 먹자
- 짠 음식, 짠 국물을 적게 먹습니다.
- 인스턴트 음식을 적게 먹습니다.
- 튀긴 음식과 패스트푸드를 적게 먹습니다.

♣ 건강 체중을 바로 알고, 알맞게 먹자
- 내 키에 따른 건강 체중을 알아봅니다.
- 매일 1시간 이상의 신체활동을 적극적으로 합니다.
- 무리한 다이어트를 하지 않습니다.
- TV 시청과 컴퓨터게임 등을 모두 합해서 하루에 2시간 이내로 제한합니다.

♣ 물이 아닌 음료를 적게 마시자
- 물을 자주, 충분히 마십니다.
- 탄산음료, 가당 음료를 적게 마십니다.
- 술을 절대 마시지 않습니다.

♣ 식사를 거르거나 과식하지 말자
- 아침식사를 거르지 않습니다.
- 식사는 제 시간에 천천히 먹습니다.
- 배가 고프더라도 한꺼번에 많이 먹지 않습니다.

♣ 위생적인 음식을 선택하자
- 불량식품을 먹지 않습니다.
- 식품의 영양표시와 유통기한을 확인하고 선택합니다.

성인을 위한 식생활지침

♠ 각 식품군을 매일 골고루 먹자
- 곡류는 다양하게 먹고 전곡을 많이 먹습니다.
- 여러 가지 색깔의 채소를 매일 먹습니다.
- 다양한 제철과일을 매일 먹습니다.
- 간식으로 우유, 요구르트, 치즈와 같은 유제품을 먹습니다.
- 가임기 여성은 기름기 적은 붉은 살코기를 적절히 먹습니다.

♣ 활동량을 늘리고 건강 체중을 유지하자
- 일상생활에서 많이 움직입니다.
- 매일 30분 이상 운동을 합니다.
- 건강 체중을 유지합니다.
- 활동량에 맞추어 에너지 섭취량을 조절합니다.

♣ 청결한 음식을 알맞게 먹자
- 식품을 구매하거나 외식을 할 때 청결한 것으로 선택합니다.
- 음식은 먹을 만큼만 만들고, 먹을 만큼만 주문합니다.
- 음식을 만들 때는 식품을 위생적으로 다룹니다.
- 매일 세 끼 식사를 규칙적으로 합니다.
- 밥과 다양한 반찬으로 균형 잡힌 식생활을 합니다.

♣ 짠 음식을 피하고 싱겁게 먹자
- 음식을 만들 때는 소금, 간장 등을 보다 적게 사용합니다.
- 국물을 짜지 않게 만들고, 적게 먹습니다.
- 음식을 먹을 때 소금, 간장을 더 넣지 않습니다.
- 김치는 덜 짜게 만들어 먹습니다.

♣ 지방이 많은 고기나 튀긴 음식을 적게 먹자
- 고기는 기름을 떼어내고 먹습니다.
- 튀긴 음식을 적게 먹습니다.
- 음식을 만들 때, 기름을 적게 사용합니다.

♣ 술을 마실 때는 그 양을 제한하자
- 남자는 하루 2잔, 여자는 1잔 이상 마시지 않습니다.
- 임신부는 절대로 술을 마시지 않습니다.

어르신을 위한 식생활지침

♣ **각 식품군을 매일 골고루 먹자**
- 고기, 생선, 계란, 콩 등의 반찬을 매일 먹습니다.
- 다양한 채소 반찬을 매끼 먹습니다.
- 다양한 우유제품이나 두유를 매일 먹습니다.
- 신선한 제철 과일을 매일 먹습니다.

♣ **짠 음식을 피하고 싱겁게 먹자**
- 음식을 싱겁게 먹습니다.
- 국과 찌개의 국물을 적게 먹습니다.
- 식사할 때 소금이나 간장을 더 넣지 않습니다.

♣ **식사는 규칙적이고 안전하게 하자**
- 세끼 식사를 꼭 합니다.
- 외식할 때는 영양과 위생을 고려하여 선택합니다.
- 오래된 음식은 먹지 않고, 신선하고 청결한 음식을 먹습니다.
- 식사로 건강을 지키고 식이보충제가 필요한 경우는 신중히 선택합니다.

♣ **물은 많이 마시고 술은 적게 마시자**
- 목이 마르지 않더라도 물을 자주 충분히 마십니다.
- 술은 하루 1잔을 넘기지 않습니다.
- 술을 마실 때에는 반드시 다른 음식과 같이 먹습니다.

♣ **활동량을 늘리고 건강한 체중을 갖자**
- 앉아 있는 시간을 줄이고 가능한 한 많이 움직입니다.
- 나를 위한 건강 체중을 알고, 이를 갖도록 노력합니다.
- 매일 최소 30분 이상 숨이 찰 정도로 유산소 운동을 합니다.
- 일주일에 최소 2회, 20분 이상 힘이 들 정도로 근육 운동을 합니다.

참고문헌

국내

공경아·임현숙(2007). 한국인 모유의 수유단계별 트랜스지방산 함량. 대한지역사회영양학회지 12(3): 223-234.

김광일(2007). 노화의 생물학적 원인. J Korean Med Assoc 50(3): 216-220.

김수라·민혜선·현화진·송경희(2004). 항산화성 비타민 보충 급여가 경기지역 일부 대학생 흡연자와 비흡연자의 혈압과 혈장지질 및 엽산과 호모시스테인이 미치는 영향. 대한지역사회영양학회지 9(4), 472-482.

김승권 외(2006). 2006년 전국 출산력 및 가족보건·복지실태조사. 한국보건사회연구원.

김승권·김유경·김혜련·박종서·손창균·최영준·김연우·이가은·윤아름(2012). 전국 출산력 및 가족보건·복지실태조사. 한국보건사회연구원.

김영옥·서일·박수일·안홍석(1996). 청소년기의 열량 영양소 섭취양상과 혈압. 대한지역사회영양학회지 1(3), 366-375.

김을상(2003). 청주·안성지역 모유영양아의 수유기간별 비타민 A 섭취량. 한국영양학회지 36(7): 743-748.

김재희·최윤진·임현숙·천종희(2015). 성조숙증 및 소아비만 아동에서 영양상담 모니터링에 따른 식습관 개선 효과. 한국식생활문화학회지 30(1): 129-136.

김호성(2008). 성조숙증의 진단과 최신 치료 경향. 대한내분비학회지 23(3): 165-173.

김혜련(2011). 모유수유 추이와 모유수유 증진을 위한 정책 방향, Issue & Focus 86. 한국보건사회연구원.

김혜련·김소운·서정숙·정혜경·강장미·전수경(2015). 국민공통 식생활지침 제정연구. 보건복지부.

노소영·김계하(2012). 초등학교 저학년 여학생의 성 성숙과 신체상 및 자아존중감에 관한 연구. 지역사회간호학회지 23(4): 405-414.

대한소아내분비학회(2011). 성조숙증진료지침.

노만 크레츠머·마이클 짐머만 저, 임현숙 외 역(2000). 발달의 관점에서 본 생애주기영양학. 교문사.

대한지역사회영양학회(2006). 건강노인을 지향하는 새로운 영양관리 패러다임. 대한지역사회영양학회 춘계학술대회.

문수재·안홍석·이민준·김정현·김철재·김상용(1993). 수유 기간에 따른 모유의 총지질, 총콜레스테롤 및 비타민 E 함량과 총지방산 조성의 변화에 관한 연구. 한국영양학회지 26(6): 758-771.

문수재·이민준·김정현·강정선·안홍석·송세화·최문희(1992). 수유기간에 다른 모유의 총 질소, 총 지질 및 젖당 함량 변화와 모유 영양아의 에너지 섭취에 관한 연구, 한국영양학회지 25(3): 2, 33-247.

박동연·한경희·김기남(1998). 충북지역 노인들의 약물복용 및 영양상태-III. 심리적 요인이 약물복용 및 영양상태에 미치는 영향. 대한지역사회영양학회지 3(2): 245-260.

박선주·최혜미·모수미·박명윤(2003). 비행청소년과 일반청소년의 식생활 비교 연구. 대한지역사회영양학회지 8(4), 312-525.

보건복지가족부·서울대학교 산학협력단(2009). 한국아동청소년 종합실태조사.

보건복지부(2000). 한국여성의 모유수유 증진을 위한 전략 개발 보고서.

보건복지부(2016). 한국인 영양소 섭취기준. 한국영양학회.

보건복지부·질병관리본부(2015). 국민건강통계, 국민건강영양조사 제6기 2차년도.

보건복지부·한국건강증진개발원(2015). 제4차 국민건강증진종합계획 2016~2020.

설민영·김을상·금혜경(1993). 수유 첫 6개월간 기간별 수유부의 모유분비량에 관한 연구. 한국영양학회지 26(4): 405-413.

성미혜(2005). 여대생의 섭식장애, 신체증상 및 자아 존중감의 관련성. 한국모자보건학회지 9(2), 155-166.

손숙미 외(1996): 도시 저소득층 노인들의 영양 및 건강상태 조사와 급식이 노인들의 영양 및 건강 상태의 개선에 미치는 영향-Ⅰ. 신체계측과 영양소 섭취량-. 대한지역사회영양학회지 1(1): 79-88.

아주대학교병원 건강증진사업지원단(2009). 산후조리원 운용실태점검 및 감염·안전사고 관리기준 제언.

안윤·김형미·김경원(2006). 여고생의 체중조절, 영양지식, 식태도, 식행동에 관한 연구, 대한지역사회영양학회지 11(2), 205-217.

안홍석(1999). 우리나라 영유아의 영양공급실태, 대한지역사회영양학회지 4(4): 610-622.

연미여·이행신·김도희·이지연·남지운·문귀임·홍진환·김초일(2013). 영유아기 수유 유형과 모유 수유기간에 따른 유아기 비만 양상 분석 2008-2011. 국민건강영양조사 자료에 근거-대한지역사회영양학회지 18(6): 644-51.

오기화·김광수·서정숙·최영선·신손문(1996). 영양공급행태에 따른 영아의 영양소 섭취와 보충식실태에 관한 연구, 한국영양학회지 29(2): 143-152.

유니세프한국위원회(1993). 성공적인 모유수유를 위한 지침서. 아기에게 친근한 병원만들기 위원회.

유은광(2001). 산후조리원의 역할과 제도 정비를 위한 방안. 한국모자보건학회 제9차 2001년도 춘계학술대회 연제집.

이기완·이영미·김정현(2000): 일부지역 저소득층 독거노인의 건강 및 영양불량 위험도 조사 연구. 대한지역사회영양학회지 5(1): 3-12.

이수원·인영민·최재춘·양희진(1997). 수유기간에 따른 한국인 인유의 지방산 및 Vitamin 함량 측정. 한국축산식품학회지 17(1): 17-25.

이연숙·구재옥·임현숙·강영희·권종숙(2011). 인체생리학. 파워북.

이정실·김을상(1998). 수유 첫 5개월간 모유 영양아의 비타민 A 섭취량에 관한 연구. 한국영양학회지 31(9): 1433-1439.

이정원·김경아·이미숙(1998): 무료 점심급식을 이용하는 저소득층 노인의 영양소 섭취상태와 중류층 노인과의 비교. 대한지역사회영양학회지 3(4): 594-608.

이종임·임현숙(2001). 임신기간과 분만 후 모체의 철 및 엽산 영양상태의 종단적 변화. 대한지역사회영양학회지. 6(2): 182-191.

임경숙·민영희·이태영(1997): 노인 영양개선 전략 연구: 건강 관련 요인 및 영양위험지표분석. 대한지역사회영양학회지 2(3): 376-387.

임현숙·이정아·허영랑·이종임(1993). 모유영양아와 조제유영양아의 에너지, 단백질, 지방 및 유당 섭취, 한국영양학회지 26: 325-337.

정다운·임현숙(2008). 수유기간별 모유의 엽산 함량과 수유부의 엽산영양상태. 한국영양학회지 41(6): 518-529, 2008.

정은숙·이정아·임현숙(2005). 한국 여성의 초경개시 임계체중과 체지방률, 대한지역사회영양학회지 10(2), 196-204.

조기숙·김기순·류소연(2004). 일부 여자 고등학생의 식사장애 관련 요인. 한국모자보건학회지 8(2), 161-174.

질병관리본부(2007). 소아·청소년 표준 성장도표.

질병관리본부(2015). 2014 국민건강통계.

최경숙·모수미·최혜미·구재옥(1999). 모유영양아와 조제유영양아의 철분과 아연의 섭취상태에 관한 종단적 연구, 대한지역사회영양학회지 4(1): 30-36.

한국영양학회(2006). 모성영양과 영유아 영양. 한국영양학회 춘계 심포지움.

한영희(2009). 모유, 조제분유, 액상대두영아식을 먹은 영아의 엽산, 철, 아연, 구리 영양상태 평가. 3년 종단연구. 청주: 충북대학교 박사학위논문.

현순철(2000). 우리나라 산후조리원의 실태 및 개선방안에 관한 연구. 경희대학교 산업정보대학원 석사학위논문.

황혜진·김영만(2002). 부산지역 여대생의 월경전증후군 실태 및 영양섭취상태에 관한 연구, 대한지역사회영양학회지 7(6), 731-740.

국외

Amir LH, Donath SM(2002). Does maternal smoking have a negative physiological effect on breast feeding? The epidemiological evidence. 29: 112-123.

Anonymous(1992). Breast milk and subsequent intelligence quotient in children born preterm, Nutr Rev 50: 334-335.

Arnaud CD·Sanchez SD(1990). The Role of Calcium in Osteoporosis. Annu Rev Nutr 10: 397-414.

Bailey LB et al(2003). Folic acid supplements and fortification affect the risk for neural tube defects, vascular disease and cancer: Evolving science. J Nutr; 133: 1974S-7S.

Bedno SA(2003). Weight loss in diabetes management. Nutr Clin Care; 6: 62-72.

Benoff S et al(2003). Blood lead levels and infertility in males. Hum Reprod; 18: 374-83.

Berman MK et a(1990)l. Vitamin B-6 in premenstrual syndrome. J Am Diet Assoc; 90: 859-61.

Bongaarts J(1980). Dose malnutrition affect fecundity? A summary of evidence. Science; 208: 564-604.

Briley ME(1989). Determinants of Food Choices of the Elderly. J Nutr Elderly 9: 39-45.

Brown JE(2017). Nutrition Through the Life Cycle(5th ed). Thomson & Belmont.

Brown JE(2017). Nutrition Through the Life Cycle(6th ed). Thomson & Belmont.

Brown JE(2017). Nutrition throughout the Life Cycle, 6thed.CengageLearning.

Campbell WW et al(1994). Increased Protein Requirements in Elderly People: New Data and Retrospecive Reassessments. Am J Clin Nutr 60: 501-09.

Chandra RK(1992). Effect of Vitamin and Trace-Element Supplementation on Immune.

Responses and Infectious in Elderly Subjects. Lancet 340: 1124-27.

Chandra RK(1992). Nutrition and Immunity in the Elderly. Nutr Rev 50: 367-71.

Chang N, Jung JA, Kim H, Jo A, Kang S, Lee S-W, Yi H. Kim J, Yim J-G, Jung B-M(2015) Macronutrient composition of human from Koran mothers of full term infants born at 37-42 gestational weeks, Nutr Res Pract 9(4): 433-8.

Chernoff R(1994). Thirst and Fluid Requirements. Nutr Rev 52: S3-5.

Collins A et al(1993). Essential Fatty acids in the treatment of premenstrual syndrome. Obstet Gynecol; 81: 93-8.

Committee on Nutrition, American Academy of Pediatrics(1976): Commentary on breast feeding an infant formula including proposed standards for formulas, Pediatrics 57: 279.

Confernce on Dietary Fiber in Childfood(1995). Pediatrics, 96: 1023.

Cumming DC et al(1994). Physical activity, nutrition, and reproduction. Ann NY Acad Sci; 709: 55-76.

Dahlstrom A et al(1990). Nicotine and cotinine concentrations in the nursing mother and her infant. Acta Piadiater Scand; 79: 142-147.

Darlington LG(1991). Dietary Therapy for Arthritis. Rheum Dis Clin North America 17: 273-85.

Dewey KG, Heinig MJ, Nommsen LA, Peerson JM, Lonnerdal B(1993). Breast-fed infants are leaner than formula-fed infants at 1 year of age:The Darling Study, Am J Clin Nutr 57: 140-145.

Disorders of growth, differentiation and morphogenesis Published on 19/03/2015 by admin.

Eliakim R, Sherer DM(2001). Celiac disease: fertility and pregnancy. Gynecol Obstet invest; 51: 3-7.

Emmett PM, Rogers IS(1997). Properties of human milk and their relationship with maternal nutrition, Early Hum Dev 49 suppl: S7-S28.

Fomon SF et al(1982). Body composition of reference children from birth to 10 year, Am J Clin Nutr 55: 1169.

Forsyth JS, Ogston SA, Clark A, Florey C du V, Howie PW(1993). Relation between early introduction of solid food to infants and their weight and illnesses during the first two years of life, Br Med J 306: 1572-1576.

Foster-Powel k et al(2002). international table of glycemic index and glycemic index and glycemic load values: 2002. Am J Clin Nutr; 76: 5-56.

Grady-Weliky T. Premenstrual dysphoric disorder. N Engl J Med 2003; 348: 433-8.

Gray GE(1989). Nutrition and Dementia. J Am Diet Assoc 89: 1795-1802.

Grotkowski ML·Sims LS(1978). Nutritional Knowledge, Attitudes and Dietary Practices of the Elderly. J Am Diet Assoc 72: 499-506.

Hatch EE, Bracken Mb(1993). Association of delayed conception with caffeine consumption. Am J Epidemiol; 138: 1082-92

Heaney RP(1993). Nutritional Factors in Osteoporosis. Annu Rev Nutr 13: 287-316.

Hill PB et al(1986). Gonadotropin release and meat consumption in vegetarian women. Am J Clin Nutr; 43: 37-41.

Horwath CC(1991). Nutrition Goals for Older Adults: A Review. Gerontologist 31: 811–21.

Jhonson K·Kligman EW(1992). Preventive Nutrition: An Optimal Diet for Older Adults. Geriatrics 47: 56–60.

Kemmann E et al(1983). Amenorrhea associated with carotenemia. JAMA; 249: 926–9.

Kim YH, Lee SG, Kim SH, Song YJ, Chung JY, Park MJ(2011). Nutritional status of Korean toddlers: from the Korean National Health and Nutrition Examination Survey 2007~2009, Korean J Pediatr Gastroenterol Nutr 14: 161~170.

King, JC. Preface(2000). Am J Clin Nutr; 71(suppl): 1217S.

Kovacs P(2003). Metabolic syndrome and PCOS. Medscape Ob/Gyn & Womem's Health; 8: 1–2.

Kretcher N & Zinmerman M(1997). Developmental Nutrition. Allyn and Bacon, Boston.

Liese AD et al(2003). Whole grain consumption and insulin sensitivity. Am J Clin Nutr; 78: 985–71.

Lindeman RD·Tobin J·Shock NW(1985). Longitudinal Studies on the Rate of Decline in Renal Function with Age. J Am Geriatr Soc 33: 278–85.

Lloyd T et al(1987). interrelationships of diet, athletic activity, menstual status, and bone density in collegiate women. Am J Clin Nutr; 46: 681–4.

Loney LE et al(1987). Nutritional Concerns for Patients with Alzheimer's Disease. Texas Med 8: 40.

Lovelady CA, et al(2009). Lactation performance of exercise women. Am J Clin Nutr; 52(1): 103–109.

Maham LK & Escott-Stump S(2000). Kraues's Food, Nutrition, and Diet Therapy(10th ed). WB Saunders. Co.

Martin LJ Woo JG, Geraghty SR, Altaye M, Davidson BS, Banach W, Dolan LM, Ruiz-Palacios GM, Morrow AL(2006). Adiponectin is present in human milk and is associated with maternal factors, Am J Clin Nutr. 83(5): 1106–11.

McKittrick M(2002). Diet and polycystic ovary syndrome. Nutr Today; 37: 63–69.

Mennella JA, Pepino MY, Teff KL(2005). Acute alcohol consumption disrupts the hormonal milieu of lactating women. J Clin Endocrinol Metab; 90: 1979–1985.

Meydani SM(1993). Vitamin/Mineral Supplementation, the Aging Immune Response and Risk of Infection. Nutr Rev 51: 106–15.

Michals-Matalon K et al(2002). Maternal phenylketonuria, low protein intake, and congenital heart defects. Am J Obstet Gynecol; 187: 221–4.

Miller RA(1994). The Biology of Aging and Longevity in Principles of Geriatric Medicine and Gerontology, WR Hazzard et al. 3–19, McGraw-Hill, New York.

Neville CE et al(2014). The efffectiveness of weight management intervention in breast-feeding women–a systematic review and critical evaluation. 41(3): 223–236.

Perkin MR, Logan K, Tsent A, et al(2016). Randomized trial of introduction of allergenic foods in breast-fed infants, N Engl J Med 374;18: 1733–43.

Reichlin S(2003). Female fertility and the body fat connection(review). N Engl J Med; 348: 869–70.

Reid IR et al(1993). Effect of Calcium Supplementation on Bone Loss in Postmenopausal Women. N Engl J Med 328: 460–4.

Roe DA; Englewood Cilffs, New Jersey. Prentice-Hall(1987). Drugs and Nutritioin in the Elderly in Geriatric Nutrition, 2d ed.

Rolfes SR et al(1998). Life span nutrition, 2nd ed, WEST Wadsworth.

Sanderson, Warren C., and Sergei Scherbov(2015). "Faster increases in human life expectancy could lead to slower population aging." PloS one 10.4: e0121922.

Schlenker ED(2000). Nutrition in aging, 3rd ed, WCB Mcgraw-Hill.

Seddon JM et al.(1994). Dietary Carotenoids, Vitamins A,C, and E and Advanced Age-Related Macular Degeneration. JAMA 272: 1413-20.

Shapiro LR et al(1984). Obesity prognosis: a longitudinal study of children from the age of 6 months to 9 years, Am J Public Health 74: 968.

Shock NW(1972). Nutrition in old age. Symposia Swedish Nutrition Foundation X, Stockholm-Sweden.

Siigur U, Ormisson A, Tamm A(1993). Fecal short chain fatty acid in breast-fed and bottle-fed infants, Acta Paediatr 82: 536-538.

Sivin I et al(2000). Prolonged effectiveness of Norplant capsule implants: a 7-year study. Contraception; 61: 187-94.

Steinberg LA, O'Connell NC, Hatch TF, Picciano MF, Birch LL(1992): Tryptophan intake influences infants sleep latency, J Nutr 122: 1781-1791.

Subcommittee on Nutrition During Lactation(1991). Food and Nutrition Board. Institute of Medicine. Nutrition During Lactation: Summary, Conclusions, and Recommendations. Washington DC: National Academy Press.

Taylor A(1989). Associations Between Nutrition and Cataract. Nutr Rev 47: 225-34.

van den Berg A, van Elburg R, Westerbeek EM, Twisk JWR, Fetter WPF(2005). Glutamine-enriched enteral nutrition in very-low-birth-weight infants and effects on feeding tolerance and infectious morbidity: a randomized controlled trial. Am J Clin Nutr 81: 1397-404.

Velthiuste Wierik EJM et al(1994). Energy Restriction, a Useful Intervention to Retard Human Aging·Results of a Feasibility Study. Eur J Clin Nutr 48: 138-48.

Walker AF et al(1998). Magnesium supplementation alleviates premenstrual symptoms of fluid retention. J Women's Health; 7: 1157-65.

Wardlaw GM(2016). Perspective Nutrition(10th ed). McGrow Hill.

Warren MP(1983). Effects of undernutrition on reproductive function in the human. Endocrine Reviews; 30: 457.

Weindruch R(1996): Caloric Restriction and Aging. Sci American 274: 32-8.

Williams SR & Worthington-Roberts BS(2000). Nutrition through the Life Cycle(2nd ed). Mosby Year Book, New York.

Wong WY et al(2000). Male factor subfertility: possible causes and the impact of nutritional factors. Fertil steril; 73: 435-42.

World Health Organization(2006). Optimal Feeding of Low-birth-weight Infants. Technical Review.

Worthington-Roberts BS & Williams SR(2000). Nutrition through the Life Cycle(4th ed). McGrow Hill, Co. Inc.

Yom HW, Seo JW, Park H, Choi KH, Chang JY, Ryoo E, et al(2009). Current feeding practices and maternal nutritional knowledge on complementary feeding in Korea, Korean J Pediatr 52: 1090-102.

법령

어린이 식생활안전관리 특별법[시행 2016.8.4.] [법률 제14024호, 2016.2.3., 일부개정]

학교급식법[시행 2010.3.17.] [법률 제10070호, 2010.3.17., 일부개정]

홈페이지

국가지표체계 www.index.go.kr/potal/main/EachDtlPageDetail.do?idx_cd=1010

Regulations www.regulations.gov/document?D=FNS-2011-0019-5227 National School Lunch Program and School Breakfast Program: Nutrition Standards for All Foods Sold in School as Required by the Healthy, Hunger-Free Kids Act.

IKNOLEGDE clinicalgate.com/of-growth-differentiation-and-morphogenesis

유니세프한국위원회 www.unicef.co.kr/unicef/bfhi

USDA www.fns.usda.gov/sites/default/files/allfoods_flyer.pdf Smart Snacks in School: USDA's "All Foods Sold in Schools" Standards 2016년 8월 20일 읽음.

주민등록인구통계 rcps.egov.go.kr: 8081/ageStat.do?command=month

찾아보기

저자 소개 • •

이연숙
서울대학교 식품영양학과 명예교수

임현숙
전남대학교 식품영양학과 명예교수

장남수
이화여자대학교 식품영양학과 명예교수

안홍석
성신여자대학교 식품영양학과 명예교수

김창임
대전과학기술대학교 식품영양과 교수

김기남
대전대학교 식품영양학과 교수

신동미
서울대학교 식품영양학과 교수

5판

생애주기영양학

2003년 8월 25일 초판 발행 │ 2006년 8월 25일 2판 발행
2011년 8월 31일 3판 발행 │ 2017년 1월 31일 4판 발행 │ 2021년 2월 26일 5판 1쇄 발행 │ 2023년 7월 20일 5판 3쇄 발행

지은이 이연숙 외 │ **펴낸이** 류원식 │ **펴낸곳 교문사**

편집팀장 성혜진 │ **디자인** 신나리

주소 (10881)경기도 파주시 문발로 116 │ **전화** 031-955-6111 │ **팩스** 031-955-0955

홈페이지 www.gyomoon.com │ **E-mail** genie@gyomoon.com

등록 1968. 10. 28. 제406-2006-000035호

ISBN 978-89-363-2161-1(93590) │ **값** 25,000원

저자와의 협의 후에 인지를 생략합니다.
잘못된 책은 바꿔 드립니다.
불법복사는 지적 재산을 훔치는 범죄행위입니다.